Max Böhm

Lehrbuch der Naturheilmethode

vom Standpunkte der Erfahrung und Wissenschaft - die Krankheiten der Frauen -

Gynäkologie

Max Böhm

Lehrbuch der Naturheilmethode
vom Standpunkte der Erfahrung und Wissenschaft - die Krankheiten der Frauen - Gynäkologie

ISBN/EAN: 9783743472815

Hergestellt in Europa, USA, Kanada, Australien, Japan

Cover: Foto ©berggeist007 / pixelio.de

Weitere Bücher finden Sie auf **www.hansebooks.com**

Lehrbuch

der

NATURHEILMETHODE

vom Standpuncte der Erfahrung und Wissenschaft.

Die Krankheiten der Frauen (Gynäkologie).

Von

Dr. med. Max Böhm,

Besitzer des Naturheilbades in Bad Friedrichroda i. Th.

Mit zahlreichen in den Text gedruckten Original-Illustrationen.

CHEMNITZ i. S.

Druck und Verlag von Tetzner & Zimmer.

Vorwort.

Dem Lehrbuche der inneren Erkrankungen vom Standpuncte der Naturheilmethode folgt hiermit in ähnlicher Gestaltung das Lehrbuch der Frauenkrankheiten.

Bei dem Mangel an Vorarbeiten auf dem Gebiete einer wirklich naturgemässen Behandlung von Leiden der weiblichen Geschlechtsorgane kann das vorliegende Werk ohne Ueberhebung als ein fundamentales bezeichnet werden, umsomehr als in ihm Erfahrung mit Wissenschaft eng verschmolzen ist. Eine langjährige Anstalts- und ausgedehnte Privatpraxis lieferte das für das vorliegende Lehrbuch der Frauenkrankheiten in Betracht kommende Material, welches unter Berücksichtigung der Fachliteratur sorgfältig beobachtet wurde.

Da im vorliegenden Werke fast alle bis heute bekannten Frauenleiden bearbeitet und für ihre Behandlung sämmtliche bisher beschriebenen Naturheilfactoren einschliesslich der Elektricität eingehend berücksichtigt sind, so behält dieses Lehrbuch grundlegenden Werth für die späteste Zukunft; denn im Laufe kommender Geschlechter können nur Abarten und Umformungen der jetzt bekannten Frauenkrankheiten zur Beobachtung gelangen, können Mikroskop und andere Forschungsmittel nur neue Formen feststehender Krankheitsgruppen entdecken — neue Frauenleiden werden nur wenig hinzukommen. Ebenso dürften neue Naturheilfactoren kaum noch erstehen, und auch hierbei kann es sich nur um Verbesserungen und Aenderungen der schon bekannten handeln. Aus diesem Grunde wird dieses Lehrbuch früher oder später durchschlagen; grundlegende, mit Nachdruck verfochtene Heilswahrheiten, deren leider Tausende und Abertausende bedürfen, lassen sich eben nicht einfach unterdrücken.

Bad Friedrichroda i. Th., im October 1897.

Dr. med. Max Böhm

Zur gefälligen Beachtung!

- ⚬-⚬ -

Die unterzeichnete Verlagsbuchhandlung richtet an das kaufende Publicum die dringende Bitte, ausdrücklich nach dem **Originalwerke** des **umstehenden Autors** zu fragen.

Die gemachten Erfahrungen legen die Befürchtung nahe, dass gewissenlose Abschreiber an diesem Werke ihr Plünderungsverfahren üben werden.

Dass die diesen Abschreibern drohende gerichtliche Strafe dem Publicum einen hinreichenden Schutz vor minderwerthigen Machwerken nicht gewährt, falls nicht Vorsicht beim Ankaufe geübt wird, bedarf näherer Darlegungen nicht.

Chemnitz, im October 1897.

Tetzner & Zimmer
Verlagsbuchhandlung.

Inhalts-Verzeichniss.

. . .

· ◇ ·

Figuren-Verzeichniss.

XV

Erster Abschnitt.

CAPITEL I.

Bau (Anatomie) und Thätigkeit (Physiologie) der weiblichen Geschlechtsorgane in Bezug auf deren Erkrankungen.

Die weiblichen Geschlechtsorgane liegen nur zum geringen Theile an der Körperoberfläche unmittelbar sichtbar zu Tage, ihr grösster Theil liegt innerhalb des kleinen Beckens und steht in näherer oder entfernterer Beziehung zu den übrigen Beckenorganen. Da wir wiederholt einzelne Beckentheile erwähnen werden, und das knöcherne Becken die eigentliche Umrahmung der Geschlechtsorgane bildet, wollen wir mit seiner Beschreibung beginnen:

Aus fünf einzelnen Stücken: Dem Kreuz- oder Heiligenbeine (Os sacrum), dem Steiss- oder Schwanzbeine (Os coccygeum), den beiden Hüft- oder Darmbeinen (Os ileum), den beiden Schambeinen (Os pubis) und dem Sitzbeine (Os ischii) setzt es sich zusammen. — Das Kreuzbein ist wie ein zwischen die beiden Hüftbeine eingeschobener Keil. Vorn, an der Vereinigung der beiden Schambeine befindet sich die sogenannte Schambeinfuge (Symphysis ossium pubis) und an der Vereinigung des Darm- und Kreuzbeines die Darm-Kreuzbeinfuge (Symphysis sacro-iliaca). Wo sich das Kreuzbein mit dem letzten Lenden-

Figur 1.

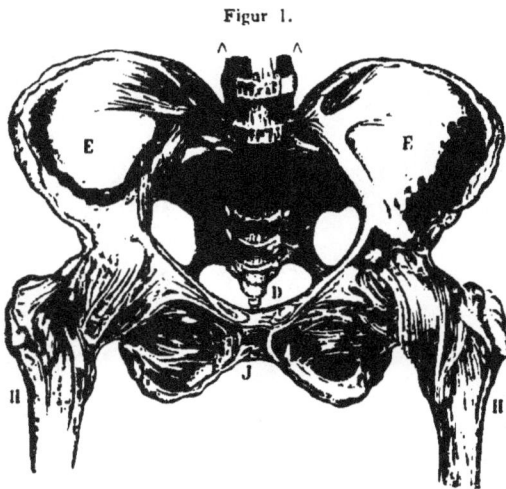

Weibliches Becken mit seinen Bändern. Nach *Kiwisch.*
A Lendenwirbel, B Vorberg (Promontorium), C Kreuzbein, D Steissbein, EE Darmbeine, FF Schambeine, GG Sitzbeine, HH Oberschenkelbeine, J Schambeinfuge.

wirbel verbindet, ist der Zwischenknorpel nach vorn viel grösser und nach hinten beträchtlich schwächer und schmäler, als bei den anderen Wirbelverbindungen. Hierdurch beugt sich die Wirbelsäule naturgemäss nach rückwärts, so eine Erhöhung, den Vorberg (Promontorium) bildend, ein Knochenvorsprung, der durch Hineinragen in die Beckenhöhle manche wichtige Bedeutung erlangt.

Das grosse Becken wird aus den beiden Darm- oder Hüftbeinen als den Seitenwänden und den zwei letzten Lendenwirbeln, welche die Rückwand abgeben, gebildet und vorn vom Bauchfelle, welches während der Schwangerschaft jede Ausdehnung der Gebärmutter zulässt, überzogen. Das kleine Becken stellt jenen knöchernen Canal vor, dessen hintere und längste Fläche vom Steissbeine, dessen vorderste

Figur 2.

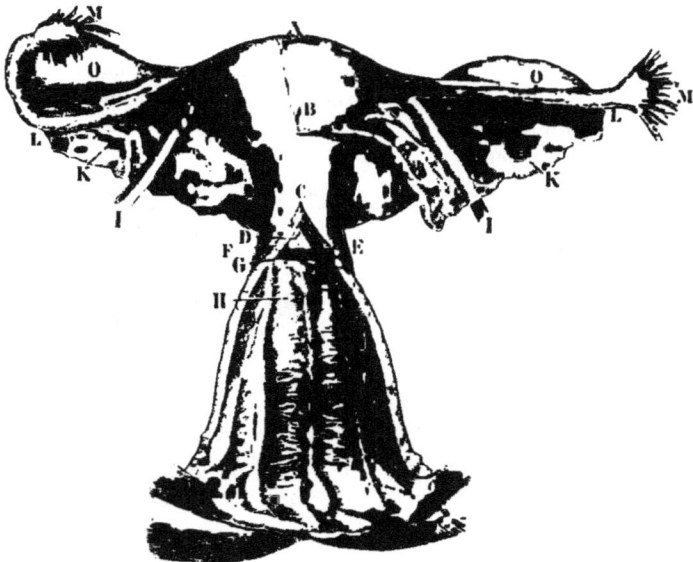

Die weiblichen Geschlechtsorgane. Nach *Martin.*

A Gebärmuttergrund, B Gebärmutterkörper, C Gebärmutterhals, D Scheidentheil der Gebärmutter, E äusserer Muttermund, F vordere Muttermundslippe, G hintere Muttermundslippe, H Scheide (aufgeschnitten), mit ihrer Faltensäule), I I rundes Mutterband, KK breites Mutterband, LL Eileiter, MM Fransenende des Eileiters, NN Schmetterlingsflügel, OO Eierstock.

und kürzeste Fläche vom Schambeine, dessen Seitenflächen von den Sitzbeinen und je einem Theile der Darmbeine gebildet wird. In ihm liegen vorwiegend die Fortpflanzungsorgane des Weibes.

Ueber der knöchernen Schambeinverwachsung, also am untersten Ende des Bauches, liegt der Venusberg (Mons Veneris), eine dem weiblichen Geschlechte eigenthümliche Anhäufung des Fettpolsters der Haut, zur Zeit der Geschlechtsreife mit Haaren bedeckt. Er wird durch einen eiförmigen Spalt, der sich am offenen Ende der Scheide befindet, getrennt und bedeutet den Zutritt zunächst zu den äusseren und weiterhin durch die Scheide zu den inneren Begattungsorganen des Weibes. Die äussere

Scham (Vulva) wird von den beiden grossen Schamlippen (Labia majora) begrenzt, zwei prallen Wülsten, die sich einander zuneigend (convergirend) nach hinten zum Mittelfleische ziehen und schliesslich durch eine Hautfalte, Schamlippenbändchen (Frenulum labiorum), verbunden, die beim Auseinanderziehen besonders deutlich als hintere Verbindungsbrücke der grossen Schamlippen (Commissura labiorum posterior) hervorspringt, unmerklich in die Umgebung übergehen. Auf ihrer äusseren Fläche sind die grossen Schamlippen meist dunkelbraun, etwas behaart und mit Körperoberflächenhaut, auf der Innenfläche mehr roth und mit einer mehr den Schleimhäuten nahe stehenden Haut bekleidet. Zwischen den grossen Schamlippen verläuft die Schamspalte (Rima pudendi), die

Figur 3.

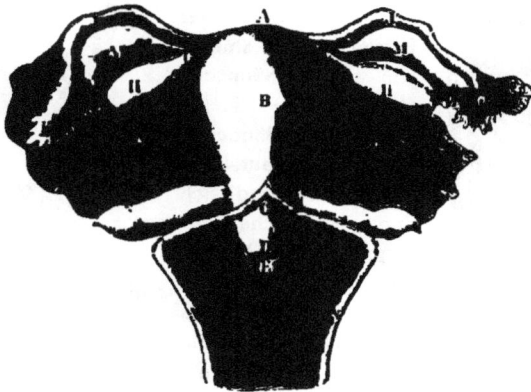

Die inneren weiblichen Geschlechtsorgane von hinten.

A Gebärmuttergrund. B Gebärmutterkörper, C Gebärmutterhals, D Scheidentheil der Gebärmutter, E äusserer Muttermund, FF breites Mutterband, GG Eierstocksband, HH Eierstock, II Eileiter, KK Bauchhöhlenöffnung des Eileiters mit Fransen, LL nach dem Eierstocke ziehende Franse des Eileiters (Fimbria ovarica), MM Schmetterlingsflügel, zwischen seinen beiden Blättern den Nebeneierstock fassend, NN Scheide (aufgeschnitten).

im jungfräulichen Zustande eng geschlossen ist, nach öfteren Geschlechtsacten und nach mehreren Geburten klafft. Etwas oberhalb des grossen Schamlippenbändchens befindet sich eine Vertiefung, welche die schiff-förmige Grube (Fossa navicularis) vorstellt. Zwischen den grossen Schamlippen liegen die halb so langen inneren oder kleinen Scham-lippen (Labia minora oder Nymphen), dünne, hahnenkammähnliche Hautfalten, die mit einem schleimhautartigen, einen fetthaltigen, eigenthümlich riechenden Schleim absondernden Ueberzuge versehen sind. Sie besitzen zahlreiche Blutgefässe und können sich etwas aufrichten. Im jungfräulichen Zustande sind sie meist in der geschlossenen Schamspalte verborgen und können nur durch Auseinanderziehen der grossen Schamlippen sichtbar gemacht werden. Bei Mehrgebärenden und schlecht geheilten Damm-rissen erblickt man die kleinen Schamlippen ohne Weiteres und ihre sonst rosenrothe Farbe hat sich in eine braune umgewandelt, wobei sie gleich-

44

zeitig trockner und derber geworden sind. Hinten verlieren sich die kleinen Schamlippen in die grossen, vorn theilen sie sich in zwei Schenkelpaare, von denen das obere gleichsam ein Dach über dem Kitzler (Clitoris), als Vorhaut des Kitzlers (Präputium clitoridis) bildet, das untere als Schenkel des Kitzlers (Crura clitoridis) an dieses Organ herantritt.

Der Kitzler (Clitoris), ein dem männlichen Gliede ähnliches, aber nur im Kleinen ausgebildetes Organ von etwa 2 bis 3 Centimeter Länge liegt in der Nähe der vorderen Vereinigung der grossen Schamlippen und wird durch zwei vom Schambogen entspringende Schwellkörper gebildet. Der Kitzler besitzt, ähnlich wie das männliche Glied, eine kleine Eichel, ein Bändchen und eine Vorhaut, kann anschwellen und sich durch reichliche Versorgung mit Nerven und Blutgefässen aufrichten, alsdann das Doppelte bis Dreifache seiner eigentlichen Grösse erreichen. In dem vom Kitzler, seinen Schenkeln, dem Scheideneingange und den kleinen Schamlippen begrenzten Dreiecke liegt die Mündung der weiblichen Harnröhre (Urethra).

Die Scheide (Vagina) zieht von der äusseren Scham mit einer schwachen, nach unten verlaufenden Krümmung als eine etwa zeigefingerlange, 2 bis 3 Centimeter breite, von vorn nach hinten abgeplattete, cylindrische Röhre nach dem Halse der Gebärmutter, in ihrem unteren Theile, dem Scheidengewölbe, diesen umschliessend. Die Scheide verläuft demnach vom Gebärmutterhalse zwischen Harnblase und Mastdarm, in der Mitte des kleinen Beckens nach unten und aussen. Ihre Wand ist dick, elastisch, dehnbar, muskel- und blutreich. Innen besitzt sie eine empfindliche, den Schleimhäuten ähnliche Haut, die viele quere Falten und Runzeln besitzt (Figur 4). Die grösste, besonders stark entwickelte, nach vorn ausgehöhlte (concave) und verdoppelte Falte der

Figur 4.

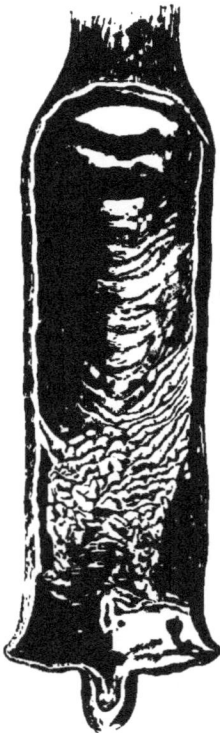

Scheide (durchschnitten) mit dem Scheidentheile der Gebärmutter.
Nach *Luschka*.

Figur 5.

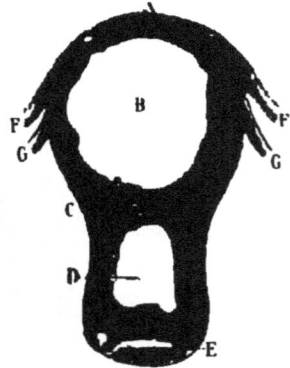

Jungfräuliche Gebärmutter.
Nach *Martin*. Natürliche Grösse.
A Gebärmuttergrund, B Gebärmutterkörper, C Gegend des inneren Muttermundes, D Gebärmutterhals, E äusserer Muttermund, FF Eileiter, GG rundes Mutterband.

Scheidenschleimhaut ist das Jungfernhäutchen (Hymen), das den Scheideneingang verengt. Dicke und Form dieser Haut sind grossen Schwankungen unterworfen. Zuweilen kann durch sie der Scheideneingang ganz verschlossen sein oder mehrere neben einanderliegende Oeffnungen besitzen. Der Geschlechtsverkehr bewirkt mehrere Einrisse in das Jungfernhäutchen, doch bleibt seine Form noch vorläufig erhalten. Erst durch die Geburt wird das Hymen bis auf kleine Reste, die Hautwarzen ähnlichen, myrthenförmigen Carunkeln zerstört. Das Vorhandensein oder Nichtvorhandensein des Jungfernhäutchens oder grösserer Reste lässt nicht mit Sicherheit auf vorhergegangenen Geschlechtsverkehr oder eine überstandene Geburt schliessen.

Das Scheidengewölbe, jener Theil der Scheide, der jenseits der Harnröhrenmündung und des Jungfernhäutchens liegt, besitzt viele grössere Schleimdrüsen und in der hinteren Hälfte, etwas unterhalb des Jungfernhäutchens, die Ausführungsgänge zweier bohnengrosser Drüsen, der nach ihrem Entdecker sogenannten *Bartholin*'schen.

Am Scheideneingange befindet sich eine ringförmige Anhäufung von Muskelfasern, als Scheidenverengerer (Constrictor cunni) bezeichnet.

Die Gebärmutter (Uterus) (Fig. 6) stellt ein birnförmiges Hohlorgan mit dicken und blutreichen Wänden vor. Ihren obersten breiten Theil bezeichnet man als Gebärmuttergrund (Fundus uteri), in den die Eileiter

Figur 6.

Horizontalschnitt durch die Gebärmutter, wodurch dieselbe in eine vordere und hintere Hälfte getheilt wird. Natürliche Grösse.

Nach *Savage.*

A Die dreieckige Gebärmutterhöhle, B Gebärmutteröffnung des Eileiters, C Eileiter, D Mutterband, E Gebärmutternackencanal, F äusserer Muttermund, G Scheide, H innerer Muttermund, J Gebärmuttergrund.
Die weissen Theile der Gebärmutterhöhlenwand bedeuten die Schleimhaut derselben.

hineinmünden. Von dort geht auch beiderseits ein strangförmiges Band, die runden Mutterbänder (Ligamenta rotunda), ab, die durch den Leistencanal verlaufen und sich in der Gegend der Schossbeinfuge anzusetzen. Die ganze Hautfalte, welche, vom Bauchfelle ausgehend, zwischen Gebärmutter, Eierstöcken und Eileitern liegt, wird als Schmetterlingsflügel (Ala vespertilionis) bezeichnet. Die Befestigung und Normallage des Uterus wird noch durch verschiedene Bänder an seinem unteren Theile bewirkt, die sich vorn und hinten an der Blase, dem Mastdarme und Kreuzbeine ansetzen.

Der ungleich grössere obere Theil der Gebärmutter wird als ihr Körper (Corpus uteri) bezeichnet, der nach der Scheide zu gelegene Abschnitt Gebärmutterhals (Cervix uteri) genannt. Die Grenze von Körper und Hals bildet der innere Muttermund (Orificium internum). Den Eingang in die Gebärmutterhöhle gewährt der äussere Muttermund (Orificium externum), auch Schleienmaul (Os tincae) genannt, der sich am äussersten Theile des Gebärmutterhalses befindet und frei in den Scheidencanal hineinragt, weswegen dieser Abschnitt des Gebärmutter-

Figur 7.

Beckenorgane des Weibes, von oben gesehen, bei einem Horizontalschnitte zwischen letztem Rückenwirbel und dem Heiligenbeine geführt. Nach *Savage*.

A Rest der Unterleibsschlagadern, B Harnblasengrund, C rundes Mutterband, D Gebärmutter-Eierstocksband, E Gebärmutter, F Eierstock, G Eileiter oder Muttertrompete, H Fransenende des Eileiters, I Harnleiter. K zum Eierstocke ziehende Gefässe, L Gebärmutter-Heiligenbeinbänder, M oberster Heiligenbeinwirbel, N Mastdarm, O Nebeneierstock.

halses auch Scheidentheil der Gebärmutter (Portio vaginalis uteri) genannt wird. Vom äusseren Muttermunde, der in die Scheide, bis zum inneren Muttermunde, der in die Gebärmutterhöhle blickt, verläuft der Gebärmutterhalscanal.

Der äussere Muttermund stellt eine Querspalte dar, die aus zwei Lippen gebildet wird; die vordere Muttermundslippe ist etwas länger als die hintere. Die gesammte Innenfläche der Gebärmutter, sowohl ihres Halses als auch Körpers, ist mit einer Schleimhaut ausgekleidet, die mit der darunter liegenden Muskelschicht so fest zusammenhängt, stellenweise sogar sich so tief darinnen versenkt, dass eine Abtrennung selbst mit dem Messer nicht möglich ist. Die Schleimhaut der Gebär-

mutterhöhle lässt dadurch, dass das um die Drüsen gelagerte Bindegewebe ungemein weich ist, leicht eine verschiedene Blutfüllung zu und
besitzt ausserdem die Fähigkeit, sich ungeheuer rasch, z. B. nach Geburten, wiederherzustellen. Sowohl die Schleimdrüsen der Gebärmutterhöhle selbst als auch des Gebärmutterhalses sondern in gesunden und
noch mehr in kranken Tagen dünnen Schleim von wechselnder Beschaffenheit ab. — Die Gebärmuttermusculatur besteht aus vielfach ge-
kreuzten und unter einander verwebten glatten Fasern, deren Leistung
unabhängig von unserem Willen geschieht. Die oberste Muskelschicht,
welche nach Art einer Kappe über dem Gebärmuttergrunde liegt, ist
fest mit dem Bauchfelle verbunden und von ihr ziehen Muskelfasern
nach allen von der Ge-
bärmutter ausgehenden
Bändern.

Die zahlreichen
zu- und abführen-
den Blutgefässe der
weiblichen Geschlechts-
organe entstammen ver-
schiedenen Quellen, die
ein reiches, vielfach mit
einander verknüpftes
Adernetz bilden.

Die Grösse der ge-
sammten Gebärmutter
ist verschiedenen Um-
ständen entsprechend
wechselnd. Während
des Monatsflusses, der
Schwangerschaft und
besonders bei Ge-
schwülsten vergrössert
sich das Organ mehr
oder minder bedeutend,
im Greisenalter fällt es
einer allmählichen Ver-
kleinerung anheim.

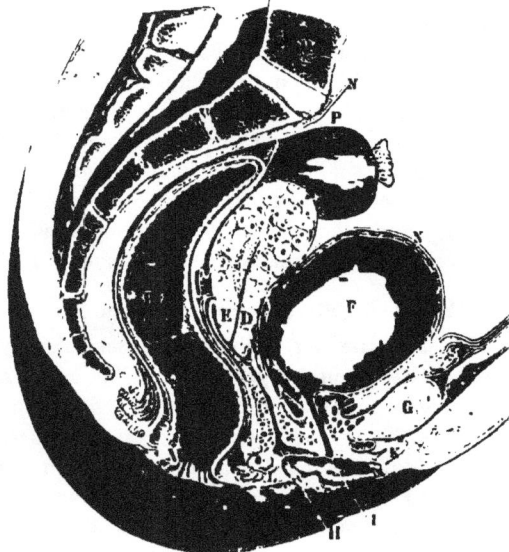

Figur 8.

Senkrechter Schnitt durch die Beckeneingeweide des Weibes.
Nach *Kohlrausch*.

A Kreuzbein, B Mastdarm (am unteren Ende aufgeschnitten), C Gebärmutter, D längere vordere Muttermundslippe, E kürzere hintere Muttermundslippe, F Harnblase, G Schambeinfuge, H Scheide, I Harnröhre,
K Kitzler, L Mittelfleisch oder Damm, M After, N Bauchfellüberzug der
Beckenorgane, O letzter Lendenwirbel, P Promontorium (Vorberg).

Der Eileiter oder die Muttertrompete (Tuba *Fallopii*) ist ein
paariges Organ, kommt also der rechten und linken Körperhälfte zu.
Jeder Eileiter stellt einen häutigen, nach oben und aussen geschlängelten
etwa 10 Centimeter langen, dünnen Canal vor, der einerseits in die
Gebärmutterhöhle mündet, andererseits vor der unteren Fläche des
Eierstockes mit einer Oeffnung frei in die Bauchhöhle hineinragt.
Die freie Bauchhöhlenöffnung des Eileiters (Ostium abdominale

tubae) ist mit langen, sich aneinanderlegenden Fransen (Fimbrien) besetzt, die man als Teufelsbiss (Morsus diaboli) bezeichnet. Eine besonders lange und grosse Franse zieht nach dem Eierstocke (Fimbria ovarica).

Man unterscheidet am Eileiter drei Theile: 1. den im Gebärmutter-gewebe befindlichen, interstitiellen, 2. den in der Bauchhöhle verlaufenden, abdominalen und 3. den an den Fransen endenden, sich erweiternden Theil, die Ampulle. Das Innere des Eileiters ist mit einer sehr gefäss-reichen Schleimhaut ausgekleidet, über der eine kreisförmige Binde-gewebs-, Muskel- und Bauchfellschicht liegt. Ausserdem enthält der Ei-leiter Flimmerdeckzellen, welche Bewegungen von den Fransen nach dem Gebärmuttertheile hin auszuführen im Stande sind.

Der Eierstock (Ovarium) stellt ein paariges Organ vor, je durch ein Band (Ligamentum ovarii), das an der hinteren Seite des oberen Gebär-mutterwinkels abgeht, mit dem Uterus befestigt. Die Aussenfläche des Eierstocks ist nicht vom Bauchfelle überkleidet, die Innenfläche mit niedrigen Cylinderzellen bedeckt, unter denen eine derbe, nicht abzieh-bare Gewebsschicht, die sogenannte Eigenhaut (Albuginea), liegt. Auf sie folgt das eigentliche Eierstocksgewebe, in welchem sich kleine, runde, vollkommen geschlossene Säckchen, die Eikapseln (Follikel), befinden. Zwischen Eileiter, Eierstock und den beiden Blättern der Schmetterlings-flügel liegt der Nebeneierstock (Parovarium), aus mehreren bindegewebigen, stellenweise mit Flimmerdeckzellen ausgekleideten Canälen bestehend.

Thätigkeit (Physiologie) der weiblichen Geschlechtsorgane.

Die Aufgabe der weiblichen Geschlechtsorgane besteht in der Fort-pflanzung des Menschengeschlechtes, für deren Zustandekommen mehrere Bedingungen erfüllt werden müssen: Zunächst die Hervorbringung be-fruchtungsfähiger Eier, wie sie von den beiden Eierstöcken geliefert werden, ferner die Befruchtung der reifen Eier mit dem männlichen Samen und endlich Verbringung der befruchteten Eier an eine geeignete Stätte der Entwickelung, eine Leistung, welche den Eileitern obliegt. Die Entwickelungsstätte eines reifen befruchteten Eies ist fast immer die Höhle der Gebärmutter, die im weiteren Verlaufe auch die Aufgabe hat, die reife Frucht auszustossen. Den äusseren Geschlechtstheilen, einschliesslich der Scheide, fallen alle jene Verrichtungen zu, welche für die Begattung nothwendig sind, d. h. Aufnahme des männlichen Gliedes und männlichen Samens, sowie im späteren Verlaufe als Ge-burtsweg zu dienen.

Diesen allgemeinen Angaben lassen wir nunmehr die zum Verständ-nisse vieler Frauenleiden nothwendigen Einzelheiten folgen.

Etwa zwischen dem 14. bis 15. Lebensjahre beginnt beim weiblichen Geschlechte die Zeit der Geschlechtsreife (Pubertät), die sich durch Spriessen von Haaren am Schamberge, Vergrösserung der Brüste, Ver-änderung der Stimme und eine periodisch, gewöhnlich nach 28 Tagen wiederkehrende Blutung aus den Geschlechtstheilen, Monatsfluss, Periode, monatliche Reinigung, Menses, Menstruation, Unwohlsein, Regel benannt, merklich macht. Die Dauer dieser Blutung beträgt gewöhnlich 3 bis 4 Tage, schwankt jedoch, ohne dass man von krankhaften Zuständen sprechen kann, zwischen 1 bis 8 Tagen. Der Monatsfluss verschwindet in der Regel erst zwischen dem 45. bis 50. Lebensjahre, während welcher Zeit er nicht mehr streng regelmässig, sondern überaus wechselnd eintritt, daher die Bezeichnung Wechseljahre (Klimacterium). Seltener tritt ein plötzliches, dauerndes Verschwinden der Periode ein. Das vollständige Aufhören der Menstruation bezeichnet man als Menopause; diese tritt durchschnittlich bei Jungfrauen früher auf als bei Verheiratheten. Krankhafte Zustände der Gebärmutterschleimhaut bewirken ein längeres Verbleiben der Regel, jedoch sind auch Fälle bekannt, in denen gesunde Frauen noch im 55. bis 60. Lebensjahre die Periode hatten, sogar schwanger wurden. Andererseits wird man beim Auftreten von Blutungen aus den Geschlechtswegen in der Zeit des beginnenden Greisenalters mehr an irgend ein Frauenleiden als an die Existenz des Monatsflusses zu denken haben.

Schon im Alterthume wurde vielfach nach der Ursache der periodischen Blutung aus den weiblichen Geschlechtsorganen und ihrem Zusammenhange mit der Fortpflanzung geforscht. Man glaubte fälschlich, dass sich der weibliche Körper dabei von bestimmten Stoffen reinige, die während der Schwangerschaft dazu bestimmt seien, das Kind aufzubauen. Erst ziemlich spät entdeckte man, dass die Menstruation in gewisser Beziehung zu der Entwickelung und Reifung von Eiern im Eierstocke, der sogenannten Ovulation, stände. Es hat sich dieser Umstand besonders nach operativer Entfernung der Eierstöcke (Castration) gezeigt, da hierdurch die Menstruation sehr bald aufhörte. Jedoch ist der Ovulation in mancher Beziehung gegenüber der Menstruation eine gewisse Selbstständigkeit zuzuschreiben; denn eine vielfache Beobachtung hat gelehrt, dass Frauen Kinder bekommen, wiewohl sie noch niemals die Regel hatten, oder schwanger wurden, nachdem die Periode eine längere Zeit lang schon verschwunden war, und endlich Frauen wieder empfingen, ehe nach einem vorhergegangenen Wochenbette die Periode sich wieder gezeigt hatte. Es liegt die Annahme sehr nahe, dass auch die Eireifung periodisch ist und ungefähr zur Zeit des Monatsflusses ihren Höhepunct erreicht. Man hat sich also den Monatsfluss etwa so vorzustellen: Es reift und wächst ein Ei im Eierstocke und bewirkt dadurch einen Nervenreiz, der durch Nervenübertragung (reflectorisch) zu einer Blutüberfüllung der inneren weiblichen Geschlechtsorgane führt. Hierdurch kommt es im Eierstocke durch Platzen der Eihülle zum Austritte eines reifen Eies, der Ovulation, und zu gleicher Zeit zu Blutüberfüllung der Gebärmutterschleimhaut mit Blutaustritt auf ihre Oberfläche, Menstruation. Die letztere stellt demnach einen Selbstaderlass des

Körpers vor, um der gleichzeitigen Blutüberfüllung im Eierstocke und in der Gebärmutter ein Ende zu bereiten. — Der Monatsfluss geht gewöhnlich mit einer vermehrten Reizbarkeit des Weibes einher, soll jedoch durchschnittlich keine wesentlichen Beschwerden bereiten. Nach seinem dauernden Aufhören beginnen die weiblichen Geschlechtsorgane sich greisenhaft zu verändern (senile Involution): Die äussere Scham wird

Figur 9.

Weibliche Geschlechtsorgane. Nach *Kitisch*.
A Eierstock, BB Nebeneierstock, CC Eileiter (aufgeschnitten), DD Fransenende, E nach dem Eierstocke ziehende Franse (Fimbria ovarica).

Figur 10.

Eierstock, drei *Graaf'*sche Follikel enthaltend; über diesen der Nebeneierstock, der Eileiter mit dem Fransenende und der nach dem Eierstocke ziehenden Franse.

kleiner und fettloser, die Scheide enger, weniger nachgiebig und dehnbar, die Gebärmutter verkleinert sich bedeutend, wird schlaff und dünnwandig; ihre Schleimhaut verliert allmählich die Drüsen, die Wände liegen eng aneinander und verwachsen häufig, besonders am inneren Muttermunde. Ebenso schrumpfen die Eierstöcke und die Gebärmutterbänder. — In physiologischer Weise hört die monatliche Reinigung nach Eintritt einer Schwangerschaft auf, und nur ausnahmsweise zeigen sich Anläufe derselben während der Gravidität (Schwangerschaft).

Innerhalb des Eierstockes befinden sich die Eier in besonderen Hüllen, Eikapseln, den *Graaf*'schen Follikeln, in einen Zellhaufen (Keimhügel, Keimscheibe oder Discus proligerus), eingebettet. Das menschliche Ei zeigt eine aus kegelförmig gestellten Zellen bestehende stärkere Wand (Zona pellucida), den Dotter (Vitellus), das Keimbläschen (Vesicula

Figur 11.

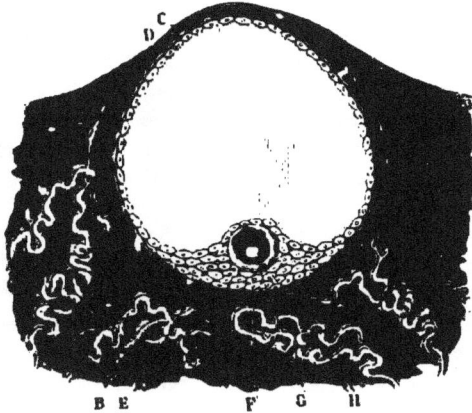

Graaf'scher Follikel mit Ei.

A Gewebe des Eierstockes (Stroma ovarii), B Blutgefässe, C bindegewebige Hülle des Follikels (Theca folliculi), D Zellenlage an der Innenfläche der bindegewebigen Hülle (Membrana granulosa), E Keimhügel (Discus proligerus), F zellige Wand des Eies (Zona pellucida), G Dotter, H Keimbläschen, den Keimfleck enthaltend.

germinativa) und den Keimfleck (Macula germinativa). Der *Graaf*'sche Follikel enthält ausser den das Ei umgebenden Zellhaufen mehr oder weniger Flüssigkeit (Liquor Folliculi); seine Wand besteht aus einer

Figur 12.

Gelber Körper im Eierstocke (Corpus luteum) 8 9 Tage nach der letzten Menstruation. Nach *Leopold*.

C Corpus luteum, N Narbe, durch welche die Blutmasse hindurchschimmert, FF halblinsengrosse, in Entwickelung begriffene Graaf'sche Follikel.

Figur 13.

Gelber Körper im Eierstocke (Corpus luteum) am 22. Tage nach der letzten Menstruation. Nach *Leopold*.

bindegewebigen Hülle (Theca Folliculi) und einer die Innenseite ringsum bedeckende Zellenlage. Nach *Spiegelberg* wird das Platzen der Follikelwand durch ihre fettige Umwandlung und dadurch bedingte Brüchigkeit bewirkt, worauf das Ei, umgeben von den Zellen des Keimhügels, austritt. An seiner Stelle verbleibt eine kleine Grube, die, wenn gleichzeitig ein kleines Blutgefäss platzt, mit etwas Blut angefüllt ist. Durch nunmehrige Bindegewebssprossung, nach Art der Wundheilung, entsteht an der Stelle des geplatzten *Graaf*'schen Bläschens und des Eies eine gelbliche runde Masse, der gelbe Körper (Corpus luteum). Bei allen öfters menstruirt habenden Frauen trifft man zwischen den *Graaf*'schen Bläschen im Keimlager eine grössere Anzahl davon an. Bei dem erwachsenen Weibe entwickeln sich während des gesammten zeugungsfähigen Lebensabschnittes, der sich etwa auf 30 bis 35 Jahre erstreckt, fortwährend neue Eikapseln. Nimmt man nun an, dass alljährlich 13 mal die Menstruation und Ovulation wiederkehren, so producirt ein gesundes Weib, falls durch Schwangerschaft keine Unterbrechung eintritt, etwa 400 reife Eier.

Die Zusammenkunft der männlichen Samenzelle mit dem befruchtungsfähigen Eie und weiterhin die Befruchtung selbst findet wahrscheinlich in dem Eileiter (*Fallopi*'scher Canal) statt, wohin das reife Ei nach Austritt aus der Eihülle vom Eierstocke hinweggelangt, jedoch ist auch unter Umständen die Möglichkeit vorhanden, dass die Befruchtung des weiblichen Eies bereits im Eierstocke oder erst in der Gebärmutter stattfinden kann.

Wodurch findet nun die Aufnahme des Eies in den Eileiter und nach dortselbst eingetretener Befruchtung die Weiterbewegung in die Gebärmutterhöhle statt? Es tritt bei der allgemeinen Blutüberfüllung der weiblichen Geschlechtsorgane, wie sie im Gefolge der Ovulation auftritt, auch eine auf Blutüberfüllung beruhende Schwellung der Fransen des Eileiters ein, wodurch dem ausgetretenen Ei der richtige Weg durchschnittlich gebahnt ist, indem der Eileitertrichter dabei stark nach aufwärts gerichtet, hart unter dem betreffenden Eierstocke sich befindet, sodass das Ei gleichsam nirgends anders als in den Eileiter hinein fallen kann. An ein directes Anlagern des Eileitertrichters an den Eierstock braucht man bei diesem Vorgange demnach durchaus nicht zu denken. Ist ein Ei einmal in den *Fallopi*'schen Canal hineingelangt und in diesem befruchtet, so geschieht seine Weiterbeförderung in die Gebärmutterhöhle lediglich durch die Thätigkeit der Flimmerdeckzellen, mit denen der Eileiter an seiner Innenfläche überdeckt ist.

Die Befruchtung geschieht durch das Eindringen einer einzigen männlichen Samenzelle in das reife weibliche Ei, das Wesen der Befruchtung beruht also lediglich auf einer stofflichen Vereinigung von Keimzellen der beiden Geschlechter. Ist das befruchtete Ei in die Gebärmutterhöhle gelangt, so haftet es an deren Schleimhaut fest, um seine fernere Entwickelung zur lebenskräftigen Frucht zu erreichen und alsdann durch die Zusammenziehungen der Gebärmuttermusculatur ausgestossen, geboren zu werden. — Die wichtigsten Erfordernisse für das

Zustandekommen einer Befruchtung von Seiten des Weibes sind: Gesunde Eierstöcke, nicht verschlossene Eileiter und eine normale Schleimhaut der Gebärmutterhöhle.

Der Voract der Befruchtung ist die Begattung oder geschlechtliche Vereinigung mit dem Manne. Die sich hierbei einstellenden Vorgänge sind durchschnittlich bei dem weiblichen Geschlechte dieselben wie beim männlichen: Die Anwesenheit des Geschlechtstriebes, die Auflockerung der Scheidenwand, Schwellung des Kitzlers, Absonderung mehr oder minder beträchtlicher Schleimmassen und nach Einführung des männlichen Gliedes in die Scheide das Wollustgefühl, während dessen der männliche Samen in das Scheidengewölbe ergossen wird.

Der Geschlechtstrieb des Weibes stimmt in seinen wechselnden Verhältnissen vollständig mit dem des Mannes überein. Er erwacht zeitlich ziemlich verschieden, kann vollkommen fehlen und mehr oder minder stark entwickelt sein. Die Begattung selbst kann auch mit solchen Frauen ausgeführt werden, die keinen Geschlechtstrieb besitzen, vor dem Umgange mit dem Manne sogar einen gewissen Abscheu haben. — Es ist Sache der Erziehung und Hygieine, dahin zu streben, das Erwachen der Geschlechtslust beim Weibe möglichst lange hinauszuschieben, bis das Becken und die Geschlechtsorgane voll entwickelt sind. Ganz besonders sollte ein so reger Geschlechtsverkehr, wie er durch die Ehe in der Regel bewirkt wird, nicht vor dem 21. Jahre dem weiblichen Geschlechte zugemuthet werden.

Die Auflockerung der Scheidenwand und bald darauf sich einstellende vermehrte Schleimabsonderung wird durch einen regeren Blutzufluss nach der Scheide und Gebärmutter mit deren Schleimhautdrüsen bewirkt. Hierdurch wird der gesammte Scheidencanal schlüpfrig gemacht und dem männlichen Gliede das Eindringen erleichtert. Durch chronische Scheiden- und Gebärmutterkatarrh estockt diese Schleimabsonderung, und durch die Trockenheit der Scheide entstehen bei der Begattung für beide Geschlechter durch starke Reibung Schmerzen und kleine Hautrisse. — Die Clitoris schwillt unter der Begattung an, im weiteren Verlaufe des Actes noch mehr durch die Reibungen des männlichen Gliedes. Die Einführung des letzteren bereitet eigentlich nur im Anfange dem Weibe Schmerzen, wenn die Scheide eng und das Jungfernhäutchen unversehrt ist. Der Verlust der physischen Jungfrauschaft wird Defloration genannt und besteht gewöhnlich in der Zerreissung des Jungfernhäutchens, die mit einer geringen Blutung verknüpft ist. Das Hymen kann schon vor dem ersten Geschlechtsverkehre z. B. durch Fremdkörper, die zu onanistischen Manipulationen eingeführt wurden, zerstört sein oder trotz ausgeführten Beischlafes unverletzt sein. Zufälle, welche krankhafte Zustände bedingen, kommen vorwiegend aus Unkenntniss bei der Defloration vor, z. B. Scheidenrisse, Blasenlähmung durch das in die weibliche Harnröhre statt in die Scheide eingeführte männliche

Glied; nicht allzu selten bekommt man es mit bedrohlichen Blutungen aus den weiblichen Geschlechtstheilen zu thun, die den zerrissenen Blutgefässen des Jungfernhäutchens entstammen.

Der Schleim in der Scheide dient nicht nur dazu, sie schlüpfrig zu machen, sondern bietet dem männlichen Samen, besonders seinen Zellen, eine Erhaltungsflüssigkeit, so dass die männlichen Samenzellen längere Zeit bewegungs- und lebensfähig bleiben. — Scheiden- und Gebärmutterkatarrhe, welche die normale Beschaffenheit des in der Scheide vorhandenen Schleimes wesentlich verändern, sind hierdurch eine Ursache der weiblichen Unfruchtbarkeit, da unter Umständen die männlichen Samenzellen zerstört werden.

Durch die Einführung des männlichen Gliedes und seine Hin- und Herbewegungen in der Scheide erreicht der Geschlechtsact gewöhnlich bei der Samenausspritzung des Mannes seinen Gipfelpunct in dem ausbrechenden Wollustgefühle, das beim gesunden Weibe durchschnittlich viel länger anhält als beim Manne. Für die Befruchtung des Eies kommt nicht viel darauf an, dass bei beiden Geschlechtern das Wollustgefühl zeitlich zusammen auftritt, und man hat sehr häufig Schwangerschaft bei solchen Frauen beobachtet, die niemals bei dem Geschlechtsverkehre auch nur das geringste Wollustgefühl empfunden hatten. Am Ende des eigentlichen Begattungsactes wird von den Gebärmutterdrüsen gewöhnlich eine bedeutende Menge von Schleim in das Scheidengewölbe und zum Theile in die Scheide selbst abgesondert.

So sehr die Einführung des männlichen Gliedes dem Weibe eine Quelle des Genusses und späterhin des Mutterglückes wird, so kann hierdurch andererseits leider nur zu oft das Gegentheil bewirkt werden — durch Uebertragung von Geschlechtskrankheiten. Besonders der acute und chronische Tripper des Mannes schafft dem Weibe nicht nur die entsprechende Erkrankung, sondern auch vielfach Eileiterentzündung, -verwachsung und -eiterung, wodurch grosse Beschwerden, Lebensgefahr und Unfruchtbarkeit entstehen.

Ebenso wie das männliche verfällt das weibliche Geschlecht überaus häufig der Selbstbefleckung, zumal ihm durch die Schrecken einer ausserehelichen Schwangerschaft die Möglichkeit zur normalen Befriedigung des Geschlechtstriebes, geschlechtlichen Umgang zu erreichen, bedeutend mehr beschränkt ist, als dem männlichen Geschlechte, das sich immerhin durch öffentliche Mädchen u. dergl. eher Geschlechtsverkehr auf natürlichem Wege, wenn auch nicht gerade ohne Gefahr der Ansteckung und ohne moralischen Abscheu verschaffen kann. Abgesehen von den seelischen Beeinträchtigungen, welche die weibliche Selbstbefleckung bietet, schwächt sie den Gesammtorganismus, bedingt Bleichsucht, Hysterie, Scheidenkatarrhe usw., oder, wenn Fremdkörper zu den betreffenden Manipulationen benutzt werden, tiefergreifende Krankheitsprocesse.

Ebenso wie beim männlichen Geschlechte stellen sich beim weiblichen, wenn auch viel seltener, unter sinnlichen Träumen unfreiwillige nächtliche, vom Wollustgefühle begleitete Schleimabsonderungen ein. Solche Pollutionen kommen sogar bei Ehefrauen, die von ihren Männern geschlechtlich befriedigt werden und sonst sehr keusch sind, vor. Ihre Entstehungsursache ist nicht immer leicht zu ermitteln und kann sehr verschiedener Art sein.

Wünschenswerth wäre es, dass das weibliche Geschlecht, um vor vielen auch gesundheitlichen Gefahren bewahrt zu bleiben, in zweckentsprechender Weise von den Functionen seiner ihm besonderen Organe die nöthigsten Aufschlüsse erhält. Die Kenntniss von dem Zwecke und der Thätigkeit seiner Geschlechtsorgane kann die Herzensreinheit und Unschuld doch keineswegs trüben, wird doch jedes Weib, wenn es in die Ehe tritt, häufig nur zu rasch vor die nüchterne Wirklichkeit gestellt und oft mit einem gewissen Erstaunen und Schrecken vom Storchmärchen und vielen anderen falschen Anschauungen befreit. Unkenntniss in geschlechtlichen Dingen ist eine der häufigsten Quellen der leider so zahlreich verbreiteten Frauenleiden.

Zweiter Abschnitt.
Allgemeine Bemerkungen über Ursachen, Behandlungsarten und klinische Erscheinungen der Frauenkrankheiten.

CAPITEL I.
Stellung der Naturheilmethode zur Frauenheilkunde.

Es ist nicht zu bestreiten, dass innerhalb der letztverflossenen 25 Jahre, entsprechend den anderen Gebieten der Heilkunde, auch die Lehre von den Frauenkrankheiten einen grossen Aufschwung genommen hat. Bezüglich der Behandlung dieser Leiden ist man jedoch durchschnittlich in ein falsches und verhängnissvolles Fahrwasser gerathen, indem, der heutzutage herrschenden Schneidewuth entsprechend, die chirurgische Richtung in der Frauenheilkunde (Gynäkologie) die Oberhand gewonnen hat. Von der häufig irrthümlichen Annahme ausgehend, dass die Mehrzahl der Erkrankungen der weiblichen Geschlechtsorgane nur örtliche oder mechanische Uebel vorstellen, erhoffen alle modernen Frauenärzte nur Heilung von grösseren oder kleineren blutigen Eingriffen, vielfach von der vollständigen Entfernung der erkrankten Organe. Meist wird dabei vergessen, dass es weit einfachere, gefahrlosere Mittel zur Gesundung giebt, von denen freilich ein grosser Theil der jetzigen, im Operationstaumel lebenden Frauenärzte keine Ahnung hat.

Diesen Umstand haben nicht nur die kranken Frauen an ihrem Leibe zu büssen, sondern beklagen als unheilbringend viele der berufensten Vertreter der Frauenheilkunde. So sagte z. B. *Scanzoni* schon vor 20 Jahren: »Eine beinahe 30 jährige gynäkologische Praxis hat mir die Ueberzeugung aufgedrängt, dass die Devise der modernen Schule: Örtliche Erkrankung, materielle Erklärung und mechanische Behandlung in der für sie beanspruchten allgemeinen Gültigkeit auf Abwege führt, indem sie wohl geschickte Routiniers, aber nicht Aerzte schafft, die, wenn ihr Wirken ein segenvolles sein soll, den Zusammenhang örtlicher Erkrankungen mit mehr oder weniger weitgreifenden physiologischen Vorgängen und pathologischen Processen unverrückt im Auge behalten müssen. Ich unterschätze nicht den wahren Werth mechanischer, namentlich operativer Hülfeleistungen auf dem Gebiete der Gynäkologie. Ich weiss nur zu wohl, dass es eine nicht unbeträchtliche Zahl von Erkrankungen der weiblichen Geschlechtsorgane giebt, die nur dem Chirurgen ein erspriessliches Feld seiner Thätigkeit öffnet; ich bin auch nichts weniger als messerscheu: aber ich verabscheue eine Praxis, welche ohne zureichende, auf anatomische, physiologische und pathologisch-anatomische Thatsachen fussende Begründung Operationen ausführt, die theils nutzlos, theils entbehrlich, theils endlich so

beschaffen sind, dass der durch sie zu erzielende Gewinn reichlich durch die ihnen anklebenden Gefahren aufgewogen wird.«
In ähnlich scharfer Weise lässt sich *Winckel* aus: »Die Einbürgerung
der *Lister*'schen Methode in der Gynäkologie hat die schlimme Folge
gehabt, die einseitige Anwendung der Bauchhöhleneröffnung (Laparotomie)
für alle Leiden des weiblichen Geschlechtes in einer Weise zu befördern,
dass es heutzutage kaum noch eine Erkrankung desselben giebt, bei
welcher der Bauchschnitt noch nicht angewendet worden wäre. Wie nach-
theilig ein solches Verfahren für eine genaue Feststellung der Diagnose
vor dem Gebrauche des Messers ist, das liegt auf der Hand. Wenn man
unbedenklich die Geschwülste, um deren Natur es sich handelt, nach
Eröffnung der Bauchdecken in die Hand nehmen und untersuchen kann,
so ist ja die gründliche Vornahme einer unterscheidenden Diagnose lang-
weilig. Man beruhigt sich damit, zu bemerken, dass eine vorhandene
Geschwulst eine Eierstocks-, Gebärmutter- oder Nierengeschwulst oder
auch anderer Art sein könne, schneidet alsdann die Bauchdecken auf
und findet nun nichts von alledem, sondern eine ausserhalb der Gebärmutter liegende (extrauterine) Leibesfrucht — so tröstet man sich dann
damit, dass hierbei der operative Eingriff auch ganz gut sei; denn jene
Frucht (Foetus) konnte auf anderem Wege nicht beseitigt werden.
Nun gut! Aber wie dann, wenn von dem einen Frauenarzte nach Untersuchung eines jungen Mädchens bestimmt behauptet wird, dass es keine
Geschwülste im Unterleibe habe, sondern nur sehr fette Bauchdecken,
und wenn dann ein anderer doch die Bauchhöhleneröffnung bei demselben macht und zwar keine Geschwülste findet, aber weil in den Eierstöcken ein paar kleine Bläschen vorhanden sind, beide Organe gleich
wegschneidet, also die Patientin castrirt? Ich spreche hier nicht von
Phantasiegebilden, sondern ich erwähne nur Erlebtes! Lässt sich dafür
auch noch eine Entschuldigung finden? Ja, wenn der um die Operation
angegangene Arzt immer blos ein anerkannt tüchtiger Operateur wäre,
so läge die Sache auch noch nicht so bedenklich, aber heutigen Tages
wagen sich auch viele jüngere Aerzte, selbst solche, die weder eine
derartige Operation an der Leiche sich eingeübt noch bei einer solchen
jemals assistirt, ja sogar ohne sie ein einziges Mal gesehen zu haben,
im sicheren Vertrauen auf die *Lister*'sche Methode (Antiseptik) an solche!
Aus dem vorhin erwähnten Beispiel ergiebt sich weiter zur Genüge, dass
auch das Studium der Ursache der Krankheiten bei solchem Verfahren
einfach über das Knie gebrochen wird. Die Gefahr liegt nahe, dass
wenn erst einmal der Bauch geöffnet ist, auch irgend ein Uebelthäter
gefunden und herausgebracht werden muss. Sollen wir uns da nicht der
Worte erinnern, die der Generalarzt *Kothe* 1828 niederschrieb anlässlich
der berüchtigten *Dieffenbach*'schen bei angeblicher Bauchschwangerschaft
gemachten Bauchhöhleneröffnung, nach der sich aber kein Kind im Leibe
fand: Ich frage, ist es nicht grausam, so ohne alle klare

Diagnostik, ohne Drang der Umstände den Bauch aufzu-
schneiden — selbst, wenn die Operation bei Weitem nicht
mehr so gefährlich ist wie früher? Manche Gynäkologen von Fach,
die selbst viel zu operiren in der Lage sind, haben bereits zugestanden,
dass sehr gern zum Messer gegriffen, d. h. nicht immer die nöthige
Geduld gezeigt werde, dass trotz der antiseptischen Methode recht viele
Operirte sterben, dass in sehr vielen Fällen auch die von der Operation
Genesenen nicht geheilt, sondern ebenso schnell, wenn nicht noch
schneller als ohne jene untergegangen sind. So unterliegt es nicht dem
mindesten Zweifel, dass die Durchtrennungen (Discissionen) des Gebärmutterhalses und besonders die Castrationen des Weibes heutigen Tages
nicht blos von Fachgynäkologen, sondern auch von vielen practischen
Aerzten viel zu häufig ausgeführt werden, und dass endlich viele dieser
Operationen hinsichtlich ihres endgültigen Erfolges oft viel zu früh oder
weil sie unglücklichen Ausgang hatten, gar nicht veröffentlicht wurden,
dass die allgemein gebräuchlichen Sterblichkeitsstatistiken derselben trügerisch sind!« *Hegar* erklärte vor genau 10 Jahren: »Für die Gynäkologie
ist ein engerer Anschluss an die übrige Heilkunde sehr nöthig,« man hat
in ihr zwar grosse Resultate mit der rein operativen Richtung erlangt,
allein man ist doch ziemlich an's Ende gekommen. Ueber die Ausrottung des ganzen inneren Geschlechtsapparates kann man nicht hinaus-
gehen, so dass man jetzt auf Verbesserung einzelner in ihren Haupt-
zügen gegebener Untersuchungs- und Operationsmethoden und auf feinere
Ausbildung der Einzelheiten beschränkt ist. Grosse neue Gesichtspuncte
aufzufinden, wird wohl kaum mehr möglich sein. Auch ist es hohe
Zeit, einmal von etwas Anderem zu hören, als stets von Bauch-
chirurgie und Antisepsis.« Aehnlich schrieb *P. Müller* in der Vor-
rede zu seinem Lehrbuche der Krankheiten des weiblichen Körpers:
»Es dürfte einmal wieder an der Zeit sein, der Gynäkologie andere
Seiten als die operative abzugewinnen« und *Fehling*: »Nicht der
Kampf um's Dasein, sondern der an und für sich rühmliche Wetteifer
der Leistungen hat es dahin gebracht, dass die deutsche Gynäkologie
augenblicklich an einem Puncte der operativen Thätigkeit angelangt ist,
der viel zu weit geht «.

Trotz aller Mahnrufe ist es bisher nicht gelungen, dieser chirurgischen Raserei bei Krankheiten der weiblichen Geschlechtsorgane Einhalt
zu bieten, aber es wird und muss anders werden, seitdem die Naturheilmethode sich zielbewusst dagegen erhoben hat und nicht nur abspricht
und einreisst, sondern den wunderbaren Bau der nicht operativen Behandlung von Frauenkrankheiten errichtet hat. Schon heute lässt sich
sagen, dass annähernd $^2/_3$ der bisher zur Behandlung von Frauenleiden
für unbedingt nothwendig und nützlich erachteten chirurgischen Eingriffe
durch systematische Anwendung der Naturheilfactoren überflüssig gemacht
werden.

Bei der Wichtigkeit der hier in Betracht kommenden Organe sowohl für das Weib selbst — denn mit Recht sagt man, das Weib sei ganz »Unterleib« — als auch für die gesammte menschliche Gesellschaft — entwickelt sich doch aus den weiblichen Geschlechtsorganen jeder einzelne Mensch — sollte man meinen, müssten bald sämmtliche Frauenkliniken von der Naturheilmethode erobert werden, aber voraussichtlich werden leider noch viele Frauen unnöthig an ihren speciellen Unterleibsorganen verstümmelt werden, ehe der Schneidewuth ein seliges Ende bereitet wird. So gewiss, wie es keine operationslose Frauenheilkunde giebt und je geben wird, was freilich von einzelnen natürlich kenntnisslosen Leuten auf dem Gebiete der Naturheilmethode behauptet wird, so sicher vermag eine naturgemässe, örtliche und Allgemeinbehandlung die überwiegende Mehrzahl der Frauenleiden zu beseitigen oder mindestens ebenso zu bessern, wie eine dagegen ausgeführte Operation.

Dass die obige Schilderung besonders bezüglich der Auffassung des rein örtlichen Sitzes von Frauenleiden und der Schneidewuth vieler Frauenärzte keine übertriebene ist, dafür lassen sich vielfältige Beispiele anführen. Jeder Naturarzt, der eine grössere Frauenpraxis hat, wird, wenn er längere Zeit an demselben Orte thätig gewesen ist, erfahren haben, dass einzelne Frauenärzte geradezu die Manie haben, allen sie aufsuchenden Patientinnen einen Mutterring einzulegen, den Gebärmuttermund zu umschneiden oder die Gebärmutterhöhle mit einem scharfen Löffel auszukratzen. Weiterhin, als durch die verbesserte Technik die Eröffnung der Leibeshöhle (Laparotomie) angefangen hatte, ihre bisherige Gefährlichkeit zu verlieren, schnitt man einer grossen Anzahl hysterischer Patientinnen die Eierstöcke heraus, weil man, noch dazu im grausamen Irrthume, diese Organe für den Ausgangspunct der Hysterie hielt. Was würde, um den Wahnwitz dieser Operation deutlicher zu erhärten, ein Mann dazu sagen, wollte man ihm wegen Schmerzhaftigkeit der Hoden dieselben entfernen? Es hat sich also — und gerade dieses Beispiel beweist es sehr drastisch — die rein örtliche Auffassung vom Sitze eines Frauenleidens und die daraus entspringende örtliche, operative Behandlung als ein verhängnissvoller Vorgang erwiesen, umsomehr, als trotz der Verstümmelung die Schmerzen im Leibe der Opfer des Irrthumes bestehen blieben, ebenso die Hysterie selbst und nicht allzu selten letztere sogar sich zur ausgesprochenen Geisteskrankheit entwickelte. Einen nicht minder betrübenden Beleg für die Richtigkeit unserer Behauptungen, zugleich aber auch dafür, wie verhängnissvoll zuweilen mikroskopische Untersuchungen werden können, liefert die als Abschneidung (Amputatio) des Scheidentheiles der Gebärmutter früher so berüchtigte Operation. Hiermit hat es folgende Bewandtniss: Bei jeder entzündlichen Auflockerung des Scheidentheiles der Gebärmutter (Erosion der portio vaginalis Uteri), einer der häufigsten Erkrankungen wurde vor noch nicht langer Zeit durchweg die erwähnte Operation vorgenommen, und es war ein Glück, dass man solche Erosionen häufig übersieht, sonst wären noch weit mehr Frauen verstümmelt worden, als es leider ohnehin der Fall war. Man schritt zu dieser überflüssigen Maassnahme durch einen verhängnissvollen Irrthum. Bei der erwähnten Erosion findet man nämlich unter dem Mikroskope eine Wucherung von Cylinderdeckzellen (Epithelien), während normaler Weise der Scheidentheil der Gebärmutter Plattendeckzellen besitzt. Wegen der Aehnlichkeit der regelwidrig gewucherten Cylinderdeck- mit Krebszellen vermuthete man zwischen Erosion und Krebs einen nahen Zusammenhang, der aber in der That gar nicht besteht und schritt diesem Irrthume zufolge fast ausnahmslos zu der erwähnten Operation, mit der leider auch heute noch viele unberufene Frauenärzte einen geradezu empörenden Sport treiben. Man hat dieselbe Operation fast als Specificum gegen die chronische Entzündung der Gebärmutter (Metritis) empfohlen und unzählige Male ausgeführt. Bei diesem Vorgange hat man gar manchen Scheidentheil der Gebärmutter abgeschnitten in Fällen, wo dieser Organtheil nicht durch chronische Entzündung verdickt war, sondern ein Myom (Geschwulst) desselben vorlag, eine Verirrung schwerwiegender Art. Die angezogene Operation war eine Zeit lang so beliebt, dass thatsächlich, wie Frauenarzt *Runge* sagt, in bestimmten Stadtvierteln, in denen solche Schneidewütheriche hausten, kaum noch eine Frau gefunden wurde, die den Scheidentheil der Gebärmutter besass. Und zudem ist diese Operation kein so unwesentlicher Eingriff in den weiblichen Organismus, als man ihn hinzustellen beliebte. An Stelle der Erosionen zeigten sich oft mit grösseren Qualen verknüpft und keineswegs gleichgültig für etwaige Geburten ausgedehnte Narben, die sich natürlich auch zur chronischen Gebärmutterentzündung, welche durch die Operation eher ungünstig beeinflusst wurde, obendrein hinzugesellten.

Wir wollen uns mit der Anführung dieser Beispiele begnügen, denn sie lassen schon hinlänglich die Wahrheit obiger Behauptung durchblicken, dass annähernd $^2/_3$ der bisher bei Frauenleiden vorgenommenen chirurgischen Eingriffe zwecklos und schädlich sind, von den vielen Aetzungen, Brennungen und ähnlichen Eingriffen an den weiblichen Geschlechtsorganen gar nicht zu reden, die fast durchweg entbehrlich sind, mit denen jedoch die kranken Frauen massenhaft maltraitirt werden, die ebensowohl unnöthige Schmerzen und Aufregungen bereiten, als auch geradezu das Gemüth und den Geist der unglücklichen Opfer ertödten.

Aus diesen Erörterungen ist leicht ersichtlich, was die Naturheilmethode in Bezug auf die Frauenleiden erstrebt: Einen Umschwung der bisherigen Anschauungen insofern, als man die meisten Erkrankungen der weiblichen Geschlechtsorgane nicht als rein örtliche Uebel, sondern als solche auffasst, die durch Störung des Gesammtorganismus hervorgerufen sind, und weiterhin, dass man die Mehrzahl der Frauenleiden nicht durch rein örtliche, vorwiegend mechanische und chirurgische Eingriffe zu behandeln und zu heilen sich bestrebt, sondern neben den örtlichen auch die allgemeinen Maassnahmen der Naturheilmethode berücksichtigt. Es handelt sich also um nichts weniger als darum, die Frauenheilkunde ihrer chirurgischen Richtung zu entreissen und wieder dem Gebiete der inneren Erkrankungen zuzuführen, dem man sie leider entführt hat; denn die weiblichen Geschlechtsorgane stellen nur innere Organe vor, nicht anders als der Magen, die Leber, die männlichen Geschlechtsorgane usw. Dass dieses erhabene Ziel ein berechtigtes ist, beweist der Umstand, dass in einzelnen Lehrbüchern der inneren Erkrankungen, die vor etwa einem Jahrzehnte erschienen, z. B. von *Kunze* und *Niemeyer,* auch die Erkrankungen der weiblichen Geschlechtsorgane abgehandelt sind. Wir wollen das Gebiet des Behandelns für diejenigen Aerzte, welche nicht Specialisten der Frauenheilkunde sind, wesentlich erweitern, auch sie sollen fernerhin die Mehrzahl der Frauenleiden behandeln können.

Für den Operateur verbleiben alsdann nur jene Fälle von Frauenkrankheiten übrig, die den naturgemässen Heilfactoren nicht weichen können und bei denen aus Rücksichten auf Lebensbedrohung und dauernde Qualen ein chirurgischer Eingriff unabwendbar ist, oder bei Missbildungen, bösartigen Neubildungen, verschiedenen Geschwülsten, mechanischen Verletzungen und Fremdkörpern. Diese letzterwähnten Zustände machen unter der Gesammtzahl von Frauenleiden glücklicherweise nur einen ziemlich geringen Bruchtheil aus, und bei der Mehrzahl der Erkrankungen der weiblichen Geschlechtsorgane kann die Naturheilmethode Erlösung von Chloroform und chirurgischen Maassnahmen darbieten. Freilich ist die Heilung häufig nur eine relative, wenn durch chronische Reizzustände nicht mehr auszugleichende Gewebs- und Formveränderungen mit ihren Folgen entstanden sind, immerhin aber können auch hierbei die Naturheilfactoren die Beschwerden erträglich machen und dasselbe leisten wie Hülfsoperationen — dabei viel gefahrloser.

Getreu endlich dem Ausspruche, dass es leichter ist, tausend Krankheiten zu verhüten als eine einzige fertige zu heilen, stellt die Naturheilmethode natürlich strenge Grundsätze auf über die Vorbeugung (Prophylaxe) von Frauenkrankheiten, die nur möglich ist, wenn ihre vielfachen Ursachen den Eltern sowie allen weiblichen Personen bekannt sind. Gerade darum ist es wichtig, in alle Kreise der Bevölkerung durch streng wissenschaftliche, dabei aber volksverständliche Darstellung die Kenntniss von den Frauenkrankheiten und ihren Ursachen zu tragen. Denn was nützt es, die Lehre hiervon in unverständlichen Folianten zu begraben, die nur dem Arzte zugänglich sind, während Diejenigen, welche durch die betreffenden Krankheiten zu leiden haben, ohne Möglichkeit der Aufklärung dastehen?

CAPITEL II.

Die vorwiegendsten Ursachen der Frauenkrankheiten.

Die Thätigkeit der weiblichen Geschlechtsorgane beginnt durchschnittlich erst mit der Geschlechtsreife (Pubertät) und erstreckt sich nur bis zu einem gewissen Lebensabschnitte, wodurch es leicht verständlich ist, dass krankhafte Processe in ihnen sich vorwiegend in den Jahren der Geschlechtsreife entwickeln. Vor dem Eintritte der Pubertät trifft man ausser angeborenen Bildungsfehlern, die entweder keine oder nur unwesentliche Störungen veranlassen, krankhafte Vorgänge fast nur als untergeordnete Neben- oder Theilerscheinungen anderweitiger, insbesondere constitutioneller Erkrankungen: Katarrhe infolge von Scrophulose, Blutungen bei acuten Ausschlagskrankheiten, diphtherische und tuberculöse Affectionen u. dergl. In anderen Fällen handelt es sich um Reizzustände durch mechanische Verletzungen, z. B. Kratzen mit den Fingernägeln, Einführen von Fremdkörpern und endlich etwas häufiger durch mittel- oder unmittelbare Tripperansteckung. Jenseits der Wechseljahre verringert sich unbedingt die Neigung zu Frauenkrankheiten immer mehr und mehr, und es muss an dieser Stelle ausdrücklich betont werden, dass der üble Ruf, in welchem gerade die Zeit des weichenden Monatsflusses (Menopause) steht und die Angst vieler Frauen davor kaum begründet ist und dass die in diesem Lebensabschnitte scheinbar auftretenden Krankheiten aus früheren Zeiten her datiren. Auch darf nicht übersehen werden, dass das Aufhören der physiologischen Leistungen der weiblichen Geschlechtsorgane fast durchweg allmählich erfolgt und auch nach dem Versiegen des Monatsflusses noch einige Zeit hindurch periodische Reizerscheinungen auftreten, die man überhaupt · nicht als krankhafte Störungen bezeichnen kann. So bleibt für das höhere Lebensalter bei Frauen nur die Disposition zur Krebswucherung übrig, die auch in anderen Organen vorzugsweise in späteren Lebensabschnitten vorhanden ist, und zum Vorfalle der Gebärmutter, die in dem greisenhaften Schwunde (senile Atrophie) der Geschlechtstheile ihre Ursache findet.

Während der Dauer der Geschlechtsreife bieten die verschiedenen Verrichtungen des weiblichen Geschlechtsapparates eine sich oft wiederholende Gelegenheit zu geringeren oder erheblicheren Störungen. Dieser Umstand macht sich zunächst schon bei der periodischen Blutüberfüllung (Hyperaemie) geltend, welche die Reifung und Wanderung des Eies (Ovulation) begleitet. Ihre Heftigkeit wird unter normalen Umständen durch eine entsprechende Blutung aus der Gebärmutterschleimhaut, die sogenannte Periode oder Menstruation, also einen zweckmässigen Selbstaderlass, gemässigt und zwischen je zwei Menstruationen tritt eine völlige Ausgleichung ein. Letztere bleibt jedoch aus, wenn die normale Blutüberfüllung der Gebärmutterschleimhaut durch irgend welche Ursachen regelwidrig gesteigert oder der Selbstaderlass zu geringfügig ist oder endlich dieser durch unzweckmässiges Verhalten und äussere Schädlichkeiten plötzlich unterdrückt wird. Es entsteht alsdann bei mangelhafter Ausgleichung der Kreislaufsverhältnisse um so leichter eine chronische Blutüberfüllung, die ihrerseits Ursache sehr vieler Frauenleiden ist, wenn die Herzthätigkeit und Spannung in den Arterien herabgesetzt sind, wie z. B. bei Bleichsucht, oder wenn durch Lageveränderung der Gebärmutter der Rückfluss des Blutes in die Venenstämme erschwert ist.

Der Geschlechtsverkehr ist zwar häufig als krank machende Ursache überschätzt worden, jedoch keineswegs ohne Bedeutung. Sehen wir hierbei von den directen Verletzungen durch stürmisches oder aus Unkenntniss entsprungenes Vorgehen ab, so tritt dieses Verhältniss besonders auffällig bei acuten Entzündungen der äusseren Schamtheile und des Scheideneinganges durch Missverhältnisse der Geschlechtstheile hervor, was sich nicht lediglich bei dem Missbrauche unentwickelter Mädchen, sondern auch gelegentlich im Alter der Geschlechtsreife zeigt, z. B. in Form des Scheidenkrampfes. Weiterhin ist bekannt, dass durch den Geschlechtsverkehr mit tripperkranken Männern nicht nur chronische Scheiden- und Gebärmutterkatarrhe entstehen, sondern überaus häufig eiterige Entzündung in den Eileitern und Eierstöcken selbst. Auch Uebertreibungen des Geschlechtsverkehrs sind für die Entstehung von Frauenkrankheiten als mitwirkender Factor bei daneben vorhandenen Erkältungen, chronisch kalten Füssen, körperlichen Strapazen, Menstruation und Schwangerschaft, Bleichsucht, Hysterie usw. belangreich. Aus dieser Rücksicht allein schon sollte die Sitte der Hochzeitsreisen verbannt werden und manche Neuvermählte, die gesund in die Ehe trat, musste unmittelbar nach der Hochzeitsreise den Frauenarzt aufsuchen.

Die Selbstbefleckung (Onanie), welche auch beim weiblichen Geschlechte häufig ausgeführt wird, erscheint als eine nicht unwichtige Ursache verschiedener schon in den Entwickelungsjahren auftretender Erkrankungen der weiblichen Geschlechtsorgane und legt häufig den Grund zu chronischen Katarrhen der Scheide, durch örtliche Reizung zu Ueberwucherung der kleinen Schamlippen, durch Einführen von Fremdkörpern zu verschiedenen anderweitigen Frauenleiden.

Die Veränderungen vor, während und nach dem Wochenbette stehen überaus häufig mit Frauenleiden in näherem oder entfernterem Zusammenhange. Abgesehen von dem Wochenbettfieber und den Venenerweiterungen in den Gefässnetzen der Gebärmutter, Scheide und des Mastdarmes, wie sie nach wiederholten Schwangerschaften zurückbleiben und zur Bildung von blutigen Ergüssen führen, von den Folgen der theils durch Kindestheile oder geburtshülfliche Instrumente, besonders die Zange, hervorgerufenen Quetschungen und Zerreissungen, heben wir hier in erster Reihe die Störungen durch ausbleibende Rückbildung der Gebärmutter und durch deren sowie der Scheide Lageveränderungen hervor. Allen Aerzten ist es bekannt, dass die meisten Frauenleiden durch verfehltes Verhalten vor und während der Geburt, durch zurückgebliebene Fruchttheile besonders bei Frühgeburten entstehen.

Durch ihren anatomischen Bau erwächst den weiblichen Geschlechtsorganen gleichfalls eine Disposition zu verschiedenartigen Erkrankungen. Dadurch, dass Gebärmutter, Eileiter und Eierstöcke Hüllen vom Bauchfelle beziehen, pflanzen sich auf sie vielfach krankhafte Processe fort, bald entzündlicher Art, bald Veränderungen in der Spannung der Gebärmutterbänder und dadurch Lageveränderungen bedingend. Aber auch umgekehrt wird das Bauchfell häufig durch ursprünglich an den weiblichen Geschlechtsorganen auftretende Erkrankungen mitergriffen, und es kommt zur Verklebung mit Nachbarorganen, Durchbruch mit hinterbleibenden Fisteln, Bildung von falschen Bändern, Lageveränderungen usw. — Durch ihre Auskleidung mit Schleimhaut sind die Gebärmutter, Scheide und Eileiter einer Reihe krankhafter Processe ausgesetzt, besonders dem Katarrhe, der Diphtheritis und der Tuberculose. Dabei erleiden die an verschiedenen Stellen massenhaft vorhandenen Drüsen nicht selten Entartungen, die mit Ueberwucherung, Polypenbildung, Neubildungen, verschiedenen Formen von Geschwüren, Cystenbildung und ähnlichen Processen einhergehen. — Innerhalb der Muskeln der Gebärmutter entwickelt sich häufig Bindegewebsüberwucherung und führt vielfach die als Myom und gestielte Polypen bezeichneten Geschwülste herbei. Aus den Follikeln der Eierstöcke, den Canälen in den breiten Mutterbändern entstehen häufig geschlossene, mit verschiedenartigem Inhalte versehene, von einem derben Bindegewebssacke umgebene Höhlen (Cysten). — Schliesslich giebt schon die Art und Weise der Befestigung der Gebärmutter und Scheide an sich die Möglichkeit zu mannigfaltigen Lageveränderungen dieser Organe. Auch die Anwesenheit einer Höhle in dem Gebärmutterinneren und dessen Trennung in eine obere und untere Partie ermöglichen es, dass sich unter Umständen die Absonderungen der die Gebärmutterhöhle auskleidenden Schleimhaut massenhaft ansammeln und Verstopfungen und regelwidrige Ausdehnungen veranlassen.

Haben wir uns so in grossen Zügen mit den mehr örtlichen Ursachen der Frauenleiden befasst, so wollen wir nunmehr die aus Unachtsamkeit gegen die Gesetze der Hygieine entstammenden, deren Vermeidung im Bereiche der Möglichkeit liegt, betrachten.

Vergleichen wir den gegenwärtigen Zustand der Frauen mehr der höheren Stände, als der arbeitenden Classen mit den Frauen von Urvölkern, z. B. der Indianer und Neger, so würde man kaum glauben, dass sie ursprünglich die gleichen körperlichen Eigenschaften besassen Die Erfahrung lehrt, dass Frauen, wenn sie keinen schwächenden Einflüssen unterliegen, sich in Kraft und Ausdauer mit den Männern ihrer Rasse messen können, diesen sogar zuweilen als überlegen gelten. Unter den Thieren ist diese Gleichheit beider Geschlechter noch mehr in die Augen springend. Die Stute steht an Ausdauer dem männlichen Pferde gleich, besitzt für das

Ziehen von Lasten dieselbe Kraft und Fähigkeit, und einige der berühmtesten Rennpferde sind weiblichen Geschlechtes; die Hündin ist bei der Jagd ebenso unermüdlich und leistungsfähig wie nur der kräftigste Hund in der Koppel und dergleichen Beispiele mehr. Hieraus ergiebt sich mit grosser Wahrscheinlichkeit, dass die Frau, wenn sie hygieinisch entwickelt und den Schädlichkeiten entzogen würde, die ihrem körperlichen Gedeihen hinderlich sind, kaum noch das „schwächere Geschlecht" abgeben dürfte. Nur die hygieinischen Sünden des civilisirten Lebens haben ihre Kraft und Ausdauer bedeutend geschwächt.

Die gewöhnlichsten und hauptsächlichsten dieser schädlichen Einflüsse seien hier angeführt:

Mangel an frischer Luft und Körperbewegung, da hierdurch das Blut entmischt wird (Dysaemie), das Muskel- und Nervensystem erschlafft und die Schleimhäute zu regelwidrigen Processen geneigt gemacht werden. Es ist unzweifelhaft, dass das weibliche Geschlecht schon von Jugend an weit weniger körperliche Bewegungen vornimmt als das männliche. Rudern, Turnen, Spiele im Freien, Spazierengehen, allerlei sonstiger körperlicher Sport wird vom weiblichen Geschlechte nur wenig getrieben. In den Grossstädten trifft man häufig Frauen, welche zum Theile leider durch Ueberanspannung im Berufe Monate hindurch nicht eine Meile weit während des Tages gehen und überhaupt keine andere Körperbewegung vornehmen als solche, die zur ruhigen Fortbewegung innerhalb der eigenen Häuslichkeit nothwendig ist, also keine wesentliche Muskelthätigkeit beansprucht. Insbesondere gestattet man sich während des Winters nicht den Aufenthalt in freier Luft, höchstens für eine Stunde zum Schlittschuhlaufen. Man zieht die jungen Mädchen in dem Irrglauben auf, dass Zeitvertreibe, die mit grösserer Bewegung einhergehen, für sie unschicklich, nur für wilde Knaben geeignet seien, füllt dagegen ihre sogenannte Freizeit mit Musik, Zeichnen, Lectüre und ähnlichen zu sitzender Lebensweise zwingenden Beschäftigungen aus. Dass mit solchen falschen Grundsätzen gebrochen werden muss, ist selbstverständlich, und das weibliche Geschlecht müsste ebenso zu systematischen Körperübungen, besonders turnerischen und Märschen angehalten werden wie das männliche. Es muss ein richtiges Verhältniss geschaffen werden zwischen der Kraft des Nerven- und Muskelsystemes.

Unrichtigkeiten der weiblichen Kleidung sind mit dem grössten Rechte schon seit undenklichen Zeiten als Quelle vieler Frauenleiden verschrieen und schaffen nicht nur die Disposition zu Erkrankungen der weiblichen Geschlechtsorgane, sondern rufen diese sogar direct hervor. Die Gewohnheit, den Körper an den Seiten durch Corset und feste Kleidung zusammenzupressen, bewirkt, abgesehen von der Störung der Athmung, Druck auf die Eingeweide und so auf die bewegliche Gebärmutter, die hierdurch auf den Boden des Beckens oder quer darüber gepresst wird. Ausser dem so künstlich geschaffenen Drucke auf die

Baucheingeweide werden noch etwa 5 bis 10 Pfund, welche um die zu-
sammengepresste Taille gebunden werden, von den Bauchwänden getragen, die ohnehin schon durch den erwähnten Druck vorgetrieben werden.
Die Gebärmutter unterliegt diesem abwärts drängenden Drucke etwa
14 Stunden hindurch alle Tage und hat ausserdem während der Mahlzeiten
einen Theil vom Gewichte des angefüllten Magens zu tragen. Hierzu gesellt
sich gleichzeitig als schädigendes Moment die Entartung der Bauchmuskeln
und dadurch herbeigeführte Widerstandslosigkeit der Bauchdecken und
nicht minder der erschwerte Blutabfluss aus den Venen der Unterleibsorgane. Um sich die Folgen dieses widernatürlichen Druckes auf die
Gebärmutter klar zu machen, muss man deren grosse Beweglichkeit berücksichtigen, und es kann kein schlagenderer Beweis für seine nach-
theiligen Folgen angegeben werden, als der Umstand, dass während einer
Untersuchung mit dem *Sims*'schen Mutterspiegel, wenn die Kleidung um
die Hüften nicht gelöst worden ist, der Gebärmutterhals so sehr in die
Kreuzbeinhöhlung zurückgedrängt wird, dass man ihn trotz eingeführten
Instrumentes dem Auge nicht zugänglich machen kann, was dagegen
sofort gelingt, wenn die Kleidung gelöst ist. Weiterhin wird man durch
den eingeführten Mutterspiegel bemerken, dass die Gebärmutter bei jeder
Ausathmung steigt, bei jeder Einathmung sinkt, und es ist leicht verständlich, dass ein Organ, welches in seiner Stellung schon durch so
geringe Druckschwankungen, wie sie bei der entfernt gelegenen Athmung eintreten, so deutlich und entschieden beeinflusst wird, noch ungleich wesentlicher unter einer Zusammenpressung zu leiden hat, welche,
wie vielfache Leichenbefunde beweisen, oft einen Abdruck der Rippen
auf der Leber und sogar regelwidrige Lappenbildung dieses Organes
bewirkt, weiterhin, dass, wenn in solchen einengenden Kleidern womöglich trotz vorhandenen Monatsflusses flott bis zum frühen Morgen getanzt
wird, häufig mit vollem Magen nach eingetretener Tanzpause, wenn aus
dem heissen Tanzlokale in die kalte Nacht hinausgegangen wird, wenn
dieses unhygieinische Verfahren während jeder Saison häufig wiederholt
wird, es nicht wunderbar erscheint, dass Lageveränderungen und anatomische Erkrankungen der Gebärmutter und übrigen weiblichen Organe
sich einstellen.

Aber auch aus der Art der Bekleidung erwachsen den weiblichen
Geschlechtsorganen verschiedene Störungen. Während der übrige Körper
durch mehrere Kleiderlagen überhitzt ist, entbehren die unteren Extre-
mitäten und die äusseren Schamtheile entweder überhaupt jeglicher oder
doch wenigstens einer zweckmässigen Bedeckung. Unter die Säume der
Kleider wehen kalte Luftströme, und von der nassen Erde steigen feuchte
Nebel auf, Gliedmaassen und Körpertheile berührend, die hiergegen vollkommen unzulänglich, zumal während des Monatsflusses geschützt sind.

Unzweckmässige Beköstigung, wie sie von dem ärmeren Theile
der weiblichen Bevölkerung leider aus Noth, von dem wohlhabenderen

leider aus Unverstand eingenommen wird, ist als häufige Ursache von Frauenleiden zu betrachten. Der vorwiegende Genuss von Süssigkeiten und sonstigen untauglichen Nahrungs- und Genussmitteln, zumal das übermässige Trinken von Kaffee, schaffen Blutentmischung (Dysaemie), auf deren Boden sich häufig katarrhalische Processe in den Schleimhäuten der weiblichen Geschlechtsorgane entwickeln.

Unvorsichtigkeiten während des Monatsflusses bilden überaus häufig den Anlass zu Frauenleiden. Bald werden aus Unwissenheit, bald aus Sorglosigkeit, bald aus Nothwendigkeit während dieses physiologischen Vorganges hygieinische Fehler begangen, die den Grund zu dauernden Störungen im Monatsflusse oder zu Entzündungen der Gebärmutterinnenwand und der Eierstöcke legen. Mädchen, die ohne Vorbereitung seitens der Angehörigen von der Periode überrascht werden und aus falscher Scham sich nicht offenbaren, gehen, um die Blutspuren zu verwischen, selbst bei schlechtem Wetter an einen Fluss, um sich mit dem oft sehr kalten Wasser zu benetzen. Andere Frauen gehen während dieser immer etwas Fürsorge erfordernden Zeit auf die Eisbahn, holen sich kalte Füsse und heftige Congestionen nach den Unterleibsorganen. Andere Frauen wieder stehen, da ihr Erwerb leider keine Schonung gestattet, auf nasskaltem Boden im Waschhause und dergleichen Beispiele mehr.

Unvorsichtigkeiten während des Wochenbettes bringen vielfach an den weiblichen Geschlechtsorganen Erkrankungen hervor. Sobald einmal das befruchtete Ei auf der Schleimhaut der Gebärmutterinnenwand eingebettet ist, wachsen durch den hiermit gegebenen ausserordentlichen Reiz dem sich allmählich vergrössernden Inhalte der Gebärmutter entsprechend deren Muskelfasern, um nach der entweder recht- oder vorzeitigen Ausstossung der Frucht der rückläufigen Verwandlung (Involution) anheimzufallen. Zu diesem regelrechten Rückgange bedarf der Organismus, besonders solange noch der Wochenfluss vorhanden ist, einer gewissen Schonung, falls nicht nachtheilige Folgen eintreten sollen, ein Umstand, der vielfach aus Unvorsichtigkeit oder Erwerbsrücksichten ausser Acht gelassen wird. Da zudem um diese Zeit die Gebärmutter weit schwerer als gewöhnlich und die ihre Höhle auskleidende Schleimhaut in einem regelwidrigen, besonders leicht zu Krankheiten führenden Zustande befindlich ist, so können hygieinische Fehler unmittelbar Lage- und materielle Veränderungen an diesem Organe bewirken.

Verhinderungen der Empfängniss und Herbeiführung der Abtreibung der Leibesfrucht sind häufig Veranlassung zu den schwersten Gebärmutterleiden. Man vergegenwärtige sich nur einzelne jener Mittel, die sich in weitesten Kreisen grosser Beliebtheit erfreuen, um den ehelichen Umgang folgenlos zu gestalten. Da steht z. B. eine Reihe von Frauen unmittelbar nach geschehenem Beischlafe mit blossen Füssen auf dem kalten Fussboden und macht mit kaltem oder mit chemischen Zusätzen vermischtem Wasser eine Ausspülung der doppelt empfindlichen, blutüberfüllten Organe. Dieser Missgriff wird der Zahl der ehelichen Umgänge entsprechend womöglich allwöchentlich mehrere Male wiederholt — und die Scheiden- und Gebärmutterentzündung ist bald fertig. Noch schlimmer sind die Folgen der Fruchtabtreibungen, wie sie von unberufenen Personen und den Frauen selbst ausgeführt werden. Die Summe dieser oft mit unsauberen Instrumenten und gewaltsamen Maassnahmen ausgeführten Abtreibungen ist ziffernmässig zwar nicht zu schätzen, dürfte wohl aber annähernd die Zahl der normalen Geburten erreichen. Kann man sich alsdann über das Heer von Frauenleiden wundern?

Allgemeine Nerven- und Constitutionsleiden, welche mit Frauenleiden, freilich ebenso häufig als Folge wie als Ursache in Verbindung stehen, sind in erster Reihe die Bleichsucht und Hysterie. Langdauernde entzündliche Ausflüsse der Geschlechtstheile und starke Monatsflüsse führen durch den hiermit verknüpften Säfte- und Blutverlust ebenso die Bleichsucht herbei, als diese ihrerseits die Schleimhäute der weiblichen Geschlechtsorgane zu entzündlichen Absonderungen und Blutungen geneigt macht. Ebenso wird durch jene Form reizbarer Nervenschwäche, die wir als Hysterie bezeichnen, häufig genug der Boden für Frauenleiden besonders nervöser Art geebnet, wie auch letztere häufig genug die Quelle der Hysterie werden. — Den erwähnten Krankheiten schliesst sich eng als Ursache von Frauenleiden die gewohnheitsmässige Verstopfung (habituelle Obstipation) an, von der ein grosser Theil der Frauen heimgesucht wird. Hierdurch wird, unter Mitwirkung anderer Factoren, vielfach der Grund zu Lageveränderungen und Entzündungen der Gebärmutter gelegt.

Selten ist einer der erwähnten schädlichen Umstände allein der Unheilstifter, meist wirken mehrere und in der Regel andauernd zusammen. Vielfach ist durch falsche Rücksichten auf Mode, Scham und gesellschaftliche Beziehungen trotz eindringlichen Zuredens ein Aussetzen der hygieinischen Missstände nicht zu erzielen, und erst wenn als Strafe für die Unterlassungssünden die Krankheiten mit ihren Qualen fertig sind, wird wohl oder übel Abstellung erreicht. Eher wird der Werth einer kräftigen Körperconstitution überhaupt nicht gewürdigt; man braucht das zarte Aussehen, den leidenden Ausdruck, die dünne Taille, die Muskelschwäche, um interessant zu erscheinen oder, besonders in besseren Ständen, um vom Hausarzte alljährlich in das oder jenes Frauenbad geschickt zu werden. Frauen dieser Art sorgen dafür, dass die Sprechzimmer der Gynäkologen überfüllt sind und unsere Wohn- und Krankenhäuser an allen Arten von Erkrankungen weiblicher Geschlechtsorgane keinen Mangel leiden.

CAPITEL III.

Ueber die klinischen Erscheinungen (Symptome) bei den Krankheiten der Frauen.

Die durch Erkrankungen der weiblichen Geschlechtsorgane bedingten Störungen gehen entweder von diesen selbst und den Nachbarorganen aus oder zeigen sich nicht selten und sogar vorwiegend an abgelegenen Körperstellen.

Regelwidrige Empfindungen verschiedener Art müssen zunächst erwähnt werden. Die gesteigerte Empfindlichkeit kennzeichnet sich durch Schmerzempfindung, die sich, der wechselnden Grundursache entsprechend, durchschnittlich in drei meist leicht zu unterscheidenden Formen äussert:

1. Der entzündliche Schmerz, der auf Blutüberfüllung durch vermehrte Blutzufuhr oder verringerter -abfuhr beruht, in der Heftigkeit grossen Schwankungen unterliegt und sich besonders durch seinen anhaltenden Bestand sowie durch Zunahme bei Druck auf die kranke Stelle kennzeichnet. Bald nimmt der Schmerz bei Bewegung oder im Stehen zu, bald umgekehrt in der Ruhe und im Liegen. Andererseits endlich ist er von den Bewegungen und Lageveränderungen des Körpers unbeeinflusst. Lebhaftere, geradezu als stechend bezeichnete Schmerzen kommen bei Blutüberfüllung und -entzündung besonders dann vor, wenn die die inneren Geschlechtsorgane einschliessenden Bauchfellfalten ergriffen sind.

2. Wehenartige Schmerzen; sie sind meist in der That die Folge von Zusammenziehungen der Gebärmutter, die durch Ansammlung von Blut, Schleim, Eiter oder durch Anwesenheit von Geschwülsten in der Gebärmutterhöhle und ähnlichen krankhaften Vorgängen ausgelöst werden. Die Heftigkeit dieses Wehenschmerzes wird durch die Stärke der Zusammenziehung der Gebärmutter, den Grad der Zerrung, welche dabei ihr Hals erleidet, und die Empfindlichkeitssteigerung der erkrankten Gebärmutter selbst bedingt. Stets tritt er anfallsweise auf, wird also von Pausen mehr oder minder vollkommener Schmerzlosigkeit unterbrochen. Dabei sind die einzelnen Schmerzanfälle in der Regel von raschem Verlaufe, gelegentlich treten sie auch so schnell aufeinander folgend ein, dass sie starken Geburtswehen gleichen. Die Kranken klagen über ziehende, zuweilen schneidende Empfindungen, die sich bald nur auf den Unterleib und einzelne Abschnitte desselben erstrecken, bald auch von der Lenden- und Kreuzgegend ausgehend nach dem Schoosse und den unteren Gliedmassen sich fortpflanzen. Ganz besonders stellen sie sich zur Zeit verschiedener Menstruationsstörungen ein und bilden die Hauptqualen bei der Gebärmutterkolik, von den Frauen als »Blutkrämpfe« bezeichnet.

3. Neuralgische Schmerzen, die sehr häufig bei verschiedenen chronischen Gebärmutter- und Eierstocksleiden vorkommen. Auch sie treten anfallsweise auf und zeigen hierbei einen deutlichen Wechsel von Verschlimmerung mit Nachlässen. Sie können mit mässiger Heftigkeit beginnen und diesen Grad dauernd beibehalten oder auch sich langsam bis zur Unerträglichkeit steigern oder endlich blitzartig durchzuckend (lancinirend) auftreten. Bald stellen sie sich ohne besondere Veranlassung ein, bald zufolge seelischer und körperlicher Anstrengungen oder örtlicher Reizung der Geschlechtsorgane besonders häufig um die Zeit der Periode. Sie verlaufen stets ziemlich genau in bestimmten Nervenbahnen, von der einen oder anderen Seite des kleinen Beckens ausgehend, in die Unterbauch- und Weichengegend oder nach den Lenden, dem Kreuze, der äusseren Scham, den Oberschenkeln und noch tiefer abwärts ausstrahlend. Ziemlich oft sind gleichzeitig in den Brüsten und in anderen Körpergegenden ähnliche Schmerzen vorhanden. Nicht selten sind im Becken selbst die Beschwerden nur gering oder werden nur in gewissen Körperstellungen empfunden, während sie in der Leisten- oder Steissbeingegend (Coccygodynie) unerträgliche Pein bereiten. Durch Nervenübertragung (reflectorisch) können diese neuralgischen Beschwerden an den weiblichen Geschlechtsorganen selbst trotz ihrer Erkrankung fehlen, dagegen in abgelegeneren Nervengebieten auftreten in Form der Migräne, des Gesichtsschmerzes, des Zwischenrippenschmerzes usw.

Unter den übrigen regelwidrigen Gefühlsempfindungen erwähnen wir das Jucken (Pruritus), das bei vielen Affectionen der Gebärmutter und Eierstöcke an der äusseren Scham und in der Scheide empfunden wird und zu den qualvollsten Erscheinungen gehört, nicht selten sogar gewisse Formen von Geistesstörungen herbeiführt. — Seltener kommt es durch Ueberempfindlichkeit des Schamnerven zu krampfhaften Zusammenziehungen (Vaginismus) des Scheidenschnürmuskels, welche besonders bei Berührung des Scheideneinganges sich einstellen und den Beischlaf und die ärztliche Untersuchung behindern.

Nicht gerade selten, wenn auch nicht bei Weitem so oft als die Ueber-, kommt die Unempfindlichkeit der äusseren Schamtheile vor und als Folge derselben ein Darniederliegen der geschlechtlichen Aufregung, fast anhaltender Mangel oder Herabsetzung des Wollustgefühles beim Beischlafe und darum Widerwille und Abscheu vor demselben.

Regelwidrigkeiten der Absonderung (Secretionsanomalieen) begleiten fast regelmässig die Erkrankungen des weiblichen Geschlechtsapparates. Während ihres gesunden Zustandes sondern die sie auskleidenden Schleimhäute ausserhalb des Monatsflusses so wenig ab, dass sich nur ein Schleimpfropf im Gebärmutterhalscanale, der bei der nächsten Periode ausgestossen wird, keinesfalls jedoch directer Ausfluss aus den Geschlechtswegen bildet. Die Anwesenheit des sogenannten weissen Flusses (Fluor albus) setzt stets eine krankhaft gesteigerte

Absonderung voraus, die ungleich mehr der Gebärmutter- als Scheiden-schleimhaut zukommt.

Dabei unterscheiden sich die Absonderungen der verschiedenen Ab-schnitte des Geburtsrohres wesentlich von einander: Der Gebärmutter-höhlenschleim stellt entweder eine ungefärbte oder nur wenig graue, durchsichtige, dünne Flüssigkeit dar, oder er ist zäher, klebriger, mehr oder weniger mit Eiterkörperchen und Blut vermengt. Diesem Aussehen entsprechend findet man in ihm bei mikroskopischer Untersuchung in ge-ringer Anzahl Flimmerdeckzellen, in wechselnder Menge Körnchenzellen, Blutkörperchen, Fettsäuren und pflanzliche Zellen. Die Reaction ist in der Regel alkalisch, d. h. rothes Lacmuspapier wird durch ihn blau ge-färbt. — Die Absonderung des Gebärmutterhalscanales ist farb-los, sehr zäh, enthält bei mikroskopischer Untersuchung vorwiegend sehr blasse, rundliche oder lang ausgezogene Zellen mit und ohne Wimpern, daneben zuweilen Gährungspilze und Sporen. Seine Reaction ist alkalisch. Durch die am Gebärmutterhalse so häufig vorkommenden verschiedenen Geschwürsformen und durch mit eiterigem, fettigem und jauchigem Zer-falle endigende Wucherungen erleiden die krankhaften Absonderungen des Gebärmutterhalses mannigfaltige Veränderungen und sind bald blut-wässerig, bald eiterig, jauchig, mit frischem und zersetztem Blute ver-mengt. —

Der Scheidenschleim stellt eine dickliche, milch- oder rahmähn-liche, auch eiterartige Flüssigkeit dar, die unter dem Mikroskope be-trachtet vorwiegend aus Pflasterdeckzellen, Schleim und Eiterkörperchen besteht. Die Reaction ist entschieden sauer, d. h. blaues Lacmuspapier wird stark geröthet. Durch tiefer gehende Krankheitszustände jedoch erleidet der Farbenwechsel eine Abschwächung, und man trifft in den höchsten Graden sogar neutrale oder alkalische Reaction. Nach *Doederlein* wird die saure Reaction der gesunden Scheidenabsonderung durch Milch-säure bewirkt, die durch stäbchenförmige Keile gebildet wird und das natürliche Schutzmittel gegen Uebertragung oder Einwanderung krank machender Spaltpilze sein soll. Ausser diesen Säure bildenden Kurz-stäbchen finden sich gelegentlich im Scheidenschleime soorähnliche Pilze in Hefesprossform.

Unter den functionellen Störungen, die im Verlaufe vieler Frauenkrankheiten auftreten, kommen vorzugsweise Veränderungen des Monatsflusses (Menstruation) in Betracht. Schon in gesunden Tagen ist diese Thätigkeitsäusserung der weiblichen Geschlechtsorgane bedeutenden Schwankungen unterworfen, die in allen jenen Fällen zu eingehenden Nach-forschungen auffordern, wo die Beschaffenheit des Gesammtorganismus mit den physiologischen Vorgängen des Geschlechtsapparates in Wider-spruch steht. Bedeutend verspäteter Eintritt, scheinbares oder wirkliches Ausbleiben des Monatsflusses können Aeusserungen mangelhaft ent-wickelter Gebärmutter und Eierstöcke oder angeborener Verschliessungen der Geschlechtswege sein. Im Verlaufe vieler Frauenleiden verändern sich die Dauer und der zeitliche Verlauf des monatlichen Blutabganges, eine Verkürzung der ersteren ist mit einer Verlängerung des letzteren und umgekehrt verknüpft; erleidet dabei gleichzeitig die ausgeschiedene Blutmenge Veränderungen, so entsteht eine Reihe der verschiedensten Regelwidrigkeiten. Auch jenseits der Wechseljahre treten vielfach Blutabgänge aus den Geschlechtswegen auf, die in falscher Deutung häufig als rückkehrender Monatsfluss angesehen werden, thatsächlich jedoch einem in vorgerückteren Jahren sich entwickelnden Gebärmutterleiden ihren Ursprung verdanken. — Eine andere Thätigkeitsstörung ist die Beeinträchtigung der Beischlafsfähigkeit, die bei angeborenen oder erworbenen Formfehlern und Verschliessungen der äusseren Geschlechtstheile und Scheide, Scheidenkrampf, Gebärmuttervorfällen, Empfindlichkeit durch entzündliche Processe in den verschiedenen Abschnitten des Geschlechtsapparates ein den ehelichen Frieden gefährdendes Symptom abgiebt. — Die Fruchtbarkeit wird durch die verschiedensten Frauenleiden wesentlich beeinträchtigt, besonders dann, wenn dem Vordringen des männlichen Samens durch die verschiedenen Lageveränderungen der Gebärmutter, die Verlegung des inneren Muttermundes, die Undurchgängigkeit der Eileiter bei Katarrhen und Verwachsungen derselben Hindernisse geboten werden. Ferner kann durch chronische Entzündung und Entartung der Eierstöcke die Reifung und Loslösung von Eiern oder durch Katarrh der Gebärmutterhöhlenschleimhaut die Einbettung und Sprossung befruchteter Eier unmöglich gemacht werden. Andererseits aber erwachsen vielen Frauen gerade aus der Schwangerschaft verschiedene örtliche und allgemeine Beschwerden und Störungen, oder werden bisher wenig zur Geltung gekommene Frauenleiden zum deutlicheren Ausbruche gedrängt.

Die Harnblase, welche ja unmittelbar an die inneren Geschlechtstheile grenzt, wird durch die Frauenleiden überaus häufig entweder in ihrer Thätigkeit beeinträchtigt oder in schwere anatomische Krankheitsprocesse mit hineingezogen. Gewöhnlich besteht gesteigerter Drang zum Harnlassen, der vielfach mit Schmerzen vor, während oder nach der Entleerung verknüpft ist. Diese Blasenstörung ist bald durch Nervenübertragung (reflectorisch), bald durch Lageveränderung und Zerrung, welche dieser Theil des Harnapparates erleidet, hervorgerufen. In anderen Fällen tritt länger oder kürzer dauernde Urinverhaltung oder im Gegentheile unwillkürlicher Harnabfluss ein, letztere Störung ganz besonders bei Harnblasenfisteln.

Der Mastdarm, dem ja die Gebärmutter gleichsam aufliegt, bietet bei Erkrankungen der weiblichen Geschlechtsorgane verschiedene Krankheitserscheinungen dar. Bei den meisten chronischen Leiden der inneren Geschlechtsorgane trifft man Stuhlverstopfung an, bei den acuten Entzündungen Durchfall, wobei mitunter mit Blutstreifen vermengter Schleim entleert wird. Tritt bei Frauenleiden durch die Nähe des Monatsflusses oder mit ihm selbst eine Blutüberfüllung ein, so herrscht meist mit Schmerz verknüpfte Diarrhoe vor, weil durch die Vorwärtsbewegung der Kothmassen und die Anfüllung des mit Blut überladenen Mastdarmes ein Schmerz bewirkender Druck auf die Gebärmutter und ihre Anhänge ausgeübt wird. Nicht selten stellen sich Hämorrhoïden ein, indem durch viele Frauenleiden eine chronische Blutstauung in den Venen aller Beckenorgane hervorgerufen oder durch Geschwulstbildung der weiblichen Geschlechtsorgane und damit einhergehenden Druck der Abfluss des Venenblutes erschwert wird.

Die Verdauungsorgane weisen häufig die verschiedensten Abweichungen auf: Uebelkeit, Magenverstimmung, Erbrechen, Appetitlosigkeit, Heisshunger, Magenkrampf, Gasauftreibung von Magen und Darm, Kolikanfälle, Schlingkrämpfe usw.

Die Athmungs- und Kreislaufsorgane bieten durchschnittlich nur wenige klinische Erscheinungen dar. Man hat es hier vorwiegend nur bei grossen Gebärmutter- und Eierstocksgeschwülsten mit Athemnoth durch behinderte Ausdehnungsfähigkeit des Zwerchfelles und der Lungen oder mit Herzklopfen zu thun.

Das Nervensystem bleibt kaum bei irgend einem bedeutenderen Leiden der weiblichen Geschlechtsorgane verschont. Verstimmung und leichte hysterische Zustände treten ja schon vielfach während der physiologischen Verrichtungen: Monatsfluss und Schwangerschaft hervor, in wesentlich stärkerem Grade jedoch durch ein ausgesprochenes Frauenleiden. Es würde zu weit führen, die ganze Kette der Nervenerscheinungen von der leichten bis zur schweren Hysterie und von da bis zu den ausgesprochenen Geisteskrankheiten, welche hier vorkommen, zu entwickeln, nur soviel genüge, dass sowohl von Seiten der Centralorgane des Nervensystemes als auch der peripheren Nerven die bunteste Musterkarte von Störungen dargeboten wird: Unempfindlichkeit, Ueberempfindlichkeit, Bewegungslähmung, Krämpfe usw., die sofort vorüber sind, wenn ein vorhandenes Frauenleiden ausgeheilt ist. Dabei können wir nicht verschweigen, dass die ganze Reihe dieser Nervenstörungen häufig durch die Art und Weise der Behandlung von Frauenleiden selbst hervorgerufen werden kann.

Die Haut lässt verschiedene Erscheinungen bei Anwesenheit von Frauenkrankheiten hervortreten. Abgesehen davon, dass sie häufig welk, faltig und gelblich aussieht, findet man an verschiedenen Körpergegenden, besonders an der Stirn, dem Halse, der Brust und dem Rücken bald grössere, bald kleinere oder zusammenfliessende bräunliche Flecke, Halbkreise und Ringe, die man oft als Leberflecke bezeichnen hört, aber durch ein Leiden der weiblichen Geschlechtsorgane hervorgebracht sind und daher mit Recht Chloasma uterinum genannt werden. Aehnlich wie bei der Schwangerschaft tritt zuweilen im Verlaufe chronischer Erkrankungen der Gebärmutter und Eierstöcke eine starke schwarzbraune Verfärbung der Warzenhöfe der Brüste, sowie auch der Bauchlinie hervor. Durch die die Bauchdecken stark ausdehnenden Geschwülste stellen sich den Schwangerschaftsnarben entsprechende Hautveränderungen ein. — Talgdrüsenentzündung (Acne), nässende Flechte (Eczem), Hautjucken (Pruritus cutaneus), Haarausfall, Hautabschilferung usw. begleiten häufig verschiedene chronische Leiden der Gebärmutter und erleiden beim Eintritte des Monatsflusses eine Verstärkung. Bei acuten Reizzuständen der weiblichen Geschlechtstheile trifft man mitunter auf der Haut des Halses, Gesichtes und der Brust vorübergehend rothe Flecke (Roseola) und auch Nesselsucht.

Das Allgemeinbefinden, soweit es nicht schon, wie z. B. bei Bleichsucht, einem Frauenleiden erst den Boden geebnet hat, also schon vorher beeinträchtigt war, erleidet durch chronische Frauenkrankheiten häufig wesentliche Störungen. Massenhafter Monatsfluss, gleichzeitige Diarrhoe und Magenverstimmung, starke Ausflüsse führen mehr oder minder rasch eine Säfteentmischung (Dysaemie), besonders die Blutverwässerung (Hydraemie) herbei, wodurch die Patientinnen bleich, schlaff, kraftlos, mager und bettlägerig werden. Vielfach nimmt durch diese Störungen der Gesammtconstitution die Physiognomie der Kranken einen eigenthümlichen Ausdruck an, den man früher als Facies uterina bezeichnete. — Andererseits entwickelt sich besonders bei Frauen, denen der Monatsfluss fehlt und die überdies unfruchtbar sind, eine bedeutende Fettleibigkeit.

Fieber trifft man, abgesehen von den durch Wochenbettansteckung unmittelbar ausgehenden oder mit Bauchfell- und Blasenentzündung verknüpften Frauenleiden nur bei vereinzelten acuten Erkrankungen des weiblichen Geschlechtsapparates an.

CAPITEL IV.
Die Untersuchungsmethoden bei den Frauenkrankheiten. — Gynäkologische Diagnostik.

Da die wichtigen, zumeist von Krankheiten befallenen weiblichen Geschlechtsorgane einer directen Besichtigung durch ihre unzugängliche Lage nicht ohne Weiteres unterzogen werden können, so bedarf man vielfach zur Feststellung eines bestimmten Frauenleidens verschiedener Hülfsmittel der Untersuchung, die wir in Bezug auf ihre Nothwendigkeit und Berechtigung besprechen wollen. Die Mehrzahl dieser diagnostischen Hülfsmittel stellt gewissermaassen Eingriffe in den weiblichen Körper vor und ist zum Theile nicht ganz gefahrlos; daher bleibt es die Aufgabe der folgenden Schilderung, festzustellen, in welchen Grenzen auch der Naturarzt hiervon Gebrauch zu machen hat und ihre möglichste Entbehrlichkeit zu lehren.

Da jene Krankheitserscheinungen, die subjectiv und objectiv auf den Verstand des Patienten oder Arztes einwirken, gerade bei Frauenleiden vieldeutig sind, so wird man sich selbstverständlich zur Feststellung einer Erkrankung der weiblichen Geschlechtsorgane nicht blos mit der Ermittelung der Krankengeschichte (Anamnese) rein begnügen, sondern auch eine physikalische Untersuchung anstellen. Leider besitzt aber diese nicht jenen Grad von Sicherheit, der ihr von vielen Specialisten zugesprochen wird, weil durchschnittlich die Ergebnisse vermittelst des Tastsinnes entscheidend sind und Wahrnehmungen durch andere Sinnesorgane nur wenig in Betracht kommen. Es ist eben ein Unterschied zwischen Farben- und Tonwahrnehmung, die auch zweite Personen mit ähnlicher Genauigkeit empfinden können, und dem Gefühle von Härte, Weichheit, Prallheit u. dergl. Zudem sind einzelne Theile des Geschlechtsapparates dem Tastsinne nicht zu allen Zeiten oder überhaupt nicht zugänglich, z. B. die Eierstöcke und Eileiter. Hieraus ergiebt sich auch, dass häufig erst durch mehrfache Untersuchungen und längere Beobachtungsdauer eine Sicherheits- oder Wahrscheinlichkeitsdiagnose gestellt werden kann.

Eine nur von wenigen Frauenärzten aufgeworfene Frage bezieht sich auf die Feststellung der unbedingten Nothwendigkeit zur Anwendung physikalischer Untersuchungsmethoden. Fast jeder Frauenarzt hält es für unerlässlich, alle ihn aufsuchenden Patientinnen einer inneren Untersuchung der Geschlechtstheile zu unterziehen, und einzelne unter ihnen gehen sogar soweit, von den Kranken überhaupt nicht Krankheitsentstehung, -erscheinungen und -verlauf zu erfragen, halten also die Krankengeschichte für vollständig werthlos und gehen sofort zur physikalischen Untersuchung über. Und doch giebt es eine Reihe von Frauenleiden, zu deren Feststellung die innere Untersuchung der Geschlechtstheile in Fortfall kommen kann, ein Umstand, der besonders bei jungen Mädchen in Betracht kommt. Bei ihnen erheischen Störungen von Seiten der weiblichen Geschlechtsorgane nur selten eine innere Untersuchung. Sie können hiervon bei etwaigem Ausbleiben des Monatsflusses verschont bleiben, da abgesehen von unehelicher Schwangerschaft, die ja durch Mittheilung allein festzustellen ist, nur Verengerungen, Verwachsungen und Bildungsfehler in Betracht kommen, die durch alleinige Besichtigung zu ermitteln sind. Auch leichte Fälle von schmerzhafter Periode lassen eine innere Untersuchung ohne Schaden entbehren, andererseits ist gerade dabei zu befürchten, dass die Patientinnen hysterisch werden. Aber auch die schwereren Fälle schmerzhaften Monatsflusses, zumal bei Anwesenheit von Bleichsucht erheischen keine physikalische Untersuchung der weiblichen Geschlechtsorgane, so dass diese nur dann unumgänglich nothwendig erscheint, wenn etwaige Krankheitserscheinungen die Möglichkeit der Anwesenheit einer Geschwulst ergeben, oder heftige Blutungen aus den Geschlechtstheilen hierzu auffordern.

Während des ehelichen Lebens ist bei Schwangerschaft die Nothwendigkeit einer inneren Untersuchung vielfach nicht abzuweisen, und da bekanntlich Schwangerschaft und Geburt eine Unsumme von Frauenleiden im Gefolge haben, so sollte man nicht anstehen, Patientinnen, die sich wegen stärkerer Beschwerden von Seiten des Geschlechtsapparates Rath erholen, mit den schonendsten physikalischen Methoden zu untersuchen. Die hierzu nothwendige Ueberwindung des weiblichen Schamgefühles wird durch die Sicherheit der Ab- oder Anwesenheit eines Frauenleidens und daraus entspringendes Vorgehen reichlich aufgewogen; denn gewöhlich handelt es sich jetzt noch um leichtere, rasch und bequem zu beseitigende Uebel, um Vorbeugung späterhin überhaupt nicht oder nur durch schwere Operationen zu lindernder Schäden. — Weiterhin erheischen Blutungen aus den inneren Geschlechtsorganen, mögen sie mit dem Monatsflusse in Verbindung stehen oder nicht, eine innere, physikalische Untersuchung; denn es kann sich ja hierbei um Gebärmutterpolypen, -krebs und andere Krankheitszustände handeln, die ein besonderes Verfahren dringend erfordern.

Von besonderer Wichtigkeit aber sind die Anzeigen (Indicationen) zur physikalischen Untersuchung des Geschlechtsapparates im Stadium des aufhörenden Monatsflusses (Menopause). Leider wird weit und breit noch immer geglaubt, dass ausserhalb bestimmter Zeitabschnitte (atypisch) auftretende Blutausscheidungen aus den weiblichen Geschlechtsorganen zum Charakter der beginnenden Wechseljahre gehören, und ferner ist leider in Betracht zu ziehen, dass der gerade in diesem Zeitabschnitte so häufig auftretende, zu Blutung veranlassende Gebärmutterkrebs fast ohne wesentliche anderweitige Beschwerden beginnt. Um so eher hat daher in diesem Lebensalter der Arzt zu einer inneren Untersuchung zu schreiten, um frühzeitig zwischen bösartigen und leichteren Zuständen zu unterscheiden.

Der geübte Naturarzt wird auf die von den Kranken gemachten Angaben hin stets rechtzeitig zu entscheiden haben, ob zur Feststellung eines Frauenleidens sofort eine innere Untersuchung auszuführen ist oder ob zunächst eine längere Beobachtung und zweckentsprechende Vorbehandlung dieselbe überflüssig macht.

Nach diesen allgemeinen Angaben gehen wir zur näheren Schilderung der einzelnen Hülfsmittel gynäkologischer Untersuchung über:

A) Die Krankengeschichte (Anamnese).

Der Werth der Wahrnehmungen bezüglich der Krankheitsentstehung, des Verlaufes und der subjectiven Beschwerden ist für die Feststellung der Diagnose und noch weit mehr für die einzuschlagende Behandlung von besonderer Wichtigkeit. Es ist daher schwer begreiflich, wie einzelne Frauenärzte auf Grund der Erfahrung, dass die Patientinnen häufig sich und den Arzt täuschen oder ihm aus falscher Scham das oder jenes verschweigen, den Nutzen einer genauen Krankheitsaufnahme nur gering anschlagen konnten. Diese Verachtung entspricht nur dem falschen Standpuncte, die Erkrankungen der weiblichen Geschlechtsorgane als rein örtliche aufzufassen und ebenso zu behandeln, dagegen die Allgemeinerscheinungen und die Gesammtbehandlung der erkrankten Frauen zu vernachlässigen. Wer durch längere Erfahrung hinreichende Uebung besitzt, kann durch geschickte Leitung der Aufnahme der Kranken-geschichte, falls er das volle Vertrauen der Patientin besitzt, ganz wesent-liche Gesichtspuncte für die Richtung und Stellung der Diagnose sowie für die Auswahl der möglichst schonenden physikalischen Untersuchungs-mittel wichtigen Anhalt gewinnen. Wir können deswegen nur zum Theile die Gewohnheit des verstorbenen Frauenarztes *Schroeder* be-greifen, der in der Regel zuerst untersuchte, hierauf für sich die Diagnose stellte, zu ihrer Begründung die Patientin kurz ausforschte und dem-nächst das Leiden bezeichnete. Wir selbst pflegen stets unter genauer Berücksichtigung des Charakters der Patientin dieselbe alle bisher ge-machten, für ihr Leiden wichtigen Wahrnehmungen erzählen zu lassen und hierauf durch zweckentsprechende Fragen das für uns noch Wissens-werthe zu erforschen. Hierdurch sowie in genauer Berücksichtigung des mehr oder minder ängstlichen oder erregten Benehmens, der Natürlich-keit oder Affectation, der Beschreibung und Deutung bestimmter Empfin-dungen ermessen wir leicht, welchen Werth und welche Fingerzeige die Selbstbeobachtung der Patientin besitzt. Von einem Schema hat man abzusehen, da nicht bei jedem Frauenleiden nach allen und noch dazu für die Feststellung der Krankheit werthlosen Dingen geforscht zu werden braucht. So wird man nicht immer zuerst nach dem Alter fragen dürfen, zumal bei älteren unverheiratheten Patientinnen, denen die Beantwortung dieser Frage vor dem Arzte häufig ebenso unangenehm ist, wie vor dem Richter, und überdies sieht man häufig schon durch die äussere Erschei-nung, ob man es mit einer Kranken, die noch geschlechtsfähig ist oder jenseits der Blütheperiode liegt, zu thun hat. Man braucht weiterhin eine Greisin nicht nach der Periode oder nach überstandenen Kinderkrank-heiten zu fragen oder umgekehrt eine jugendliche Patientin nach den Er-scheinungen des Krebses. Vielfach muss man geradezu errathen, welcher Wunsch eine Frau in das Sprechzimmer eines Arztes führte: Sie erzählt von verschiedenen Dingen, ohne den Kernpunct ihrer Absicht zu offen-baren. Häufig wird alsdann von einem zum anderen Arzte gepilgert, bis schliesslich der klügste unter ihnen nach langer Schilderung von Liebes-und Lebensverhältnissen erräth, dass es sich um Erlangung bisher ausgebliebener Nachkommenschaft, Abtreibung einer ausserehelich er-langten Leibesfrucht und dergleichen Dinge handelt, die häufig ausserhalb des ärztlichen Bereiches stehen.

Hierauf frage man die Patientin, ob sie verheirathet ist und Kinder geboren hat, wieviel, wie schnell hintereinander, wann das letzte, ob leicht oder schwer, ob hierbei ärztliche Hülfe und welche nothwendig gewesen ist, ob Fehlgeburten stattgefunden haben, ob sich Fieber oder Krankheiten an die Entbindungen oder Fruchtabgänge angeschlossen hätten, ob die jetzige Krankheit seit einer Entbindung datire. Dass der Frauenarzt hierbei mit Geschick vorgehen muss, ist selbstverständlich, und man wird nicht eine Patientin bei nachlässiger Aufmerksamkeit erst nach Kindern oder Schmerzen beim Beischlafe fragen und dann, ob sie verheirathet sei.

Sodann unterrichtet man sich über die Verhältnisse des Monatsflusses und forscht, wann er zuerst eingetreten ist, ob immer in derselben Weise, oder ob seit der Verheirathung nach Geburten, Fruchtabgängen, etwaigen Krankheiten oder ohne bemerkten Grund in Menge und Beschaffenheit verändert? Ob vor, während oder nach dem Monatsflusse Schmerzen empfunden werden, ob diese einen bestimmten Charakter und stets feststehenden Sitz hätten? Ob auch ausserhalb der monatlichen Reinigung ähnliche Schmerzen und Blutabgang auftreten, welche Stärke und welchen Charakter alsdann diese Empfindungen haben? Ob jeder Monatsfluss mit Schmerzen verknüpft sei und ob diese durch Anstrengungen, Erregungen, Verstopfung u. dergl. verstärkt würden, ob flüssiges oder geronnenes, helles oder dunkles, reines oder mit Schleim vermengtes Blut abgehe? Welche Stärke und welche Dauer die Blutung habe und ob Liegen oder Bewegung auf sie und andere Krankheitserscheinungen Einfluss besässe? Welchen zeitlichen Verlauf der Monatsfluss habe, und ob er regelmässig und unter den krankhaften Störungen wiederkehre? Bei allen diesen Fragen hat man sich, um zu richtigen Antworten zu gelangen, stets solcher Ausdrücke zu bedienen, die von der Patientin wirklich verstanden werden, sonst kann man die verwirrendsten Antworten erhalten. Eine Landfrau z. B. nach Abort (vorzeitiger Fruchtabgang) gefragt, anstatt: »Ob ihr's unrichtig gegangen sei, antwortet, dass sie -- Abort (Closet) hätte. Andere Frauen kennen nicht den Ausdruck »Beischlaf«, man hat sie also nach »ehelichem Umgange« zu fragen. Viele Patientinnen kennen die Ausdrücke: »Periode, Menses, Menstruation nicht, dafür aber »Monatliches, die Regel, das Unwohlsein, die monatliche Reinigung«. Man berücksichtige demnach stets den Bildungsgrad und die volksthümliche Ausdrucksweise.

Hieran schliesst sich die Frage, ob sonstige Abgänge oder andere als blutige Ausflüsse vorhanden sind, wie diese aussehen, glasig, eiterig, zersetzt, mit Häutchen und Fetzen vermengt? Ob und welche Art von Flecken sie in der Wäsche hinterlassen, ob sie dauernd bestehen oder nur zeitweilig, und ob und unter welchen Bedingungen vermehrt, ob sie übel riechen und die Schamtheile und Oberschenkel anätzen?

Demnächst forscht man nach sonstigen Schmerzen, ob sie genau localisirt und charakterisirt werden können, mehr in einem unbestimmten Druck-͞ und Senkungsgefühle bestehen oder wirklich stechend, bohrend, ziehend, pulsirend, brennend und krampfartig sind? Ob die

Schmerzen dauernd oder nur zeitweilig und bei bestimmten Anlässen eintreten, z. B. bei erschwertem Stuhlgange, beim Wasserlassen, Gehen, Treppensteigen, Tragen schwerer Gegenstände, Bücken, Beischlafe usw.

Endlich ermittele man die sonst vorhandenen, von anderen Organen herrührenden Symptome, hüte sich jedoch dabei, irgend etwas in die Patientin hineinexaminiren zu wollen, was besonders bei vorhandener Hysterie nur zu leicht der Fall ist. Um Irrthümern zu entgehen, werfe man stets in geschickter Weise zur Controlle entsprechende Fragen auf.

B) Lagerung der Patientin.

Nach der Aufnahme der Krankengeschichte schreite man, sobald man die Ueberzeugung von ihrer Nothwendigkeit erlangt hat, zu der objectiven Untersuchung der weiblichen Geschlechtsorgane. Wer mit dem nöthigen Tacte und Vertrauen den Kranken zur Ueberwindung des Schamgefühls zuredet, wird kaum auf lebhaften und andauernden Widerstand stossen. Hierzu gehört besonders die Gabe des Arztes, den Frauen möglichst entgegen zu kommen, sich während der nothwendigen Entkleidung fortzuwenden, um sie wegen der oder jener vor Männeraugen streng verborgenen Verbesserungsmittel der Körperform nicht zu geniren, die feste Ueberzeugung wach zu rufen, dass die Entblössung nur aus diagnostischen Zwecken zum Wohle der Patientin vorgenommen würde, zu versichern, dass man äusserst schonend und vorsichtig vorgehen werde. Man erkläre etwas widerstrebenden Frauen, dass sie lediglich dem Arzte gegenüber ständen, einem Manne, der es leider ja viel mit den weiblichen Theilen zu thun hätte, dass sie doch auch vor ihrem Ehemanne die Scham zurückdrängen müssten u. dergl. Stets soll der Arzt die Fähigkeit haben, sich bei der einmal vorherrschenden Schamhaftigkeit in die Lage einer geschlechtlich zu untersuchenden Patientin zu versetzen, andererseits aber das Wesen besitzen, die Ueberwindung dieses Gefühles zu nothwendigen Untersuchungen zu erleichtern. Die Frauen eines bestimmten Bezirkes wissen durch gegenseitige Aussprache sehr bald, welcher Arzt hierfür den rechten Tact hat. Leider giebt es viele Frauenärzte, besonders forsche Operateure, welche vom Zulaufe kranker Frauen stolz gemacht die armen Kranken durch Grobheit und unter Zittern zu Untersuchungen und Duldung von Eingriffen bringen. Nicht selten endlich hat es der Arzt mit solchen weiblichen Patienten zu thun, die nur zu gern eine innere Untersuchung ausgeführt wissen wollen, zu der gar keine Veranlassung vorliegt. Dass man in solchen Fällen energisch abweisend vorzugehen hat, ist selbstverständlich.

Die Verfechterinnen der Frauenemancipation haben die Nothwendigkeit weiblicher Frauenärzte behufs Schonung der weiblichen Schamhaftigkeit mit lebhaftem Nachdrucke gefordert. Wir sind weder Gegner des ärztlichen Studiums von Seiten hierzu geeigneter Frauen, noch

sprechen wir dem weiblichen Geschlechte die vollständig gleiche Be-
fähigung hierzu ab wie dem Manne, glauben jedoch, dass die Existenz
der weiblichen Schamhaftigkeit überhaupt kein Grund ist, die frauenärzt-
liche Praxis den Männern zu entziehen. Dieses anerzogene Gefühl tritt
unter Umständen durch Liebe und Sinnlichkeit, z. B. in der Ehe zurück,
warum sollte dieses minder der Fall sein zur Feststellung eines Leidens
und dessen Heilung, gegenüber einem vollständig sittlichen Bestreben?
Wir glauben, dass die Ueberwindung des Schamgefühles einem vornehm
auftretenden Arzte gegenüber häufig sogar weniger inneren Kampf kostet
als in der ersten Zeit der Ehe. Aber auch zu weiblichen Frauenärzten
würde ein grosser Theil der kranken Mitschwestern keine geringere
Scheu vor einer objectiven Untersuchung ihrer Geschlechtsorgane mit-
bringen. Uebrigens sind ja jedem Arzte schon vom Secirboden aus die
weiblichen Geschlechtsorgane hinreichend bekannt, so dass eine Entblössung derselben bei Patientinnen immerhin vor anderen Augen stattfindet,
als bei einem gewöhnlichen Manne, und wir können jenen übereifrigen
Reformationsbestrebungen, soweit sie sich auf das Gefühl der weiblichen
Schamhaftigkeit stützen, den Satz entgegenhalten: In der Kleidung und
auch im Secirsaale sind alle Frauen nackt. Wir selbst würden als
Gegner des übertriebenen Specialistenthumes es tief bedauern, durch
etwaige Ueberwucherung weiblicher Frauenärzte der Kenntnisse auf dem
Gebiete der Frauenkrankheiten, eines Theiles der Erkrankungen der
inneren Organe, verlustig gehen zu sollen, und fassen die Ueberwindung des
Schamgefühles nur als eine unangenehme Beigabe der Frauenleiden auf,
die ebenso wie die anderen hierdurch entstehenden Beschwerden mit
Vernunft und Energie getragen werden muss! Uebrigens, wenn die
Naturheilmethode siegreich vorgedrungen sein wird, werden die Frauen
weit muthiger zu den Aerzten gehen; denn häufig macht ihnen weniger
die Ueberwindung des Schamgefühles Scrupel, als die Furcht etwaiger
darauf folgender operativer Eingriffe, die ja durch die Naturheilmethode
grösstentheils in Wegfall kommen.

Eine Untersuchung im Stehen ist nur ausnahmsweise nothwendig,
schon weil hierbei die Controle des Gesichtssinnes wegfällt und man
sich nur oberflächlich von dem Verhalten der äusseren Geschlechtstheile,
der Scheide und des Gebärmutterhalses durch das Gefühl allein unterrichten kann. Lediglich dann kommt diese Stellung für die Untersuchung in Betracht, wenn man Veranlassung hat, sich von dem Verhalten der Geschlechtstheile bei kräftig wirkender Bauchpresse oder von
der Stellung der verlagerten Gebärmutter zu unterrichten.

Die Seitenlage, wie sie zu Untersuchungen der weiblichen Geschlechtstheile auch heute noch vorwiegend in England und Amerika
gebraucht wird, ist durchweg überflüssig und überhaupt nur dann anwendbar, wenn ein Assistent zur Stelle ist, so dass sie für den Privatarzt
kaum in Betracht kommt. Alle Untersuchungsergebnisse erreichen wir

auf andere Weise ebenso sicher und weniger umständlich, und nur dann, wenn es sich um eine ganz genaue Besichtigung der Scheide, namentlich ihrer vorderen Wand, wie es behufs Diagnose von Harnfisteln nothwendig ist, oder um gewisse kleinere Operationen im oberen Umfange der Scheide handelt, kann man aus der *Sims*'schen Seitenlage Vortheile ziehen. Vollends zu verwerfen ist sie für die alleinige Fingeruntersuchung, da die tastende Zeigefingerfläche gegen die hintere Scheidenwand gerichtet ist, und demnach Krümmung des Fingers und Krümmung der Scheide einander nicht entsprechen, und da sich die sogenannte combinirte Untersuchung dabei nur unvollkommen handhaben lässt.

Die Knieellenbogenlage ist fast ausnahmslos für die Diagnose der Frauenleiden entbehrlich, da sie für die zusammengesetzte (combinirte)

Figur 14.

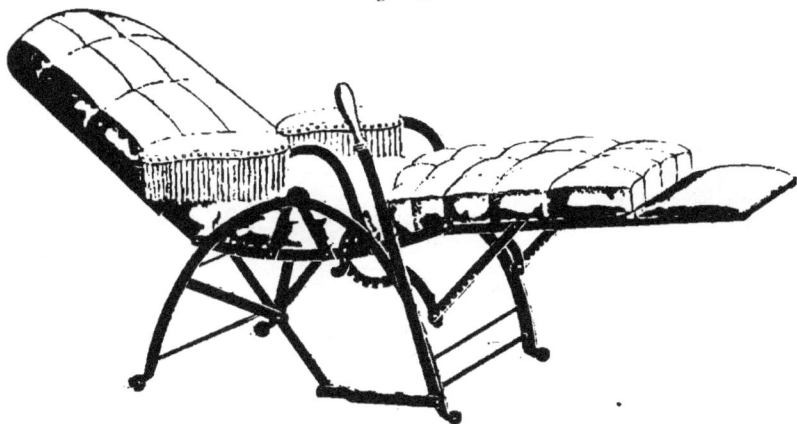

Amerikanisches, leicht verstellbares Untersuchungssopha.

Untersuchung unzulänglich ist, indem die aussen untersuchende Hand das Gewicht der Bauchdecken und des Bauchinhaltes zu tragen hat. Durch den bei dieser Lage sinkenden Bauchdruck, der sogar negativ wird, fällt während der Athmung der untere Theil der Gebärmutter nach vorn und abwärts, so dass das Organ auch für den innerlich tastenden Zeigefinger kaum zugänglich ist. Aber auch für etwaige kleinere operative Eingriffe ist die Knieellenbogenlage schon aus dem Grunde unvortheilhaft, weil eine Betäubung (Narcose) sich hierbei verbietet.

Die einfache Rückenlage ist für den Gebrauch der diagnostischen Hülfsmittel, besonders für die combinirte Untersuchung, sowohl für den Arzt als auch für die Patientin die bequemste. Sofern nicht an die Untersuchung operatives Vorgehen sich anschliesst, genügt für alle Fälle ein einfaches, festgepolstertes, mässig hohes Sopha mit niedriger Rückenlehne versehen, das sich leicht hin- und herrollen lässt, so dass man es den Fenstern nähern und wenn nöthig von beiden Seiten untersuchen kann (Fig. 14). Um etwaige Besudelung durch Blut, Eiter oder Ausspülungsflüssigkeiten zu verhüten, wird ein bequem zu säuberndes Wachstuch darüber gelegt. Der Arzt sitzt auf einem niedrigen Stuhle an der Seite der Patientin. Man hat verschiedene mehr oder minder bequeme, theure und umständliche Untersuchungstische mit Beinhaltern u. dergl. (Fig. 15) construirt, deren Anblick bei der Aehnlichkeit mit einem Operationstische die Patientinnen häufig vor einer Untersuchung abschreckt, zumal wenn übermässig hohe und unförmige solcher Tische erst auf einer Treppe,

Figur 15.

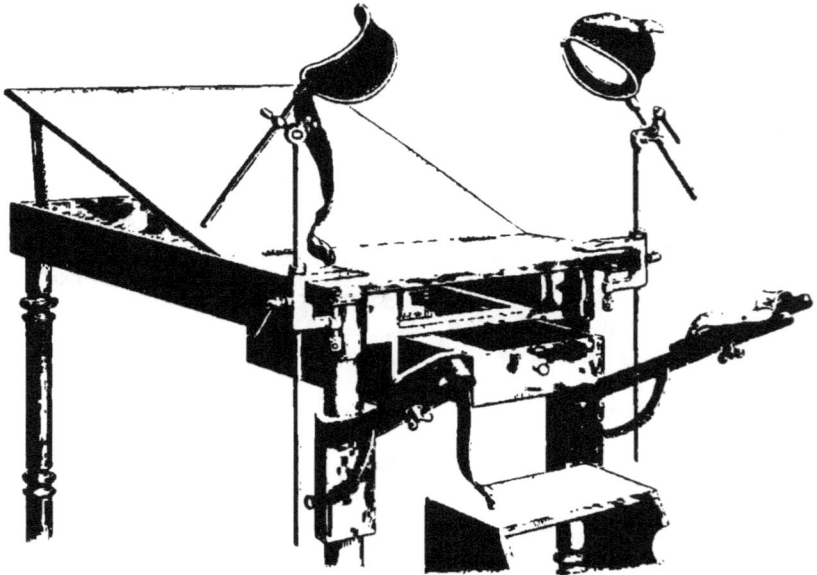

Gynäkologischer Untersuchungstisch. Nach *Zweifel.*
Die aufgestellte Platte ist in starker Verkürzung gezeichnet, sie hat in Wirklichkeit eine Länge von 79 und eine Breite von 74 cm.

gleich wie ein Schaffot, erstiegen werden müssen. Aber auch zu Operationen leichterer Art ist das gewöhnliche Sopha genügend, wenn die Patientin an die Kante desselben in zweckmässiger Form gelagert oder das sogenannte Querbett benutzt wird.

Der Arzt gewöhne sich ebenso sicher mit der rechten wie mit der linken Hand zu untersuchen, da er vielfach zur abwechselnden Benutzung der Hände gedrängt ist. Was fängt er z. B. an bei einseitiger Uebung, wenn die zur inneren Untersuchung benutzten Finger entzündet sind?

Die zu untersuchende Patientin hat nunmehr die um die Hüfte geschürzten Kleider so zu lockern, dass sämmtlicher Druck auf die Baucheingeweide fortfällt und die untersuchende Hand des Arztes ohne Einzwängung an die Bauchdecken gebracht werden kann; alsdann lege sich die Kranke bequem hin, ziehe bei gekrümmten Knieen mässig die etwas gespreizten Oberschenkel an den Körper und athme ruhig ein und aus. Falls eine Besichtigung der äusseren Schamtheile, der Scheide und des Muttermundes nicht nöthig ist, entblösse man die Kranke nicht überflüssig und untersuche vollständig unter ihrer Kleidung. In keinem Falle, auch wenn eine Entblössung nothwendig ist, schlage man über das Gesicht der zu Untersuchenden, ihrem Schamgefühle nachgebend, ein Handtuch, man sehe ihr vielmehr während der Untersuchung unverwandt in's Gesicht, um etwaige Schmerzensäusserungen zu bemerken, die einmal den nöthigen Grad der Schonung bei der Untersuchung bedingen, andererseits ein diagnostisches Hülfsmittel bezüglich des Sitzes des Schmerzes und Krankheitsprocesses sind.

Ueberaus wichtig ist das Gebot für den Arzt, vor und nach jeder Untersuchung eine gehörige Waschung der Hände mit milder Seife und Bürste vorzunehmen und besonders die Nägel der beiden Zeigefinger stets gestutzt zu tragen, um seinerseits nicht künstlich Verwundungen zu setzen. Wenn irgend angängig, haben die Patientinnen unmittelbar vor dem Gange zum Arzte eine 24° Ausspülung der Scheide vorzunehmen, oder, falls diese unterlassen ist, führe sie der Arzt selbst aus. Nicht minder empfehlenswerth ist dieses Verfahren nach vollendeter Untersuchung. Bei Verdacht auf syphilitische Affectionen bediene man sich eines Gummifingers oder -handschuhes. Der innerlich einzuführende Finger braucht bei sauberen Frauen nicht eingefettet zu sein, und man sollte endlich auf diese »Schmieren«, die weder für den Arzt noch für die weiblichen Geschlechtstheile indifferent sind, verzichten. Bei unsauberen Frauen leistet dagegen eine Einfettung des Fingers mit Oliven-, Süssmandelöl oder zerlassener Cacaobutter und Vaseline einen Schutz.

C) Aeussere Besichtigung der Bauchdecken.   Adspection des Abdomen.

Die einfache Besichtigung der ohne Weiteres dem Auge zugänglichen, an dieser Stelle in Betracht kommenden Körpertheile bezieht sich auf allgemeine Verhältnisse: Grösse, Gestalt und Neigung des Beckens, Stellung der Wirbelsäule, abweichende Formen der Bauchdecken und Leistengegend, Farbe und Entwickelung der Brüste und Warzen, Form und Veränderungen der äusseren Geschlechtstheile. — Je nach den zu ermitteln den Verhältnissen führt man die Besichtigung im Stehen oder Liegen aus. Man berücksichtige in wechselnder Körperstellung die Ausdehnung der Bauchdecken, ihre normale Krümmung (Convexität), ob der Nabel eingezogen oder vorgetrieben ist, ob die Bauchhaut glatt, glänzend und runzelig ist, Schwangerschaftsstreifen, Braunfärbung der Mittellinie, Entzündungen und Kratzeffecte in der Gegend der äusseren

Schamtheile vorhanden sind oder ob sich an letzteren Abscesse, Vor-
treibungen durch Geschwülste und Brüche, Venenerweiterung usw. sehen
lassen.

D) Die Betastung der Bauchdecken. Palpation des Abdomen.

Die äussere Betastung wird fast ausschliesslich in der Rückenlage
bei angezogenen Oberschenkeln vorgenommen. Andere Lagen oder auf-
rechte Stellung kommen nur in Betracht, wenn der Einfluss von Lageveränderungen auf etwa vorhandene Geschwülste, Flüssigkeiten, Verwachsungen ermessen werden muss. Vor Beginn der Untersuchung
müssen Blase und Mastdarm entleert und alle um die Hüften befestigten
Kleidungsstücke vollkommen gelockert sein. Eine Betäubung (Narco-
tisirung) der Patientin ist vollkommen entbehrlich. Zur Seite der Kranken
stehend, lege man zunächst leise, allmählich den Druck verstärkend, die
Fingerspitzen, welche nicht kalt und mit grossen Nägeln versehen sein dürfen, flach auf die Bauchdecken, dabei die Aufmerksamkeit der zu Untersuchenden durch Sprechen geschickt ablenkend, sodass die Bauchdecken
genügend entspannt bleiben. Häufig wird an einem Theile der Bauchwand durch leisen Druck Schmerz empfunden, der bei derberem Eindrücken schwächer wird. Andererseits muss man bei entzündlichen Zuständen der Beckenorgane vollständig von tieferem Eindringen absehen,
da hierdurch die Entzündung gesteigert, Blutergüsse, abgekapselter Eiter,
Flüssigkeit enthaltende Geschwülste, zarte Verwachsungsstränge ungünstig
beeinflusst werden können.

Einen wichtigen Befund ergiebt die äussere Betastung für die Be-
stimmung von Geschwülsten der weiblichen Geschlechtsorgane, die im
grossen Becken sich befinden. Zunächst hat man hierbei häufig zu entscheiden, ob es sich nicht lediglich nur um eine vorgetäuschte Geschwulst,
besonders durch starke Füllung der Blase und des Mastdarmes handelt.
Die stark angefüllte Harnblase erscheint als eine meist in der Mittellinie
des Leibes gelegene, annähernd kugelige, schwappende (fluctuirende),
häufig überaus grosse Anschwellung und ist wiederholt mit der schwangeren
Gebärmutter, Bauchwassersucht und Geschwülsten der weiblichen Geschlechtsorgane verwechselt worden. Die Einführung eines Katheters
schafft rasch Aufschluss. Uebermässig angehäufter Koth, besonders in
der linken Darmbeingrube, täuscht mehr oder weniger bewegliche, meist
cylindrische Geschwülste vor, die bei Druck unempfindlich und von halb-
fester Consistenz sind. Eine ergiebige Ausleerung schafft auch hier volle
Klarheit.

Bei Geschwülsten der vorderen Bauchwand ergiebt die Betastung,
dass sie sich von der Unterlage abheben lassen, jede Bewegung der betastenden Finger mitmachen und sich unter dem Einflusse der Athmung,
entsprechend den dabei stattfindenden Bewegungen der Bauchdecken,
heben und senken. Häufig kann zugleich durch die äussere Betastung

entschieden werden, welcher besonderen Schicht der Bauchwand die etwaige Geschwulst angehört. Entspricht sie z. B. lediglich der Haut, so kann diese nicht in einer Falte emporgehoben werden; freilich bleibt es bei grossen Geschwülsten häufig unmöglich, genau zu bestimmen, ob sie einzig und allein den Bauchdecken angehören und ausserhalb des Bauchfelles liegen.

Geschwülste, welche von den innerhalb des Bauchfelles gelegenen Organen, wozu ja auch der weibliche Geschlechtsapparat zum Theile gehört, ausgehen, sind den Athmungsbewegungen des Zwerchfelles unterworfen, sobald sie nicht durch krankhafte Verwachsung dieser physiologischen Beweglichkeit verlustig gegangen sind oder vermöge ihrer mächtigen Ausdehnung dem Becken selbst oder sonstigen im Becken feststehenden Organen anliegen. Die von den weiblichen Geschlechtsorganen ausgehenden Geschwülste machen nur bei bedeutender Grösse für die aufgelegte Hand deutlich fühlbar die Athmungsbewegungen mit.

Eine Reihe anderer Geschwülste, welche ausserhalb oder hinter dem Bauchfelle liegen, z. B. Eierstockscysten, gewisse Formen von Myomen lassen eine Ortsveränderung bei der Athmung nur dann fühlen, wenn sie bedeutend in die Bauchfellhöhle hineingewachsen sind, oder ergeben wegen der vorgelagerten Gedärme dem Gefühle keine Anhaltspuncte.

Häufig bietet schon die Lage einer gefühlten Geschwulst allein Aufschluss über ihren Ursprung.

Die dem weiblichen Geschlechtsapparate entstammenden Geschwülste steigen in der Regel von unten, von dem kleinen Becken her, aufwärts und lassen ein mehr oder weniger kuppelförmiges Ende fühlen. Weiterhin kann man die durch Schwangerschaft, Entzündung, Flüssigkeitsansammlung und Geschwülste vergrösserte Gebärmutter fast immer in der Mittellinie des Körpers fühlen, wofern nicht durch Lageveränderungen, Verwachsungen, Raumbehinderung durch andere Geschwülste eine Verdrängung mehr nach der Seite hin veranlasst wird. Geschwülste der Gebärmutteranhänge (Adnexa) werden, wenigstens im Anfange, stets an den seitlichen Abhängen der Bauchdecken zuerst durch äussere Betastung merklich, und erst später bei zunehmender Vergrösserung kann man sie in der Mittellinie fühlen.

Weiterhin ergiebt die äussere Betastung häufig wichtige Anhaltspuncte über Gestalt, Beschaffenheit der Oberfläche und Festigkeitsgrad (Consistenz) etwa gefühlter Krankheitsprocesse. Freilich darf man nicht übersehen, dass gerade auch bestimmte Gefühlsempfindungen Unklarheit über einen bestehenden Krankheitsprocess ergeben, und man findet z. B. Geschwülste von solcher Weichheit, wenig angefüllte Cysten, dass sie sich der Palpation entziehen und wiederum von solcher Härte, prall gefüllte Cysten, dass man an versteinerte Früchte (Lithopaedion), verkalkte Fasergeschwülste (Fibrome) u. dergl. erinnert wird. Bei tiefliegenden Geschwülsten oder starken

Bauchdecken ist vielfach ein Urtheil über die Consistenz für die betastenden Finger nicht zu erlangen.

Wichtig, wenn auch in der diagnostischen Bedeutung häufig überschätzt, ist die Ermittelung der An- oder Abwesenheit von Fluctuation.
Hierunter versteht man die Empfindung wellenförmiger Bewegung, die
man am deutlichsten wahrnimmt, wenn in einer Flüssigkeit enthaltenden,
zwischen beide Hände gefassten Blase durch einen kurzen Stoss der
Inhalt in Bewegung gesetzt wird. Man fühlt alsdann den Wellenanschlag
uud kann häufig aus der Art und Schnelligkeit der Welle auf die Beschaffenheit der betreffenden Flüssigkeit und des sie beherbergenden
Hohlraumes schliessen. Bei grösseren Eierstockscysten z. B. kann man
hierdurch die An- oder Abwesenheit von Zwischenwänden innerhalb des
Hohlraumes und die Art des Inhaltes vermuthen. Wichtig ist hierbei,
auf die durch den Bauchaortenpuls bei allen grösseren in der Bauchfellhöhle befindlichen, über jener Schlagader liegenden Geschwülsten erzeugte Fluctuation zu achten.

Keinesfalls hat man sich für die Stellung einer Diagnose auf das
Fluctuationsgefühl übermässig zu verlassen, da es z. B. bei tiefer Lage
auch wenig gefüllter Cystensäcke nicht empfunden wird und auch bei
prallen Cysten, selbst wenn sie oberflächlich liegen, ausbleibt.

E) Beklopfung der Bauchdecken.   Percussion des Abdomen.

Die Untersuchung durch Beklopfung geschieht nach vorheriger Blasen-
und Darmentleerung fast ausschliesslich in Rückenlage, schon weil der
im Stehen erzeugte Schall durch die hierbei vorhandene Spannung der
Bauchdecken in schwankender Weise gedämpft ist. Häufiger dagegen
hat man sich zur Prüfung freier Flüssigkeit im Bauchraume der Seitenlage,
zuweilen der Knieellenbogenlage zu bedienen. Die Beklopfung hat stets
auf blosser Haut und mit nur mässigem Anschlagen zu erfolgen, erst
später percutirt man kräftiger, um so durch die wechselnde Stärke der
Percussion ein Urtheil über die Dicke der den Schall etwa dämpfenden
Schichten zu erlangen. Ebenso verhält es sich mit der Stärke des An-
drückens des Plessimeters oder an dessen Stelle angelegten Fingers, wodurch man entweder oberflächlich oder tiefer gelegene Ursachen von
Schalldämpfung ermessen kann.

Da durch die Beklopfung besonders gut der lufthaltige Darm erkannt wird, so fällt ihr die Aufgabe zu, das Verhältniss zu bestimmen,
in welchem der Darm zu Geschwülsten der weiblichen Geschlechtstheile
steht, ob überhaupt über einer der Bauchwand anliegenden Geschwulst
Darm liegt oder eine solche Darm enthält.

Von besonderer Wichtigkeit ist die Beklopfung der Bauchdecken im
Wechsel von Seiten- und Rückenlage zur Unterscheidung der Frage, ob
Flüssigkeit frei in der Bauchhöhle oder einem Sacke liegt, z. B. einer
Eierstockscyste. Man übersehe jedoch nicht, dass durch die wechselnden

Füllungszustände des Darmes sowie durch seine verschiedene Füllung mit Luft und festen Massen die Untersuchungsergebnisse vielfach veränderlich und zu Täuschungen veranlassend sind.

F) Die Behorchung der Bauchdecken. — Auscultation des Abdomen.

Nur gelegentlich hat man die Behorchung des Unterleibes auszuführen, nämlich um die Diagnose der Schwangerschaft zu stellen. Alsdann erlangt man besondere Schallwahrnehmungen: Die Herztöne der Frucht, die in der zweiten Hälfte der Schwangerschaft leicht an ihrer grossen Häufigkeit, dem Doppelschlage und der Unabhängigkeit vom Rhytmus der mütterlichen Herztöne erkannt werden, ferner das Nabelschnurgeräusch, das als ein mit dem ersten Tone des Kindespulses gleichzeitiges Blasen zuweilen vernommen wird und endlich die durch Kindesbewegungen hervorgerufenen Geräusche.

Auch feste Gebärmuttergeschwülste ergeben in etwa der Hälfte aller Fälle *(Winckel, Spencer-Wells)*, Eierstocksgeschwülste seltener, gewisse Gefässgeräusche. Ueber ihr Entstehen und ihre Deutung für diagnostische Zwecke herrschen auseinander gehende Ansichten. Wahrscheinlich entstehen sie in den Arterien und ihren Haargefässen *(Martin, Winckel, Leopold)*. Zuweilen gelingt es durch Lageveränderung der Kranken oder einer Geschwulst oder die Zusammendrückung des untersuchten Gefässes oberhalb der Untersuchungsstelle zu entscheiden, ob ein Gefässgeräusch in einer Geschwulst selbst oder neben derselben entsteht. Besonders hat man darauf zu achten, dass der oft auch sicht- und fühlbare Pulsschlag der Bauchaorta bei der Behorchung nicht mit den eben erwähnten Geräuschen verwechselt wird. — Schliesslich ist noch des Vorkommens weicherer oder rauherer Reibegeräusche, des Lederknarrens, Erwähnung zu thun, das einen Schluss auf die Anwesenheit von Rauhigkeiten auf dem Bauchfelle und den anliegenden Beckenorganen gewährt.

G) Die einfache, innere Untersuchung.

Die zum grossen Theile versteckten weiblichen Geschlechtsorgane gestatten eine Untersuchung durch jede der drei am Becken befindlichen Leibesöffnungen: Scheide (Vagina), Mastdarm (Rectum) und Harnröhre (Urethra) beziehentlich Harnblase (Vesica urinaria). — In der Mehrzahl der Fälle kommt man behufs Feststellung von Frauenkrankheiten auf dem Wege der Scheide zu der grössten Summe von Wahrnehmungen. — Die Untersuchung durch den Mastdarm erstreckt sich vorwiegend auf solche Processe, die sich oberhalb des hinteren Scheidengewölbes und im hinteren Beckenraume entwickelt haben. — Wegen einer Reihe von Unbequemlichkeiten und Gefahren benutzt man zu Untersuchungszwecken den Weg durch die Harnröhre nur ausnahmsweise.

Die einfache innere Untersuchung durch die Scheide wird durch Einführung des Zeigefingers der einen Hand vorgenommen, indem man vorsichtig durch den Scheideneingang hindurch dringt, die übrigen Finger gestreckt auf den Damm legend, oder sie in die Hand einschlagend, wenn man die vordere Scheidenwand und das vordere Scheidengewölbe befühlen will. Diese Art der Untersuchung setzt die Zugänglichkeit der Scheide oder wenigstens ihres Einganges voraus, jedoch sind absolute Hindernisse in Form grösserer Geschwülste oder hochgradiger Verwachsungen und des Scheidenkrampfes nur selten vorhanden. Acute Entzündungs- und Verschwärungsprocesse verhindern die Untersuchung weniger mechanisch als durch die entstehenden Schmerzen.

Das häufigste Hemmniss, wenn auch nur selten ein absolutes, bildet das unverletzte Jungfernhäutchen (Hymen). Zwar ist die in ihm vorhandene Oeffnung meist so gross, dass sie die sanfte Einführung besonders eines dünneren Zeigefingers gestattet, wegen Empfindlichkeit jedoch und aus anderen Gründen ist es angebracht, nur bei unbedingter Nothwendigkeit in solchen Fällen die Untersuchung durch die Scheide auszuführen, vielmehr den Weg durch den Mastdarm zu wählen.

Wichtig ist es bei dieser Art von einfacher innerer Untersuchung, Alles zu vermeiden, was eine Lage- und Gestaltveränderung der zu untersuchenden Theile bewirken könnte, z. B. Druck auf die Bauchdecken durch die freie Hand oder starke Bewegung und Zerrung der Geschlechtsorgane durch den untersuchenden Finger.

Man unterrichte sich dabei über die Zustände des Jungfernhäutchens, der *Bartholin*'schen Drüsen, der Scheidenwände, ob sie vorgefallen sind oder Geschwülste usw. darbieten, über die Beschaffenheit des Harnröhrenwulstes, bei weiterem Vordringen in die Scheide über deren Raumverhältnisse, Glätte usw., alsdann über den Zustand der erreichbaren Nachbargebilde, über den Scheidentheil der Gebärmutter, den Muttermund, die Starrheit seiner Lippen, etwaige Risse, Schmerzhaftigkeit und Geschwülste, weiterhin über Beweglichkeit, Lageveränderungen, Verwachsungen, Zusammenhang mit Geschwülsten von Nachbarorganen usw. Nach beendigter Untersuchung beachte man den aus der Scheide hervorgezogenen Zeigefinger bezüglich daran haftender Absonderungen, Gewebstheilchen usw.

Ueber den Zustand des Gebärmutterkörpers, der Eierstöcke, der Eileiter, ihres Bauchfellüberzuges und eines grossen Theiles des Beckenbindegewebes ergiebt die einfache Untersuchung durch die Scheide meist keinen wesentlichen Aufschluss.

Die innere Untersuchung durch den Mastdarm hat bei Erkrankungen des weiblichen Geschlechtsapparates zunächst dann ihre Berechtigung, wenn die Untersuchung durch die Scheide erschwert oder vollständig unmöglich ist, ferner aber auch bei sämmtlichen hinter der Gebärmutter gelegenen Geschwülsten, bei denen die Scheidenuntersuchung nur geringwerthige Ergebnisse liefert. Die Untersuchung vom Mastdarme aus wird in Rücken- oder Seitenlage durch Einführung des beölten Zeigefingers vorgenommen, wobei die anderen Finger stark abgezogen und

nicht eingeschlagen werden. Die von *Simon* angegebene Mastdarmuntersuchung unter Einführung der ganzen Hand ist gefährlich und ergiebt
unsichere Resultate, sodass der mit anderen Untersuchungsmethoden
hinreichend vertraute Frauenarzt hiervon vollständig absehen kann. Auch
Chrobak gesteht ein, dass die von *Simon* angegebene Untersuchungsart
durch den Mastdarm nicht das leistet, was man ihr anfänglich zugeschrieben
hat, und dass man durch Einführung des Zeigefingers meist viel sicherere
Resultate erhält.

Die einfache Untersuchung durch Harnröhre und Blase ist
auch für einen Finger ohne weitere Vorbereitung nur selten möglich,
weshalb stets durch vorangehende Erweiterung der Harnröhre dem Finger
erst der Zugang gebahnt werden muss, was vielfach zu Unaufhaltbarkeit
des Harnes, einem unangenehmen Leiden, führt. Da man überdies nur
ausnahmsweise durch den in die Blase geführten Finger wichtige neue
Resultate erhält, weil er nicht in genügende Höhe gelangt, die Organe
des kleinen Beckens nicht genügend abgetastet werden können, so bieten
nur wenige Krankheitszustände Veranlassung, diese unangenehme Untersuchung auszuführen, etwa Fremdkörper und Erkrankungen in den harn-
ausführenden Organen selbst, Fisteln und Missbildungen. Aber auch
hierbei rathen wir dringend, sich soweit als möglich zur Untersuchung
lieber eines Katheters als des Fingers zu bedienen.

H) **Die innere, zusammengesetzte, mit zwei Händen ausgeführte
Untersuchung.**

Die zusammengesetzte Untersuchung besteht darin, dass man
den Zeigefinger der einen Hand in die Scheide oder den Mastdarm, nur
ganz ausnahmsweise in die Blase, bei Rückenlage der Patientin einführt,
während die andere Hand von den Bauchdecken aus tastet (Fig. 16). Es
ist empfehlenswerth, der einfachen inneren Untersuchung gleich die zusammengesetzte anzuschliessen, ohne erst den Zeigefinger nochmals herausgebracht zu haben. Der hohe Werth dieser zweihändigen Untersuchungsmethode besteht darin, dass man die auszuforschenden Organe zwischen
beiden Händen eingehend abtasten und sich ferner solche Theile des weiblichen Geschlechtsapparates durch Druck auf die Bauchdecken zugänglich
machen kann, besonders den Gebärmutterkörper, die breiten Mutterbänder,
Eileiter und Eierstöcke, welche bei der einfachen Untersuchung durchschnittlich nicht gefühlt werden können. Zu diesem Zwecke drängt die
von aussen wirkende Hand systematisch dem in der Scheide oder dem
Mastdarme liegenden Zeigefinger die Eingeweide des kleinen Beckens
entgegen und umgekehrt: Die beiden Hände müssen sich gleichsam
verstehen; sie müssen zwischen sich die einzelnen Theile des weiblichen
Geschlechtsapparates bringen, um sie vollkommen abzutasten, da sie
aussen doch nur von den Bauchdecken, innen von der dünnen Scheidenschleimhaut überzogen sind. Durch geschicktes Vorgehen kann man

auf diesem Wege die Beschaffenheit der weiblichen Geschlechtsorgane
hindurchfühlen, ohne dass selbst kleinere Abweichungen unbemerkt
bleiben.

Man stellt durch die zusammengesetzte Untersuchung Gestalt, Grösse,
Form, Oberfläche, Beweglichkeit, Druckempfindlichkeit, etwaige Verwachsungen usw. der Gebärmutter und ihrer einzelnen Theile fest. Alsdann forscht man, den innen befindlichen Zeigefinger seitlich abgleiten
lassend, die anderen Beckenorgane aus, die äussere Hand wiederum zu ver-
ständnissvollem Gegendrucke gebrauchend. Man kann alsdann die Gebärmutteranhänge, besonders den freien Rand der breiten Mutterbänder, der
darin verlaufenden Eileiter, die sich zwischen den Fingern als rollender,

Figur 16.

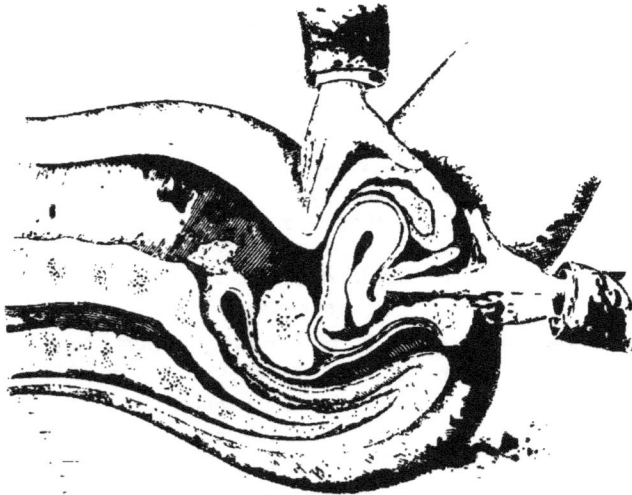

Die zusammengesetzte (zweihändige) innere Untersuchung. (Halbschematisch.)
Nach *Sims*.

dünner Strang darbieten, und die Eierstöcke als kleine, eirunde, leicht
entweichende Anschwellungen hindurchfühlen. Auch bei diesen Theilen
prüfe man Lage, Gestalt, Grösse, Oberfläche, Empfindlichkeit, Beweglichkeit usw. Besonders wichtig ist die zusammengesetzte Untersuchung für
die Feststellung der verschiedenen Beckengeschwülste. Man kann auf
diesem Wege häufig alle Verhältnisse feststellen: Grösse, Lage, Gestalt,
Oberfläche, Consistenz, Schwappen, Beweglichkeit, Empfindlichkeit, Ausgangspunct, Zusammenhang mit Nachbarorganen usw. Freilich sind unter
Umständen unsichere Ergebnisse und Irrthümer nicht immer zu vermeiden,
besonders wenn Verlöthungen, feste Verwachsungen, enge Aneinander-
lagerung von Geschwülsten mit den einzelnen Theilen des weiblichen
Geschlechtsapparates stattgefunden haben. — Andererseits ermittelt man

durch die zweihändige Untersuchung die Abwesenheit einer Geschwulst, an ihrer Stelle Flüssigkeitsansammlung oder ausnahmsweise sogar das Fehlen oder die Missbildung der ganzen inneren Geschlechtsorgane. — Bei einiger Uebung und günstigen Verhältnissen kann man durch die mit zwei Händen ausgeführte Untersuchung auf dem Wege der Scheide auch die Harnröhre, blase und -leiter abtasten.

Schmerzen dürfen bei dem ganzen Vorgange bei annähernd normalen Verhältnissen nicht entstehen, abgesehen von einem leicht erträglichen Unbehagen bei tieferem und stärkerem Drucke besonders gegen die Eierstöcke.

Unmöglich ist die zusammengesetzte Untersuchung in allen jenen Fällen, bei denen auch die einfache innere Untersuchung unausführbar ist, z. B. Unzugänglichkeit, Enge und Ueberempfindlichkeit der Scheide, ferner bei festen und dicken Bauchdecken, starker Ueberfüllung der Blase oder des Mastdarmes, sehr grossen Geschwülsten, die dem Beckeneingange aufliegen, frischen Entzündungen der Gebärmutter, ihrer Anhänge, des Beckenbauchfelles, des Beckenbindegewebes, bei dünnwandigen Eierstockscysten, grösseren Eiteransammlungen in den Eileitern, wegen Gefahr der Steigerung der Entzündung und der Möglichkeit der Zersprengung eines Flüssigkeitssackes.

Bei einzelnen Krankheitsprocessen ist der in jüngster Zeit gemachte Vorschlag, die zusammengesetze innere Untersuchung in der von *Trendelenburg* angegebenen Beckenhochlagerung vorzunehmen, die von vielen Operateuren zur Ausführung von Operationen in der Bauchhöhle benutzt wird, überaus empfehlenswerth. Durch ein unter das Becken geschobenes Kissen wird dabei der Rumpf in eine nach hinten gehende schiefe Ebene versetzt, wodurch die Baucheingeweide nach dem Zwerchfelle hin rücken. Ganz besonders vortheilhaft erweist sich diese Lagerung bei der Untersuchung von Geschwülsten, die das kleine Becken und das Scheidengewölbe ausfüllen, so dass bei der gewöhnlichen Rückenlage dem eingeführten Finger der Zugang und die Möglichkeit der Abtastung genommen sind.

Auch der besonders von *Lennhoff* empfohlenen zusammengesetzten inneren Untersuchung im warmen Vollbade, sowohl der anderen Bauchorgane, als auch des weiblichen Geschlechtsapparates können wir in einer Reihe von Fällen nur das Wort reden. Damit hierbei der Bauchhöhlendruck möglichst herabgesetzt wird, ist eine reichliche Füllung der Badewanne nothwendig und muss die Patientin, um die Spannung der Bauchdecken auf das geringste Maass zurückzudrängen, ausgestreckt mit hochgestellten Knieen im Bade liegen. Aus diesem Grunde ist für diese Untersuchungsart eine Sitzbadewanne nur wenig, eher eine Rumpf- oder Vollbadewanne geeignet. Zur Bequemlichkeit für den untersuchenden Arzt soll die Wanne hochgestellt oder ein Bettlaken in derselben angebracht werden. Die Vortheile der Untersuchung im warmen Bade werden nicht nur lediglich durch die bedeutende Entspannung der Bauchdecken dargeboten, sondern gleichzeitig sind die Befestigungsbänder der Gebärmutter und ihrer Anhänge schlaffer, der weibliche Geschlechtsapparat zugänglicher und die Empfindlichkeit bei Anwesenheit schmerzhafter Leiden wesentlich geringer, so dass vielfach die sonst bei der zusammengesetzten inneren Untersuchung übliche Chloroformbetäubung entbehrlich gemacht wird.

Die zweihändige Untersuchung durch den Mastdarm und die auf die Bauchdecken gelegte zweite Hand ist dann vorzunehmen, wenn die Einführung eines Fingers in die Scheide unmöglich, hochgradig erschwert oder durch ein unverletztes Jungfernhäutchen nicht erwünscht ist, ferner wenn es sich um die Erkennung von Geschwülsten, die hinter der Gebärmutter liegen, handelt und bei Erkrankungen der Gebärmutteranhänge

Die vernünftige Handhabung der zusammengesetzten Untersuchungsmethode, vorwiegend auf dem Wege der Scheide ist das wichtigste Hülfsmittel, dessen sich jeder Arzt bei der Feststellung von Frauenleiden bedient. Sie übertrifft bei der überwiegenden Mehrzahl von Erkrankungen der weiblichen Geschlechtsorgane an Sicherheit der Ergebnisse, Gefahrlosigkeit, Bequemlichkeit und anderen Vortheilen alle übrigen Methoden, die sie in der Regel einschliesslich des Instrumentengebrauches überflüssig macht. Nur für einen geringen Rest von Frauenkrankheiten kommen noch Hülfsmittel für die Untersuchung in Betracht.

I) Die Untersuchung durch den Mutterspiegel.

Die Anwendung des Mutter- oder besser gesagt Scheidenspiegels behufs Feststellung eines Leidens beschränkt sich auf einzelne Erkrankungen der Scheide und des Scheidentheiles der Gebärmutter. Jedoch ist auch hierbei die Einführung dieses Instrumentes keineswegs häufig geboten, da man durch die einfache Scheidenuntersuchung oder durch Auseinanderziehen vermittelst der beiden eingeführten Zeigefinger für den Krankheitsnachweis befriedigende Ergebnisse erlangt. Eine unbedingte Verwendung des Scheidenspiegels liegt beim Tripper der Frauen, bei Blasenscheidenfisteln sowie den verschiedenen geschwürigen und wuchernden Processen am Muttermunde vor. Ausserdem könnte man unter Umständen die Einführung des Mutterspiegels vornehmen zur Gewinnung grösserer Mengen krankhafter Absonderungen behufs deren eingehender Untersuchung, oder um die Quelle einer Blutung aus dem Geschlechtsapparate festzustellen. Die Einführung des Scheidenspiegels wird in Rückenlage der Patientin ausgeführt, wobei entweder das helle Tageslicht hineinfällt, oder künstliches Licht durch einen Reflector hinein geleitet wird. Um den Vorgang möglichst schmerzlos und für die Krankheitsfeststellung möglichst zweckmässig zu gestalten, ist es empfehlenswerth, vorher mit dem Zeigefinger zu untersuchen, einmal um die Weite der Scheide und darnach die Grösse des Mutterspiegels zu ermessen, und zweitens um zu erfahren, wo der Scheidentheil der Gebärmutter steht, um die Spitze des Mutterspiegels dorthin zu schieben. Alsdann zieht man mit zwei Fingern der einen Hand die Schamlippen auseinander, sodass man den Scheideneingang eröffnet. Nunmehr hält man das Instrument senkrecht und deckt mit seiner Spitze den empfindlichen Harnröhrenwulst, wobei das zwischen den Fingern gehaltene weite Ende des Spiegels halbkreisförmig nach abwärts gedrückt wird, sodass die Spitze um den Schambogenwinkel nach oben gleitet. Während man den Scheidenspiegel sanft rollend nach oben schiebt, kann man Farbe, Absonderungsverhältnisse, krankhafte Veränderungen, Runzelung usw. der auseinander gedrängten Scheidenwände beobachten, worauf man unter sanften Dreh- und Vorwärtsbewegungen den Scheidentheil der Gebärmutter, in die vordere Oeffnung des Spiegel eingestellt, deutlich zu Gesichte bekommt.

Figur 17.

Mutter- oder Scheidenspiegel aus Hartgummi.

Figur 18.

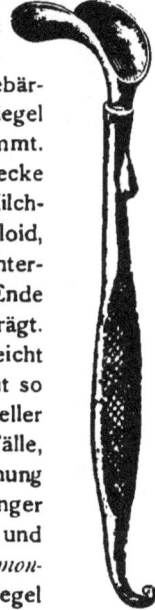

Rinnenförmiger Mutter- oder Scheidenspiegel.

Für die meisten Untersuchungszwecke genügen röhrenförmige Spiegel aus Milchglas, Hartgummi (Fig. 17) oder Celluloid, die an dem aussen liegenden Ende trichterförmig erweitert sind. Am anderen Ende sind sie entweder gerade oder abgeschrägt. Die Milchglasspiegel sind billig und leicht zu reinigen, die Hartgummispiegel nicht so zerbrechlich, jedoch nur bei sehr heller Beleuchtung anwendbar. Für solche Fälle, bei denen neben der Spiegeluntersuchung gleichzeitig eine solche durch den Finger nothwendig ist, z. B. bei Blasen- und Scheidenfisteln, und für gewisse unvermeidbare Operationen kommen die *Simon*schen, rinnenförmigen, mit einem Griffe versehenen Spiegel in Betracht (Fig. 18), zu deren Handhabung in der Regel ein Assistent nöthig ist.

Dass vor und nach der Einführung stets eine hinlängliche Säuberung der Spiegel durch Einlegen in siedendes Wasser und gehörige Abseifung ausgeführt werden muss, ist selbstverständlich.

Das Verfahren vieler Frauenärzte, bei jedem vorkommenden Frauenleiden stets den Mutterspiegel einzuführen, ist durchaus unberechtigt; der Werth dieses Instrumentes für die Krankheitsfeststellung kommt nur bei einzelnen Erkrankungen der Scheide und des Scheidentheiles der Gebärmutter in Betracht, jedoch werden auch hierbei vielfach nur unwesentliche oder den anderen Untersuchungsmethoden gegenüber nicht neue

Resultate gefördert. Dagegen ist der rinnenförmige Mutterspiegel zur Ausführung vieler operativer Eingriffe bei Frauenleiden ein unentbehrliches Instrument.

K) Die Untersuchung durch die Gebärmuttersonde.

Die innere Oberfläche der Gebärmutter wird nur unter besonderen
Umständen einer Untersuchung durch directe Betastung mit den Fingern
zugänglich, weswegen man, um in die Gebärmutterhöhle einzudringen, zum
Gebrauche von Sonden, »verlängerter Finger«, schritt. Ueber den Werth
dieser Instrumente für die Feststellung von Frauenleiden gilt auch heute
noch das Urtheil von *Scanzoni,* dem sich *Chroback, Veit* und Andere
anschliessen: »Es kommt uns nicht in den Sinn, die Brauchbarkeit der
Gebärmuttersonde für gewisse Zwecke ganz in Abrede zu stellen, aber eine
sehr ausgedehnte, durch Jahre fortgesetzte Benutzung des Instrumentes
hat uns die Ueberzeugung aufgedrängt, dass die Vortheile, welche man
sich Anfangs von ihm versprach, in der Wirklichkeit bei Weitem nicht so
zahlreich und gross sind, als man annehmen zu müssen glaubte, und wenn
es vor nicht sehr langer Zeit viele Frauenärzte gab, welche behaupteten,
dass die Untersuchung mit der Sonde eine beinahe unerlässliche Bedingung
für eine erschöpfende Feststellung der meisten Gebärmutterkrankheiten
darstellt, so hat diese Anschauung im Laufe der letzten Jahre einer
anderen, richtigeren Platz gemacht«.

Und in der That, bei den durchschnittlich geringen und unwesent-
lichen, vielfach auch zweifelhaften Ergebnissen der Untersuchung mit der
Gebärmuttersonde gegenüber den damit verknüpften Gefahren sollte der
Gebrauch dieses Instrumentes nur dann stattfinden, wenn man sich da-
von bestimmte, durch andere Untersuchungsarten nicht zu erlangende
Resultate verspricht.

Was kann man denn überhaupt günstigsten Falles durch die Sondirung der Gebärmutterhöhle erlangen?

1. Die Länge der Gebärmutterhöhle zu messen. Die Kenntniss hiervon ist für den Nachweis von Frauenleiden ziemlich unwichtig,
wenigstens wüssten wir keinen bestimmten Fall, in welchem die Krankheitsfeststellung von der Kenntniss der Länge der Gebärmutterhöhle abhängig wäre.

2. Die Weite, beziehentlich Fassungsfähigkeit der Gebärmutterhöhle zu bestimmen. Auch dieser Punct ist für die Erkennung einer vorhandenen Frauenkrankheit durchschnittlich unwesentlich, und überdies laufen dabei häufig Irrthümer unter, da schon
durch die normale Gebärmutterkrümmung an sich die Sondenbewegung
in der Gebärmutterhöhle, der Maassstab für ihre Weitenmessung, beschränkt wird, noch mehr durch in der Gebärmutterhöhle vorhandene
Geschwülste.

3. Die Richtung der Gebärmutterhöhle zu erforschen. Hierzu

gebraucht man die Gebärmuttersonde eigentlich fast überhaupt nicht, da bei allen geeigneten diesbezüglichen Fällen die zusammengesetzte Untersuchung vollkommene Klarheit schafft, bei ungeeigneten Fällen der Sondengebrauch auf die dringendste Nothwendigkeit beschränkt bleibt; denn sonst müsste man ja eine Gebärmutter sondiren, deren Lage nicht durch vorherige Untersuchung durch die Scheide festgestellt ist, ein zu grösster Vorsicht drängendes Vorgehen.

4. Die Beweglichkeit der Gebärmutter zu bestimmen. Hierüber giebt die zweihändige Untersuchung fast ausnahmslos und einen weit sichereren Aufschluss als die Sonde, da die zu dieser Prüfung nothwendigen Hin- und Herbewegungen mit dem Instrumente gefährlich und von häufig schwankendem Ergebnisse sind. Besonders grosse Gefahren erwachsen hierbei noch dann, wenn die Beweglichkeitsprüfung bei Vorhandensein entzündlicher Verwachsungen ausgeführt wird.

5. Zu bestimmen, ob die Gebärmutterhöhle leer oder mit Geschwülsten und sonstigem Inhalte versehen ist. Auch zur Erlangung dieser Kenntniss dient die Sonde verhältnissmässig nur wenig oder führt andererseits zu Irrthümern und Täuschungen. Ueber eine etwaige Schwangerschaft giebt die Sondirung der Gebärmutterhöhle nur ausnahmsweise richtigen Aufschluss und sollte hierzu dieses Instrument überhaupt nicht mehr gebraucht werden. Sondirungen bei bestehender Schwangerschaft, ohne dass dieselbe erkannt wird, und ihre Unterbrechung dadurch, kommen ziemlich oft vor, ebenso dass bei sehr zarter Handhabung die Sonde ziemlich glatt und ohne Verletzung der Fruchtblase zwischen dieser und der Gebärmutterwand vordringt. Andere Zustände hinwiederum, besonders Schleimhautfalten, Abweichungen des Gebärmuttercanales von der normalen Richtung und Weite setzen der eindringenden Sonde gewisse Schwierigkeiten entgegen, sodass man fälschlich das Gefühl hat, als ob die Gebärmutterhöhle einen Inhalt besässe. Andererseits kann das Instrument, wenn die Gebärmutterhöhle mit weichen oder flüssigen Massen angefüllt ist, mit Leichtigkeit hineindringen oder über kleine in der Gebärmutterhöhle sitzende Polypen hinweggleiten, sodass es gleichfalls nur zu Täuschungen kommt.

6. Die Beschaffenheit der Gebärmutterschleimhaut zu ermessen. Aber auch hierbei lässt das Instrument nur zu häufig im Stiche, da es nicht möglich ist, seinen Knopf an alle Theile der Gebärmutterschleimhaut behufs ihrer Prüfung zu bringen, sodass vielfach Unebenheiten und Rauhigkeiten, zumal wenn der Sondenknopf über sie hinwegspringt, übersehen werden. Auch die Anwesenheit von Schmerz oder der Abgang von Blut bei der Sondirung ist kein Beweis, dass die Gebärmutterschleimhaut entzündet ist, da bei vielen Frauen an sich diese Manipulation zumal bei nicht geschickter Ausführung und Anwendung unpassender Instrumente mit lebhaftem Schmerze und Blutung verknüpft ist, selbst bei gesunder Gebärmutterschleimhaut. Im Uebrigen ergeben

die anderen klinischen Erscheinungen und Untersuchungsmethoden weit sicherere und genügende Resultate.

7. **Den Verschluss oder die Durchgängigkeit des Gebärmutternackencanales zu prüfen.** Soweit dieses durch die einfache innere Scheidenuntersuchung und die Einführung des Mutterspiegels geschehen kann, hat man von der Sonde abzusehen. Lassen jedoch diese Untersuchungsmethoden im Stiche, so erkennen auch wir für gewisse, gerade nicht häufige Fälle die Nothwendigkeit an, den Gebärmutternackencanal vorsichtig zu sondiren. Aber auch dann, d. h. in den der Finger- und Spiegeluntersuchung unzugänglichen Fällen, braucht man noch nicht gleich zur Sondenuntersuchung zu schreiten, da gewisse Schlüsse auf die Enge und Weite des Muttermundes aus den sich anschliessenden Veränderungen der Gebärmutter zu ziehen sind, z. B. durch die Verhaltung des Monatsflusses und sonstiger Ausscheidungen sowie durch Unfruchtbarkeit.

Allerdings, die richtigen räumlichen Verhältnisse des Gebärmutternackencanales sind stets nur durch die Sonde festzustellen. Hierbei hat man sich jedoch vor einem Irrthume zu schützen, nämlich eine Verengerung des inneren Muttermundes anzunehmen, wo keine vorliegt, die vordringende Sonde vielmehr nur durch eine vorhandene Knickung gehemmt wird.

Vergleichen wir damit die Nachtheile der Sondenuntersuchung der Gebärmutterhöhle bei der Krankheitsfeststellung! Jeder die Gebärmuttersonde häufig anwendende Frauenarzt wird vielfach Fälle erleben, bei denen die Manipulation, besonders beim Passiren des Instrumentes über den inneren Muttermund, furchtbare Schmerzen, mehr oder weniger heftige Gebärmutterkolik und sogar plötzlichen Zuzammenbruch hervorgerufen hat. Diese Gefahren entstehen um so leichter, je empfindlicher die Gebärmutter an sich, je enger der zu sondirende Canal, je beträchtlicher eine vorhandene Lageveränderung ist, welche der Gebärmutterkörper durch die mit der Sonde veranlassten Hin- und Herbewegungen erleidet. Nicht mindere Gefahren entstehen durch erzeugte Blutungen, sowohl durch unvorsichtige Sondirung bei gesunder Gebärmutterschleimhaut, als auch bei schonendem Vorgehen bei Anwesenheit von entzündlichen und geschwürigen Processen, Polypen und anderen Neubildungen. Weiterhin liegt die Gefahr nahe, dass durch die Sondirung künstlich vorzeitiger Fruchtabgang herbeigeführt wird; und in dieser Beziehung müssen wir besondere Warnungsrufe erschallen lassen, umsomehr als sich häufig Frauen finden, die, in der Absicht sich von kundiger Hand einen Fruchtabgang einleiten zu lassen, dem untersuchenden Arzte Beschwerden angeben, von denen sie wissen, dass sie ihn zur Sondirung bestimmen. Acute Entzündungsprocesse ferner erfahren durch die Sondenuntersuchung fast immer eine Steigerung, und starker Schmerz, vermehrte Blutung, Steigerung und Verbreitung des Processes auf benachbarte Organe bleiben fast nie aus. Aber auch chronische Entzündungen der Gebärmutter und ihrer Anhänge werden vielfach durch Sondirung der Gebärmutterhöhle zu acuten angefacht. Oft werden, besonders wenn die Sondeneinführung bei vorhandenen Hindernissen selbst mit mässiger Gewalt erzwungen wird, die Gebärmutterschleimhaut und -musculatur mehr oder minder verletzt und gefährliche Gebärmutterentzündungen hervorgerufen. Bei schlaffem und weichem Gebärmuttergewebe, besonders nach vorangegangener Schwangerschaft wurde schon oft sogar bei vorsichtiger Sondirung die Gebärmutterwand durchstossen, sodass die Sonde in die Bauchhöhle gerieth und das Bauchfell verletzt wurde. Eine Hauptgefahr dieser Untersuchungsmethode ist die Einführung ansteckender Massen in die Gebärmutterhöhle, die selbts bei genügender Reinigung der Sonde und vorheriger Ausspülung der Scheide nicht immer vermieden werden kann.

Die Gebärmuttersonde stellt ein etwa 20 Centimeter langes, mit einem Handgriffe versehenes, aus biegsamem Materiale hergestelltes — jedoch fest genug, um kleine Widerstände zu überwinden — Instrument (Fig. 19) vor, das mit Knöpfen zur Feststellung der Weite des Muttermundes, oder mit dünnen Strichen zur Berechnung der Länge der Gebärmutterhöhle versehen ist (Fig. 20 u. 21). Die Einführung des Instrumentes geschieht am besten nach seiner vorherigen gründlichen Reinigung und mässigen Erwärmung bei Rückenlage der Patientin, nachdem bei dieser vorher die Scheide ausgespült und durch Fingeruntersuchung die Lage der Gebärmutter festgestellt ist, um den richtigen Weg zu ermessen. Das Vordringen des wie ein Federhalter am Griffe leicht gefassten Instrumentes hat sehr schonend und möglichst allmählich zu erfolgen, und bei entgegenstehenden Hindernissen ziehe man die Sonde etwas zurück und suche ausweichend in anderer Richtung vorzudringen (Fig. 22). Damit sich das Instrument nicht so leicht in Schleimhautfalten verfängt, beginne man mit möglichst dicken Nummern. Sobald die Sonde am Gebärmuttergrunde anstösst, empfindet man ähnlich

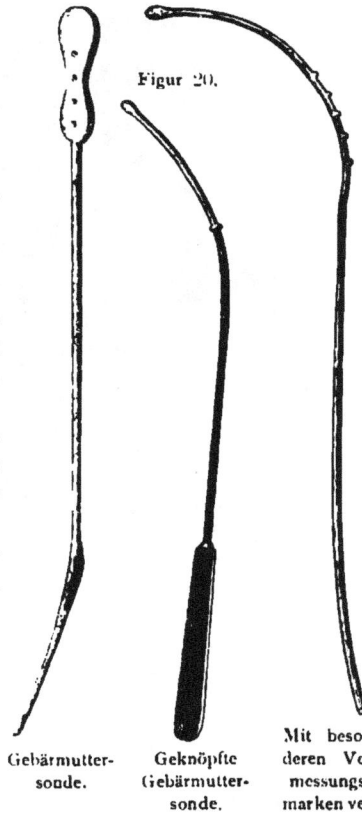

Figur 19. Figur 21.

Figur 20.

Gebärmutter- Geknöpfte Mit besonsonde. Gebärmutter- deren Versonde. messungsmarken versehene Gebärmuttersonde; nach Schultze.

wie bei der Passage des inneren Muttermundes einen bedeutenderen Widerstand, der auch meist von den Kranken als »Anstossen« gefühlt wird. Alsdann sei man äusserst vorsichtig, um nicht die Gebärmutterwand durch Versuche, weiter vorzudringen, zu durchstossen.

Alle etwaigen Ergebnisse der Sondenuntersuchung berücksichtige man auch in solchen seltenen Fällen, wo das Instrument wesentliche Aufschlüsse giebt, zum sicheren Nachweise eines Frauenleidens nur unter Betrachtung der Resultate anderer Untersuchungsmethoden.

Figur 22.

Die Gebärmuttersonde nach erfolgter Einführung.
(Halbschematisch.) Nach *Hewitt*.

Das Verfahren vieler Frauenärzte, fast ausnahmslos die Gebärmuttersonde zu Zwecken der Krankheitsfeststellung zu gebrauchen, ist in Rücksicht auf die geringen Aufschlüsse und die grossen Gefahren, welche dieses Instrument schafft, nicht angebracht. Die Gebärmuttersonde sollte nur in jenen seltenen Fällen benutzt werden, in denen die vorausgeschickten übrigen Untersuchungsmethoden es wahrscheinlich machen, dass nur durch ihre Einführung ein sicherer und erschöpfender Krankheitsnachweis möglich ist. Der geübte Arzt, wie *Scanzoni*, *Veit* u. A. zugestehen, hat die Gebärmuttersonde nur selten zu gebrauchen, der ungeübte erfährt durch sie nichts und richtet nur Schaden an.

L) **Die Erweiterung der Gebärmutter zu Zwecken der Krankheitsfeststellung auf unblutigem und blutigem Wege.**

Nur selten hat man behufs Krankheitsfeststellung Veranlassung, die Gebärmutterhöhle mit dem Finger auszutasten, und zu diesem Behufe den Gebärmutternackencanal künstlich zu erweitern. Abgesehen von der Schwangerschaft läge die einzige Veranlassung zu diesem Vorgehen lediglich in Geschwülsten innerhalb der Gebärmutterhöhle, sofern die vorherige Sondirung resultatlos verläuft. Da ausserdem der Gebrauch der mechanischen, durch allmähliche Aufquellung wirkenden Erweiterungsmittel nicht schmerzlos und ungefährlich, sehr umständlich und zeitraubend ist, so gebietet sich schon hieraus ihre nur seltene Verwendung zu Zwecken des Krankheitsnachweises. Schliesslich erreicht man eine so vollständige Erweiterung des Ge-

bärmutternacken-canales, besonders am inneren Muttermunde, dass der Finger die Gebärmutterhöhle ganz austasten kann, nur selten, sodass auch hierbei die Gefahren eines solchen Vorgehens ungleich grösser sind als der Nutzen.

Infolgedessen haben einzelne Autoren die künstliche Erweiterung mit seltenen Ausnahmen für völlig überflüssig erklärt.

Die Ausführung der Erweiterung geschieht durch aufquellende Substanzen, von denen besonders Pressschwamm, die Seetang- und Tupelostifte in Gebrauch sind.

Figur 23.

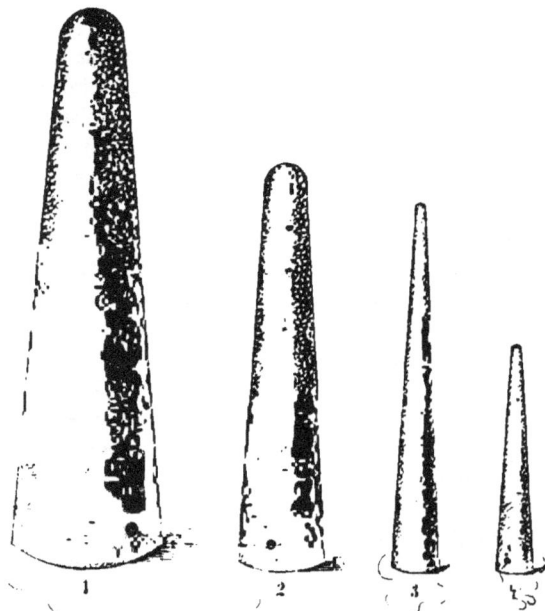

Pressschwämme in verschiedener Stärke.

Der Pressschwamm wird so dargestellt, dass der vorher in siedendem Wasser gut ausgekochte gewöhnliche Badeschwamm in kegelförmige Stücke von 5 bis 6 Centimeter Länge und sehr verschiedener Dicke geschnitten wird, die durch genaues, festes Umwickeln vermittelst eines Bindfadens zusammengedrückt werden (Fig. 23). Der Länge nach wird mitten durch den Kegel ein Draht gestossen, um eine gerade Form und gleichmässigere Zusammendrückung zu erlangen. Nach Abwickelung des umschnürenden Fadens werden die Rauhigkeiten des Pressschwammkegels abgeschliffen und der Draht herausgezogen. Am dicken Ende der Schwämme ist zu ihrer leichteren Entfernung ein schwacher Seidenfaden oder Silberdraht durchgeführt. Die Einführung des Pressschwammkegels gelingt am besten unter Anwendung eines *Simon*'schen Scheidenspiegels in Rückenlage der Patientin, vorher jedoch müssen die Geschlechtstheile hinreichend mit lauem Wasser gereinigt sein. Nunmehr wird mit einer Pincette das Quellmittel, welches nicht gleich in grosser Stärke genommen werden darf, um auch den inneren Muttermund zu durchdringen, nur soweit eingeschoben, dass es, während eben der innere Muttermund passirt wird, noch aus dem äusseren hervorragt. Bei zu weitem Hineinschieben nämlich kann sich der äussere Muttermund über dem Quellmittel schliessen, sodass die Entfernung grosse Schwierigkeiten macht. Je dünner und je leichter quellbar der Pressschwamm ist, desto rascher muss er eingeführt werden, da anderenfalls durch die Scheidenabsonderung seine Spitze quillt, weich und dick wird und sie alsdann den engen Muttermund nicht mehr passiren kann. Alsdann bringe man die Spitze des einen Zeigefingers so lange an den äusseren Muttermund, bis man die Ueberzeugung gewonnen hat, dass der Presschwamm gequollen ist und nicht mehr hinausgleiten kann. Schon wenige Minuten nach gelungener Einführung nimmt der Umfang des Quellmittels zu, seine oberflächlichen Fasern drängen sich in die Falten und Oeffnungen der Gebärmutternackenschleimhaut, es beginnt eine blutwässerige Durchtränkung des Gewebes, die auch auf den Gebärmutterkörper übergeht, und durch eine übermässige Zufuhr von Schlagaderblut steigt die Gebärmutter ähnlich wie beim Eintritte des Monatsflusses auf. Durch diese Vorgänge entstehen häufig Zusammenziehungen der Gebärmuttermuskulatur, die als wehenartige Schmerzen empfunden werden, zuweilen zu vorzeitiger Ausstossung des eingeführten Schwammes veranlassen und einen mehr oder weniger reichlichen blutwässerigen, blutig gefärbten oder rein blutigen Ausfluss bewirken. Tritt gar noch Fieber hinzu, und macht der wehenartige Schmerz einem anhaltenden Platz, so ist es die höchste Zeit das Quellmittel zu entfernen und vorläufig von ferneren Erweiterungsversuchen abzusehen Ueberhaupt lasse man auch bei günstigem Verlaufe der Procedur einen Pressschwamm nie länger als zwölf Stunden liegen, erneuere ihn vielmehr einige Male bis zur endlichen Erreichung des Zieles. Die Entfernung geschieht so, dass man den Zeigefinger der einen Hand zwischen Gebärmutternackenwand und Schwamm legt, während man mit der anderen Hand den durchgezogenen Seidenfaden durch leichte, sägeförmige Bewegungen ablöst. Reisst der Faden oder Schwamm, so erfasse und ziehe man ihn durch eine unter Leitung des eingeführten Zeigefingers vorgeschobene Kornzange unter leicht drehender Bewegung. Alsdann passire man mit dem Zeigefinger, der zur Abtastung der Gebärmutterhöhle dienen soll, den inneren Muttermund, der sich nach Entfernung des Quellschwammes allerdings meist wieder etwas zusammenzieht. Gestielte und sonstige kleinere Geschwülste werden gewöhnlich schon durch die erzeugte Wehenthätigkeit der Gebärmutter in den Gebärmutternacken hineingepresst und so der Betastung zugänglich gemacht. Andererseits aber ist es trotz hinlänglicher Erweiterung des Muttermundes häufig nicht möglich, eine starrwandige oder wesentlich verlängerte Gebärmutterhöhle vollkommen abzutasten. Hat man bei diesem Verfahren etwas ermittelt, so schliesse man sofort eine gehörige Ausspülung und etwa nothwendige Eingriffe zur Heilung an. Ergab die Untersuchung kein Resultat, so ist es angerathen, die Patientin, selbst wenn Fieber und dauernde Schmerzen fehlen, zwei Tage Bettruhe einhalten und die nächste Zeit sich schonen zu lassen, da die Auflockerung des Gebärmuttergewebes erst nach 2 bis 3 Tagen schwindet. Die dem Pressschwamme anhaftenden verschiedenen Mängel: Der hohe Preis, die Schwierigkeit der Einführung, sein rasches Quellen, die starke Reizung der Gebärmutternackenschleimhaut, die Zersetzung der Absonderung mit den hieraus entstehenden Gefahren, liessen andere Quellungsmittel freudig begrüssen.

Die Seetangstifte (Fig. 24) aus den verbleibenden (perennirenden) Stengeln des Seetanges (Laminaria digitata) hergestellt, sind verschieden dicke, ziemlich harte, hohle Stäbe von wechselnder Länge, an der Oberfläche und den

Figur 24.

Seetangstift in natürlichem und gequollenem Zustande.

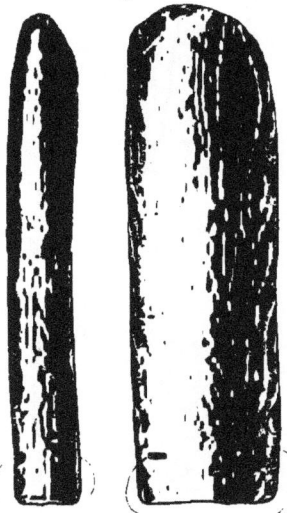

Figur 25.

Tupelostift in natürlicher Stärke und durch Gebrauch gequollen.

beiden Enden abgerundet. Die Laminariastifte quellen viel langsamer als der Pressschwamm, ungleich weniger im Längs- als im Querdurchmesser. Da sie nicht in einer für alle Zwecke ausreichenden Dicke zu bekommen sind, so muss man mitunter mehrere zusammen, ein Bündel dünner Stifte einlegen. Bringt man Laminariastifte in warmes Wasser, so vermag man ihnen meist nach Bedarf eine Krümmung zu verleihen, und es löst sich etwas von dem reizend wirkenden Alkali, das sie enthalten. Die Einführung geschieht ganz ebenso wie beim Pressschwamme, nur dass man bei ihrem geringeren Quellungsvermögen mehr darauf achten muss, dass sie thatsächlich in der Gebärmutterhöhle liegen bleiben. Auch ihre Entfernung und die Dauer des Liegenbleibens entspricht vollständig den diesbezüglichen Verhältnissen des Press-schwammes.

Die Tupelostifte (Fig. 25) entstammen dem Wurzelholze eines Baumes, Nyssa aquatica, und sind in jeder Stärke zu haben. Das Holz, welches sehr leicht ist und grosse Wassermengen aufsaugen kann, in Amerika öfters als Ersatz für Kork gebraucht wird, wird durch Maschinen gepresst und zu verschieden langen und dicken cylindrischen, sehr sorg-fältig geglätteten Stiften bearbeitet. Die Quellung geht ziemlich rasch und vollständig vor sich, jedoch da die Stifte durch die Fähig-keit, grosse Flüssig-keitsmengen aufzu-nehmen, allmählich weich werden, bleibt die Erweiterungskraft gegenüber den See-tangstiften etwas zu-rück, dagegen ist die Gefahr der Infection, Schleimhaut-verletzung und zer-setzter Ausflüsse ge-ringer. Die Einfüh-rung und das Heraus-ziehen geschehen wie beim Pressschwamme.

Die Anwendung jedes dieser Quell-mittel, besonders des Pressschwammes, ist mit grossen Gefahren verbunden, zumal bei Wiederholungen der Einführung, Entzün-dungen, Eiterungen der Gebärmutter, des

Figur 26.

Figur 27.

Hartgummikegel
von verschiedener Stärke
zur Erweiterung des
Muttermundes.

Metallsonden nach *Fritsch*
von verschiedener Stärke zur Er-weiterung des Muttermundes.

Beckenbindegewebes und Bauchfelles, Dauer-krampf (Tetanus), blutige Ergüsse innerhalb des kleinen Beckens oder der Gebärmutter, Unterbrechung einer nicht beobachteten Schwangerschaft usw. häufig genug vorkommen. Ueberdies führt gerade die Aufquellung des Gebär-muttergewebes bei seiner Abfühlung mit dem Finger irrthümliche Er-gebnisse herbei, indem vorher bestehende Wucherungen durch wässerige

Durchtränkung weich werden oder Rauhigkeiten der Gebärmutterschleimhaut vorübergehend schwinden usw.

Aus diesen Rücksichten hat man ausser den pflanzlichen Quellmitteln
auch aus Metall entsprechende Instrumente hergestellt. *Fritsch* und *Hegar*
haben zur allmählichen Erweiterung sondenähnliche Instrumente aus Stahl (Fig. 26) oder Hartgummi (Fig. 27)
von verschiedener Stärke angegeben.

Figur 28.

Am meisten beliebt ist die entschieden brüske Erweiterung des Gebärmutternackencanales durch die mehrfach hergestellten Erweiterungsinstrumente, die so angeordnet
sind, dass durch Schrauben und Drücken sich zwei in der
Gebärmutterhöhle liegende Arme von einander entfernen
(Fig. 28). Diesen Instrumenten können wir absolut nicht
das Wort reden; denn sie bewirken heftige Schmerzen,
Blutungen und Risse und führen, wenn nicht vorher schon
eine entsprechende Erweiterung vorhanden war, diese nur
selten soweit herbei, dass eine Abtastung der Gebärmutterhöhle mit dem Finger möglich wird.

Die blutige Erweiterung des Gebärmutternackencanales vermittelst der Längsdurchschneidung
des Mutterhalses durch besondere Instrumente kommt zu
Zwecken des Krankheitsnachweises nur ganz ausnahmsweise in Gebrauch, und von bedeutenden Frauenärzten
wurde der stumpfen Erweiterung durch Quellmeissel oder
die verschiedenen Hartgummizapfen und Metallinstrumente
das Wort geredet, zumal sich die Gefahren der unblutigen
und blutigen Erweiterung des Gebärmutternackencanales
die Stange halten, die Durchschneidung des inneren Muttermundes sogar ein überaus gefährlicher Eingriff ist. Uebrigens
ist auch durch das operative Vorgehen das erstrebte Ziel,
die Gebärmutterhöhle auszutasten, häufig nicht erreichbar,
ausserdem bei Verdickungen, Schwellungen, Schleimhaut-
wucherungen eine bedeutendere Erweiterung durch Quellmeissel zu erlangen.

Die unblutige Erweiterung des Gebärmutternackencanales zu Zwecken der Krankheitserkennung ist gefährlich, quälend und umständlich und führt nur selten zu dem erstrebten Ziele,
die Gebärmutterhöhle auszutasten, ist daher nur

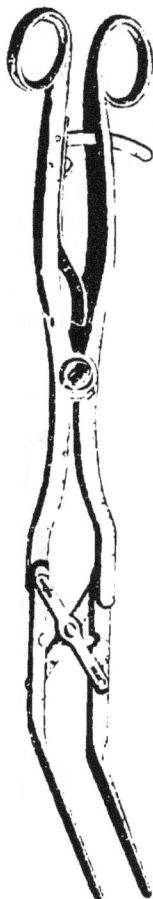

Instrument
zur Erweiterung des
Muttermundes;
geöffnet.

ausnahmsweise zu gebrauchen. Die blutige Erweiterung des Gebärmutternackencanales, besonders bei Einschluss des inneren
Muttermundes besitzt die erwähnten Mängel zum Theile noch
mehr, ist deshalb nur als vorbereitende Operation von geübten
Frauenärzten anzuwenden.

**M) Der künstliche Gebärmuttervorfall zu Zwecken der Krankheits-
erkennung.**

Durch Herabziehen der Gebärmutter bis in oder durch den Scheideneingang wird unstreitig der Scheidengrund und der Scheidentheil der
Gebärmutter dem Auge und Finger des untersuchenden Arztes näher gebracht als durch den Scheidenspiegel und die zweihändige Untersuchungsart. Ein einfacher methodisch verstärkter Druck von den Bauchdecken
aus gegen den Gebärmuttergrund, be-
sonders bei bedeutender Erschlaffung des
Befestigungsapparates, reicht häufig aus,
um den Scheidentheil der Gebärmutter
wesentlich in den Scheideneingang hinab-
zudrängen. Hiermit glaubt sich eine
grosse Zahl von Frauenärzten bei vielen
Erkrankungen des weiblichen Geschlechtsapparates nicht begnügen zu können und
zieht durch Einklemmung der Muttermundslippen in die *Muzeux*'schen Hakenzange (Fig. 29) die Gebärmutter noch
tiefer hinab. Ein solcher künstlicher Gebärmuttervorfall ist stets ein gefährlicher
Eingriff, und ein unverhältnissmässig kräftiger oder unvorsichtiger Zug führt häufig
schwere Verletzungskrankheiten herbei.
Diese Manipulation erfordert daher ein
sehr schonendes Vorgehen, eine unaus-
gesetzte Prüfung der Beweglichkeit der
Gebärmutter und Unterlassung weiterer
Versuche, sobald der Befestigungsapparat
der Gebärmutter starken Widerstand dem
Herabziehen entgegensetzt. Ganz besonders erheischt die Anwesenheit von
Verwachsungen und Entzündungen der
Organe des kleinen Beckens verdoppelte
Vorsicht, da sonst die unangenehmsten

Figur 29.

Figur 30.

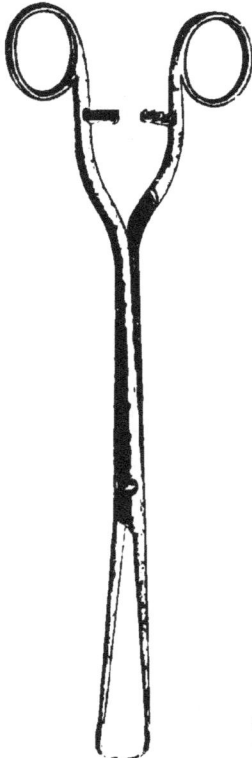

Muzeux'sche Hakenzange.

Sims'
Häkchen zur
Anspiessung
der Mutter-
mundslippen.

Zufälle sich einstellen können. Schliesslich bleibt der für die Krankheitserkennung erstrebte Zweck beim künstlichen Gebärmuttervorfalle
häufig hinter den gehegten Erwartungen zurück, und man erlangt
kaum andere Resultate als durch andere ungefährlichere Untersuchungsmethoden, zumal die durch die Häkchen (Fig. 30) gesetzten
Verletzungen der Muttermundslippen dieselben zu einer blutwässerigen
Aufquellung bringen und so eine angestrebte Austastung der Gebärmutterhöhle nicht zulassen. Die Anzeigen zu diesem gefährlichen
Eingriffe sind überdies nur selten und fast ausschliesslich nur dann

gegeben, wenn man den Ansatz bereits nachgewiesener Geschwülste in dem Inneren der Gebärmutter ermitteln muss.

Der künstliche Vorfall der Gebärmutter zu Zwecken der Krankheitserkennung ist ein gefährlicher Eingriff und gewährt nur in ziemlich seltenen Fällen wesentliche Resultate für die Erkennung von Frauenleiden.

CAPITEL V.
Allgemeine Angaben über Behandlung der Krankheiten der Frauen.

Da, wie wir bereits früher angegeben haben, die weiblichen Geschlechtstheile sich in ihrem anatomischen Baue und den Erkrankungsarten keineswegs von anderen Organsystemen unterscheiden, so sind für die Behandlung der Krankheiten des weiblichen Geschlechtsapparates dieselben Gesichtspuncte leitend, wie sie für die Heilung der inneren Krankheiten überhaupt zur Geltung kommen. Auf die näheren Angaben kommen wir bei den einzelnen Erkrankungen zurück, jedoch erscheint schon an dieser Stelle eine Besprechung mehrerer Heilmaassnahmen aus verschiedenen Gründen nothwendig, soweit sie durch die eigenthümliche Anordnung und die Beziehungen des weiblichen Geschlechtsapparates zu den anderen Organsystemen und deren Erkrankungen sich ergeben. Man darf nie übersehen, dass eine grosse Reihe von Frauenkrankheiten durch Störungen des Gesammtorganismus hervorgerufen wird, und umgekehrt häufig schon durch geringfügige Abweichungen innerhalb des weiblichen Geschlechtsapparates Störungen benachbarter und entfernterer Organe sowie der gesammten Constitution bewirkt werden, die vielfach wesentlich quälender sind, als die zuweilen fast lächerlich geringe örtliche Erkrankung. Mit Recht wird von vielen Frauenärzten darauf hingewiesen, dass die am Geschlechtsapparate leidenden Frauen meistens auch allgemein kranke Personen vorstellen. Wie häufig kommen weibliche Kranke mit Klagen über die Verdauung, Magenkrämpfe, Uebelkeit, Erbrechen usw. zum Arzte, alle Curen sind bereits erfolglos angewendet — eine Untersuchung ergiebt die Anwesenheit einer Gebärmutterknickung, und durch deren Behandlung schwinden die bisherigen Beschwerden von selbst.

Aus diesen Gründen empfiehlt es sich, neben örtlichen Maassnahmen bei der Mehrzahl der Frauenleiden eine Allgemeinbehandlung auszuführen. Ganz besonders aber muss darauf hingewiesen werden, dass vor Anwendung eines örtlichen operativen Eingriffes erst sämmtliche übrigen örtlichen und allgemeinen Mittel der Naturheilmethode durchgebraucht sein müssen und deren Resultatlosigkeit feststehen muss, und dass nur dann operativ vorgegangen werden darf, wenn die dadurch entstehenden Vortheile im geraden Verhältnisse zu den damit verknüpften Gefahren und erstrebten Resultaten stehen. Lässt sich durch schonendere Mittel, wenn auch langsamer, immerhin dieselbe Linderung von Beschwerden oder dasselbe Maass von Vortheilen erzielen, als durch blutige Eingriffe, so sind letztere fast immer zu verwerfen, da die Seelenqualen der Frauen vor der Ausführung einer Operation überaus schwer in die Waagschale fallen. Man muss ferner hierbei wissen, dass nicht selten selbst kleinere Operationen an den weiblichen Geschlechtstheilen sowohl das Allgemeinbefinden der Kranken verschlechtern, als auch neue Reize an dem Geschlechtsapparate selbst schaffen, die den erstrebten Erfolg der Operationen vereiteln, und dass man oft eher Verschlimmerungen als Besserungen erlangt. Das kann man so recht bei den leider so missbräuchlich verwendeten Ausschabungen der Gebärmutterhöhle und Aetzungen des Gebärmutternackens bemerken, — die Heilung tritt dann ein, wenn mit diesen Eingriffen aufgehört wird. Leider sind ja bei einer Reihe von Frauenleiden, besonders bei lebensbedrohenden Geschwülsten, Operationen leichterer und schwererer Art nicht immer zu vermeiden, der naturgemässen Behandlung jedoch bleibt es überlassen, festzustellen, in welchen Fällen diese Nothwendigkeit vorhanden ist. Glücklicherweise besitzt sie hinlängliche Mittel, um die meisten bisher angewendeten kleineren und eine ansehnliche Reihe sonst empfohlener grösserer Operationen an den weiblichen Geschlechtsorganen überflüssig zu machen. Da aber auch mit dem längeren Gebrauche an sich unschuldiger, örtlich anzuwendender Naturheilfactoren zuweilen stärkere Schmerzempfindungen, allgemein gesteigerte Empfindlichkeit, leichte hysterische Erscheinungen, unvermeidliche Reizung der Geschlechtstheile, nothwendige geschlechtliche Enthaltsamkeit, fortwährende Anstrengung zur Ueberwindung des Schamgefühles verbunden ist, so muss man zeitweilig eine Unterbrechung der örtlichen Behandlung eintreten lassen und durch allgemeine Maassnahmen auf eine Beruhigung des Nervensystemes hinarbeiten. Aus diesen Gründen empfiehlt es sich vielfach, dass die Patientinnen sich zur Behandlung in eine Naturheilanstalt begeben, woselbst durch passende Diät, erfrischende Luft, leichte Geselligkeit usw. am besten für die richtige Handhabung der örtlichen und allgemeinen Heilfactoren gesorgt ist. Diese Institute sind berufen, die Frauenkliniken in allen den Fällen zu ersetzen, welche nicht unbedingt die Ausführung einer grösseren Operation erheischen. Jedoch auch vor und nach grösseren örtlichen chirurgischen Eingriffen empfiehlt es sich zur allgemeinen Kräftigung, zur Verhütung von Rückfällen, sowie zur sonstigen Nachbehandlung möglichst eine Naturheilanstalt aufzusuchen. Zudem kann daselbst als günstige Vorbereitung für eine nothwendige Operation eine Reihe von ungünstigen Zuständen beseitigt werden, z. B. übermässige Empfindlichkeit des Scheideneinganges, narbige und sonstige Verengerungen der Scheide, Ausflüsse, welche bei operativen Eingriffen gefährlich werden können usw.

Wenn irgend möglich, vermeide man die örtliche Behandlung eines Frauenleidens bei vorhandener Schwangerschaft, da auch einzelne

Naturheilfactoren unter Umständen vorzeitigen Fruchtabgang befördern, und man behalte stets im Auge, dass erfahrenere Frauen unter Vortäuschung von bestimmten Beschwerden geradezu nach ihrer Meinung auf gesetzlichem Wege nach dem Gebrauche solcher örtlichen Maassnahmen seitens des Arztes streben, die sie von der Schwangerschaft befreien können. Ist das Leben einer schwangeren Frau durch ein Leiden des weiblichen Geschlechtsapparates bedroht, durch eine Operation die Lebensrettung möglich, so liegt für deren Ausführung in der Schwangerschaft keine Gegenanzeige, selbst auf die Gefahr eines vorzeitigen Fruchtabganges hin.

Die Periode verbietet durchschnittlich den Gebrauch einer Reihe von örtlichen Maassnahmen, da die hiermit verknüpfte Blutüberfüllung eine vermehrte Empfindlichkeit und erhöhte Verletzbarkeit der weiblichen Geschlechtsorgane bedingt. Zudem sind während dieser Zeit die allgemeinen Verhältnisse, wenn auch bei vielen Patientinnen rein physiologisch verändert, man hat es also in gewissem Sinne mit Abweichungen der Norm zu thun. Lassen wir demnach auch z. B. bei gewissen Frauenleiden während des Monatsflusses Scheidenausspülungen, Rumpfbäder, Leibaufschläge, Wattetampons usw. gebrauchen, so würden wir uns dagegen sehr in Acht nehmen, wozu einzelne Aerzte rathen, während des Monatsflusses die innere Frauenmassage auszuüben.

Ob während der Localbehandlung mässige Bewegung gestattet ist, oder mehr Ruhe und dauernder Bettaufenthalt gewählt werden soll, muss von Fall zu Fall entschieden werden. Bei acuten Entzündungsprocessen und Blutungen aus den Geschlechtstheilen wird an sich schon das Verlangen nach grösserer Ruhe bei den Kranken vorherrschend sein, während bei chronischen Processen mässige Bewegung gestattet ist, wofern hierdurch nicht eine Steigerung etwa bestehender Schmerzen und sonstiger Krankheitsäusserungen hervorgerufen wird. Stärkere körperliche Anstrengungen und Bewegungen, z. B. Maschinennähen, Reiten, weite Wagenfahrten, Schleppen grösserer Lasten usw. wird man fast immer bei örtlicher Behandlung und in der Nachcur möglichst verbieten oder einschränken lassen. Bei Frauen, welche in der eigenen Häuslichkeit zu wirthschaften haben und gesellschaftliche Pflichten erfüllen müssen, empfiehlt sich behufs Erlangung grösserer Ruhe, sowie auch des Aussetzens des Beischlafes die Behandlung in einer Naturheilanstalt vornehmen zu lassen.

Vielfach spielt auch die Frage, ob eine weibliche Person, die am Geschlechtsapparate erkrankt ist, eine Ehe eingehen darf und soll, eine wichtige Rolle. Hierbei heisst es unter Berücksichtigung aller Umstände und Erfahrungen Rath ertheilen. Kann man die Eingehung der Ehe gestatten, so dringe man darauf, dass vorher durch eine zweckentsprechende Cur die völlige Wiederherstellung erlangt wird, oder falls der Zustand durch den Geschlechtsverkehr zunächst nicht wesentlich beeinträchtigt wird, z. B. bei leichteren Lageveränderungen der Gebärmutter, dass je eher desto besser nach der Verheirathung zur Beseitigung des Uebels geschritten wird. Die Ehe als Heilmittel einzelner Frauenleiden zu empfehlen, was viele Aerzte mit Vorliebe thun, und jugendliche Patientinnen, bei denen der Wunsch Vater des Willens ist, sehr gern hören, ist häufig ein frivoler und verhängnissvoller Rath. Gewiss schafft eine Schwangerschaft einzelne abweichende Zustände fort, aber wer kann vorher garantiren, dass gerade bei den hierher gehörigen Abnormitäten die erstrebte Schwangerschaft eintritt?

Ueber die Curdauer bei Frauenkrankheiten lassen sich allgemeingültige Regeln nicht geben. Eine grosse Reihe von acuten Fällen heilt bei rechtzeitig angewendeter naturgemässer Behandlung ziemlich schnell mehr oder minder vollkommen aus. Leider kommt aber ein sehr grosser Theil der Frauenkrankheiten erst ziemlich spät zur ärztlichen Erkenntniss und Behandlung, wenn bereits die chronische Form sich eingestellt hat, woran nicht allein die Gleichgültigkeit der Frauenwelt Schuld ist, sondern vielfach auch der Umstand, dass auch bei Abwesenheit directer Organerkrankungen die physiologischen Vorgänge von Seiten des weiblichen Geschlechtsapparates wechselnde Abweichungen darbieten, z. B. Fehlen, Uebermaass, Spärlichkeit, Schmerzhaftigkeit usw. des Monatsflusses, sodass die Frauen lange Zeit in Unkenntniss und Zweifel sind, ob es sich um kleinere, nicht immer zu vermeidende Störungen oder um die Erscheinungen einer wirklichen Erkrankung handelt.

Dass alsdann bei solchen verschleppten Fällen Wochen, Monate und Jahre dazu gehören, soweit es überhaupt noch möglich ist, auch durch die Factoren der Naturheilmethode ohne operative Eingriffe Frauenleiden und deren Folgen zu beseitigen, ist selbstverständlich. Es handelt sich alsdann häufig um dauernde Zustände und Veränderungen, und dem behandelnden Arzte verbleibt nur die Aufgabe, belästigende und bedrohliche Krankheitserscheinungen zu beseitigen, also rein gegen einzelne Krankheitsbeschwerden vorzugehen.

Wenn irgend wie möglich, muss jedes örtliche Vorgehen, auch wenn es sich um kleinere operative Eingriffe handelt, schmerzlos gestaltet werden, da heftiger Schmerz oder schon die Furcht davor von schweren Folgen begleitet sein können. Glücklicherweise besitzen die Naturheilfactoren den Vorzug, an sich keine Schmerzen zu erregen, mit Ausnahme etwa der inneren Frauenmassage. Jedoch kann man auch die letztere Manipulation ziemlich schmerzlos gestalten, wenn man sehr schonend und vorsichtig zu Werke geht, und bei Anwesenheit von Schmerzen nicht gleich mit voller Kraft zugreift. Die Versicherung, dass unser Vorgehen kaum Schmerzen erzeugen dürfte, in Verbindung natürlich mit thatsächlich zarter Behandlung, vermag vielen weiblichen Patienten die übermässige Empfindlichkeit fortzusuggeriren. Da etwaige Schmerzen vielfach ein Wegweiser dafür sind, wie weit man bei der Ausführung von Maassnahmen zu gehen hat, so empfiehlt es sich, die Patientinnen so weit als möglich nicht zu betäuben (narcotisiren). Selbst bei kleineren Operationen soll man möglichst von einer Betäubung absehen und durch liebevolles Zusprechen, sowie rasche Ausführung den Patienten die etwaigen Schmerzen verringern helfen. Unter Umständen soll man, weil sehr bequem auszuführen, durch Aetherspray örtlich Unempfindlichkeit bewirken; bei nothwendigen grösseren Operationen wird man selbstverständlich Chloroformbetäubung anwenden, in derselben Weise, unter denselben Vorsichtsmaassregeln, unter denselben Gegenanzeigen wie bei anderweitigen chirurgischen Eingriffen.

⊒| [Nach diesen einleitenden Bemerkungen gehen wir an die Erörterung der uns vorwiegend interessirenden Heilfactoren:

a) Ausspülung (Irrigation).

Zu den wichtigsten örtlichen Heilmaassnahmen bei Frauenkrankheiten gehört die Scheidenausspülung, welche durch eine Spülkanne mit angehängtem Schlauche und an diesem befestigten Mutterrohre ausgeführt wird (Fig. 31). Der Apparat besteht am besten aus einem ein bis zwei Liter fassenden Blech- oder Glasgefässe, das am oberen Rande einen Bügel zur Befestigung an einem in die Wand geschlagenen Nagel enthält; jedoch kann die Spülkanne dadurch, dass ihr Boden flach ist, auf ein Brett gestellt werden. Unmittelbar vom Boden des Gefässes geht ein kurzes Ablaufrohr ab, an dem ein zwei bis drei Meter langer Gummischlauch gut befestigt ist, an dessen anderem Ende ein Mutterrohr vermittelst eines mit einem Hahne versehenen Röhrenstückes hineingesteckt ist. Das Mutterrohr besteht der Billigkeit und leichteren Reinigung halber entweder aus Glas, oder der geringeren Zerbrechlichkeit wegen aus Hartgummi und ist am kegelartig abgerundeten Ende mit feinen Löchern versehen. Dadurch, dass man den Apparat höher und tiefer stellen, den Hahn am Röhrenstücke mehr auf- oder zudrehen kann, lässt sich die Stärke des Flüssigkeitsstrahles nach Bedarf verändern, und zwar so, dass er andauernd und stets gleichmässig stark verbleibt. Die Scheidenausspülung wird gewöhnlich so vorgenommen, dass sich die Patientin bei gespreizten Beinen, zwischen denen ein Eimer zur Aufnahme des abfliessenden Wassers steht, das durch Liegen in heissem Wasser gut gereinigte Mutterrohr in die Scheide einführt, nachdem vorher, behufs Austreibung der Luft, der Hahn bis zum Wasserabflusse geöffnet war. Wohlhabendere Patientinnen oder solche, die in Anstalten sich befinden, führen die Scheidenirrigation rücklings, auf einem sogenannten Bidet (Fig. 32) sitzend, aus, in das die eingebrachte Flüssigkeit abfliesst.

Bei bettlägerigen Kranken muss die Scheidenspülung häufig bei Rückenlage ausgeführt werden, wobei am besten das Becken etwas erhöht und unter dasselbe eine flache Waschschüssel aus Porzellan oder Emaille geschoben wird. In dieser Lage ist die Bespülung der Scheidenwände besonders vollkommen, so dass man von ihr zuweilen auch bei nicht bettlägerigen Kranken Gebrauch macht. Da bei der Rückenlage der Bauchhöhlendruck sehr gering oder auch negativ ist, so bedarf man in der Regel nur eines Wasserstrahles von geringer Druckhöhe, sonst kann, besonders bei gut schliessendem Scheideneingange, die Scheide durch das eingebrachte Wasser ballonartig ausgedehnt werden, so dass die Procedur unnöthig schmerzhaft ist. Die Rückenlage ist aber auch deswegen vielfach vortheilhaft, weil ein Theil der eingebrachten Flüssigkeit längere Zeit innen zurückgehalten wird. Häufig werden auch die Ausspülungen nach einem Sitzbade über der Sitzbadewanne bei zurückgelagertem Körper der Patientin ausgeführt, sodass das wieder ausfliessende Wasser in die Sitzbadewanne hinunterfliesst.

Figur 31.

Figur 32.

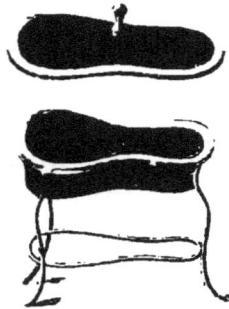

Bidet oder Stechbecken zum Gebrauche bei der Scheidenausspülung.

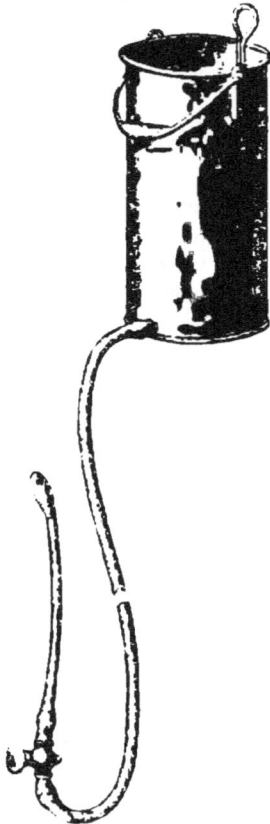

Spülkanne (Irrigator) mit Schlauch und Mutterrohr.

Man unterlasse es nicht, die Kranken, die zunächst mit dem Apparate noch nicht umzugehen verstehen, darauf aufmerksam zu machen, wie weit ungefähr das Mutterrohr in die Scheide eingeführt werden soll, da sie es sonst zu tief hineinstossen und sich dadurch beschädigen könnten. Ferner gebe man stets genau die Menge und Temperatur des einzubringenden Wassers, sowie die Häufigkeit der Vornahme der Irrigation an. Auch weise man stets darauf hin, ob die Scheidenspülung während der Periode erwünscht ist oder unterbleiben soll.

Ein vorwiegender Zweck der Scheidenausspülung ist die Reinigung der weiblichen Geschlechtstheile, die auch von gesunden Frauen vorgenommen werden sollte. Da dieses von den weiblichen Personen selbst besorgt wird, — die hierzu so beliebte Hebamme ist vollkommen entbehrlich — so lasse man die bequemsten und sehr leicht zu säubernden Apparate verwenden. Wir halten es daher für sehr vernünftig, und als ein wichtiges Vorbeugungsmittel von Frauenkrankheiten, dass die Mütter den eben in die Ehe tretenden Töchtern einen Scheidenspülapparat nebst den Erläuterungen seines Gebrauches mitgeben. Der Umstand, dass der Scheidenirrigator häufig zu anderen Zwecken benutzt wird, z. B. zur Verhütung der Empfängniss durch Scheidenausspülungen unmittelbar nach einem stattgehabten Beischlafe, spricht nicht im Geringsten für diese fast unentbehrliche Mitgabe. Ebenso wie durch Gurgelungen die Rachenschleimhaut vor Krankheiten geschützt und widerstandsfähig gemacht wird, so auch die Schleimhaut des kleinen Beckens durch Scheidenspülungen. Lernen wir doch hierin nur von den Thieren! Die Hündinnen z. B. halten durch häufiges Belecken Schmutz, pflanzliche Parasiten, zersetzte Absonderungen von ihrem Geschlechtsapparate fern, warum sollte es der weibliche Theil der Menschen, da ihm eine anderweitige Säuberung nicht möglich ist, nicht durch eingeführtes Wasser thun? Denke man nur daran, dass beim ehelichen Verkehre, besonders mit einem nicht sehr reinlichen Manne, Woll- und Baumwollfäserchen vom Hemde, Vorhautabsonderung (Smegma praeputiale) usw. in die weiblichen Geschlechtsorgane importirt werden können! Zu solchen lediglich der Reinigung dienenden Scheidenausspülungen, die man mehrere Male in der Woche ausführen kann, nehme man 1 Liter 28 ⁰ R. warmes Wasser. Handelt es sich um Fortschaffung von Absonderungen, so sind die Scheidenausspülungen 2 bis 4 mal täglich, dem Einzelfalle entsprechend, anzuordnen. Auf diese Weise wird der Zersetzung krankhafter Absonderungen und ihrer Aetzwirkung, sowie der Verschleppung von Krankheits- und Selbstgiften nach Möglichkeit ein Damm gesetzt.

Weiterhin wirkt die Scheidenausspülung durch ihren thermischen und mechanischen Reiz. Wie gross unter Umständen der letztere sein kann, ist daraus zu entnehmen, dass man nach *Kiwisch* durch einen kräftigen, in die Scheide eingeleiteten Wasserstrahl unter Umständen sogar die künstliche Frühgeburt einleiten kann. Ein nicht allzustarker Wasserstrahl ruft mässige Zusammenziehungen der Gebärmuttermuskulatur und einen vermehrten Blutzufluss nach den weiblichen Geschlechtsorganen herbei, wodurch z. B. eine günstige Einwirkung auf ausbleibenden Monatsfluss erzielt wird. — Häufiger, besonders bei entzündlichen Processen, beabsichtigt man durch die Scheidenausspülung einen thermischen Reiz zu schaffen. Da durch falsche Anwendung der Temperaturen leicht Schaden gestiftet wird, so ist nach dieser Seite hin Vorsicht dringend geboten, und man übersehe nie, dass es sich um sehr reizbare Schleimhäute handelt und überdies die Scheidentemperatur höher ist als diejenige der Körperoberfläche. Temperaturen unter 16 ⁰ R. und über 32 ⁰ R. sollten durchweg in Fortfall kommen. Handelt es sich neben der erstrebten Reinigung lediglich um einen leichten thermischen Reiz zur Bekämpfung einer Entzündung, so verordne man eine Temperatur des Spülwassers, die der Kranken eben noch angenehm ist, welche nach unserer vielfachen Erfahrung zwischen 22 ⁰ und 25 ⁰ R. liegt. Man handelt am richtigsten, wenn man zunächst mit Scheidenspülungen von 25 ° beginnen und damit allmählich auf 22 ° herabgehen lässt. Wählt man z. B. zur Stillung von Blutungen aus den weiblichen Geschlechtstheilen, bei Erschlaffung (Atonie) des Gebärmuttergewebes u. dergl. niedrigere Temperaturen, so vermeide man die mechanische Reizwirkung des einzuführenden Flüssigkeitsstrahles und lasse das Wasser aus geringer Höhe und bei schwachem Strahle fliessen. Handelt es sich um ausbleibende Periode oder mit dem Monatsflusse verknüpfte Schmerzen, Gebärmutterkolik aus den verschiedensten Gründen, aufzusaugende, entzündliche Ausschwitzungen (Exsudate), Lockerung und Aufsaugung alter Schwielen und Verhärtungen, um Starrheit (Rigidität) und Verengerung des Muttermundes, so hat man von höheren Temperaturen Gebrauch zu machen, indem man als Spülflüssigkeit anfänglich Wasser von 28 ° R. benutzt und unter allmählicher Steigerung bis zu 32 ° R. gelangt. In der Bekämpfung der erwähnten Zustände leisten die warmen Einspritzungen, wenn man dabei mechanische Reizung zur Vermeidung von Schmerzen unterlässt, häufig erstaunliche Vortheile, wie sie durch kein anderes Mittel auch nur annähernd bewirkt werden.

Auf die Empfehlung *Emmet*'s hin wurden seit einem Jahrzehnte noch höhere Temperaturgrade, bis zu 40 ° R., zur Stillung von Blutungen aus dem weiblichen Geschlechtsapparate benutzt, sogar die Bespülung der Gebärmutterinnenwand mit so heissem Wasser wurde empfohlen. Jedoch hat man allmählich erkannt, dass die blutstillende Wirkung dieser hochtemperirten Ausspülungen nicht bedeutend zu veranschlagen ist und durchaus nicht oft zum erstrebten Ziele führt, indem der anfänglichen Anspannung und Zusammenziehung des Gebärmuttergewebes sehr bald eine Erschlaffung desselben mit erneuter Blutung folgt, abgesehen von den sonstigen Gefahren, die mit dieser leichten Verbrühung innerhalb des kleinen Beckens verknüpft sind. Wir selbst haben deswegen von den Heisswasserausspülungen, zumal uns andere, unschädliche Methoden zur Verfügung stehen, niemals Gebrauch gemacht.

Man hat sich auf anderer Seite nicht mit der Einbringung reinen Wassers, das besonders bei wunden Stellen vorher gesiedet und auf die entsprechende Gradzahl abgekaltet sein soll, begnügt, sondern verschiedene Chemikalien hinzugefügt, was wir als überflüssig und in der Regel sogar schädlich bezeichnen müssen. Hierhin gehören: Carbolsäure, Sublimat, übermangansaures Kali, Soole, Alaun, Höllenstein usw. Abgesehen von den Vergiftungen mit tödtlichem Ausgange, welche schon wiederholt durch Scheidenausspülung mit einzelnen dieser Substanzen beobachtet wurden, wird häufig das örtliche Leiden mit seinen Erscheinungen verschlimmert, Schmerzen und Ausflüsse vermehrt, und es ist leicht verständlich, dass die an sich schon entzündeten Schleimhäute des weiblichen Geschlechtsapparates durch die Reizung mit diesen scharfen Mitteln eine Steigerung der krankhaften Veränderungen erfahren. Wir verwerfen

daher durchweg jedwede Verunreinigung des zu Scheidenausspülungen dienenden Wassers mit irgend welchen Chemikalien und wüssten keinen Krankheitszustand am weiblichen Geschlechtsapparate, zu dessen Hebung chemische Substanzen irgendwie
nützlich wirken.

b) Oertliche Bäder.

Das Sitzbad (Fig. 33) und noch mehr seine erweiterte Form, das
Rumpfbad (Fig. 34), spielen bei der Behandlung des äusseren und
inneren weiblichen Geschlechtsapparates eine wichtige Rolle. Diese Bäder

Figur 33.

Das Sitzbad.

werden sowohl zur Beseitigung entzündlicher Vorgänge, als auch zur
Aufsaugung von Ausschwitzungen, zur Reinigung geschwüriger Processe
an den äusseren Geschlechtstheilen und in der Scheide, zur Linderung
verschiedener Krankheitserscheinungen, besonders des Schmerzes, zur
Beförderung des ausbleibenden Monatsflusses, zur Erweichung von Verhärtungen benutzt und führen häufig Resultate herbei, auf die man
kaum zu hoffen wagte. Nicht selten erreicht man durch entsprechende
Ausführung Aufhören unerwünschter Zusammenziehungen der Gebärmuttermuskulatur, oder umgekehrt, man leitet diese ein und erreicht
so eine erstrebte Loslösung und Ausstossung von Eihautresten und erkrankter Gebärmutterschleimhaut.

Je nach dem zu erlangenden Ziele lässt man aufsteigende Sitz- und
Rumpfbäder oder absteigende gebrauchen. Die letzteren werden so

ausgeführt, dass man die Patientin in eine durchschnittlich mit 26° R. Wasser gefüllte Sitz- oder Rumpfwanne sich setzen lässt und durch Nachgiessen von kühlerem Wasser allmählich auf 24° oder 23° R. heruntergeht. Bei blutarmen Patientinnen, sowie zur Winterszeit, oder bei solchen Kranken, die an Wasser wenig gewöhnt sind, wende man um 1° bis 2° R. wärmere Bäder an. Zur Sommerszeit, oder bei abgehärteten Frauen, sowie bei lebhaften, mit Fieber verknüpften Entzündungen des weiblichen Geschlechtsapparates schreite man zu niedrigeren Gradzahlen des Badewassers, etwa zwischen 22° bis 18° R. Darunter zu gehen halten wir, wenigstens zur Beseitigung krankhafter Zustände, für unnöthig.

Die aufsteigenden Sitz- oder Rumpfbäder beginnen mit 28° bis 29° R. und werden durch vorsichtiges Nachgiessen heissen Wassers allmählich

Figur 31.

Das Rumpfbad.

auf 32° R. erhöht und bis zum Ende auf dieser Temperatur erhalten. — Damit die nicht im Bade befindlichen Theile der Körperoberfläche nicht stark abkühlen, umhülle man sie mit einem wollenen Tuche. Die Dauer der auf- und absteigenden Sitz- und Rumpfbäder schwankt, dem Einzelfalle entsprechend, von 3 bis 5 Minuten bis zu einer vollen Stunde. Die Zahl der täglich auszuführenden Sitz- oder Rumpfbäder schwankt zwischen 1 bis 4. Darüber hinaus braucht man nur ausnahmsweise zu gehen, während man unter Umständen nur jeden zweiten Tag oder zweimal in der Woche ein solches Bad nehmen lässt. Während des Monatsflusses sind die Bäder in der Regel zu unterlassen, wenn nicht besondere Gründe und gewisse Beschwerden zu ihrer Ausführung drängen. Chemische Zusätze sind vollständig überflüssig, das Wasser allein durch seine Temperatur und die Dauer des Bades bewirkt alle Vortheile. Soole übt zwar einen vermehrten Reiz auf die Haut aus, bei längerer Anwendung jedoch beizt und gerbt sie gleichsam das benetzte Hautgebiet, stumpft es ab, verlegt seine Poren, so dass sie schliesslich weit mehr schadet, als vermeintlichen Nutzen stiftet. — Vortheilhaft ist es bei verschiedenen Störungen am vorderen Theile der Scheide, dass zu deren reger Benetzung mit dem Badewasser die Frauen während des Sitz- oder Rumpfbades die Schamlippen möglichst auseinander ziehen, jedoch absolut verwerflich zur Erfüllung dieses Zweckes Badespiegel in die Scheide einzuführen, (Fig. 35) die bezwecken, die Scheidenwände während des Bades auseinander zu halten. Diese Instrumente sind meist nach Art der Mutterspiegel gebaut und zu gebrauchen, werden von den Kranken selbst eingeführt und während der Dauer des Bades in der Scheide belassen. Sie sind sowohl an ihren Enden offen, als auch an der Wandung vielfach durchlöchert und durchbrochen, damit die Flüssigkeit die Scheidenwand mehr oder weniger benetzen kann. Da man durch Scheidenausspülungen in Rückenlage, sowie sonstige leichter durchführbare Maassregeln denselben Zweck erreicht, so halten wir diese Instrumente für überflüssig, zumal ihre Anwendung nur eine sehr beschränkte sein kann. Am häufigsten werden sie noch in einzelnen Curorten empfohlen, wo man sich Grosses von der Einwirkung der specifischen Bestandtheile des

Figur 35.

Badespiegel.

Badewassers verspricht. Da wir von den verschiedenen Mineralbrunnen und ähnlichen Badewässern für die Heilung von Frauenkrankheiten absolut nichts halten, so sind auch in dieser Rücksicht die Badespiegel überflüssig. Schliesslich ist es, wie *Cohnstein* mit Recht betont, sehr bedenklich, Patientinnen ein Instrument in die Hand zu geben, das ein gutes Mittel zur Hervorbringung geschlechtlicher Erregung ist.

c) Feuchtwarme Umschläge.

Unter den örtlichen Packungen kommen für die Behandlung von Frauenkrankheiten vorwiegend der Leibaufschlag (Fig. 39) und die T-Binde (Fig. 36) in Anwendung.

Die Ausführung des Leibaufschlages geschieht so, dass ein nasses Tuch auf den Leib, ein trockenes Wolltuch gut schliessend um den Leib gelegt wird. Dauer und Temperatur dieser Procedur hängen von der jeweiligen Erkrankung ab. Bei acuten Entzündungszuständen, besonders wenn das Bauchfell mitergriffen ist, hat man Leibaufschläge von kürzerer Dauer und geringerer Temperatur, etwa von 16° R. an-

Figur 36.

T-Binde.

zuordnen; handelt es sich um eine Ableitung und Ausscheidung von Krankheitsgiften, regere Durchblutung, Aufsaugung von Krankheitsproducten, so bleibt der Leibaufschlag zwei bis drei Stunden oder die ganze Nacht hindurch liegen und wird in einer Temperatur von 18 bis 20 ⁰ R. ausgeführt. Es giebt kaum eine Erkrankung der weiblichen Geschlechtsorgane, abgesehen von Missbildungen und Lageveränderungen, bei welcher der Leibaufschlag nicht mit Vortheil ge-

Figur 37.

Leibumschlag (offen).

braucht wird. Selbst der Monatsfluss verbietet vielfach nicht seine Verwendung; im Gegentheile, gleichwie bei der Schwangerschaft ist der Leibaufschlag auch bei Unregelmässigkeiten der Periode ein fast unentbehrliches Hülfsmittel. Unter Umständen, besonders bei Kreuz- und Nierenschmerzen, macht man von Leibumschlägen (Fig. 37 u. 38) Gebrauch, wozu das nasse Leinenstück um den Leib gelegt wird und darüber gut schliessendes Flanell oder Wolle.

Zur Ausführung der T-Binde nehme man ein Stück Leinwand, welches die Form eines T besitzt, ringe es in 18 bis 20 ⁰ R. Wasser aus, lege den oberen Schenkel um die Hüften, den unteren — von hinten beginnend — zwischen den Oberschenkeln nach vorn und befestige ihn schliesslich durch zwei Sicherheitsnadeln am Leibgurte. Dieser Umschlag wird besonders bei Erkrankungen des Mittelfleisches, der äusseren Geschlechtstheile, der Scheide, der Harnröhre und Blase, sowie bei Schmerzen des Steissbeines und Kreuzes gebraucht. Man lässt ihn vier bis sechs Stunden oder die ganze Nacht hindurch liegen und können die Patientinnen, welche die T-Binde während des Tages tragen, dabei umhergehen. Bei der Abnahme jedes Umschlages ist das bedeckt gewesene Hautgebiet mit etwas kühlerem Wasser abzuwaschen und ohne starke Frottirung zu trocknen, damit die ausgeschwitzten Krankheitsproducte einerseits abgewaschen werden, andererseits das durch die feuchte Wärme gequollene Hautgebiet mit seinen erweiterten Gefässen und Poren wieder seinen vorherigen elastischen Zustand erreicht,

Figur 38.

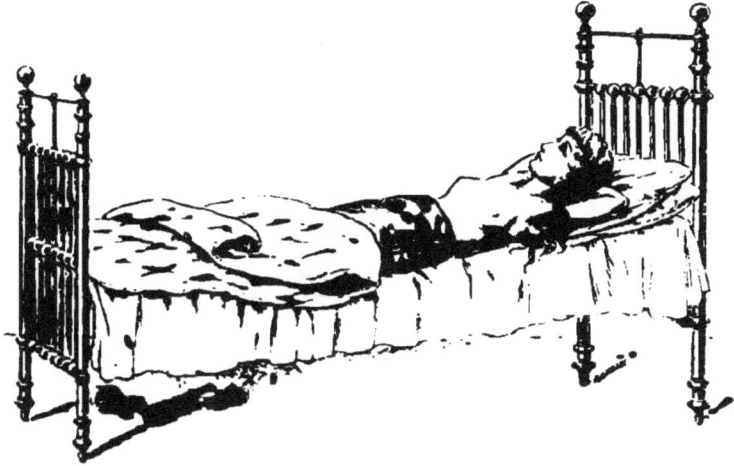

Leibumschlag (geschlossen).

um zu erneuter Anwendung der Packungen mit Nutzen bethätigt sein zu können.

d) Dampfanwendung.

Zur Stillung heftiger Schmerzen, zur energischen Aufsaugung ausgeschwitzter Krankheitsproducte, zur Beförderung eiteriger Einschmelzung bei entsprechenden Krankheiten, zur Herbeiführung des Durchbruches von tiefgelegenen Abscessen, zur Aufquellung von Verhärtungen und ähnlichen Zwecken machen wir bei den verschiedensten Frauenleiden von örtlichen Dampfproceduren Gebrauch.

Zunächst kommt hier die Dampfcompresse in Betracht, welche so ausgeführt wird, dass man ein vier- bis achtfach gefaltetes, an einem Zipfel gefasstes Leinenstück in siedendes Wasser taucht, etwas abtropfen lässt und rasch in ein Stück trockenen Flanells hüllt, etwa wie einen

Brief in ein Couvert. Zur längeren Warmerhaltung lege man über diese Dampfcompresse, nachdem man sie an die betreffende Körperstelle gebracht hat, noch ein wollenes Tuch. Solche Dampfcompressen lege man bei zehnminutlicher Erneuerung zwei bis sechs hintereinander an und verfahre in dieser Weise je nach Bedarf mehrere Male täglich. Stets muss im Anschlusse an eine solche Dampfcompressentour das bedeckt gewesene Hautgebiet mit 20 °R. Wasser bis zur Herstellung der normalen

Figur 39.

Leibaufschlag.

Körpertemperatur gewaschen werden. Unter Umständen, z. B. bei starken Kreuzschmerzen, ist auch die monatliche Reinigung der Anlegung von Dampfcompressen nicht entgegenstehend.

Denselben Zwecken wie die Dampfcompresse, jedoch intensiver wirkend, dient der unmittelbar auf Leib und Kreuz geleitete Dampfstrahl, eine Procedur, die bei vorsichtiger Ausführung bei den verschiedensten Krankheitszuständen überaus vortheilhaft wirkt, allerdings vorwiegend nur in Naturheilanstalten zu erlangen ist. Durch einen an die Dampfleitung befestigten längeren Gummischlauch wird Dampf in einer zu ertragenden Temperatur unter mässigem Drucke gegen den Leib, die äusseren Schamtheile, das Steissbein, das Kreuz usw. geleitet.

Die Dauer und Häufigkeit dieser Procedur hängen von dem betreffenden Frauenleiden oder den einzelnen Symptomen ab, zu deren Bekämpfung der directe Dampfstrahl benutzt wird. Zur nöthigen Abkühlung empfiehlt sich am besten ein unmittelbar anschliessendes Sitzbad von etwa 25 bis 22 ⁰ R.

Aehnlichen Zwecken dienen die sogenannten Sitz- oder Gesässdampfbäder (Fig. 40), welche in verschiedener Weise ausgeführt werden. Hat man, wie es bei der Behandlung in eigener Häuslichkeit der Fall ist, keine besondere Einrichtung hierzu, so setze man sich entkleidet auf einen Rohrstuhl und stelle unter diesen einen Topf mit siedendem Wasser oder einen in Thätigkeit befindlichen Schnellkocher und umhülle

Figur 40.

Sitz- oder Gesässdampfbad.

sich nebst Rohrstuhl mit einer wollenen Decke. Um erneut Dampf zu erzeugen, lege man nach einiger Zeit einen glühenden Plättbolzen in das unter dem Rohrstuhle befindliche, mit Wasser gefüllte Gefäss. — In leichteren Fällen kommt man schon damit aus, dass man sich in sitzender Stellung über einem mit siedendem Wasser gefüllten Nachtgeschirr oder Waschbecken hält, freilich mit genügender Vorsicht, um sich nicht zu verbrühen.

Ist ein längerer Gebrauch des Sitz-Dampfbades geboten, so schaffe man sich dazu einen Apparat an, wie man ihn zu diesem Zwecke in den Naturheilanstalten findet. Besonders vortheilhaft ist die dem Zimmercloset ähnliche Form. Die Dauer des Sitzdampfbades schwankt zwischen 20 bis 45 Minuten; seine Temperatur lasse man am besten allmählich ansteigen, dem eigenen Ermessen der Patientinnen entsprechend, schliesslich etwa auf 35° bis 40° R. Zur nöthigen Abkühlung lasse man ein 26° bis 24° R. Rumpfbad folgen, oder falls letzteres nicht zu haben ist, eine längere 20° R. Waschung der dem Dampfe ausgesetzt gewesenen Körperstellen. Bei Schwangerschaft, Hämorrhoiden und Monatsfluss lasse man Sitzdampfbäder nur unter dazu drängenden Umständen gebrauchen, jedoch bietet keiner der erwähnten Zustände eine unbedingte Gegenanzeige für den Gebrauch des Sitzdampfbades.

e) Wattetupfer und -bäusche.

Wundflächen, besonders solche mit geschwürigem Zerfalle, erfordern eine häufige Reinigung, wozu man sich am besten nasser Watte bedient. Man verwendet hierzu ausschliesslich chemisch reine, d. h. nicht mit Salicyl, Jodoform und ähnlichen Chemikalien versehene, durch Hitzeeinwirkung keimfrei gemachte (sterile) Wundwatte, die in vorher gesiedetes, auf 18° bis 20° R. erkaltetes Wasser getaucht ist. Zur Säuberung von Geschwürsflächen an den äusseren Scham- und Scheidentheilen bedarf man keines Instrumentes als Watteträgers ausser der Hand. Hat man das hintere Scheidengebiet mit nasser Watte zu säubern, so thue man dieses vermittelst der damit umwickelten Zeigefingerspitze sanft und vorsichtig. Entstehen jedoch hierbei grosse Schmerzen, oder beim Sitzen einer Geschwürsfläche an weiter hinten gelegenen Stellen, z. B. dem Gebärmutternacken, hat man sich eines Watteträgers in Sondenform zu bedienen; an die Spitze (Fig. 41) dieser am Ende mit einigen groben Schraubenwindungen oder einfachen Rauhigkeiten versehenen Metallstäbchen von etwa 20 bis 25 Centimeter Länge, steckt man keimfreie, etwas aufgelockerte Watte unter entsprechender Drehbewegung. Je nachdem man mehr oder weniger Material verwendet, erhält man nach Belieben mehr oder weniger lange, dünne, dicke, grosse und kleine Pinsel (Fig. 42) von so fester Wickelung, dass sich Wattetheile nicht abstreifen. Man stelle von solchen Wattesonden, bevor man an die Reinigung von Wundflächen geht, gleich eine grössere Anzahl fertig, da man mit dem

Figur 41.   Figur 42.

Sondenartiger Watteträger mit Rauhigkeiten an der Spitze.

Wattepinsel von verschiedener Länge und Stärke auf dem sondenartigen Metallstäbchen.

Materiale nicht sehr schonend umgehen soll. Der Vortheil, welchen die Instrumente gewähren, besteht vorwiegend darin, dass man hiermit überaus bequem in die Falten und Buchten des Geschlechtscanales gelangen kann, besonders aber bei Anwesenheit von Tripper oder syphilitischer Erkrankung zum Selbstschutze vor Ansteckung. Zur Abtupfung des Gebärmutternackens und seines Canales bedient man sich zu ihrer sicheren Einstellung des Gebärmutterspiegels.

Von weit grösserer Wichtigkeit ist die Scheidentamponade, d. h. die Einführung spitzer, 8 bis 10 cm langer, 2 bis 3 cm dicker, zusammengepresster, in der Mitte mit einem Seidenfaden umwundener Stücke keimfreier Wundwatte in die Scheide und das hintere Scheidengewölbe. Vor Einführung der Tampons (Fig. 43) reinigt man die Schleimhaut des Geschlechtsapparates durch eine 25° R. Scheidenausspülung, die man auch nach seiner Entfernung ausführen lässt. Die Einführung geschieht auch bei verheiratheten Frauen möglichst ohne Anwendung des Mutterspiegels und einer Tamponzange, bei Unverheiratheten ist die vorherige Einführung des Mutterspiegels erst recht zu verwerfen, dagegen der vorsichtige Gebrauch einer Tamponzange, weil sie dünner als die einführenden Finger ist, unter Umständen vortheilhafter. Bei heraushängendem Seidenfaden führe man den Tampon mit dem spitzen Ende durch die Scheide hindurch, bis er in das Scheidengewölbe gelangt ist und lege ihn dort zweckentsprechend mit der Zeigefingerspitze zurecht. Auf den Scheidentheil der Gebärmutter selbst lege man ein mehr scheibenförmiges Wattestück, das in seiner Lage durch mehrere in das Scheidengewölbe nachgeschobene dicke Wattebäusche festgehalten wird. Die Entfernung der Wattebäusche geschieht dadurch, dass man an den Befestigungsfäden bei hockender Stellung oder Rückenlage nach hinten und unten zieht, was alsdann mit Schwierigkeiten nicht verknüpft ist. Ist ein Tampon an die Schleimhaut fest angebacken, so lockere man ihn, um keine Verletzungen zu machen, zunächst durch eine laue Scheidenausspülung. Wurden mehrere Wattebäusche zugleich eingelegt, so entferne man die zuletzt eingebrachten zuerst. Die Wattetampons sollen nicht länger als 12 Stunden in dem weiblichen Geschlechtscanale verbleiben, da sich sonst die von ihnen aufgesaugten Absonderungen zersetzen, einen abscheulichen Geruch verbreiten und stark reizend auf die Umgebung wirken, und man hat schon wiederholt vergessene Tampons mit Gebärmutterkrebs verwechselt. Reisst bei ungeschicktem Herausziehen ein allzu dünner Seidenfaden, so schadet das nichts, worauf man die Frauen gleich aufmerksam machen muss; man entfernt alsdann den Tampon eben mit dem eingeführten gekrümmten Zeigefinger oder mit einer glatten, langen Zange. — Von

Figur 43.

Wattebausch zur Tamponade des Scheidengewölbes.

trockenen Tampons macht man nur wenig Gebrauch, da die trockene Watte durch Aufsaugung der Absonderungen zusammenschnurrt, hart wird und alsdann nicht in der richtigen Lage verbleibt oder herausfällt. Die Tamponade der Scheide und des Scheidengewölbes wird nach unvermeidlichen operativen Eingriffen oder zur Befestigung eines zur Erweiterung des Gebärmutternackencanales benutzten Quellmeissels verwendet, oder zur Festhaltung einer bisher verlagerten, nunmehr in die richtige Stellung zurückgebrachten Gebärmutter. Bei Anwesenheit von entzündlichen und geschwürigen Processen innerhalb der Scheide und am Gebärmutternacken verhütet man durch Bedeckung der wunden Stellen mit dem Wattebausche deren fortwährende Reibung und die Berührung der Wundflächen mit Scheidenabsonderungen, sowie man auch die Aufsaugung der entzündlichen Absonderungen befördert. Eine wichtige Rolle spielen die feuchten Wattetampons durch die Entwickelung feuchter Wärme bei vielen Entzündungszuständen innerhalb des kleinen Beckens, wobei man sich die warmen Schleimhäute der Geschlechtstheile als Ersatz der wollenen Umhüllung zu denken hat. Weiterhin benutzt man die Wattetampons bei Schwielen der Scheide und deren angeborener oder erworbener Enge als Erweiterungsmittel an Stelle hierzu sonst benutzter Instrumente. Einen hervorragenden Werth besitzt die Tamponade des Scheidengewölbes zur Stillung von Blutungen aus den weiblichen Geschlechtstheilen, besonders der Gebärmutter, und es ist nur ausnahmsweise nöthig, die Gebärmutterhöhle selbst bei diesem bedrohlichen Vorgange auszustopfen.

Die Einführung der Wattebäusche darf durchschnittlich besonderen Schmerz nicht hervorrufen und erfordert für die richtige Anbringung einige Uebung. Da die Frauen sich den Tampon in das Scheidengewölbe meist nicht selbst einbringen können, so soll es durchschnittlich durch den Arzt oder nach eingehender Belehrung durch die Hebamme geschehen. Vielfach wird die Procedur ungeschickt ausgeführt und bewirkt deswegen nicht den erstrebten Erfolg und häufig erzählten uns Patientinnen, dass der Wattebausch herausgefallen sei, bevor sie noch aus dem ärztlichen Sprechzimmer auf die Strasse gelangt wären. — Der Monatsfluss giebt keine Gegenanzeige für die Scheidentamponade ab, im Gegentheile ist sie hierbei zuweilen gerade geboten.

f) Darmeinläufe (Klystiere).

In gewissem Sinne gehören Klystiere zu den örtlichen Heilmaassnahmen bei Frauenkrankheiten. Eine Reihe derselben erleiden durch Verstopfung eine wesentliche Steigerung der Erscheinungen, so dass schon aus diesem Grunde Entleerungsklystiere eine vortheilhafte Procedur vorstellen. Nicht minder dienen sie auch der Ableitung ganz besonders bei Krankheitsprocessen, die im sogenannten *Douglas'*-schen Raume ihren Sitz haben. Auch die kühleren Behalteklystiere

stellen einen werthvollen örtlichen Heilfactor sowohl zur Ableitung übermässig nach den weiblichen Geschlechtstheilen strömenden Blutes, als
auch zur Blutstillung dar.

Der bequemste, practischste und billigste Apparat zu Darmeinläufen
ist der Irrigator mit einem Ansatzrohre für den After.

Das Klystier zur Entleerung soll aus Wasser
von 18° R. bestehen ohne jeden Zusatz und stets
nur liegend, nie stehend oder sitzend genommen werden, weil sonst eine übermässige Menge
Wassers sich im Mastdarme ansammelt, diesen all-
zusehr ausdehnt und dadurch zur Erschlaffung bringt;
in falscher Stellung applicirt, wird auch nicht viel
Wasser vertragen, weil der ausgedehnte Mastdarm
sich desselben bald zu entledigen strebt, wodurch
sich sehr schnell das Gefühl des Stuhlganges be-
merkbar macht, ohne dass sehr viel Wasser ein-
gelaufen ist. Im Liegen jedoch wird je nach der
Individualität (persönlichen Verhältnissen) mit Leichtigkeit $\frac{1}{2}$ bis 1 Liter vertragen, weil das Wasser, welches
durch den Irrigator langsam und gleichmässig einläuft,
auch in die ferner gelegenen Darmschlingen gelangt und den Mastdarm
selbst nicht zu sehr belastet und dadurch reizt. Das Wasser bespült
nunmehr allseitig den Darm und ist im Stande, da es
länger behalten werden kann, selbst harte Kothballen zu
erweichen. Sobald Stuhldrang empfunden wird,
kann man durch Abstellen des Hahnes ein
weiteres Einlaufen verhindern. Bei der Verabfolgung
des Einlaufes beobachte man nur die Vorsicht, dass man
vor Einführung des Ansatzrohres die in dem Schlauche befindliche Luft entfernt, indem man einfach Wasser durchlaufen lässt. Zu den Behalteklystieren nehme man $\frac{1}{2}$ bis
1 Weinglas Wasser von 14° R., sich zur Einführung der
Gummiballon- oder Zinnspritze bedienend (Fig. 44
u. 45); auch hierbei ist es nöthig, zuerst die Luft aus dem
Apparate zu entfernen. Entleerungsklystiere können bis zur
Erreichung ihres Zweckes mehrere im Laufe eines Tages
genommen werden, und selbst wenn dieses Verfahren längere
Zeit fortgesetzt wird, hat man nicht, wonach der Laie
ängstlich fragt, zu fürchten, dass sich der Darm an sie
gewöhnt, da man, sobald der Stuhlgang annähernd geregelt
ist, die Darmeinläufe immer spärlicher gebraucht. Der Monatsfluss verbietet nicht den Gebrauch von Behalte- und Entleerungsklystieren, im
Gegentheile sind diese während der Periode unter Umständen sehr
zweckdienlich.

Figur 44.

Gummiballonspritze.

Figur 45.

Zinnspritze.

g) Innere Unterleibsmassage und -gymnastik.

Zur Beseitigung von Lageveränderungen der Gebärmutter, zur Aufsaugung von Entzündungsproducten, zur Beseitigung von Verwachsungen
der weiblichen Geschlechtsorgane mit der Umgebung, zur Regulirung des
Kreislaufes im Gefässgebiete des kleinen Beckens, zur Beförderung der
Ausstossung von Eihautresten, abgestossener Gebärmutterschleimhaut und
in der Gebärmutterhöhle zurückgehaltenen Absonderungen, zur Begünstigung der Gebärmutterrückbildung nach Geburten, zur Erweichung von
Narben und Verhärtungen des Muttermundes und mässigen Erweiterung
des Gebärmutternackencanales wird, in Verbindung mit den anderen
Heilfactoren von der einfachen oder zweihändigen (combinirten) inneren
Unterleibsmassage Gebrauch gemacht. Hierzu wird die Patientin in jene

Figur 46.

Bisher übliche Handstellung zur inneren Untersuchung und inneren Unterleibsmassage bei Frauen.

Art der Rückenlage gebracht, wie wir sie für die innere Untersuchung angegeben haben (Fig. 46 u. 47). Der Zeigefinger der linken Hand wird vorsichtig durch die Scheide geführt, um kreisförmige Bewegungen um den
abgeknickten Gebärmutternacken auszuführen, oder an verkürzten Bändern
und Verwachsungssträngen zu zerren, oder eine verlagerte Gebärmutter in
die richtige Stellung zu bringen, oder, zur Vornahme der zweihändigen
Massage, die weiblichen Geschlechtsorgane der auf die Bauchdecken gelegten rechten Hand entgegenzuführen, welch' letztere entsprechende
Knetungen und Streichungen zu vollbringen hat. Auf die einzelnen in
Betracht kommenden Handgriffe gehen wir an anderer Stelle näher ein.
Die innere Unterleibsmassage währt etwa 5 Minuten und ist dem Einzelfalle entsprechend 2 bis 4 mal wöchentlich auszuführen. Wiewohl sie
bei zweckentsprechender Auswahl der Fälle weder schmerzhaft noch
schädlich ist, stellt sie doch keinen gleichgültigen Eingriff vor, da zur
Niederdrückung geschlechtlicher Erregung eine grosse Aufopferung seitens

der Patientin nöthig ist, so dass bei übermässiger Anwendung und allzulanger Fortsetzung dieses Heilfactors die Frauen zuweilen sehr nervös und sogar hysterisch werden. Sobald dieses einzutreten droht, setze man lieber eine Zeit lang aus, um späterhin nochmals an die innere Unterleibsmassage zu schreiten. Wendet man mit der angegebenen Vorsicht diesen Heilfactor im Vereine mit den übrigen geschilderten örtlichen Proceduren an, so stiftet er grossen Segen. Der Monatsfluss wird von einzelnen Aerzten nicht als Hinderungsgrund gegen die Ausführung dieser Art Massage angegeben, im Gegentheile soll sie gerade während dieser Zeit wegen der regeren Durchblutung und Aufquellung der Gebärmutter wirkungsvoller sein. Wir selbst rathen, während des Monatsflusses möglichst von der inneren Unterleibsmassage Abstand zu nehmen. Bei acuten Frauenleiden, besonders wenn das Bauchfell mit-

Figur 17.

Von uns gebrauchte practischere Handstellung zu denselben Zwecken.

betheiligt ist, hat man von der inneren Frauenmassage keinen Gebrauch zu machen; inwiefern die Anwesenheit abgekapselten Eiters, besonders zwischen den Blättern der breiten Mutterbänder und im Eileiter ihre Ausführung begrenzen, wird an anderen Stellen erörtert werden.

Von der Gymnastik wird zur Unterstützung der inneren Unterleibsmassage, zur Beseitigung von Gebärmutterverlagerungen mit grossem Erfolge Gebrauch gemacht, indem man auf diese Weise erschlaffte Bauchdecken kräftigen und anspannen und weiterhin den mangelhaft functionirenden Aufhängeapparat der Gebärmutter straffer gestalten kann. Man lässt sowohl active Bewegungen auch an Apparaten ausführen, welche bezwecken, den Leib zu beeinflussen, z. B. Anziehen und Abstossen der Beine, Vornüberbeugen des Rumpfes u. dergl., wie wir es eingehender an anderen Stellen schildern werden, als auch Widerstandsbewegungen ausführen, die noch einen verstärkten Einfluss besitzen.

h) Unzweckmässige Heilmittel.

Die sonst übliche nicht naturgemässe Behandlung von Frauenkrankheiten schliesst eine Reihe von Maassnahmen in sich, die mehr oder minder schädlich und gefährlich sind, und auf die wir in allgemeinen Angaben schon an dieser Stelle eingehen wollen:

1. Chemische Substanzen. In verschiedener Absicht hat man eine grosse Reihe von Chemikalien örtlich am weiblichen Geschlechtsapparate verwendet. Zu Aetzungen, zur Desinfection, zur Blutstillung, zu Geschwulstverkleinerungen und anderen Zwecken hat man die verschiedensten Chemikalien in die weiblichen Geschlechtstheile gebracht. Wir erklären sie alle für überflüssig, grösstentheils für schädlich und gefährlich; alle chemischen Substanzen sind im Stande, das Gewebe der weiblichen Geschlechtsorgane zu vernichten, widerstandslos zu machen, grosse Beschwerden hervorzurufen, langdauerndes Siechthum oder Tod herbeizuführen. Die Naturheilmethode arbeitet sicher und gefahrlos ohne Chemikalien, mögen sie heissen, wie sie wollen: Carbol, Sublimat, Lysol, Chloreisen (Liquor ferri sesquichlorati), Mutterkorn (Secale cornutum), Höllenstein, übermangansaures Kali usw.

2. Oertliche Blutentziehungen. Da die meisten Erkrankungen der weiblichen Geschlechtsorgane mit dauernder oder vorübergehender Blutüberfüllung ihres Gefässgebietes verknüpft sind, so hat man von jeher durch örtliche Blutentziehung diesem Umstande auf verschiedene Weise entgegenzuwirken gesucht. Die Naturheilmethode hat hierzu in ihren Anwendungsformen so vorzüglich wirkende, unschädliche Mittel, dass alle anderen auf den Blutgehalt einwirkenden Methoden verwerflich sind, besonders das Ansetzen von Blutegeln und das Einschneiden (Scarification) in den Scheidentheil der Gebärmutter (Fig. 48). Wir wissen nicht, ob diese zwecklosen Methoden sich einer weiten Verbreitung und grossen Beliebtheit erfreuen, jedenfalls wirken sie fast garnicht für eine Regulirung der Blutverhältnisse und stellen fast durchweg ein widersinniges Vorgehen dar, denn es ist vollständig unangebracht, den an sich meist schon blutarmen Patientinnen überhaupt noch einen Tropfen Blut zu entziehen. Durch die widerliche Procedur des Blutegelanlegens allein schon erwächst die Gefahr, dass Kranke hysterisch werden. Hierzu gesellen sich noch andere Gründe, welche dieses Verfahren als gefährlich erscheinen lassen. Durch die Thiere kann ein grösseres Gefäss angebissen und eine starke, schwer zu stillende Blutung hervorgerufen werden. Nicht selten werden, besonders wenn ein Blutegel in den Gebärmutternackencanal eindringt, heftige, kolikartige Schmerzen

Figur 48.

Messer zum Einschneiden in den Scheidentheil der Gebärmutter.

erzeugt, die unmittelbar nach dem Anbeissen der Thiere auftreten und
sich häufig schreckenerregend gestalten können. In anderen Fällen
tritt zuweilen sehr stürmische Gefässaufregung ein, die sich durch
leichten Kopfschmerz, Fieber, leichte Delirien, Röthe im Gesichte, Klopfen
der Halsschlagadern zu erkennen giebt und schliesslich zu einer weit
verbreiteten Hautentzündung oder nesselartigem Hautausschlage führt.
Aehnliche Erscheinungen können die Stichelungen (Scarificationen) des
Scheidentheiles der Gebärmutter hervor-
rufen, so dass sie in dieselbe Reihe
wie die Blutegelanlegung zu setzen sind.

Fort mit diesen Mitteln aus
der Frauenheilkunde!

3. Einspritzungen in die Gebärmutter (Intrauterine Injectionen).
Man hat in verschiedener Absicht durch
eigens hierzu construirte Instrumente,
besonders die *Braun*'sche Spritze,
medicamentöse Flüssigkeiten in die
Gebärmutterhöhle eingebracht. Bei der
Werthlosigkeit des auf diese Weise
erzielten Erfolges einerseits, den vielen
und grossen Gefahren dieses Vorgehens andererseits, sind hiergegen
immer mehr und mehr warnende
Stimmen erhoben worden und wir
stimmen dem Ausrufe von *Bröse* bei:
Fort mit der *Braun*'schen Spritze!
Die Zahl der durch ihre Anwendung
bewirkten Todesfälle ist nach den Veröffentlichungen wahrlich keine geringe,
um noch weiter mit ihr chemische,
gelöste Substanzen in die Gebärmutterhöhle hineinzuspritzen. Bald wird die
eingespritzte Flüssigkeit Grund einer
heftigen Gebärmutterkolik, bald einer
heftigen Gebärmutterschleimhautentzündung mit ihren grossen
Gefahren, besonders bei nachfolgender Bauchfellentzündung.
Zuweilen tritt die eingespritzte Flüssigkeit in die Eileiter und
die freie Bauchhöhle ein, oder es werden gebildete Blutgerinnsel ver-
schleppt und andere gefährliche Zustände, als: Krämpfe, Zittern und
vollständiger Zusammenbruch (Collaps) hervorgerufen.

Figur 49.

Figur 50.

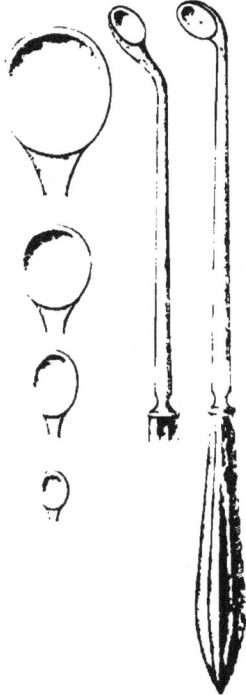

Scharfe Löffel
von verschiedener Grösse.

Curette
zur
Gebärmutter-
ausschabung.

4. Gebärmutterausschabung. Bei einer grossen Anzahl von Frauenärzten erfreut sich die Auskratzung der Gebärmutter (Curettement) durch
besondere Instrumente (Fig. 50) und scharfe Löffel (Fig. 49) einer grossen

Beliebtheit. Immer mehr und mehr jedoch hat man in den letzten Jahren die Werthlosigkeit und Gefährlichkeit dieses energischen Vorgehens kennen gelernt und sich für seine Einschränkung in's Mittel gelegt. *Falk* und *Landau* haben erst jüngst die *Roux*'sche Curette für ein ungemein gefährliches Instrument bezeichnet. *Veit* verwirft die Auskratzung bei dem einfachen Katarrhe der Gebärmutterschleimhaut, da letztere sich, selbst wenn sie total entfernt worden wäre, wieder vollkommen neubildet. *Olshausen* urtheilt in ähnlicher Weise und hält die Auskratzung der Gebärmutter, die zweifellos neuerdings viel zu häufig vorgenommen wurde, für den gefährlichsten an der Gebärmutterhöhle ausgeführten Eingriff. Die Fälle, wo die Gebärmutter mit dem Instrumente, selbst bei vorsichtigem Gebrauche, durchbohrt wurde, sind keineswegs so selten, als seine Freunde Glauben machen wollen. Auch andere Gefahren bietet besonders eine minder geschickte Auskratzung: Starke Blutung, Gebärmutterkolik, Zusammenbruch (Collaps), Verstärkung einer Entzündung, deren Verschleppung usw. Jeder, der sich von einer Gebärmutterauskratzung wirklich Vortheile verspricht, sollte sich den prachtvollen Ausspruch *Olshausen's* vor Augen halten: »Die Auskratzung der Gebärmutter gehört keineswegs zu den leichten Operationen und erfordert stets grosse Vorsicht und Sorgfalt, verbunden mit technischer Geschicklichkeit; wer nicht die nöthige Uebung hierin hat, kann leichter die Amputation eines Armes, wie eine Auskratzung der Gebärmutter ausführen«. Da viele Aerzte diese Operation für eine leicht ausführbare halten, und sie deshalb ohne Auswahl bei allen etwas hartnäckigeren Gebärmutterkatarrhen vornehmen, so können wir sie nur auf diese Warnungsrufe hinweisen. Da die Mittel der Naturheilmethode den durch die Auskratzung gewollten Zweck sicherer und gefahrloser bewirken, so sind wir zu dem Ausspruche berechtigt: »Fort mit dem Curettement der Gebärmutterhöhle zu Heilzwecken!«

5. Die Elektricität. Man hat nach dem Rathe von *Apostoli* von sehr starken elektrischen Strömen zur Verkleinerung und vollständigen Rückbildung von Fleischgeschwülsten der Gebärmutter (Uterusmyom) Gebrauch gemacht. Eine nüchterne Kritik jedoch hat bald gelehrt, dass das Verfahren von *Apostoli* durchaus nicht das leistet, was sein Entdecker versprochen hat. Höchstens wirken die starken elektrischen Ströme nach Art eines Aetzmittels blutstillend bei durch Myom bedingten Gebärmutterblutungen. Da uns aber hierzu minder schmerzhafte und eingreifende Mittel zur Verfügung stehen, wir überdies nicht wissen, was durch die Elektricität dem Rückenmarke und Gehirne geschadet wird, so halten wir den Gebrauch der Elektricität für die Behandlung von Frauenleiden für überflüssig. Nie wird durch sie ein pathologischer Process in normale Verhältnisse übergeleitet.

6. Grössere Operationen. Wir haben uns schon an anderer Stelle dahin geäussert, dass grössere Operationen zur Beseitigung von Lebensgefahr und unerträglichen Beschwerden leider nicht immer vermeidbar sind, und wir sind gerecht, um anzuerkennen, dass hierin die Technik heute überaus vollendet ist. Trotzdem können wir nicht umhin, zu erklären, dass eine Operation nur in beschränktem Sinne als Heilung gelten kann, da der eigentliche Krankheitsreiz durch die Entfernung der Krankheitsproducte nicht beseitigt ist. Ausserdem ist zu erwägen, dass jede Operation mit Blutverlust, nervöser Erregung und einer besonderen Umstimmung des Organismus verknüpft ist, so dass wir es für verkehrt halten, die Operation, so sehr sie auch vor der Hand vortheilhaft und unumgänglich nothwendig ist, als das alleinige Heilmittel bei bestimmten Frauenleiden hinzustellen.

Eine systematische Nachbehandlung mit den Naturheilfactoren ist nach jeder grösseren Operation im Gebiete der weiblichen Geschlechtsorgane unerlässlich und dem chirurgischen Vorgehen gleichwerthig, sonst verbleiben an Stelle relativ Genesender, verstümmelte, mehr oder minder nerven- und geisteskranke Frauen. Kann durch eine grössere Operation keine relative Heilung eines Frauenleidens, sondern nur Linderung einzelner Symptome, z. B. von Schmerzen und Blutung, herbeigeführt werden, so ist die Operation zu unterlassen, falls durch die minder gefährlichen und eingreifenden Mittel der Naturheilmethode dasselbe Ziel: Linderung von Beschwerden, erreicht werden kann. Da dieses häufig der Fall ist, so kann man eine grosse Reihe bedeutender chirurgischer Eingriffe am weiblichen Geschlechtsapparate als ungeeignetes Vorgehen bezeichnen.

Ziehen wir aus den allgemeinen therapeutischen Angaben den Schluss, so lautet er schon jetzt, bevor wir noch auf die einzelnen Mittel in ihrem Verhältnisse zu den einzelnen Frauenleiden des Näheren eingegangen sind, dahin: Ausser den Naturheilfactoren, welche für die Behandlung der überwiegenden Mehrzahl von Frauenleiden hinreichen, kommen für die gynäkologische Therapie nur noch ausnahmsweise kleinere, leider noch öfter grössere operative Eingriffe in Betracht. Alle anderen Mittel — ausser bei Gebärmutter-Verlagerungen unter Umständen mechanische Stütz-Apparate (Pessare) —, besonders chemischer Art, sind überflüssig.

Dritter Abschnitt.

CAPITEL I.
Bildungsfehler und Erkrankungen der äusseren Schamtheile (Vulva).

A) Die Mehrzahl der Missbildungen an den äusseren weiblichen Geschlechtstheilen erfordert mehr das Interesse der Entwickelungsgeschichte

als des practischen Arztes, da es sich regelmässig um lebensunfähige
Missgeburten handelt, oder, falls das Leben bestehen bleibt, um dauernde,
oft auch durch Operationen nicht zu beseitigende Fehler. Wir sehen
daher davon ab, sämmtliche bisher beobachteten Entwickelungsfehler anzuführen, begnügen uns vielmehr mit der Erwähnung einiger weniger,
öfters vorkommender.

i. Vollkommener Verschluss oder Fehlen der äusseren
weiblichen Scham (Atresia vulvae). Hierbei mündet weder die
Harnröhre noch die Scheide nach aussen, so dass durch den sich an-
sammelnden Urin die Harnblase und der regelwidrig in sie mündende

Figur 51.

Die äusseren Geschlechtstheile einer Jungfrau, mit künstlich gespreizten Schamlippen, um die
tieferen Theile zu zeigen. Nach *Stratz*.

Geschlechtscanal unförmig ausgedehnt werden. Häufig ist bei solchen
Missgeburten auch der Damm nicht durchbrochen, es fehlt also auch
der After als Ausmündungsstelle des Mastdarmes, so dass sich in ihm
der Koth ansammelt. Diese Missbildung findet man bei den nicht
lebensfähigen Missgeburten mit anderweitigen Entwickelungshemmungen
verknüpft. Bei anderen hierher gehörigen Abweichungen können Mastdarm, Blase und Geschlechtscanal mit einander in Verbindung stehen,
so dass man mannigfache Spielarten zu sehen bekommt.

2. Fehlen des eigentlichen Afters mit Mündung des Darmes
in den gemeinsamen Harnblasen-Geschlechtscanal (Atresia
ani vaginalis). Hierbei ist die hintere Grenze der äusseren Scham die
hintere Wand des Mastdarmes und es fehlt in der Regel das Jungfernhäutchen, woraus man schliessen kann, dass nicht die Scheide, sondern der

im foetalen Leben bestehende gemeinschaftliche Harnblasen-Geschlechts-canal die Mündung nach aussen vorstellt. Zuweilen liegt diese regel-widrige Einmündungsstelle des Mastdarmes sehr tief unterhalb eines vor-handenen Jungfernhäutchens, was man als widernatürlichen After im Scheidengewölbe (Anus praeternaturalis vestibularis) bezeichnet (Fig. 55). Früchte letzterer Art sind mitunter lebensfähig und werden dem Arzte zur Behandlung zugeführt. Da bei Neugeborenen alle Theile noch zu klein sind und man nicht gut ohne Gefahr der Wundverunreinigung (aseptisch) die vollständige Operation ausführen kann, so begnügt man sich vorläufig damit, die völlige Kothentleerung und dadurch das Weiterleben des Neu-

Figur 52.

Die äusseren weiblichen Geschlechtstheile kurze Zeit nach der Defloration. Nach *Stratz*.

geborenen zu ermöglichen. Man hat demnach für die hinreichende Koth-entleerung passende Wege zu schaffen, da der Darminhalt aus der häufig sehr engen Mündungsstelle nicht gut hinaus kann. Man durchtrennt des-wegen die den Damm vortäuschende Masse und geht vorsichtig präparirend in die Tiefe, bis man den Darm gefunden hat, was man an dem Ab-gange von Kindspech merkt. Alsdann zieht man das untere Darmende herab und umsäumt, wenn angängig, die Schnittöffnung, so dass der Darminhalt einen graden und bequemen Ausgang hat. Jedoch gelingt die künstliche Schaffung eines natürlichen Afters, zumal da für ihn der Schliessmuskel fehlt, kaum jemals, und da sich der operativ geschaffene Weg immer wieder schliesst, so erhält man keinen After, sondern nur eine Kothfistel, die man höchstens durch Erweiterungsmittel leidlich offen erhalten kann. Da es sich nach diesen Anführungen höchstens nur um

die Möglichkeit einer Lebensverlängerung handelt, die Aussicht der
Operation keine günstige ist, so wird man nur selten zu derselben schreiten.

3. Hypospadie. Hierunter versteht man jene Entwickelungsfehler,
bei denen die weibliche Harnblase bei fehlender Harnröhre ebenso wie
die Scheide in den Scheidenvorhof einmündet, wobei der Urin von selbst
abfliesst, und beim ausgewachsenen Individuum der Finger bequem in
die Blase gebracht werden kann. Hierher rechnet man auch jene
Bildungsfehler, bei denen eine verkümmerte Harnröhre vorhanden ist,
die von hinten in die enge Scheide mündet, deren Vorhof alsdann

Figur 53.

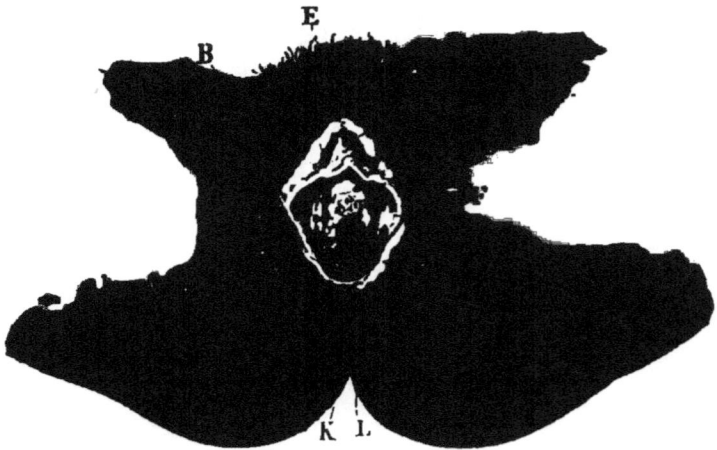

Die äusseren weiblichen Geschlechtsorgane. Nach *Martin.*

A Schamberg, B grosse Schamlippe, C kleine Schamlippe, D Kitzler, E Vorhaut des Kitzlers, F Harnröhrenmündung, G Vorhof, H Jungfernhäutchen (Hymen), I Schambändchen, K Afteröffnung, L Mittelfleisch oder Damm.

ungewöhnlich lang und eng ist. Die erwähnten Abweichungen kommen
häufig mit Ueberwucherung des Kitzlers vereinigt vor. Bei der ersten
Form der Hypospadie muss man die künstliche Bildung einer Harnröhre
versuchen, während man der Harnblase freilich keinen Schliessmuskel
zu schaffen vermag. Aber die Erfahrung lehrt, dass jede nicht zu weite
Harnröhre, auch wenn ein Schliessmuskel fehlt, leidlich functionirt
(Schroeder), so dass der unwillkürliche Harnabfluss ziemlich eingeschränkt
wird. Auch bei der zweiten Art der Hypospadie hat man durch eine
Gestalt gebende (plastische) Operation, deren Methode sich nach dem
jeweiligen Grade der vorhandenen Abweichung richten muss, Hülfe zu
schaffen.

4. Epispadie. Diese beim weiblichen Geschlechte viel seltener als

beim männlichen vorkommende, mit fehlender Harnröhre und auch
häufig mit sonstigen Spaltbildungen, besonders des Beckens, der Blase,
sowie des Kitzlers verknüpfte Missbildung besteht darin, dass die
Blase direct in einen solchen Spalt mündet. Auch hierbei muss durch
Auspräpariren eines oberen oder seitlichen Lappens, durch sorgfältige
Vereinigung mit der meist noch vorhandenen hinteren Wand der Harnröhre eine regelrechte Harnröhre hergestellt werden.

    5. Zwitterbildung (Hermaphroditismus). Hierunter versteht

Figur 54.

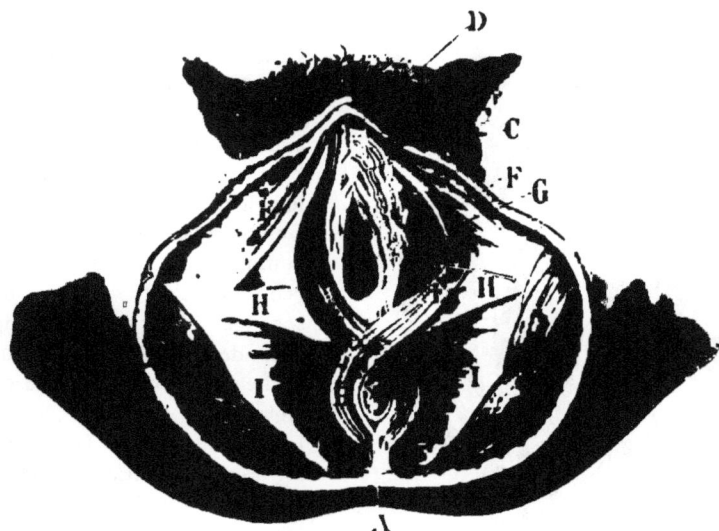

Weiblicher Beckenausgang und Damm, nach Wegnahme der Haut. Nach *Kobelt*.
A After, B Afterschliessmuskel, C Eichel des Kitzlers, D Kitzler, E Schliess- oder Schnürmuskel der
Scheide, F nach dem Sitzbeinhöcker ziehender Muskel, G Vorhofzwiebel, H Quermuskel des Dammes,
I Afterhebemuskel, K Gesässmuskel.

man solche weibliche Entwickelungsfehler, bei denen verbildete äussere
weibliche Geschlechtstheile äussere männliche Geschlechtstheile vortäuschen.
Der Hermaphroditismus im zoologischen und mythologischen Sinne, wobei das betreffende Individuum die Geschlechtsthätigkeit beider Geschlechter vollziehen konnte, ist noch nicht vorgekommen, vielmehr
handelt es sich immer um eingeschlechtige Wesen. Man hat in der
That in einigen wenigen Fällen bei demselben Individuum die gleichzeitige Anwesenheit von Hoden und Eierstock anatomisch und mikroskopisch nachgewiesen, jedoch auch in diesen Fällen überwog stets in
Bezug auf Bau und Thätigkeit der Geschlechtsorgane bedeutend das
eine Geschlecht, während die Theile des anderen Geschlechtes nur andeutungsweise vertreten waren. (Fig. 56).

6. Die scheinbare Zwitterbildung (Pseudohermaphroditis-
mus). Hierbei handelt es sich in der Regel um eine Ueberwucherung
des Kitzlers, wodurch derselbe dem männlichen Gliede ähnlich wird,
während gleichzeitig die Scheide sehr eng, stellenweise verwachsen ist,
wodurch die äusseren Schamlippen hodensackähnlich erscheinen und
unterhalb des überwucherten Kitzlers eine in der Regel sehr enge Oeffnung in den Harnblasen-Geschlechtscanal führt, woselbst eine Scheide
und Harnröhre münden. Bei dieser Verbildung erlangen die äusseren
weiblichen Geschlechtstheile

Figur 55.

Aftermündung im Scheidenvorhof. Nach *Abel*.
A After, P Damm, V Scheideneingang, U Harnröhrenmündung, I. ungewöhnlich geformte, kleine Schamlippe.

weiblichen Geschlechtstheile
grosse Aehnlichkeit mit denjenigen bei männlicher Hypospadie, während die inneren
Geschlechtsorgane entweder
vollständig regelmässig entwickelt oder auch missge-
bildet sein können. Die
Brüste solcher lebensfähiger
Individuen sind nach der
Geschlechtsreife bald vollkommen, bald weniger weiblich entwickelt, ebenso die
sonstige Körperveranlagung,
besonders in Bezug auf Entwickelung von Barthaaren.
Gelangen vollends durch
Leistenbrüche die Eierstöcke
in die hodensackähnlichen
grossen Schamlippen, so dass
man vermeintlich Hoden im
Hodensacke fühlt, so ist
eine Verwechselung des Geschlechtes noch leichter möglich (Fig. 57).

An irgend einen chirurgischen Eingriff ist bei Fällen dieser Art
überhaupt nicht zu denken, da die lebenswichtigen Leistungen der betreffenden Organe regelrecht von Statten gehen. Jedoch gewinnen diese
Fälle dadurch eine Bedeutung, dass auf dem Standesamte das Geschlecht
falsch angegeben und bei der Aushebung zu den Soldaten oder nach
Eingehung einer Ehe vom Arzte ein berichtigendes Attest erfordert wird.

B) Ueberwucherung (Hypertrophie) der äusseren weiblichen Scham.
(Vulva.)

Bei einzelnen Völkerschaften, besonders den Hottentotten und Busch-
männern, findet man sehr häufig eine Ueberwucherung der kleinen Scham-

lippen, allgemein unter dem Namen der Hottentottenschürze bekannt. Ob es sich dabei um eine wirkliche Racenbildung handelt oder nicht, ist noch unentschieden. Aber auch bei europäischen Frauen ist die Ueberwucherung der kleinen Schamlippen, so dass sie mehr oder minder lang zwischen den grossen Lippen herabhängen, keine Seltenheit und *Winckel* konnte unter 3000 Wöchnerinnen dieses Vorkommniss 108 mal feststellen. Als häufigste Ursache kann man die weibliche Onanie betrachten, so dass die Ueberwucherung der kleinen Schamlippen als ein Kunstproduct, hervorgerufen durch die Art und Weise gewisser onanistischer Manipulationen hingestellt werden kann. Das weibliche Ge-

Figur 56.

Aeussere Geschlechtstheile der Katharina Hohmann.

a) Eingang in die Scheide und Blase, b) Rinne, die vom verkümmerten Gliede oder dem überwucherten Kitzler in die Scheide führt, c) Vorhaut des Gliedes oder Kitzlers, d) rechte grosse Schamlippe oder Hodensack, den rechten Hoden enthaltend, e) linke kleine Schamlippe oder Hodensack.

schlecht betreibt die Selbstbefleckung weniger dadurch, dass ein Finger oder anderer Gegenstand tief in die Scheide gebracht wird, sondern durch Kitzeln oder Zupfen an den kleinen Schamlippen vermittelst kleiner Gegenstände z. B. einer Haarnadel oder Federpose. Benutzt die Onanistin die Finger, so werden die kleinen Schamlippen und das Kitzlerbändchen so ausgezogen, dass letzteres wie eine Schürze den Scheideneingang verdeckt und erstere ein- oder häufiger beiderseitig zu runzeligen, dunkelbraun gefärbten Lappen langgezogen werden, die fettarm ähnlich zwei langen, schlaffen Hautfalten herabhängen In der Regel sind sie sehr dünn und lassen sich häufig 6 bis 11 Centimeter lang wie zwei Fledermausflügel anspannen. Durch entzündliche Vorgänge verdicken sich diese verlängerten Gebilde und bereiten alsdann Beschwerden.

Häufig verlieren solche Personen beim regelrechten Beischlafe das Wolllustgefühl, trotz reicher Ausübung des Geschlechtsactes, die Selbstbefleckung mit Vorliebe weiterbetreibend.

Die Ueberwucherung des Kitzlers entsteht wahrscheinlich nicht durch Selbstbefleckung, ebensowenig wie dieses Laster den männlichen Onanisten eine Ueberwucherung des Gliedes (Penis) einträgt, und bei mehreren Onanistinnen, die uns die Selbstbefleckungen eingestanden, konnten wir auch nicht die Spur einer Ueberwucherung des Kitzlers entdecken. Diese Feststellung ist von einer besonderen Wichtigkeit; denn

Figur 57.

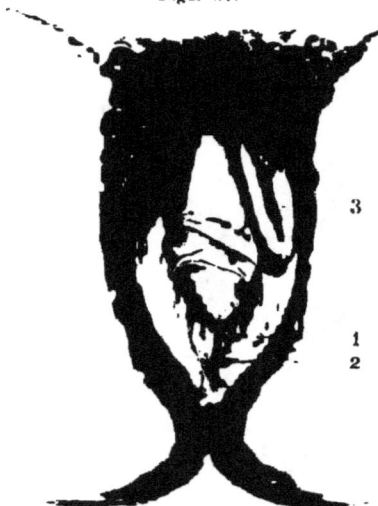

es gab eine Periode in der Frauenheilkunde, die noch nicht sehr lange hinter uns liegt, und auch heute ist leider die Operation noch nicht verlassen, in welcher eine grosse Reihe von Onanistinnen durch Abschneidung des Kitzlers (Clitoridectomie) von ihrem Laster geheilt werden sollte. *Baker Brown* empfahl diesen Eingriff, der leider weite Verbreitung fand, gegen gewisse Formen des geschlechtlichen Wahnsinnes und der Hysterie, trotzdem *Braun* in abgeschnittenen Gebilden nichts nachweisen konnte und *West* schon genügend vor der Operation als einer nutzlosen

Scheinbarer äusserer weiblicher Hermaphroditismus.
1. Harnröhrenmündung, 2. verkümmerter Scheideneingang, 3. linksseitiger, hodensackähnlicher Leistenbruch.

gewarnt hat, da trotz entfernten Kitzlers der Geschlechtsreiz bestehen blieb und die Onanie weiter betrieben wurde.

Macht die Ueberwucherung einzelner Theile der äusseren Geschlechtsorgane Beschwerden, als Wundwerden, Brennen, Jucken, Erschwerung des Geschlechtsverkehres, so lassen sich diese vielfach durch 18° R. Waschungen mit nasser Watte, 26 bis 24° R. Sitzbäder (Fig. 33), die mehrere Male täglich in der Dauer von 20 bis 30 Minuten ausgeführt werden, durch Ruhe und Bedecken mit feuchtwarmen Umschlägen, Bestreichen mit Süssmandelöl oder Bestreuen mit Reispuder, beseitigen. Nur wenn die Beschwerden immer wiederkehren und besonders lästig sind, kann man sich an die operative Entfernung der überwucherten Gebiete machen, um wieder normale Verhältnisse herzustellen.

CAPITEL II.

Entzündungen der äusseren Schamtheile. — Vulvitis.

Ursachen. Hitzige (acute) und schleichende (chronische) Entzündungen der äusseren Schamtheile kommen häufig und in sehr mannigfaltiger Art vor, je nachdem, ob äussere Haut, Schleimhaut, Drüsen und Gefässe gesondert oder vereinigt Ausgangspunct und Sitz werden.

Unter den häufigsten Ursachen erwähnen wir folgende:

1. Verletzung (Trauma). Man findet auf diesem Wege veranlasst das Leiden durch die bei der Entjungferung stattfindenden Einrisse des Hymens. Besonders bei Nothzuchtsversuchen an Kindern trifft man bei der Untersuchung eine hitzige Entzündung der äusseren Schamtheile. Aehnlich wirken andere, zufällige Verletzungen und Kratzwunden.

2. Verunreinigung. Kein Körpertheil unterliegt so einer regelmässigen Besudelung durch Absonderungen wie Blut, Harn und Koth und Schleim, als die äusseren weiblichen Schamtheile. Ist auch die in Betracht kommende Substanz an sich unschädlich, wie z. B. das Blut des Monatsflusses, so findet doch häufig eine Berührung derselben mit Staub und Luft statt, wodurch Zersetzung und Fäulniss und dadurch bedingte Aetzwirkung entstehen. Durch reizende Absonderungen seitens der Talgdrüsen entsteht eine lebhaftere Fettabgabe, woraus sich im weiteren Verlaufe ranzige Fettsäuren entwickeln, die bei ermangelnder Reinlichkeit zu Hautentzündung führen, vorwiegend bei corpulenten Kindern und Frauen, deren fette Haut Falten bildet. Besonders heftig wirken ätzende Ausflüsse z. B. von einem zerfallenden Gebärmutterkrebse.

3. Fortgepflanzte Entzündung von benachbarten Erkrankungsherden. Hier kommt besonders der Scheiden-, Gebärmutter- und Mastdarmkatarrh in Betracht.

4. Acute fieberhafte Leiden und Ansteckung. An dieser Stelle erwähnen wir besonders Typhus, Scharlach, Masern, Diphtheritis, Tripper und Schanker. - Ferner heben wir den bei Kindern, ähnlich wie an den Wangen, auch an den äusseren Schamtheilen auftretenden Wasserkrebs (Noma) hervor. - Auch die Ansteckung im Wochenbette ist häufig mit Entzündung der äusseren weiblichen Scham verknüpft.

5. Constitutionskrankheiten. Besonders bei Kindern entsteht recht häufig eine Entzündung der äusseren Geschlechtstheile auf dem Boden der Scrophulosis. Auch Bleichsucht wirkt bei den heranwachsenden Mädchen in ähnlicher Weise. Bei älteren Frauen ruft die Zuckerkrankheit verschiedene Formen des Leidens hervor.

6. Schwangerschaft, sowie sonstige physiologische Veränderungen im Körper der Frau. Man findet aus nicht immer klaren Ursachen entsprungen bei schwangeren Frauen oder bei solchen, die in die Wechseljahre eingetreten sind, äusserst hartnäckige, nässende Hautentzündung an der äusseren Scham. Vielfach wird schon an sich

durch physiologische Vorgänge mehr Feuchtigkeit hervorgebracht, so dass bei unzweckmässiger Bekleidung Staub und Schmutz bequemer haften bleiben. Ganz besonders bei Schwangeren aus den niederen Ständen sieht man durch diese Vorgänge geschwollene, hochrothe äussere Schamtheile.

Unter den Lebensaltern bleibt keines verschont, jedoch ist es leicht begreiflich, dass das Leiden öfter bei erwachsenen und verheiratheten Personen, als bei Kindern und Jungfrauen gefunden wird.

Anatomische Veränderungen. Da das Leiden an sich nur selten den Tod bedingt, so hat man nicht gerade häufig Gelegenheit, die krankhaften Processe an der Leiche zu studiren. Andererseits giebt die Beobachtung am lebenden Objecte diesbezüglich genügenden Aufschluss.

Figur 58.

Der Befund ist ein sehr mannigfaltiger, je nach dem Sitze, der Heftigkeit, der Ursache und gelegentlichen Umständen der Entzündung Der Process beginnt in der Regel mit Röthung, Schwellung, Blutüberfüllung und Auflockerung der Haut und benachbarten Schleimhaut an verschiedenen Stellen. Besonders die kleinen Schamlippen werden dicker und

Schleim- nnd Talgdrüsenentzündung an der äusseren weiblichen Scham.

sondern mehr oder minder ergiebig eine schleimig-eiterige Flüssigkeit ab. Greift die Entzündung mehr in die Tiefe und erstreckt sie sich auch allgemein auf das Unterhautzellgewebe, so bezeichnet man den Process als Phlegmone der Vulva. Werden auch die Talgdrüsen entzündlich ergriffen, so schwellen sie beträchtlich an (Fig. 58) und entwickeln sich zu Furunkeln, aus denen alsdann häufig durch Uebergreifen der Entzündung auf das umliegende Bindegewebe übelriechende, eiterentleerende Abscesse entstehen, die bis zu Kirschengrösse heranwachsen und sich nach einander an verschiedenen Stellen der äusseren Scham entwickeln können. Beim Sitze einer solchen Furunkelvereiterung in den grossen oder kleinen Schamlippen sind diese stark wassersüchtig geschwellt und häufig wird ein grösserer Pflock — im Volksmunde Eiterstock bezeichnet — ausgestossen. Zuweilen ergreifen gutartige Entzündungen ein- oder beiderseitig die *Bartholini*'schen Drüsen, die alsdann eiterig einschmelzen und so einen umschriebenen Eiterherd (Abscess) darbieten können.

Bei durch Tripper hervorgerufener Entzündung der äusseren weiblichen Scham entwickeln sich zuweilen an den kleinen Schamlippen und der Umgebung der Harnröhrenmündung spitze Feigwarzen (Condylome). Noch häufiger ist bei der Trippererkrankung die Entzündung und Vereiterung der *Bartholini*'schen Drüsen.

Bei durch weichen Schanker (Ulcus molle) hervorgerufener Entzündung findet man dieselben anatomischen Vorgänge, wie bei der gleichen Erkrankung des Mannes. Zuweilen beobachtet man die fressende (phagedänische) Form des Schankergeschwüres an den grossen Schamlippen. Unter Umständen kann alsdann eine Schamlippe mit Hinterlassung breiter, strahliger Narben zerstört werden. Daneben findet man, ganz wie beim Manne, entzündete und vereiternde Leistendrüsen (Bubonen).

Bei der syphilitischen Erkrankung der äusseren Scham sitzen die anfänglichen Geschwüre in der Regel mehr hinten, dicht über dem Bändchen. Im späteren Verlaufe sieht man vielfach breite Feigwarzen (Condylome). Bei verschleppten Fällen verwandelt sich mitunter die gesammte Innenfläche der grossen Schamlippe bis hinten an den After in eine einzige Masse zusammenfliessender, perlmutterglänzender Schleimhautbeläge (Plaques muqueuses). Durch weiteres Fortschreiten und durch Verbindung mit ähnlichen Processen in der Nachbarschaft kann bei grober Vernachlässigung schliesslich eine sich auf den Bauch ausdehnende Wundfläche entstehen. Die Ausheilung syphilitischer Erkrankungen der äusseren weiblichen Geschlechtstheile geht vielfach unter Hinterlassung dauernder Narben vor sich, wodurch die Form dieser Gebilde unter Umständen wesentlich verändert wird.

Nässende Entzündung (Eczem) an der Haut der Vulva besteht aus Knötchen, Bläschen, Pusteln und Borken, bei denen die stark geröthete Haut nässt.

Die diphtherische Entzündung der Vulva lässt zunächst graugelbe Flecke auftreten, aus denen sehr bald eine eiternde Fläche mit übelriechender Absonderung und stark gerötheter Umgebung hervorgeht. Die schliesslich sich entwickelnden Geschwürsschorfe sitzen fest auf und lassen sich nicht abheben. Es kommt zu grossen Hautverlusten und Heilung unter ausgedehnten Narben. Hierher gehört auch der Wasserkrebs (Noma) der äusseren Scham, der meist zuerst an den grossen Schamlippen auftritt, eine mässige Anschoppung (Infiltration), alsdann graugrünliche Verfärbung, Blasen, darauf schwarzbraune Verfärbung, jauchige Absonderung und grosse Hautverluste an der äusseren Scham bewirkt.

Der Rothlauf (Erysipel) der äusseren Scham, wie er in dem frühesten Kindesalter als Fortsetzung der Nabelrose und auch nicht selten bei Wöchnerinnen vorkommt, führt zu lebhafter Röthung, Schwellung und

Blasenbildung der Haut. Der Process erstreckt sich gewöhnlich gleichzeitig über die Hinterbacken und Oberschenkel. Die Heilung geht ohne Narbenbildung von Statten, zuweilen unter Abstossung grösserer Oberhaut gebiete und, wie wir selbst beobachteten, unter Ausfall der Schamhaare, die jedoch später wieder wachsen.

Von den anderen zahlreichen Formen der Hautentzündung, auf die wir nicht näher einzugehen brauchen, wurden besonders die **Bläschenflechte** (Herpes) und die **Juckflechte** (Prurigo) beobachtet.

Krankheitsbild. Die Entzündung der äusseren weiblichen Scham bereitet in heftigeren Fällen lebhaftes Jucken und bedeutende Schmerzen, die sich beim Gehen verstärken oder dieses sogar unmöglich machen. Ganz besonders wird die Möglichkeit zu Bewegungen eingeschränkt, wenn es zu Furunkeln oder Eiteransammlungen (Abscessen) gekommen ist, durch die sogar häufig das Sitzen kaum möglich wird, zumal wenn hier lebhaftes Spannungsgefühl und Pulsiren hinzutritt. Einen sehr hohen Grad erreichen die Schmerzen während der Entwickelung

Figur 59.

Eiterherd (Abscess) der rechten *Bartholini*'schen Drüse.
Die rechte, prall gefüllte grosse Schamlippe tritt eiförmig vor, die kleinen Schamlippen sind seitlich verschoben und aneinander gedrängt.

der Entzündung der *Bartholini*'schen Drüsen. Suchen die Patientinnen einem entstandenen Juckreize durch Kratzen abzuhelfen, so wird hierdurch häufig die Entzündung heftiger und die Empfindlichkeit der äusseren Schamtheile beträchtlicher, so dass die Kranken oft fast unerträgliche Qualen erdulden müssen.

Absonderung von blutwässeriger, schleimig-eiteriger oder rein eiteriger Flüssigkeit ist in vielen Fällen lebhafter Entzündung vorhanden. Kratzen sich die Patientinnen, dem Juckreize folgend, so mengt sich der entzündlichen Absonderung häufig Blut bei. — Bei Vereiterung der *Bartholini*'schen Drüsen bildet sich unter sehr heftigen Schmerzen in der grossen Schamlippe eine kirsch- bis taubeneigrosse Eitergeschwulst (Fig. 59), deren Inhalt sich schliesslich entweder durch den Ausführungsgang der Drüsen entleert, oder an der Innenseite der kleinen Schamlippe durchbricht, so dass einige Zeit lang ausgesprochen eiteriger Ausfluss besteht. Durch

Vereiterung kann die *Bartholini*'sche Drüse theilweise oder gänzlich untergehen.

Scheidenkrampf (Vaginismus), auf den wir später näher eingehen werden, in einer schmerzhaften Zusammenziehung von Scheiden- und Beckenmuskeln bestehend, wird vielfach durch die Entzündung der äusseren weiblichen Geschlechtstheile beim Versuche des Geschlechtsverkehres hervorgerufen.

Der Monatsfluss ist nur dann gestört, wenn ein Constitutionsleiden oder eine Erkrankung der inneren weiblichen Geschlechtstheile gleichzeitig vorhanden ist. Die mit der Menstruation verknüpfte Blutüberfüllung auch der äusseren Scham vermag vielfach den Juckreiz und die Schmerzen zu steigern.

Das Wasserlassen ist häufig beeinträchtigt. Durch das Fliessen des Urins über entzündliche Gebiete wird die Harnentleerung zuweilen ein qualvoller Act. Noch öfter leidet die Entleerung der Harnblase, wenn der Entzündungsprocess, wie es besonders bei der Tripperansteckung der Fall ist, sich auf die Harnröhrenmündung und -schleimhaut fortpflanzt. Alsdann entleert sich auch gleichzeitig mit dem Harne Eiter, den man besonders bei Druck der entzündlich verdickten Harnröhre gegen die Schambeinverwachsung (Symphyse) zu Gesicht bekommt.

Allgemeinerscheinungen fehlen in leichteren Fällen vielfach. Nur wenn starker Juckreiz und heftige Schmerzen bestehen, leidet die Stimmung der Patientinnen. — Fieber ist in der Regel, jedoch zuweilen auch nur gering, nur dann vorhanden, wenn es sich um die schweren Formen der Entzündung, z. B. Rothlauf, Diphtheritis, Brand, Wasserkrebs und Tripper handelt.

Alle sonstigen klinischen Erscheinungen hängen fast ausschliesslich von dem etwaigen Grundleiden ab, so dass wir an dieser Stelle auf ihre nähere Schilderung nicht einzugehen brauchen.

Die Dauer des Leidens erstreckt sich in leichteren und mittelschweren Fällen in der Regel auf 1½ bis 3 Wochen. Bei zweckmässiger Behandlung, die wegen der quälenden Erscheinungen häufig ziemlich zeitig verlangt wird, gelingt es, den Verlauf und die Heftigkeit der Erkrankung zu verringern. Wird die Erkrankung, wie besonders bei Kindern, übersehen, oder aus falscher Scham nicht rechtzeitig Abhülfe gesucht, oder liegt der Entzündung der äusseren weiblichen Schamtheile ein schwer zu beseitigendes anderweitiges Leiden zu Grunde, so bleibt die chronische Form des Leidens bestehen.

Erkennung. Die Feststellung des Leidens, seiner einzelnen Formen und Grade gelingt in der Regel sehr leicht durch Berücksichtigung der Krankengeschichte, der klinischen Erscheinungen und die Besichtigung der erkrankten Gebiete, die ja dem Gesichtssinne vollständig und ohne Weiteres zugänglich sind. Auch die Ermittelung der Entzündung der *Bartholini*'schen Drüse unterliegt keiner Schwierigkeit, wenn man sich an ihren anatomischen

Sitz und die Empfindlichkeit der rundlichen Geschwulst im hinteren Drittel der kleinen Schamlippe hält. Häufig wird man veranlasst, auch weiter auf ein bestehendes Grundleiden, z. B. Zuckerkrankheit, Gebärmutterkrebs u. dergl. zu fahnden.

Vorhersage. In einer grossen Anzahl von Fällen sind die Aussichten auf rasche Beseitigung der Qualen und vollsändige Hebung des Leidens günstig. Minder aussichtsreich gestalten sich die Hoffnungen, wenn es sich um die schwereren Formen der Entzündung, z. B. die diphtherische, handelt. Alsdann ist eine Ausheilung häufig nur unter dauernder Formveränderung der äusseren Schamtheile zu erreichen und der Tod nicht immer abzuwenden. Auch die Krankheitsdauer bis zum Eintritte der die Heilung bedeutenden Vernarbung ist alsdann kaum unter 4 bis 6 Wochen zu bemessen. Ist das Grundleiden nicht zu beseitigen, so ist die Vorhersage für die örtliche Entzündung an den äusseren Schamtheilen durchschnittlich ungünstig, selbst wenn es vorübergehend gelingt, die Beschwerden zu lindern.

Behandlung. Bei den einfachen Katarrhen kommt man am besten aus, wenn man den Patientinnen für einige Zeit vorwiegend Ruhe und strengste Reinhaltung anempfiehlt. Die Kranken sollen mehrere Male täglich mit einem aus chemisch reiner Watte hergestellten Tupfer, der in 20° R. Wasser eingetaucht wird, das entzündete Gebiet abwaschen. Hiermit wird einer Zersetzung und dadurch bedingter Reizung entzündlicher Absonderungen vorgebeugt und häufig allein schon Juckreiz und Schmerz beseitigt. Demselben Zwecke dienen Sitzbäder von 26° bis 24° R. (Fig. 33) und 10- bis 15 minutlicher Dauer, die ein- bis zwei mal täglich auszuführen sind. Während der übrigen Zeit lege man an die entzündeten Stellen eine dünne Scheibe von in 18° R. Wasser getränkter, chemisch reiner Verbandwatte, darüber eine 4 fache Schicht 18° R. Leinwand und einen gut anliegenden T-Verband (Fig. 36). Der Umschlag ist während des Tages 3- bis 4 stündlich zu erneuern, wobei auf die entzündete Stelle stets ein frisches Wattestück zu legen ist, nachdem das vom Umschlage bedeckt gewesene Gebiet mit einem in 14° bis 16° R. Wasser getauchten Wattestücke abgewaschen und mit trockener Watte abgetupft ist. Ist die der entzündeten Stelle anliegende Watte angebacken, so bewirke man die Entfernung nie durch gewaltsames Ziehen, sondern durch gehöriges Benetzen vermittelst Wattetupfers. Während der Nacht benutze man, um die Ruhe der Patientin nicht zu stören, eine achtfache Leinenschicht zum Umschlage, die man etwas feuchter lässt. Erstreckt sich die Entzündung etwas tiefer nach innen, so lasse man, besonders während der Nacht, das nasse Wattestück in die Schamspalte hineingeschmiegt tragen. Der Monatsfluss und die Schwangerschaft bieten kein Hinderniss für die Ausführung der eben geschilderten Behandlung.

Andere Fälle des Leidens weichen rascher einer vorwiegend trockenen Behandlung, wobei man die entzündeten Stellen 2 bis 3 mal täglich mit Reispuder betupft, darüber eine Scheibe trockener, chemisch reiner Verbandwatte legt und diese durch eine straffe T-Binde aus Flanell an der äusseren Scham festhalten lässt. Daneben freilich soll die Patientin die mit Reispuder bestreuten Stellen 2 bis 3 mal täglich mit nassen Wattetupfern reinigen, oder 1 bis 2 mal im Tage ein 26° bis 24° R. Sitzbad (Fig. 33) von 10 bis 15 Minuten Dauer gebrauchen. Die letztere Behandlung ist besonders dann zu wählen, wenn eine von vornhinein vorwiegend nässende Hautentzündung (Eczem) oder eine solche erst im Verlaufe der Krankheit durch Kratzen entstandene vorliegt. Wird die Haut nach der trockenen Behandlung spröde und rissig, so dass Spannungsgefühl oder Schmerz eintritt, so fette man sie wiederholt durch Süssmandelöl ein.

Bei den schwereren Formen der Krankheit, die mit Zellgewebsentzündung einhergehen, kommt man in der Regel mit der oben geschilderten, feuchteren Behandlung, wenn man sie etwas energischer durchführt, die Zahl der täglich zu nehmenden 26° bis 24° R. Sitzbäder (Fig. 33) während des heftigen Stadiums auf vier erhöht und daneben die örtlichen Umschläge 1- bis 2 stündlich wechseln lässt, gleichfalls aus.

Bei beginnender Entzündung der *Bartholini*'schen Drüsen kann man durch rechtzeitigen Gebrauch von aufsteigenden Sitzbädern, die mit 28° R. beginnen und durch vorsichtiges Nachgiessen von heissem Wasser allmählich auf 33° R. gebracht und auf dieser Höhe

Figur 60.

Inhalirapparat,
auch zur Andampfung der äusseren
Scham verwendbar.

erhalten werden, häufig Ausheilung durch Zertheilung erreichen. Hierzu muss man das aufsteigende Sitzbad 2 bis 3 mal täglich je ½ bis 1 Stunde lang gebrauchen. Demselben Zwecke dienen Gesässdampfbäder (Fig. 40) von 1½ stündlicher Dauer, denen sich stets, damit die dem Dampfe ausgesetzt gewesenen Stellen wieder die Normaltemperatur erreichen, ein 26° bis 24° R. Sitzbad anzuschliessen hat. In der anderen Zeit muss bei entsprechender Erneuerung eine 18° R. T-Binde (Fig. 36) getragen werden. Dasselbe Ziel erreicht man dadurch, dass man den gewöhnlichen Inhalirapparat (Fig. 60) Dampf gegen die äussere Scham und das Mittelfleisch 1 bis 2 mal täglich je ½ Stunde lang entsenden lässt. Alsdann hat man die erhitzten Stellen durch eine 18° R. Waschung wieder abzukühlen. — Auch durch Dampfcompressen, die man 4 bis 6 mal hintereinander in 10 minutlicher Erneuerung auf äussere Scham und Mittelfleisch legt, kann man durch Zertheilung eine beginnende Entzündung der *Bartholini*'schen Drüsen beseitigen. Anderenfalls bewirken die hier beschriebenen heissen Proceduren eine rasche Eiterung (Abscess) der erkrankten Drüsen mit nachfolgendem Durchbruche, einen nicht unerwünschten Vorgang. — Ein ähnliches Vorgehen ist bei furunculösen Eiterungsprocessen und ebenso dann nothwendig, wenn die Entzündung auch das Zellgewebe ergriffen hat.

Nicht selten gelingt es durch eine anfänglich feuchte und Dampfbehandlung, der sich späterhin eine mehr trockene Behandlung anschliesst, spitze und breite Feigwarzen zum Schwinden zu bringen. Kommt man jedoch nicht rasch genug zum Ziele, so hat man ein bequemes und schadloses Verfahren an der Hand, die Feigwarzen zum Aufquellen zu bringen, indem man sie vorsichtig vermittelst eines Glasstabes mit einer lauen 40 % Lösung von Aetzkalk (Kali causticum) betupft. Hierauf schabe man die erweichte oberflächlichste Schicht mit einem vorher in heissem Wasser gesäuberten Glasscherben ab. Diese Procedur wird an 5 bis 6 Tagen wiederholt und man erreicht so die Beseitigung selbst grosser Feigwarzen, ohne schädliche Chemikalien, rasch, schmerzlos, sicher und ungefährlich.

Unter den einzelnen Beschwerden des Leidens, die zuweilen ein besonderes Vorgehen erfordern, kommen eigentlich nur unausstehliches Jucken und heftige Schmerzen in Betracht. In der Regel erreicht man Linderung und Beseitigung dieser Qualen schon durch die oben geschilderte Behandlung. Andernfalls lasse man die Patientin entweder ein sehr warmes Sitzbad von etwa 30 ° R. 1½ bis 2 Stunden hintereinander nehmen, oder in gleicher Dauer ein sehr kühles, etwa von 14 ° bis 16 ° R. Die Abtrocknung der erkrankten Theile darf nie reibend, sondern nur tupfend geschehen, um nicht einen neuen Anreiz zum Juckgefühle oder zu Schmerzen zu bieten.

Gegen das etwaige Grundleiden, z. B. Zuckerkrankheit, Scrophulosis, Bleichsucht, Gebärmutterkrebs usw. ist mit den hiergegen nützlichen Heilfactoren, auf die wir an dieser Stelle nicht eingehen können, vorzugehen.

Aeusserlich oder innerlich zu gebrauchende Chemikalien sind vollständig überflüssig und in der Regel mehr schädlich als nützlich. Sie unterhalten in der Regel die Entzündung und steigern vielfach schon vorhandene Schmerzen. Von der Aufzählung einzelner, hier in Betracht kommender Chemikalien können wir absehen.

CAPITEL III.

Jucken der äusseren weiblichen Scham. — Pruritus vulvae.

Ursachen. Unter Pruritus der äusseren weiblichen Scham versteht man eine besondere Art chronischer Reizungszustände verschiedenen Charakters, die sich vorwiegend in lästigem Jucken und Schmerz äussern.

Für eine Anzahl der hierher gehörigen Fälle, und gerade für die schlimmsten, bei denen also die Qualen den höchsten Grad erreichen, kann eine eigentliche Ursache nicht entdeckt werden, so dass man es anscheinend mit einem reinen Nervenleiden (Neurose) zu thun hat, das man nach *Olshausen* als eigentlichen (essentiellen) Pruritus bezeichnet. Gewisse Krankheiten, bei denen regelwidrige, im Blute kreisende Stoffe die Nervenendigungen in der äusseren Scham reizen, z. B. Gelbsucht, chronische Nierenentzündung, Zuckerkrankheit, Gicht, rufen diese Form des Leidens hervor.

Demgegenüber stellt *Olshausen* jene Fälle, bei denen der Juckreiz nur als eine Theilerscheinung anderweitiger Erkrankungen auftritt, die er als symptomatischen Pruritus bezeichnet.

Unter den näheren Ursachen der Fälle letzterer Art erwähnen wir folgende:

1. Entzündung der äusseren Schamtheile (Vulvitis). Wir haben bereits an anderer Stelle erörtert, dass die Entzündung der äusseren weiblichen Scham häufig ein lästiges Juckgefühl erregt, das zu Kratzen und dadurch bedingten Wunden führt, die sich entzünden, kleine, eiternde Geschwüre bewirken und erst recht die Entzündung steigern und unterhalten. Besonders anhaltende Benetzung mit krankhaften Absonderungsproducten der äusseren Scham, Scheide und Gebärmutter als auch des Mastdarmes, oder anhaltende Berieselung mit normalem oder zersetztem Urine vermag das Leiden zu bewirken. Deswegen treffen wir es häufig bei durch Tripperansteckung veranlasstem Katarrhe, bei Blasenkatarrh und zuckerhaltigem Urine. Bei jenen Formen von Entzündung der äusseren Scham, welche die tieferen Theile mitergriffen haben, kann durch directe Miterkrankung von Nervenendigungen der Juckreiz unterhalten werden.

2. Mechanische Reize. Hierhin gehört Selbstbefleckung, zu der verschiedene, häufig verletzende Gegenstände gebraucht werden, ferner übermässiges Reiben der Schamtheile, besonders mit unsauberen Schwämmen und Leinenstücken, ständige Reibung an zweckwidriger, schneidender Kleidung usw.

3. Temperaturreize. Bei Eintritt des Sommers und Winters stellt sich das Leiden mit besonderer Vorliebe ein. Auch chronisch kalte Füsse können es bedingen und unterhalten.

4. Oertliche, nicht entzündliche Erkrankungen. Nicht selten wird das Leiden durch kleine Ueberwucherungen, welche Hautwärzchen ähnlich sehen, schon bei leiser Berührung schmerzen, meist blass, seltener röthlich aussehen, und in der Regel etwas feucht sind, unterhalten. Diese Wärzchen, welche beginnenden spitzen Feigwarzen (Condylomen) ähneln, jedoch nicht spitz, auch weicher und niedriger sind, findet man besonders am Scheideneingange, den kleinen Schamlippen und der Harnröhrenmündung. — Hieran schliesst sich eng die Juckflechte

(Prurigo), bei welcher an der äusseren Scham hirse- bis stecknadelkopf-
grosse, blasse oder röthliche Oberhautknötchen mit mässiger Anschoppung der Warzen (Papillen), in denen nach *Klebs* die Lymphgefässe erweitert sind, bemerkt werden. Angestochen entleeren die
kleinen Knötchen ein winziges Tröpfchen Blutwasser (Serum). Nach
Kühn haben sie in der Mitte einen dunklen, stecknadelkopfgrossen Punct,
der ein wenig vertieft ist. Man hat etwa den Gesammteindruck einer
Gänsehaut.

5. Gefässerweiterungen. Man findet aus diesem Grunde das
Leiden häufig während der Schwangerschaft, besonders bei solchen
Patientinnen, bei denen die Blutgefässe der äusseren Schamtheile erweitert sind. Aber auch bei älteren Frauen, die jenseits der Wechseljahre stehen, trifft man nach *Fritsch* als Grund des Juckreizes dunkel-
rothe bis braune, nicht sehr scharf begrenzte Hautverfärbungen im
Scheideneingange um die Harnröhrenmündung und in der Gegend des
Jungfernhäutchens. Bald sind diese Blutaustrittspuncte kleiner, bald grösser,
zuweilen fliessen sie zu einer etwas ausgedehnteren Fläche zusammen.

6. Die Wechseljahre und Fettleibigkeit sollen nach verschiedenen Beobachtern ganz besonders zum Jucken an der äusseren
Scham eine Neigung (Disposition) schaffen.

Unter den Lebensaltern wird keines verschont, jedoch werden
vorwiegend von dem Leiden Frauen betroffen, die Schwangerschaften
durchmachen, oder jenseits der Wechseljahre stehen.

Anatomische Veränderungen. Abgesehen von den bereits angegebenen, das Leiden bedingenden örtlichen Veränderungen sind die
anatomischen Processe noch wenig erforscht und bekannt. In vielen
Fällen wurden anatomische Veränderungen überhaupt nicht gefunden.
In neuerer Zeit hat *Webster* Theile der äusseren Scham, die wegen
Pruritus ausgeschnitten waren, mikroskopisch untersucht und bisweilen
eine Entzündung des bindegewebigen Warzenkörpers der Haut und eine
fortschreitende Verdickung (Fibrosis) der Nerven und Nervenendgebilde
gefunden. Jedenfalls lässt die Untersuchung vielfach im Stiche. Durch
das Kratzen und Scheuern hervorgerufen, findet man oft eine beträchtliche Schwellung und Anschoppung der äusseren Scham neben den
sonstigen bereits geschilderten Veränderungen ihrer Entzündung.

Krankheitsbild. Die wichtigste Erscheinung des Leidens, das in geringen Graden sehr häufig ist, besteht in einem unausstehlichen Jucken
oder Brennen des Scheideneinganges, jedoch auch des unteren Scheidentheiles, der grossen Schamlippen, des Dammes, des Schamberges und
der angrenzenden Schenkelflächen. Oft juckt gleichzeitig der ganze
Körper, so dass der Zustand ein höchst lästiger wird. Häufig stellt sich
das Jucken anfallsweise ein, so dass die Patientin sich für gewöhnlich
wohl fühlt, oder nur vorübergehend leichte, abweichende Empfindungen
an den äusseren Schamtheilen spürt, während plötzlich ein Anfall heftigen

Juckens, der von Zeit zu Zeit, etwa täglich, entweder wiederholt im Laufe eines Tages oder alle paar Tage, oder endlich nur um die Zeit des Unwohlseins auftritt, die Patientin längere oder kürzere Zeit hindurch quält. Der Juckreiz kann eine solche Heftigkeit erreichen, dass selbst geduldige Kranke fast zur Verzweiflung und zum Selbstmorde getrieben werden und trotz grosser Selbstbeherrschung vom Kratzen und Scheuern der betreffenden Theile nicht lassen können, bis diese bluten oder der Juckreiz durch entstehende Schmerzen gedämpft wird. — In vielen Fällen wird der Juckreiz durch geistige und körperliche Anstrengung, Bettwärme, warmes Wetter, Genuss von Kaffee und alkoholhaltigen Getränken, Berührung mit Kleidungsstücken fast unmittelbar hervorgerufen.

Heftige Schmerzen, welche den Charakter einer Neuralgie besitzen, machen häufig dem Juckreize Platz, so dass dieser zuweilen nur die geringere Beschwerde vorstellt.

Die Harnentleerung ist mitunter beeinträchtigt. Es kann sich der Juckreiz in die Harnröhre fortsetzen, oder es bestehen in dieser mehr oder minder heftige, oft anfallsweise auftretende Schmerzen und daneben fortwährender Harndrang.

Die Geschlechtslust ist häufig in krankhafter Weise gesteigert. Unstreitig beruht ein Theil der Fälle schon auf Selbstbefleckung, andererseits jedoch wird dieses Laster selbst bei unverdorbenen Personen durch den anhaltenden Juckreiz hervorgerufen. Zuweilen äussert sich das Leiden in einem den Patientinnen selbst widerwärtigen Wollustgefühle, das selbst im Schlafe auftritt. Kranke, die überhaupt nicht daran denken, Geschlechtsverkehr zu wollen, wachen des Nachts unter schmerzhaftem Wollustgefühle auf, wobei mitunter eine Steifung des Kitzlers vorhanden ist, oder werden hiervon öfters ohne äussere Veranlassung mehrere Male am Tage belästigt.

Unter den Allgemeinerscheinungen heben wir besonders hervor: hochgradige Erregbarkeit, Schlaflosigkeit, Einsamkeitstrieb, weil die Patientinnen das Auftreten des Juckreizes in Gesellschaft fürchten, und tiefe melancholische Verstimmung. Dass durch diese Erscheinungen, besonders hartnäckige Schlaflosigkeit, die allgemeine Ernährung leidet, ist begreiflich.

Unter den Folge- und Begleiterkrankungen erwähnen wir nur die örtlichen, wobei besonders die verschiedenen Formen der Entzündung der äusseren weiblichen Schamtheile, in der Regel durch anhaltendes Kratzen bewirkt, in Betracht kommen.

Die Dauer des Leidens ist wechselnd. Vielfach hat man es schon in Rücksicht auf das schwer zu beseitigende Grundleiden mit einem sehr hartnäckigen Uebel zu thun.

Erkennung. In Berücksichtigung der geschilderten Erscheinungen unterliegt die Erkennung des Leidens keinerlei Schwierigkeiten. Stets bestrebe man sich ein etwa bestehendes Grundleiden zu ermitteln.

Vorhersage. Die Aussichten auf Heilung sind in der Regel günstig, falls das Grundleiden zu beseitigen ist; jedoch ist man vor Rückfällen nicht immer sicher.

Behandlung. Die Behandlung des Leidens hat möglichst eine ursächliche zu sein, indem man sich bestrebt, ein veranlassendes Uebel zu beseitigen. Man suche zunächst alle reizenden Ausflüsse fortzuschaffen durch 2 bis 4 mal täglich anzuwendende Sitzbäder (Fig. 33), die je nach dem Wohlbehagen der Patientin kühler oder wärmer genommen werden. Auch durch 22 ° R. Scheidenausspülungen (Fig. 31 u. 32), die man täglich 1 bis 4 mal ausführt, sorge man für Entfernung und Unschädlichmachung von Ausflüssen. Ferner säubere man die äusseren Schamtheile durch wiederholtes Betupfen mit in 18 ° R. Wasser getauchten Stücken chemisch reiner Verbandwatte. Unter Umständen lege man trockene Wattescheiben zur Aufsaugung von Ausflüssen in die Schamritze oder Scheide, die wiederholt im Laufe des Tages zu erneuern sind. Liegen Blasenkatarrh, Gelbsucht, Zuckerkrankheit, chronische Nierenentzündung u. dergl. zu Grunde, so hat man nach den hierfür in Betracht kommenden Maassnahmen vorzugehen. Grosse Sorgfalt lege man auf die Beseitigung einer ursächlichen oder durch Kratzen entstandenen Entzündung der äusseren Geschlechtstheile nach den darüber bereits geschilderten Maassregeln.

Ist das Jucken hochgradig, so lasse man langdauernde Bäder bis zu zwei Stunden nehmen, zu denen man entweder sehr warmes Wasser von 28 ° bis 32 ° R., oder sehr kühles von 16 ° bis 20 ° R. verwenden lässt. Hierdurch wird auch das Schmerz- und lästige Wollustgefühl in der Regel beseitigt. Ob die Bäder warm oder kalt zu gebrauchen sind, entscheidet die Art des Falles und das eigene Ermessen der Patientin. Juckt der ganze Körper, so mögen an Stelle der Sitzbäder Halb- oder Vollbäder von entsprechender Temperatur und Dauer treten. Gestattet es die Art des Leidens, so kann man den Juckreiz durch Dampfproceduren beseitigen, die in derselben Weise auszuführen sind, als wir sie bereits oben beschrieben haben. — Falls man die geschilderte Behandlung energisch und mit Geduld fortsetzt, ist eine Heilung fast immer, selbst in verzweifelten Fällen zu erreichen.

Scheut die Patientin bei sehr hartnäckigen Fällen nicht die wiederholten Wege zum Arzte, so kann sie durch ein sehr einfaches von *Ruge* angegebenes Verfahren rasch Linderung und Hülfe erlangen, nämlich durch eine gründliche Reinigung der äusseren und inneren Genitalien mit Seife und lauem Wasser bei nachfolgender gehöriger Abtrocknung, am besten durch chemisch reine Verbandwatte. In einer Reihe der von uns behandelten hartnäckigen Fälle des Leidens haben diese gründlichen Waschungen im Vereine mit den übrigen Maassnahmen unzweifelhaft eine raschere Heilung bewirkt.

Durch chemische Mittel, von denen verschiedene empfohlen wurden, kann auch nur zuweilen eine vorübergehende Betäubung des Juckreizes erreicht werden, keine Heilung des Leidens. Ein Theil der Medicamente nützt nichts, was z. B. *Schröder* bezüglich des von *Scanzoni* empfohlenen Chloroformlinimentes und Alauns behauptet. Auch bezüglich des von *Campe* empfohlenen galvanischen Stromes behauptet *Schröder* trotz längeren Gebrauches jeden bleibenden Erfolg vermisst zu haben. *Benicke* hat von schwächeren Carbol- und Sublimatlösungen keinen Nutzen gesehen, er fürchtet im Gegentheile hierdurch eine Zersetzung (Maceration) der Haut. Auch von Aetzungen mit dem Höllensteinstifte und Wegschneidungen grösserer Theile der ergriffenen Haut und Schleimhaut sahen verschiedene Frauenärzte keinen deutlichen Erfolg oder vollkommene Heilung eintreten.

CAPITEL IV.

Schrumpfung der äusseren Scham. — Kraurosis Vulvae.

Ursachen und anatomische Veränderungen. Unter Kraurosis versteht man einen eigenthümlichen Krankheitszustand, der zu einer ausgesprochenen Schrumpfung der äusseren Schamtheile und des Dammes führt; die schwindende Haut ist weisslich verfärbt, auffallend brüchig und leicht zerreisslich. Der Scheideneingang ist durch straffe, narbenartige Falten verengt. Stellenweise erscheint die äussere Scham sehr blutarm, während an anderen Orten Gefässverzweigungen sichtbar sind. Nach den Untersuchungen *Orthmann*'s handelt es sich um einen Schwund der einzelnen Gewebe der Haut, deren Drüsen, Gefässe und Nerven inbegriffen. In allen bisherigen Veröffentlichungen fanden sich freilich nur mikroskopische Untersuchungen über das Endstadium der Erkrankung; erst *Peter* gelang es, Material aus einem frühen Zeitabschnitte zu erhalten. Nach seinen Ermittelungen stellt sich das Leiden im Beginne dar: als eine chronisch-entzüdliche Ueberwucherung des Bindegewebes der äusseren Geschlechtstheile mit Neigung zu narbiger Schrumpfung, entzündlicher Wassersucht der oberen Hautgebilde, sowie Entartung und Schwund des elastischen Gewebes der Haut. Letzteren Umstand konnte auch *Goerdes* bei dem von ihm jüngst untersuchten dreissigsten Falle unter den 34 bisher beschriebenen bestätigen.

Neumann fasst die Erkrankung etwas anders auf, nämlich als eine frühzeitige Verhornung der Deckzellen und Massenzunahme, nicht Schwund der Zellen der *Malpighi*'schen Schleimschicht der Haut an den äusseren Schamtheilen. Nach ihm bildet die Hornschicht der erkrankten Oberhaut bandartige Streifen mit wellenförmigem Verlaufe; der Kern der Deckzellen ist selbst in den untersten Schichten kaum andeutungsweise mehr sichtbar. Im dichtverfilzten Unterhautgewebe sind zahlreiche Kernwucherungen vorhanden. Der Warzenkörper der Haut ist ziemlich erhalten, die einzelnen Warzen stellenweise verlängert und ohne deutlich wahrnehmbare Gefässschlingen gewuchert.

Die Schrumpfung kann zum Stillstande kommen und sogar eine Besserung in der Ernährung der Gewebe und annähernde Heilung eintreten.

Die eigentlichen Ursachen des Leidens sind noch vollständig unbekannt. *Fritsch, Hofmeier* u. A. glauben, dass den geschilderten Veränderungen eine abgelaufene langdauernde Entzündung zu Grunde liege, und in der That konnte man in den meisten Fällen des nicht gerade besonders häufigen Leidens vorangegangenen Scheiden- und Gebärmutterkatarrh ermitteln. — Man fand die Erkrankung bei schwangeren *(Breisky)*, ebensowie bei Patientinnen, die nicht geboren hatten *(Martin, Peter)*. Syphilis war nicht nachzuweisen, ebenso ist es sehr zweifelhaft, ob Trripperansteckung eine ursächliche Rolle spielt. Das Lebensalter der Patientinnen ist sehr verschieden.

Krankheitsbild. In einzelnen Fällen fehlten sämmtliche Beschwerden, und das Leiden wurde zufällig bei Untersuchung wegen Schwangerschaft durch die vorhandene Verengung des Scheideneinganges entdeckt *(Breisky)*. Meist wird über dieselben Beschwerden geklagt, wie bei Pruritus vulvae, jedoch ist das Jucken nicht immer vorhanden; in der Regel wird Brennen an der äusseren Scham empfunden, ferner lästiges Spannen in den kranken Theilen, lebhafte Schmerzen beim Geschlechtsverkehre, besonders wenn hierdurch bei der leichten Zerreisslichkeit des befallenen Gewebes Einrisse entstehen.

Wir selbst haben unter einem grossen Materiale weiblicher Patienten nur zwei Fälle beobachten können. Der erste betrifft eine 74 jährige Kranke, welche 4 Entbindungen, davon die letzte vor 40 Jahren, glatt durchgemacht hatte. Beim Eintritte der Wechseljahre schon begann zeitweiliges stets einige Wochen anhaltendes Jucken an der Scham, weshalb die Patientin wiederholt mit Höllenstein gebeizt worden war. Bei der von uns vorgenommenen Untersuchung konnten an den äusseren Geschlechtstheilen die oben geschilderten anatomischen Veränderungen deutlich wahrgenommen werden. Der Urin der Patientin, welche sonst nur an chronischer Verstopfung litt, war eiweiss- und zuckerfrei. Das Jucken hatte einige Jahre ausgesetzt, war jedoch einige Wochen vor der Aufnahme-Untersuchung in überaus quälender Stärke aufgetreten und beschränkte sich nicht nur auf die äussere Scham, sondern wurde zeitweilig auch in der Scheide und an den Oberschenkeln, zeitweilig auch sogar am Nacken und an den Armen empfunden. Der zweite Fall betraf eine 57 jährige Frau, welche 5 leichte Entbindungen hinter sich hatte. Mit dem 50. Lebensjahre begann der Periodenwechsel, der sich auf 2 Jahre hinzog, innerhalb deren starke, 14 Tage währende Blutverluste auftraten. Nach dem endgültigen Ausbleiben der Regel trat Anfangs nur mässiges, im letzten Jahre aber überaus heftiges Jucken an der äusseren Scham ein. Dieser quälende Reiz trat bald unter Tags, bald während der Nacht mit fast vollkommener Regelmässigkeit nach Ruhepausen von

20 bis 24 Stunden auf, sich nur auf die äusseren Geschlechtstheile beschränkend. Die Patientin hatte auch zeitweise Kopfjucken gehabt; jedoch ist bei dessen häufigem Vorkommen nicht gleich an einen ursächlichen Zusammenhang zu denken. Neben leichter Verstopfung bestand mässiger Weissfluss. Die bisherige arzneiliche Behandlung, die mannigfaltig, auch in Form örtlicher Beizung mit Höllenstein, angewendet worden war, hatte sich als resultatlos erwiesen. Bei der Besichtigung zeigte sich die äussere Scham am oberen Winkel eingezogen, die Haut geschwunden (atrophisch) mit Schuppen und durch Kratzen bewirkter, nässender Flechte versehen. Die grossen Schamlippen waren stark geschrumpft und fühlten sich derb, fast wie angeschoppt an; die Schamhaare waren stark gelichtet; von den kleinen Schamlippen konnte man nur noch geringe Spuren entdecken. Die Hautfarbe der ergriffenen Theile war alabasterartig. Der Kitzler (Clitoris) war mässig geschrumpft, die Harnröhre dagegen und ihre Mündungsstelle waren vollkommen verschont.

Erkennung. Die Erkennung des Leidens gelingt in der Regel ohne Schwierigkeiten unter Berücksichtigung der belästigenden Erscheinungen und durch eingehende Besichtigung der äusseren Schamtheile.

Vorhersage. Die Aussichten, dem Leiden Stillstand zu gebieten, sind günstig. Ob die erkrankten Gewebe zur Besserung oder Heilung übergeführt werden können, bleibt für den einzelnen Fall zunächst zweifelhaft.

Behandlung. Die Behandlung des Leidens gleicht vollständig der gegen Juckreiz der äusseren Scham empfohlenen, worauf wir an dieser Stelle verweisen.

CAPITEL V.

Blutgerinnungspfropf oder Blutgeschwulst der äusseren weiblichen Schamtheile. — Thrombus oder Haematom der Vulva.

Ursachen und anatomische Veränderungen. Den Blutgeschwülsten der äusseren weiblichen Geschlechtstheile liegen Zerreissungen grösserer in ihnen verlaufender Gefässe, vorwiegend Venen, zu Grunde, wodurch eine mehr oder minder grosse Blutmenge besonders in das lockere Bindegewebe der grossen und kleinen Schamlippen austritt. Bei Nichtschwangeren wird die Gefässzerreissung fast immer durch eine Verletzung (Trauma), z. B. Tritt oder Stoss gegen die äussere Scham, bewirkt. Auch Fall auf das Gesäss, heftiges Pressen beim Stuhlgange *(Franqué)*, Heben schwerer Lasten *(Gempe)*, vermögen einen Bluterguss in die äusseren weiblichen Schamtheile hervorzurufen. — Unter der Schwangerschaft, begünstigt durch die hiermit eintretenden Kreislaufsstörungen und Erweiterungen der Beckengefässe, kommt das Leiden häufiger ohne gelegentlichen Anlass vor. Besonders oft aber kommen Blutgeschwülste an der äusseren Scham während und unmittelbar nach der Entbindung durch Zerreissung einer grösseren, krankhaft erweiterten Vene zu Stande, da der Durchtritt des Kindes mit einer bedeutenden Zerrung und Ausdehnung der die Schamspalte bildenden Theile erfolgt. Häufig entwickelt sich alsdann die Blutgeschwulst allmählich, so dass man sie vielfach erst in den ersten Tagen des Wochenbettes zu Gesichte bekommt. Dieses ist dann der Fall, wenn nur die Vene allein, nicht die sie überziehende Haut einreisst, da alsdann das aus der Rissöffnung fliessende Blut sich nur ganz allmählich in das umliegende Zellgewebe ergiessen kann. Selbst wenn aber der Riss sich auch auf die der Vene angrenzende Haut erstreckt, kommt die Blutgeschwulst mitunter nur langsam zur Entwickelung, weil hierdurch dem austretenden Blute ein theilweiser Abfluss nach aussen ermöglicht ist, so dass die Anschoppung im Zellgewebe der Schamlippen verlangsamt wird, oder aber weil durch Druck des Kindeskörpers das zerrissene Gefäss mitunter zusammengedrückt wird. Besonders langdauernde, mit grosser Kraftanstrengung vorgenommene Zangengeburten rufen häufig eine Blutgeschwulst in der äusseren Scham hervor. — Zuweilen wird sie dadurch bewirkt, dass sich ein Theil der Scheidenwand von dem umliegenden Gewebe loslöst, wobei gleichzeitig einige Blutgefässe bersten *(Lefranc)*.

Unter den eine besondere Neigung (Disposition) abgebenden Umständen sind krankhafte Veränderungen der Gefässwandungen hervorzuheben, wodurch deren Widerstandsfähigkeit beträchtliche Einbusse erlitten hat *(Klautsch)*.

Unter den Lebensaltern wird besonders das 2. bis 4. Jahrzehnt befallen, was in Rücksicht auf die häufigsten Ursachen: Schwangerschaft und Geburt leicht erklärlich ist.

Krankheitsbild. Unerhebliche Blutergüsse werden häufig, ohne klinische Erscheinungen hervorzurufen, völlig aufgesaugt. — Bei der Bildung grösserer Blutgeschwülste, besonders wenn sie während der Gebäractes entstehen, tritt ebenso wie bei den durch Verletzungen entstehenden Fällen an der anschwellenden Schamlippe ein mehr oder minder heftiger Schmerz auf. Die Geschwulst ist bei Berührung häufig sehr schmerzhaft, heiss, die überziehende Haut oder Schleimhaut mehr oder minder verdünnt, glatt, glänzend und lässt das eingeschlossene Blut blauroth hindurchschimmern. Je nachdem, ob das Blut mehr flüssig oder geronnen ist, fühlt sich die Geschwulst derb oder weich und schwappend (fluctuirend) an. Bei kleineren Blutaustritten ist, wenigstens anfänglich, die betreffende Schamlippe nur schmerzhaft und vergrössert, jedoch nicht blauroth verfärbt und nur bei stärkerer Betastung kann man einen härteren Knoten fühlen. — Nimmt die Blutgeschwulst bedeutendere Ausdehnung an, so verlegt sie die Schamspalte, bereitet einen Druck auf Blase und Harnröhre und erschwert dadurch das Urinlassen.

Sonstige Erscheinungen sind häufig nicht vorhanden, nur während der Aufsaugung des ausgetretenen Blutes stellen sich zuweilen Fieberbewegungen ein. Entwickeln sich freilich Blutgeschwülste von grosser Ausdehnung, sich nicht nur über eine Schamlippe, sondern auch über das benachbarte Gebiet, sogar das Zellgewebe des Oberschenkels erstreckend, so trifft man die Erscheinungen plötzlicher, innerer Blutung: Blässe des Gesichtes und der sichtbaren Schleimhäute, Uebelkeit, Erbrechen, Ohnmachtsanwandlungen usw. Zuweilen werden durch mächtige Blutgeschwülste Mastdarm und Harnröhre so zusammengedrückt, dass hartnäckige Stuhl- und Harnverhaltung die Folgen sind. Auch kann hierbei die Scheide so verengert und verlegt werden, dass für die Wochenbettabsonderung der freie Abfluss behindert ist und die bedrohlichen Erscheinungen des Wochenbettfiebers auftreten. Kommt eine grosse Blutgeschwulst sehr rasch, gleich mit den ersten Wehen, während des Geburtsactes zur Entwickelung, so kann dieselbe dann durch Verlegung und Verengerung des weichen Geburtcanales zu einem wirklichen Hindernisse für die Entbindung werden *(Klautsch)*.

Erkennung. Das Leiden ist leicht zu erkennen, wenn man einige Zeit genau beobachtet.

Vorhersage. Kleinere, vom Wochenbette herstammende Blutaustritte in die grossen Schamlippen heilen in der Regel aus, ohne eine Spur zu hinterlassen. Grössere Blutgeschwülste, wenn sie nicht rechtzeitig behandelt werden, können lange bestehen, sich in feste schmerzlose Geschwülste verwandeln und Gefahren bereiten. Ist eine jauchige Zersetzung einer ergossenen grösseren Blutmasse eingetreten, so können daraus Eiterung, Eitersenkung und Blutvereiterung (Pyaemie) hervorgehen. Auch durch vorzeitige Spaltung oder von selbst erfolgende Berstung mit sich anschliessender, unstillbarer Blutung kann zuweilen der Tod bewirkt werden.

Behandlung. Wird man während oder kurz nach dem Entstehen der Blutgeschwulst gerufen, so hat man die Aufgabe, weiterem Blutaustritte Einhalt zu gebieten, was man am besten durch ständige Bettruhe und Anlegen von 14° R., $\frac{1}{4}$ bis $\frac{1}{2}$ stündlich zu wechselnden Ueberschlägen auf den kranken Theil in der Regel erreicht. Wenn angängig, lege man sehr vorsichtig in die Scheide ein dickes Stück chemisch reiner Verbandwatte, das 2 bis 3 mal täglich zu erneuern ist, um durch dessen Druck weiterem Blutaustritte entgegen zu arbeiten. Darf man annehmen, dass die Blutung geschwunden ist, so suche man durch 18° R. Umschläge an der äusseren Scham, welche durch eine T-Binde (Fig. 36) aus Flanell befestigt und 2 bis 3 stündlich erneuert werden, sowie durch 2 bis 3 mal täglich auszuführende 28° R. Sitzbäder (Fig. 33) von $\frac{1}{2}$ bis 1 stündlicher Dauer die Aufsaugung des Blutes zu bewirken. Selbst hühnereigrosse Blutgeschwülste können unter dieser Behandlung in wenigen Tagen eine Rückbildung erfahren.

Zeigt eine Blutgeschwulst durch Verschleppung bereits Entzündungserscheinungen, so suche man den Durchbruch nach aussen eventuell unter Eiterbildung durch Dampfcompressen zu erreichen, von denen man 2 bis 3 mal täglich je 4 bis 6 hintereinander in 10minutlicher Erneuerung anbringt. Zu der hiernach nothwendigen Abkühlung gebrauche der Patient womöglich ein 26° bis 24° R. Sitzbad, das im Nothfalle auch vermittelst eines Waschbeckens genommen werden soll. In wenigen Tagen bildet sich eine umschriebene Eiteransammlung (Abscess), die bald platzt und nach aussen durchbricht. Alsdann spüle man die Eiterhöhle 4 bis 6 mal täglich mit lauem, vorher gesiedetem Wasser vermittelst Wattetupfers, oder noch besser einer Spritze oder eines Irrigators aus. Unter feuchtwarmen Umschlägen, wobei auf die wunde Stelle zunächst eine Schicht nasser, chemisch reiner Verbandwatte gelegt wird, geht die Reinigung und völlige Schliessung der Eiterhöhle meist in kurzer Zeit von Statten.

Ist die eine Blutgeschwulst überziehende Haut der äusseren Schamtheile missfarbig, und kann man auch durch Fieberbewegungen auf Verjauchung des ausgetretenen Blutes schliessen, so bleibt nichts Anderes übrig, als mit einem sehr sauberen, spitzen Messer einen kleinen Einschnitt mit nachfolgender Ausräumung vorzunehmen, was vollkommen schmerzlos geschehen kann. Die Nachbehandlung besteht in Sitzbädern und feuchtwarmen Umschlägen, wie bereits vorher geschildert.

Unter keinen Umständen darf man, wie auch *Klautsch* zugiebt, eine Blutgeschwulst ohne dringende Anzeige durch Spaltung eröffnen, da durch ein zuwartendes Vorgehen nach obiger Art nichts versehen, noch der Verlauf des Leidens dadurch irgendwie verschlimmert werden kann, während man bei jeder nicht nothwendig gebotenen Eröffnung die keineswegs geringe Verantwortung auf sich ladet, eine bis dahin keimfreie (aseptische) Wundhöhle dauernd frei von Entzündungs- und Fäulnisserregern zu erhalten.

Ausnahmsweise kann operatives Vorgehen und directe Blutstillung durch Umstechung der blutenden Gefässe auch dann angebracht sein, wenn die Blutgeschwulst unter den Wehen entstanden ist und durch ihre Grösse ein ernstes Geburtshinderniss bildet.

Stets ist nach operativem Eingriffe die weitere Nachbehandlung der eröffneten von Blut und Gerinnseln befreiten Wundhöhle nach den Regeln naturgemässer Chirurgie zu leiten, d. h. Jodoform, Carbol, Sublimat u. dergl. zu meiden, nur keimfreies, d. h. gesiedetes Wasser zu verwenden, da man im Wochenbette von Seiten des Geburtscanales eine stärkere Aufsaugungsfähigkeit zu erwarten hat und hierdurch gerade die Verwendung von Chemikalien sehr bedenklich ist *(Klautsch)*.

Ist durch eine grössere Blutgeschwulst Mastdarm und Blase beengt, so hat man durch einige Entleerungsklystiere für normalen Kothabgang, sowie durch Einführung des Katheters für regelmässige Harnentleerung zu sorgen.

CAPITEL VI.

Brüche der äusseren Scham. — Hernien der Vulva.

Ursachen und anatomische Vorgänge. Die Schamlippenbrüche kommen beim Weibe meist dadurch zu Stande, dass sich ein Darmstück durch den Leistencanal, entlang dem darin befindlichen runden Mutterbande nach abwärts senkt und, ähnlich wie beim Hodenbruche des Mannes, in die eine oder beide grosse Schamlippen herabtritt. Bei dieser Art von Leistenbruch (Hernia inguinalis labialis) können neben Netz und Darm auch der Eierstock, der Eileiter, die schwangere oder nicht schwangere Gebärmutter und Harnblase den Inhalt des Bruchsackes bilden. Treten die erwähnten Eingeweide vor oder hinter dem breiten Mutterbande in einer Oeffnung der Becken-fascie und des Afterhebe-muskels nach vorn, so kommen sie, nachdem sie eine Strecke weit an der seitlichen Scheidenwand gelagert waren, am hinteren Ende einer oder beider grossen Scham-lippen zum Vorscheine, welche Form man als-dann als Schamlippen-scheidenbruch (Hernia vaginalis labialis) be-zeichnet (Fig. 61).

Krankheitsbild. Entweder allmählich oder plötzlich, besonders bei stärkerer Anstrengung der

Figur 61.

Beiderseitiger Schamlippenscheidenbruch.

Bauchpresse, beim Heben einer grösseren Last, beim Husten, Niesen, Pressen beim Stuhlgange usw. macht sich die Vorlagerung merklich. Zuweilen wird durch Anstrengungen unter dem Geburtsacte dem Bruche der letzte Anstoss zur völligen Entwickelung gegeben. Die Geschwulst, welche durchschnittlich keine Schmerzen bereitet, ist rund oder eiförmig, von wechselnder Ausdehnung, meist leicht zurückzu-bringen, um beim Pressen, Husten, Niesen u. dergl. wieder hervor-zutreten. Die den Bruch überdeckende Haut ist, falls eine Ein-klemmung nicht vorliegt, vollkommen normal. Schliesst der Bruchsack eine grössere Darmschlinge ein, so kann man gelegentlich gurrende Geräusche hören und bei der Beklopfung trommelartigen (tympanitischen) Schall vernehmen. Befindet sich die Blase im Bruchsacke, so vergrössert sich die Geschwulst, sobald der Urin mehrere Stunden zurückgehalten wird.

Einklemmungen der Schamlippen- und Schamlippenscheidenbrüche sind wiederholt beobachtet worden *(Cooper, Scarpa* u. A.*)*, jedoch weichen sie fast immer den Versuchen der Zurückbringung (Reposition). In einem Falle unserer eigenen Beobachtung waren durch Vernachlässigung seitens der Patientin und ihrer Pfleger bereits durch Abschnürung die bedrohlichen Erscheinungen des Darmverschlusses eingetreten und die Gefahr des Brandigwerdens vorhanden. Wenn auch nur mit grosser Mühe, gelang nach längerer Zeit das Rettungswerk durch vollkommene Zurückbringung des vorliegenden Darmstückes.

Erkennung. Die Feststellung der Schamlippenbrüche gelingt sehr leicht in Rücksicht auf die geschilderten Erscheinungen. Verwechselungen mit angeschwollenen Leistendrüsen (Bubonen) sind noch leichter auszuschliessen, wie bei ähnlichen Verhältnissen des Mannes, aber immerhin möglich.

Vorhersage. Gefahren für das Leben sind nur ausnahmsweise gegeben. Eine vollkommene Ausheilung durch Verschluss der Bruchpforte ist überaus selten. Durch in späteren Jahren bei Frauen so häufig auftretende Corpulenz kann der Bruch wesentlich in den Hintergrund treten. Da mit dem Leiden wesentliche Beschwerden in der Regel nicht verknüpft sind, so kann man den Kranken fast ausnahmslos grosse Beruhigung gewähren.

Behandlung. Von einer Vorbeugung im eigentlichen Sinne des Wortes kann nicht gesprochen werden. — Ist ein Bruch vorhanden, so muss er durch ein gutsitzendes Leistenbruchband zurückgehalten werden. Dasselbe ist nur während des Tages zu tragen, während der Nacht kann es abgelegt werden. Die Kranken haben starkes Pressen beim Stuhlgange, Heben schwerer Lasten u. dergl. zu vermeiden, durch fleissiges Baden dafür zu sorgen, dass die von der Bruchbandpelotte bedeckten äusseren Schamtheile nicht in Entzündung gerathen. Eingeklemmte Schamlippenscheidenbrüche lassen sich leicht zurückbringen, indem man bei Rückenlage und angezogenen Beinen der Patientin durch sanftes Zusammendrücken der Schamlippen den Inhalt des Bruchsackes nach oben drängt und dabei gleichzeitig mit dem in die Scheide geführten Mittel- und Zeigefinger die durch die Seitenwand der Scheide fühlbare Geschwulst immer höher hinaufzudrängen trachtet, bis sie den arbeitenden Fingern nicht mehr erreichbar ist. Ist die Rückbringung gelungen, so verbleibe die Patientin die nächsten 2 Tage zu Bette und erhebe sich daraus nur, um einige 26 ⁰ bis 24 ⁰ R. Sitzbäder, je 15 bis 20 Minuten dauernd, auszuführen.

CAPITEL VII.
Neubildungen an den äusseren weiblichen Schamtheilen.

Neubildungen an einzelnen Theilen oder der gesammten Vulva kommen ziemlich häufig vor, jedoch nicht so oft, als an der Gebärmutter und den Eierstöcken. Dafür aber stellen sie sich in so mannigfaltiger

Form ein, wie kaum an einem anderen Organe. Wir beschränken uns an dieser Stelle nur auf die Vorführung der wichtigeren:

Warzengeschwülste. — Papillome.

Ursachen und anatomischer Befund. An der äusseren weiblichen Scham entwickeln sich sehr häufig warzenförmige (papilläre) Wucherungen, die den Hautwarzen überaus ähnlich sehen. Mitunter stellen sie kleine, etwa hirsekorngrosse, die Haut kaum überragende Knötchen vor, welche zu gleicher Zeit massenhaft vorhanden sind. Sie können bis zum Umfange einer Kirsche und darüber anwachsen und stellen vor-

Figur 62.

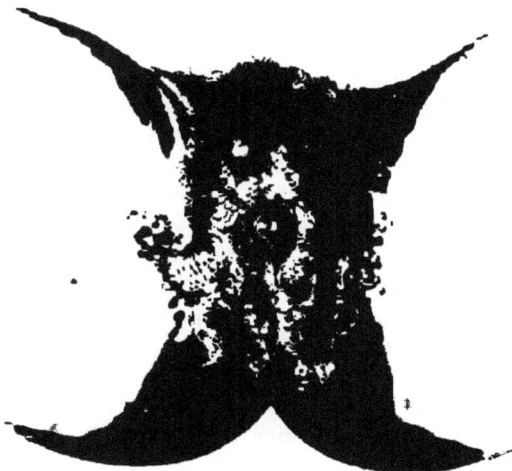

Spitze Feigwarzen der beiden grossen Schamlippen und zwischen den Schamhaaren.
Nach *Fritsch.*

wiegend Ueberwucherungen des Warzenkörpers der Haut dar. Man findet sie namentlich im Schamberge, aber auch an den grossen und kleinen Schamlippen. Sie beruhen nicht auf geschlechtlicher Ansteckung und finden sich ebenso bei jungen wie älteren Frauen, ohne dass ein krankhafter Ausfluss aus der Scheide vorhanden ist.

Ausgebreitete, warzenförmige Wucherungen, unter dem Namen der spitzen Feigwarzen (Condylome) bekannt, entstehen häufig durch den Reiz des Trippergiftes, können sich jedoch auch durch chemische oder mechanische Reize, selbst bei Kindern im ersten Lebensjahre, besonders aber in der Schwangerschaft unabhängig vom Tripper entwickeln. Man findet solche Wucherungen an allen Theilen der äusseren Scham und zu gleicher Zeit auf den Oberschenkeln, dem Unterleibe und an der Harnröhrenmündung (Fig. 62). In der Regel spriessen mehr oder weniger zahlreiche, kleinere Warzen überall zerstreut auf der Haut hervor. Zuweilen bilden sie apfelgrosse, warzig-zottige, runde Geschwülste, die meist glatt, jedoch deutlich stielartig nach Art eines Pilzes den grossen oder kleinen Schamlippen aufsitzen. Sie können alsdann täuschend wie ein Blumenkohlgewächs aussehen, so dass man sich vor Verwechselungen hüten muss. Auf der äusseren Haut sitzende spitze Feigwarzen sind weisslich und trocken, die jenseits der Schamspalte und in der Scheide befindlichen oft entzündlich roth und feucht. Während der Schwangerschaft wuchern die Condylome häufig beträchtlich, während sie nach der Geburt, selbst wenn sie durch Tripper verursacht sind, welker und kleiner werden und schliesslich von selbst schwinden.

Krankheitsbild. Wenige und kleinere warzenartige Wucherungen rufen in der Regel keine klinischen Erscheinungen hervor. Durch vermehrte Absonderung, sowie durch mechanische Reize können besonders grössere Warzengeschwülste sehr lästig werden, indem sie die Erscheinungen einer mehr oder minder heftigen Entzündung der äusseren Scham bewirken. Die sonstigen Beschwerden werden nicht durch das Grundleiden hervorgerufen.

Erkennung. Die Besichtigung schliesst in der Regel alle Zweifel aus, nur grössere warzenförmige (papilläre) Wucherungen sind zuweilen mit anderen Neubildungen zu verwechseln.

Vorhersage. Die Aussichten für die vollständige Beseitigung des Leidens sind günstig. Rückfälle lassen sich nicht immer vermeiden.

Behandlung. Ausserhalb der Schwangerschaft behandelt man das Leiden ähnlich wie wir es bei der Entzündung der äusseren Scham angegeben haben: zum Theile feucht, durch höhere Temperaturen und Dampfanwendung, zum anderen Theile trocken, durch Bestreuung mit Reispuder. Handelt es sich um eine hartnäckige Form, und will man die Geduld der Patientin nicht erschöpfen, so kommt man am raschesten zum Ziele durch Anwendung der bereits gegen breite Feigwarzen empfohlenen Betupfung mit lauer, 40% Lösung von Aetzkalk und Abschabung der hierdurch erweichten oberflächlichsten Schichten vermittelst sauberer Glasscherben. Während der Schwangerschaft kann man durch dasselbe Verfahren die Neubildungen gleichfalls zum Trocknen und Schrumpfen bringen, da man jedoch von heissen Bädern und örtlichen Dampfproceduren nur wenig Gebrauch machen darf, ist die Behandlung nicht so wirksam.

b) **Höhlenbildung der äusseren weiblichen Schamtheile. Cysten der Vulva.**

Ursachen und anatomischer Befund. Hohlgeschwülste an der äusseren weiblichen Scham kommen nicht ganz selten in den äusseren Schamlippen, aber noch öfter zwischen Harnröhrenmündung und Kitzler vor. Ein grosser Theil der Cysten geht aus der *Bartholini*'schen Drüse oder ihrem Ausführungsgange hervor. Hat sich die Geschwulst im Ausführungsgange der

Drüse durch dessen vollständigen Untergang gebildet, so werden zunächst die Verzweigungen dieses Canales und später selbst die feinsten Läppchen der Drüse ausgedehnt, so dass man eine mehrfach verzweigte Sackgeschwulst (Fig. 63) zu sehen bekommt. Im Anfange sind die meisten Cysten rund, erst später nehmen sie durch den Druck der benachbarten Theile die verschiedensten Formen an. Die Sackgeschwülste, welche sich an den grossen und kleinen Schamlippen entwickeln, bleiben in der Regel klein, ausnahmsweise aber erreichen sie die Grösse eines Kindskopfes *(Bastelberger, Ziegenspeck, Göre, Riedinger)*. An diesen Theilen entwickeln sich die Cysten vorwiegend aus Haarbälgen des behaarten Theiles der grossen Schamlippen.

Auch **Balggeschwülste** (Atherom oder Dermoidcyste), welche sich aus den Talgdrüsen entwickeln, kommen nach *Klebs* zuweilen im unteren Theile der grossen Schamlippen vor. Der Inhalt der hierher gehörigen Geschwülste ist meist eine dünne, wasserhelle, schleimige, fadenziehende Flüssigkeit, die zuweilen durch Blutbeimengungen lehmgelb oder chocoladebraun verfärbt ist. Die Geschwülste beherbergen in ihrem weisslichen, eine höckerige Innenfläche be-

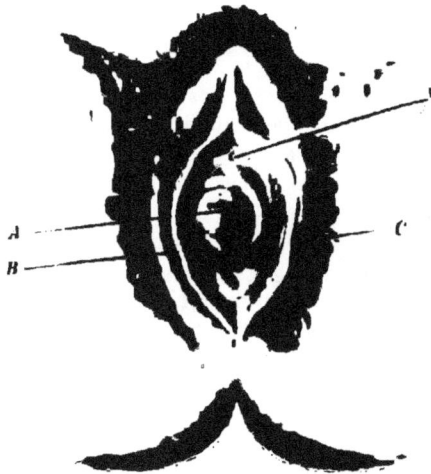

Figur 63.

Cyste, bedingt durch Verschluss des Ausführungsganges der linken *Bartholin*'schen Drüse. Nach *Hugnier;* aus *Martin*'s Handatlas der Gynaekologie.

A Cystengeschwulst, B Scheideneingang, C ein vom linken Rande des Scheideneinganges gebildeter Wulst. — In der Harnröhre befindet sich ein Katheter.

sitzenden Sacke einen dickeren, mehr breiigen Inhalt. Fälle, in denen Fett, Haare, Zähne und Knochen enthalten waren, sind mit Sicherheit nicht beobachtet worden.

Unter den **Lebensaltern** kommt meist die Zeit nach dem zweiten Lebensjahrzehnte in Betracht. Unter achtzehn Fällen *Winckel*'s betrafen zehn verheirathete Personen.

Krankheitsbild. In der Regel rufen die Balggeschwülste nur auf mechanischem Wege mehr Unbequemlichkeiten und geringe Thätigkeitsstörungen hervor, als eigentliche Beschwerden; letztere entstehen nur dann, wenn die Cysten sehr umfangreich werden. — Zur Zeit des Monatsflusses schwellen sie zuweilen an und werden schmerzhaft, was auch nach angestrengten Bewegungen und lebhaftem Geschlechtsverkehre eintritt. Dauern diese Reize fort, so kann die Wand der Cyste und auch das umliegende Zellgewebe in Entzündung gerathen, wodurch eine grössere oder kleinere Eiteransammlung (Abscess) entsteht.

Erkennung. Es gelingt unschwer, das Leiden in Berücksichtigung des Sitzes, der Schmerzlosigkeit und der elastischen Beschaffenheit der Geschwulst zu erkennen.

Vorhersage. Die Aussichten sowohl für das Leben als auch die Heilung des Leidens sind durchweg günstig.

Behandlung. Falls eine Cyste bequem zugänglich sitzt, so kann man durch 2 bis 3 mal täglich auszuführende Anlegung von je 4 bis 6 zehnminutlich zu erneuernden Dampfcompressen mit nachfolgender 18 ° R. Waschung der äusseren Schamtheile eine wesentliche Verkleinerung, vollkommenes Schwinden oder Durchbruch mit nachfolgender Entleerung des Inhaltes erreichen. Die Verkleinerung kann durch örtliche Massage, wenn die Lage der Geschwulst diese Procedur gestattet, begünstigt werden. Nach stattgefundener Eröffnung ist die Höhle wiederholt mit 30 ° R. Wasser auszuspülen. Durch feuchtwarme Umschläge tritt rasch Vernarbung ein. Liegt eine Cystengeschwulst wenig zugängig, so verbleibt auch dem Naturarzte zur Ausheilung nur operatives Vorgehen übrig. Da die Spaltung in der Regel rasch und schmerzlos unter örtlicher Empfindungslosmachung (Anaesthesie) durch angespritztes und verdampfendes Aethylchlorür ausgeführt werden kann, so sehe man von einer vollkommenen Betäubung (Narcose), besonders bei vernünftigen Patientinnen, ab. Wenn es möglich ist, schäle man lieber gleich mit dem Zeigefinger oder dem stumpfen Griffe des Messers den gesammten Sack heraus.

c) Elephantiasis der äusseren weiblichen Geschlechtstheile.

Ursachen. Unter Elephantiasis der äusseren Geschlechtstheile versteht man eine eigenthümliche Ueberwucherung der die Haut zusammensetzenden Gewebe, so dass man an die Haut eines Elephanten erinnert wird (Fig. 64). Die ausgesprochenen Formen des Leidens kommen in unseren Gegenden nur ausnahmsweise vor, häufiger im Oriente (Fig. 65). Unter den Ursachen werden mechanische Veranlassungen, Verletzungen, besonders Stösse und Quetschungen, Selbstbefleckung und übermässiger Geschlechtsverkehr, Entzündungsreize, Erkrankungen der Leistendrüse und besonders Syphilis angegeben. Einzelne Autoren nehmen eine besondere Neigung (Disposition) zu der Elephantiasis an. Unter den Lebensaltern kommt vorwiegend das mittlere, die Zeit zwischen dem zweiten bis dritten Jahrzehnte in Betracht.

Anatomische Veränderungen. In selteneren Fällen wird die gesammte Haut der äusseren Geschlechtstheile von der Ueberwucherung ergriffen, meist sind nur einzelne Theile, besonders die grossen Schamlippen und der Kitzler, selten die kleinen Schamlippen von der Krank-

heit ergriffen. Die einzelnen Theile der Haut sind in verschiedenem
Grade an dem Krankheitsprocesse betheiligt, wodurch die Neubildung ein
wechselndes, bald kugeliges, bald lappiges, bald blumenkohlartiges Aussehen gewinnt. Nach *Virchow* handelt es sich im Grunde um eine
Erkrankung von Lymphdrüsen, besonders in der Leistenbeuge, wodurch
die Lymphflüssigkeit aus den äusseren Geschlechtstheilen nicht abfliessen
kann und sich staut. Hierdurch kommt es zu einer Uebernährung des
Hautgewebes und so allmählich zur Wucherung.

Die Oberhaut (Epidermis) ist zuweilen annähernd normal, jedoch
ist ihre Verdickung durch neue Lagen sehr gewöhnlich. Der Warzenkörper (Papillen) der Haut ist in verschiedener Weise an der Wucherung

Figur 61.

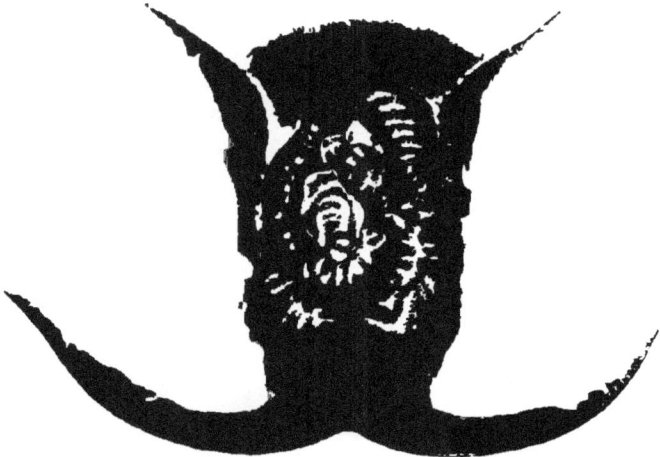

Elephantiastische Verdickung der gesammten äusseren weiblichen Geschlechtsorgane.

betheiligt; nur selten findet der Process fast lediglich in den tieferen
Theilen des Hautgewebes statt, so dass die Geschwulstoberfläche annähernd glatt bleibt. Häufiger ist der Papillarkörper der Haut an der
Erkrankung ganz hervorragend betheiligt, so dass die elephantiastische
Verdickung fast ausschliesslich aus warzenartigen Wucherungen sich zu-
sammensetzt, so dass man oft nicht mehr einen Unterschied gegenüber
mächtig entwickelten, spitzen Feigwarzen machen kann. Auch zu Absonderungen und ausgedehnten Geschwürsbildungen an der Oberfläche
kann es im späteren Verlaufe des Leidens kommen. — Das Bindegewebe
der Haut nimmt im Inneren der Geschwulst mehr oder minder an der
Wucherung Theil, wodurch höckerige, knollige, die Oberfläche unregelmässig gestaltende Anschwellungen entstehen. Auf Durchschnitten zeigt
die Wucherung ein sulziges, wassersüchtiges Aussehen und unter dem

Mikroskope erhält man die verschiedensten Bilder je nach der stärkeren oder geringeren Mitbetheiligung der einzelnen Hautgewebe.

Krankheitsbild. Die elephantiastische Verdickung entsteht in der Regel allmählich; zuweilen wächst sie viele Jahre hindurch nur wenig, um dann mit einem Male rasch fortzuschreiten. Durch Geschwüre, die sich auf der Oberfläche bilden, kann die Neubildung schmerzhaft werden und in grösserer Menge krankhafte Absonderung zu Tage fördern. Grössere Geschwülste, die sich bis unterhalb des Kniees erstrecken, und bis zu 30 Pfund wiegen können, sind schon dadurch höchst beschwerlich, dass sie die ergriffenen Theile herabziehen und zerren. Schon rein mechanisch ist alsdann das Gehen sehr behindert. Unter dem Monatsflusse entsteht häufig eine vorübergehende, mit einer gewissen Schmerzhaftigkeit verknüpfte Vergrösserung der Neubildung, in der Regel freilich bleibt der Monatsfluss überhaupt vollkommen aus. — Der Beischlaf ist bei mässigen Graden des Leidens möglich, ebenso Schwangerschaft und regelrechter Geburtsverlauf. Aber auch bei den höchsten Graden der Erkrankung kann Empfängniss *(Jayakar)* und nicht erheblich behinderte Entbindung eintreten, da die Scheide unberührt bleibt.

Fig. 65.

Elephantiastische Verdickung der Schamlippen und des Kitzlers.

Zuweilen nimmt die Neubildung im Wochenbette ohne besonderes Zuthun an Umfang ab. Während der Schwangerschaft tritt mitunter als Folge einer blutwässerigen Durchtränkung der gewucherten Theile eine scheinbare Vergrössung der Geschwulst ein, die nach dem Wochenbette wieder auf ihren früheren Umfang zurückgeht.

Blasenbeschwerden treten dann ein, wenn die Harnröhre durch die Schwere einer grossen Geschwulst verzerrt oder zusammengedrückt wird. Durch den gleichen Grund können auch Stuhlbeschwerden auftreten.

Das Allgemeinbefinden leidet nur bei fortgeschrittenen Fällen. Die Patientinnen, welche in der Nachtruhe gestört werden, magern ab und gehen zuweilen an hinzutretender Lungenschwindsucht oder allgemeiner Wassersucht zu Grunde.

Die Dauer des Leidens währt häufig ein Jahrzehnt und wesentlich darüber. Dabei kann man beobachten, dass kindskopfgrosse, elephantiastische Neubildungen innerhalb eines Jahres sich entwickelt haben, während in anderen Fällen zum allmählichen Entstehen hühnereigrosser Geschwülste Jahrzehnte gehören.

Erkennung Die Feststellung des Leidens ist in der Regel leicht. Nur bei geschwürigem Zerfalle mit blumenkohlartigem Aussehen könnte man zunächst an Krebs (Carcinom) denken. Das monatelang unveränderte Bestehen der Geschwulst, das Fehlen eigentlicher absondernder Geschwüre lassen in der Regel eine Unterscheidung zu.

Vorhersage. Die Aussichten für die Heilung des Leidens sind günstig, jedoch treten zuweilen Rückfälle ein.

Behandlung. Bei geringen Graden des Leidens genügt in der Regel die von uns gegen Entzündung der äusseren Schamtheile und warzenartige Wucherungen angegebene Behandlung. Hierdurch verhütet man zugleich ferneres Fortschreiten der Wucherung. Grössere elephantiastische Geschwülste können nur durch operatives Vorgehen mit dem Messer oder der Scheere entfernt werden. Hierbei wird die Geschwulst allmählich abgetragen und stets werden die durchschnittenen Theile sofort durch tiefe Nähte vereinigt, weil sonst die Geschwulst die Haut stark nachzieht und ein zu grosser Substanzverlust entstehen würde.

d) Der Krebs der weiblichen äusseren Geschlechtstheile. — Das Carcinom der Vulva.

Ursachen und anatomische Veränderungen. Aus unbekannter Ursache entwickelt sich an den grossen oder kleinen Schamlippen oder dem Kitzler eine krebsige Wucherung in ihren verschiedenen Formen, unter denen besonders der **Hautkrebs (Cancroïd)** und der **derbe (fibröse) Krebs** in Betracht kommen.

Der **Hautkrebs** der äusseren Schamtheile (Fig. 66) beginnt zunächst mit Verdickungen der Oberhaut, denen monatelang weissgelbe, flache, erbsengrosse Wärzchen ohne wesentliche Veränderung aufsitzen. Alsdann werden sie mehr röthlich und verwandeln sich in eine nässende Flechte. Während die Umgebung anschwillt, entwickeln sich auf den nunmehr rasch erwachsenden Knötchen rundliche, erhabene, eine schmutzigrothe Absonderung liefernde Geschwüre. Die Wucherung schreitet dann von der einen grossen Schamlippe zuweilen ziemlich schnell auf die kleine Schamlippe, den Kitzler, die andere Seite, nach dem Mittelfleische und dem Gesässe weiter, jedoch nur selten auf die Scheide und nur ausnahmsweise auf die Harnröhre. Die Leistendrüsen verfallen im Verlaufe des Leidens der krebsigen Entartung, schwellen an, werden hart, zerfallen schliesslich und bilden Krebsgeschwüre in der Leistenbeuge. Von den krebsig erkrankten Drüsen aus dringt der Process in das Innere des Beckens, um schliesslich durch Anfressung einzelner grösserer Blutgefässe mächtige Blutungen zu bewirken.

Der derbe (fibröse) Krebs der äusseren weiblichen Geschlechtstheile tritt, in der Regel wahrscheinlich aus Drüsen hervorgehend, in
Form harter, in der Tiefe liegender Knoten auf. Letztere erweichen,
vereitern und verjauchen und bewirken nach Durchbruch buchtige Geschwüre.

Unter den Lebensaltern werden besonders die fortgeschritteneren
Jahrzehnte befallen; mitunter beobachtet man das Leiden bei jüngeren
Personen, z. B. *Fritsch* bei einem Mädchen von 18 Jahren.

Krankheitsbild. Häufig ist dem sichtbaren Auftreten eines Hautkrebses
der äusseren weiblichen Scham jahrelanges, heftiges Jucken vorangegangen.

Vielfach sind trotz grösserer Ausdehnung der bösartigen Wucherung nur

Figur 66.

Hautkrebs der äusseren weiblichen Geschlechtstheile.
Eigene Beobachtung.

unwesentliche Be-
schwerden vorhan-
den, so dass die
Patientinnen
zuweilen erst ärzt-
liche Hülfe suchen,
wenn bereits grosse
Theile der äusseren
Scham in eine mäch-
tige Geschwürsfläche
umgewandelt sind.
Erst mit dem Auf-
treten nässender
Stellen empfindet ein
Theil der Patien-
tinnen stechende
Schmerzen. Im Ueb-
rigen entstehen im
Grunde mehr Un-
bequemlichkeiten als

eigentliche Beschwerden, durch die entzündliche Anschwellung der äusseren
Schamtheile bedingt. Auch die tiefer sitzenden Krebsknoten werden zuweilen nur zufällig gefühlt, jedoch können sie auch heftige Schmerzen,
die nach den Leistenbeugen und Oberschenkeln ausstrahlen, besonders
durch Druck und Reibung veranlassen.

Die Dauer des Leidens erstreckt sich nur auf zwei bis drei Jahre,
bei Hautkrebs zuweilen darüber. Der tödtliche Ausgang erfolgt durch allgemeine Entkräftung, durch mächtige Blutungen oder durch Blutzersetzung.

Erkennung. Der Nachweis des Leidens ist in der Regel leicht.
Verwechselungen mit fressender Flechte (Lupus Vulvae) und syphilitischen
Geschwüren sind möglich.

Vorhersage. Die Aussichten für die Erhaltung des Lebens sind selbst
bei frühzeitiger Erkennung und rechtzeitigem Vorgehen ungünstig. Nur

ausnahmsweise bleibt das Leben länger als zwei Jahre erhalten. Auch treten nach ausgeführter Operation Rückfälle bald wieder auf.

Behandlung. Die Behandlung des Leidens ist zunächst eine örtlich operative und besteht in der Entfernung der Krebswucherung vermittelst des Messers, die jedoch nur dann Aussicht auf Erfolg hat, wenn Krebsknoten verschieblich sind. Auch die Leistendrüsen müssen ausgeschält und entfernt werden. Bei Krebsgeschwülsten, die bereits auf Beckenknochen übergegangen sind, kommt nur eine Behandlung einzelner, lästiger Krankheitsäusserungen in Betracht. Nach gelungener Operation, die in der Regel ausgezeichnet ertragen wird, verabsäume man nicht, den Patientinnen dringend eine allgemeine und örtliche Behandlung — letztere ähnlich wie bei der Entzündung der äusseren weiblichen Schamtheile — nach den Principien der Naturheilmethode anzurathen. Unstreitig werden hierdurch den Kranken grosse Erleichterungen ihrer Beschwerden zu Theil und nicht unwahrscheinlich wird das Leben länger erhalten. Wenn irgend angängig mögen sich die operirten Patientinnen nach der Wundheilung in eine Naturheilanstalt begeben.

e) **Sonstige seltenere Neubildungen der äusseren weiblichen Schamtheile.**

Von den sonst in Betracht kommenden Neubildungen an den weiblichen äusseren Schamtheilen führen wir unter den selteneren zunächst die Fettgeschwülste (Lipom) an. Sie können am Schamberge (Mons Veneris), den grossen Schamlippen und sehr selten an den kleinen Schamlippen zur Entwickelung kommen. Unter Umständen erreichen sie eine mächtige Ausdehnung, bis zu 10 Pfund *(Stiegele)* und hängen zuweilen bis an die Kniee herab *(Koch)*. Die Fettgeschwulst ist in der Regel traubenförmig gelappt, mittelweich, mässig empfindlich und wächst bald sehr langsam, bald rasch.

Die Entfernung der gewucherten Fettmassen vermittelst Messers und stumpfer Herausschälung ist der einzige Weg zur Beseitigung der Geschwulst.

Bindegewebs- und Muskelgeschwülste (Myome und Fibromyome) sind mehrfach an den äusseren weiblichen Geschlechtstheilen beschrieben worden. Sie entwickeln sich aus völlig dunklen Ursachen, zuweilen wahrscheinlich aus Rückbleibseln von Blutaustritten, besonders häufig während der Schwangerschaft, an den grossen und kleinen Schamlippen, aus deren Bindegewebe in Verbindung mit Muskeltheilen. Ihre Grösse schwankt zwischen dem Umfange einer Kirsche und eines Mannskopfes *(Schröder, Zweifel* u. A.). Bei dem Monatsflusse und während der Schwangerschaft schwellen diese Geschwülste wassersüchtig an, um nachher wieder auf den alten Umfang zurückzugehen. Durch ihre Schwere ziehen sie häufig die Haut der Schamlippen bedeutend aus und bereiten beim Gehen das Gefühl von Spannung und Zerrung. Durch Reibung und Quetschung entsteht häufig Entzündung und Geschwürsbildung an der Oberfläche, wodurch einzelne Stellen erweicht werden. Durch nachfolgende Entzündung kann unter Umständen die Geschwulst von selbst abgestossen werden. Mitunter bilden sich im Inneren solcher fibröser Geschwülste Hohlräume (Cysten), die mit einer wasserhellen oder blutig gefärbten Flüssigkeit versehen sind.

Die fibrösen Neubildungen sind durch ihre Härte, das ziemlich langsame Wachsthum, die Schmerzlosigkeit und die normale Beschaffenheit der sie überziehenden Haut leicht von Cysten oder Krebs der äusseren weiblichen Geschlechtstheile zu unterscheiden. Nur bei sehr grossen Geschwülsten, in denen Eiterung oder Verjauchung eingetreten ist, könnte die Krankheitserkennung erschwert sein. — In Bezug auf die Heilung rathen wir von umständlichen und langdauernden Versuchen ab, da die Entfernung auf operativem Wege rasch, schmerzlos, gefahrlos, leicht und ohne Aussicht auf Rückfälle gelingt. Ist die Haut durch eine fibröse Geschwulst lang ausgezogen, so umbinde man einfach ihren meist pendelartigen Stiel, wobei nur wenige Tropfen Blut zu fliessen brauchen. Anderenfalls durchschneide man die Haut und schäle die Geschwulst auf stumpfem Wege, entweder mit dem Finger oder dem Hefte des Messers heraus. Bei vernünftigen Patientinnen ist eine allgemeine Betäubung (Narcose) nicht nöthig. Man begnüge sich mit örtlicher Schmerzlosmachung. Die erkrankte Schamlippe braucht nicht entfernt zu werden, selbst wenn sie durch eine grössere Geschwulst bedeutend ausgezerrt ist, da eine mehrfache Beobachtung gelehrt hat, dass sie sich einige Wochen nach Entfernung bedeutender Fibromyome wieder auf ihre frühere Grösse zurückbildete.

Fressende Flechte der äusseren weiblichen Schamtheile (Lupus Vulvae) kommt nur sehr selten vor und ist mikroskopisch noch wenig studirt. Man trifft sowohl die überwuchernde Form der fressenden Flechte (Lupus hypertrophicus) als auch die zu Durchbohrungen führende (Lupus perforans). Bei der ersteren Erkrankungsart zeigen sich besonders an den grossen und kleinen Schamlippen, seltener am Kitzler oder dem Saume der Harnröhre zuweilen hellrothe Geschwülste von Erbsen- bis Walnussgrösse und darüber, von denen einzelne an der Oberfläche eiterig zerfallen sind. Die charakteristische, entzündliche Anschoppung zeigt sich bald mehr umschrieben (circumscript), besonders um die Haargefässe, deren Wand verdickt ist, bald ausgebreitet (diffus) den Warzenkörper, die Talg- und Schweissdrüsen und sogar die Muskeln der Haut durchsetzend. Die durchbohrende Form bewirkt zunächst eine derbe Anschwellung und stellenweise wassersüchtige Durchtränkung in den grossen oder kleinen Schamlippen; die Verhärtungen zerfallen alsdann späterhin häufig eiterig oder käsig und durchbohren unter grösserem oder geringerem Substanzverluste die Schamlippen. Bei weiterer Ausdehnung des Lupus perforans können die gesammten Hauttheile zwischen After und Schamberg schliesslich in eine unförmige, zerklüftete, derb wassersüchtige, zerfallene und eiternde Masse verwandelt sein, wobei nicht einmal über Beschwerden und Schmerzen geklagt wird.

Ueber die Ursachen des Leidens sind verschiedene Möglichkeiten aufgestellt worden. Allgemein glaubt man an den tuberculösen Charakter der Affection und an die Möglichkeit, dass es sich um eine an Ort und Stelle entstehende (primäre) Tuberculose handeln könne *(Zweigbaum)*. Nach diesem Autor kann das Leiden unmittelbar durch geschlechtlichen Verkehr mit Schwindsüchtigen oder durch Untersuchung mit tuberculös erkrankten Fingern und durch Bettwäsche übertragen werden.

In letzter Zeit hat *Koch,* auf Grund einiger Beobachtungen, die Behauptung aufgestellt, dass viele der bisher als Lupus der äusseren weiblichen Geschlechtstheile hingestellten Fälle keineswegs eine tuberculöse Erkrankung vorstellen. Er meint, dass die Tuberculose der äusseren weiblichen Scham sehr selten sei und nur ausnahmsweise unter dem klinischen Bilde eines Lupus verlaufe, vielmehr in Form der knötchenartigen (miliaren) Haut- und Schleimhauttuberkulose. In ursächlicher klinischer und sonstiger Beziehung gleichen nach *Koch* viele Fälle, die man als Lupus der weiblichen äusseren Scham bezeichnet hat, vielfach den Unterschenkelgeschwüren. Es scheint demnach, dass auf diesem Gebiete noch keine vollkommene Klarheit herrscht.

Klinische Erscheinungen werden durch die fressende Flechte der äusseren weiblichen Scham, besonders wenn sie nicht sehr ausgedehnt auftritt, nicht immer geboten. Die benachbarten Lymphdrüsen sind in der Regel nicht entzündlich ergriffen und das Allgemeinbefinden auf längere Dauer verhältnissmässig gut. Lange Zeit hindurch, oft viele Jahre, bleibt die Erkrankung rein örtlich und nur langsam gedeihen die Neubildungen, so dass von den Patientinnen die fressende Flechte oft nur zufällig bemerkt und wegen geringer Beschwerden ärztlicher Rath erst spät verlangt wird.

Die Krankheitserkennung ist durchaus nicht immer leicht und es gelingt häufig nur nach längerer Beobachtung, einzelne Fälle der fressenden Flechte von alten Syphilisgeschwüren, warzigem, zerfallenem Hautkrebse und eiternden, papillären Wucherungen zu unterscheiden.

Die Aussichten auf Heilung des Leidens sind in früheren Stadien ziemlich günstig; da aber die Mehrzahl der Fälle erst sehr spät in ärztliche Behandlung kommt, so ist der Tod nicht immer abwendbar.

Die Behandlung im frühen Stadium des Leidens muss eine allgemeine und örtliche sein. Letztere gleicht der gegen Entzündung der äusseren Schamtheile oben empfohlenen. Um das gewucherte Gewebe wegzuätzen, ohne dabei den Tod des gesunden oder wenig erkrankten, umliegenden Gewebes herbeizuführen, kann man in das für die Umschläge dienende Wasser stets einige Tropfen Citronensaft zusetzen. Es empfiehlt sich die nicht allzuweit fortgeschrittenen Fälle in einer Naturheilanstalt behandeln zu lassen. Bei grosser Ausdehnung der Wucherung hat man nach bekannten Regeln symptomatisch vorzugehen.

Noch seltener kommen, mit Vorliebe bei jüngeren Frauen, Fleischgeschwülste (Sarcome), Knochengeschwülste (Osteome), Nervengeschwülste (Neurome) und Knorpelgeschwülste (Enchondrome) zur Beobachtung, auf die wir wegen ihrer grossen Seltenheit nicht näher einzugehen brauchen.

CAPITEL VIII.

Dammriss. — Ruptura Perinaei.

Ursachen und anatomische Verhältnisse. Unter der Entbindung kommt es nicht gerade selten zu Zerreissungen des Mittelfleisches, die vielfach übersehen werden, veralten und ziemlich spät, wenn besondere Beschwerden hervorgerufen werden, dem Arzte zur Beobachtung kommen. Neben Geburten sind als Ursachen des Dammrisses auch bei Nichtschwangeren ein unglücklicher Fall, besonders auf die Kante eines Gegenstandes bei gespreizten Beinen *(Kaltenbach, Leopold, Braun* u. A.), oder sonstige zufällige Verletzungen in Betracht zu ziehen. So veröffentlichte z. B. *Bauer* einen Fall, bei welchem bei einem in gebückter Stellung befindlichen Mädchen durch das Horn eines Stieres von der äusseren Scham aus durch die Kleider hindurch das Mittelfleisch und noch ein Stück eines Hinterbackens zerrissen wurde. Auch durch heftige, ungeschickte Beischlafsversuche, oder bei Vergewaltigung von Kindern kann ein Dammriss entstehen.

Bald ist der Damm vollkommen zerrissen (completer Dammriss), wobei auch der Afterschliessmuskel durchtrennt ist und der Riss verschieden hoch in den Mastdarm geht, bald verbleibt noch eine dünne Haut, welche die Scheide vom Mastdarme trennt (incompleter Dammriss) (Fig. 67). Von einem centralen Dammrisse spricht man dann, wenn das Mittelfleisch mitten zwischen dem hinteren Theile der Schamlippen und dem After eingerissen ist, ohne dass also der Riss sich in die Schamspalte noch in den Mastdarm ausdehnt. Der centrale Dammriss kann zuweilen so bedeutend sein, dass er dem Kinde den Durchtritt gestattet, ohne dass dabei die Umgebung der Schamspalte und des Afters einreisst. Mitunter kommen nur sehr seichte Einrisse zu Stande, die sich lediglich auf die die Schamlippen verbindende Schleimhautfalte beschränken, jedoch in das eigentliche Mittelfleisch nicht eindringen.

Die Schlitzung des Dammes erfolgt meist seiner Mittellinie, der sogenannten Naht (Raphe), entlang und geht erst allmählich auch nach den Seitentheilen zu.

Unter den Lebensaltern kommt die Zeit jenseits des zweiten Jahrzehntes in der überwiegenden Mehrzahl der Fälle in Betracht.

Krankheitsbild. Geringfügige Risse der die Schamlippen verbindenden Schleimhautfalte und des vordersten Theiles des Mittelfleisches
bieten weder im Wochenbette selbst, noch auch später, selbst wenn
sie nicht berücksichtigt werden, wesentliche Beschwerden, jedoch
heilen die gegenüberliegenden Ränder des Risses nur selten wieder
zusammen. Weiter ausgedehnte Dammrisse, die den Afterschliessmuskel
noch verschonen, erhalten eiternde Wundränder, die sich überhäuten,
und höchstens der hinterste Theil verwächst unter Narbenbildung. Durch
letztere werden die grossen Schamlippen nach hinten gezogen und an

Figur 67.

Unvollständiger Dammriss. Nach *Fritsch.*

ihrem unteren Ende dem After genähert. Bei vollständigen Zerreissungen
des Mittelfleisches, die nur in den seltensten Fällen theilweise ohne Zuthun heilen, entstehen zuweilen nur unbedeutende Beschwerden. Häufiger
jedoch bilden sie eine unaufhörliche Quelle peinlicher Erscheinungen.
Die Risswunden verwandeln sich oft in eine aufgeworfene, rinnenförmige
Narbe, durch welche After- und Schamöffnung vereinigt und in einen
einzigen Canal verwandelt werden, in den sich Harn, Scheiden- und
Gebärmutterschleim, Menstruationsblut und Kothmassen ergiessen.

Grössere Blutverluste werden nur sehr selten unmittelbar durch
einen Dammriss herbeigeführt, so dass es nur ausnahmsweise zu den
Erscheinungen von Verblutung kommt. Am ehesten stellt sich eine bedrohliche Blutung bei solchen Fällen ein, die auf einer gelegentlichen
Verletzung des Mittelfleisches durch Stoss, Fall und Beischlaf beruhen.

Häufig ist Unmöglichkeit, den Stuhlgang zurückzuhalten

(Incontinentia alvi) vorhanden, während in anderen Fällen zwar dicker Koth gehalten werden kann, dünner Darminhalt dagegen und Winde von selbst abgehen.

Heftige Entzündung des Mastdarmes mit schwächendem Abgange glasigen Schleimes, sowie der Scheide, die weit klafft, und so der Luft und durch diese bewirkten Zersetzungen ausgesetzt ist, sind sehr oft hartnäckige Begleiter der Dammrisse.

Die Ausübung des Beischlafes ist häufig erschwert oder unmöglich, so dass Unfruchtbarkeit besteht. Durch Risse in der oft stark verdünnten Scheidewand wird, seine Ausführbarkeit vorausgesetzt, der Beischlaf sehr schmerzhaft.

Vorfall der hinteren Scheiden- (Prolapsus vaginae) und der vorderen Mastdarmwand gesellen sich bei längerer Dauer des Uebels vielfach den erwähnten Beschwerden hinzu.

Durch Heruntertreten der Gebärmutter (Descensus uteri), sowie durch sich anschliessende Blutüberfüllung und -stauung in diesem Organe, kann es zu dessen chronischer Entzündung (Metritis) kommen.

Erkennung. Die Feststellung des Leidens und seiner einzelnen Formen gelingt sehr leicht bei genauer Besichtigung der äusseren weiblichen Schamtheile und des Mittelfleisches.

Vorhersage. Die Aussichten sowohl für Erhaltung des Lebens als auch die Heilung des Leidens sind sehr günstig.

Behandlung. Sobald man zu frischen, stark blutenden Dammrissen gerufen wird, verbringe man die Patientin auf einen Tisch und suche sie durch entsprechende Bettunterlagen in hohe Steissrückenlage zu versetzen, wobei der Steiss dicht über der schmalen Kante des Tisches zu liegen kommt, damit man, vor dem Tische sitzend, die äusseren Geschlechtstheile und das Mittelfleisch gut zu Gesichte bekommt. Die Schenkel der Patientin müssen von 1 bis 2 Personen — in der Regel kommen der Ehemann und die Hebamme in Betracht — auseinander- und festgehalten werden. Ist ein spritzendes Gefäss zu sehen, so wird dieses erfasst und unterbunden. Alsdann wird die Wunde durch Berieselung mit vorher gesiedetem, auf Körperwärme erkaltetem Wasser vermittelst Irrigators gereinigt und durch eine wechselnde Zahl von Nähten der Damm neu hergestellt. Bei muthigen und vernünftigeren Patientinnen kann man die Vereinigung der Rissränder ohne vorherige Betäubung vornehmen, da bei raschem und geschicktem Durchziehen der Nadeln nur erträgliche Schmerzen entstehen. Hat die Patientin die Geburtswehen ertragen, so kann sie die meist viel unbedeutenderen, flüchtigen Schmerzen der Naht über sich ergehen lassen. Auch überwinde sie ruhig die Scham vor dem Arzte, damit sie durch rechtzeitige Nahtanlegung vor späteren Beschwerden, Leiden und grösseren Eingriffen bei Verschleppung entgeht. Dringend ist der Wöchnerin zuzureden, die Zusammennähung der Wundränder 12 bis 24 Stunden nach der Geburt ausführen zu lassen, weil alsdann die noch frischen Wundränder ohne Weiteres zusammenheilen. Wird die Vereinigung der Ränder des Risses später vorgenommen, so entsteht durch nothwendige vorherige Anfrischung bereits mit Sprossungen (Granulationen) versehener, oder gar schon benarbter Wundränder der Patientin mehr Schmerz und die Nothwendigkeit der Chloroformbetäubung ist näher gerückt. — Ueberdies kann man bei rechtzeitiger Nahtanlegung von tieferen Nähten der Scheidenschleimhaut absehen und man braucht alsdann nur in der Haut des Mittelfleisches Nähte anzulegen.

Wird ein Dammriss erst einige Zeit nach seinem Eintreten beobachtet, so kann man, wenn die Wöchnerin sonst wohl ist, schon zwei bis drei Wochen nach der Entbindung die Vereinigung der Rissränder vornehmen, da ja der Blutverlust bei dieser Operation kein erheblicher ist, und man den Vortheil hat, dass die Theile noch sehr blutreich sind und dadurch die Heilung besser von statten geht. Durch wiederholte 28 ⁰ R. Sitzbäder und 28 ⁰ R. Scheidenauspülungen sorge man für gehörige Reinlichkeit des Operationsfeldes; zwei bis drei Tage vor der Naht und kurz vor der Operation sorge man durch wiederholte 18 ⁰ R. Entleerungs-

Figur 68.

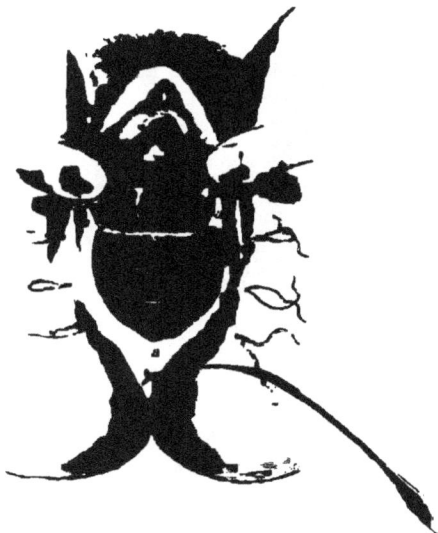

Anfrischung und Anlegung der Nähte beim Dammrisse. Nach *Beigel*.

klystiere von je $\frac{1}{2}$ bis 1 Liter Wasser für gehörige Darmentleerung; auch soll unmittelbar vor der Operation der Harn entleert werden, damit während und unmittelbar nach der Vereinigung der Wundränder (Fig. 68 u. 69) das Operationsfeld nicht beschmutzt wird.

Bei veralteten Dammrissen empfehlen wir dringend, das von *Fritsch* geübte Operationsverfahren, die sogenannte Wiederherstellung des Dammes, welches die Anatomie der Theile in richtiger Weise würdigt, und dem auch sonst sehr treffliche Gedanken zu Grunde liegen. Wir schildern das Verfahren nach *Fritsch's* eigenen Angaben und lassen die anderen Operationsmethoden, welche theilweise auf falschen Principien beruhen, ausser Acht. Früher frischte man grosse Flächen der Scheide an und nähte die wundgemachten

Rissränder so zusammen, dass sie sich zwar vereinigten, aber man doch die früheren Verhältnisse nicht wieder herstellte. *Fritsch* hält es principiell für falsch, wenn man einen Verlust wieder gut machen will, erst noch einen neuen zu bewirken und empfahl dringend, von der Scheidenhaut behufs Anfrischung überhaupt nichts zu entfernen, keinen Schnitt zu machen, der gesundes Gewebe raubte. Da beim Dammrisse der Damm nur »zerreisst«, nicht verloren geht, so muss es unter allen Umständen möglich sein, durch alleiniges Durchtrennen der Narben und Zurückbringen der durch die Narben verzerrten Weichtheile zum früheren anatomischen Verhältnisse nach der Wiedervereinigung den früheren Zustand vollkommen herzustellen. Bei dieser thatsächlichen Wiederherstellung des Dammes wird ein hoch hinaufreichender Damm geschaffen, und auch ein leistungsfähiger Afterschliessmuskel erzielt. Die Ausführung der Operationsmethode von *Fritsch* ist etwa folgende: Bei vollkommenen Dammrissen wird, wo beide Theile zusammenstossen, die Scheide vom Mastdarme zunächst mit dem Messer, in der Tiefe mit der Scheere abgetrennt. Ist sowohl die Scheide, als auch der Mastdarm nunmehr für sich allein beweglich, so wird durch den obersten Winkel der Scheidenwundränder und unten durch die beiden Endpuncte des Afterschliessmuskels

Figur 69.

Wiederhergestellter Dammriss. Nach *Berg*. II Ausgangspunct der Narbe unmittelbar nach Entfernung der Nähte.

je ein Faden geführt, und alsdann der After stark abwärts, die Scheide stark aufwärts gezogen. Schon hierdurch verkürzt sich der Riss des Mastdarmes. In der Tiefe der entstandenen Wunden wird der Mastdarmriss nunmehr durch Catgut vereinigt, die Nähte fassen jedoch nicht die Mastdarmschleimhaut selbst, sondern stülpen beim Zusammenziehen in den Mastdarm hinein. Alsdann vereinigen zwei bis drei versenkte Catgutnähte die Wundflächen, wodurch die Blutung aufhört. Hierauf vereinigt man mit Seide oder Draht die Wundränder der Scheide von der Scheide aus, die Wundränder des Dammes vom Damme aus. Hierdurch entsteht ein neuer, langer Damm, wobei sich der neue After zunächst meist etwas nach innen zieht. Allmählich stellen sich jedoch die alten Verhältnisse von selbst wieder her, da nichts weggeschnitten, sondern Narben durchtrennt und nur wund gemacht wurden.

Beim unvollkommenen Dammrisse macht *Fritsch* einen halbmondförmigen, der hinteren Commisur parallelen Schnitt, von dem aus mit Scheere und Fingerdruck etwa 5 bis 6 Centimeter zwischen Mastdarm und Scheide vorgedrungen wird. Nunmehr wird die Mitte des halbmondförmigen unteren Wundrandes nach abwärts, die Mitte des oberen nach aufwärts gezogen. Die Endpuncte des Hautschnittes liegen gerade in der Mitte des vereinigten Dammes, nachdem aus der queren Wunde durch Verzerrung eine Längswunde geschaffen ist. Bei der Naht der Wundränder legt der Operateur dieselben durch zwei Hakenpincetten völlig parallel gegen einander, um so die Wunde ganz glatt zu gestalten.

Ganz nach den Anschauungen der Naturheilmethode, empfiehlt *Fritsch* in die Wunde und auf die blutende Fläche, wie es sonst vielfach noch üblich ist, keine Chemikalien einwirken zu lassen. Am besten heilt das gesunde Gewebe an einander; Gewebe, auf das Carbolsäurelösung, oder das alles Leben tödtende Sublimat einwirkten, ist nicht mehr gesund, normal oder physiologisch zu nennen. Das Bespülen mit Desinfectionsmitteln verwirft *Fritsch* mit Recht, und nur, wenn man sich anders nicht orientiren kann, empfiehlt er, mit einem weichen, peinlichst sauberen Schwamme zu tupfen.

Nach der Operation binde man der Patientin, so lange sie noch nicht vollkommen aus der Betäubung erwacht ist, die Kniee zusammen, damit sie nicht durch Spreizen der Beine die frisch vernähten Theile zerrt. An die Wunde bringe man trockene, chemisch reine Verbandwatte, die häufig zu erneuern ist. In den ersten drei Tagen empfiehlt es sich vermittelst dünnen Glaskatheters die Harnentleerung ausführen zu lassen, damit der Urin nicht auf die Wunde läuft. Für die ersten Stuhlentleerungen, sowie Abgang von Blähungen sorge man durch 18 ° R. Entleerungsklystiere. Den Vorschlag, bald nach der Operation Abführungsmittel zu geben, hält *Fritsch* für unvortheilhaft und auch die Methode, künstliche Stuhlverlangsamung durch Opium zu erlangen, ist vollkommen verlassen. Bei gutliegenden Nähten braucht man den Durchgang selbst von harten Kothmassen nicht zu fürchten. Die äusseren Nähte entfernt man, wenn sie in der Umgebung Entzündung hervorrufen, schon vereinzelt vom vierten Tage ab. Die anderen Nähte können ruhig ein bis zwei Wochen liegen bleiben. Erst 14 Tage nach der Operation darf die Patientin das Bett verlassen und mässige Gehversuche ausführen. Verbleibt im Damme durch zu starkes Einschneiden einer Naht eine kleine Oeffnung, also eine nicht gefährliche Scheiden-Dammfistel, so genügt eine kleine Nachoperation. Bleibt die Wiedervereinigung der Wundränder theilweise aus, so kann man die Operation schon zwei bis drei Wochen nach der ersten wiederholen, wobei nur vollkommen glatte Wundflächen zu vereinigen, alle bereits aufgetretenen Neuspriessungen (Granulationen) zu entfernen sind. Es empfiehlt sich, an die Auführung der Operation zwei Tage nach vollendetem Monatsflusse zu schreiten, um während oder einige Zeit nach der Operation nicht von diesem überrascht zu werden.

In einer neueren Doctorarbeit hat *Boden* die veröffentlichten Fälle von selbstgeheilten Dammrissen zusammengestellt. Die sich ergebende Zahl ist im Verhältnisse zu der Unsumme von Dammrissen eine vollkommen verschwindende, und können wir, trotz der für die Naturheilmethode wichtigen Arbeit *Boden*'s, nur den Rath ertheilen, nicht auf eine Selbstheilung zu hoffen, sondern jeden Dammriss durch Naht, beziehentlich jeden veralteten Fall des Leidens nach der *Fritsch*'schen Methode zu operiren.

CAPITEL IX.
Steissbeinschmerz. — Coccygodynie.

Ursachen. Unter Steissbeinschmerz versteht man eine bei verschiedenen Erkrankungen der weiblichen Geschlechtsorgane, oder mehr durch örtliche Processe am Steissbeine selbst entstehende Erscheinung. Unter den näheren Ursachen erwähnen wir folgende:

1. Verletzungen des Steissbeines, wie sie besonders durch die Geburt und namentlich durch Zangenentbindung geboten werden. Es treten unzweifelhaft anfänglich übersehene Zerrung und Zerreissung der die einzelnen Theile des Steissbeines verbindenden Weichtheile oder leichte Verrenkung und Beinhautentzündung (Periostitis) ein, die späterhin zur Coccygodynie Veranlassung bieten. Aber auch sonstige Verletzungen, z. B. Fall, Stoss, vielleicht auch der Druck durch anhaltendes Sitzen sowie Erschütterungen beim Reiten *(Scanzoni)* werden als Ursache des Leidens angeführt.

2. Unter den Erkrankungen der weiblichen Geschlechtsorgane, welche beim Steissbeinschmerze eine ursächliche Rolle spielen, kommen entzündliche Erkrankungen und Lageveränderung der Gebärmutter, Katarrhe der Scheide und äusseren Scham und Eierstocksleiden in Betracht, wobei bald Fortpflanzung der Entzündung, bald Nervenübertragung, bald allgemeine Blutüberfüllung im Gebiete des Beckens und ähnliche Momente vermittelnd wirken.

3. Ob Erkältung, wie es *Simpson* behauptet, ebenso wie an anderen Stellen, so auch im Gebiete des Steissbeines Schmerzhaftigkeit bewirken, oder chronischer Gelenkrheumatismus gelegentlich das Steissbein besonders treffen kann, ist noch unentschieden. — Einzelne Autoren führen zuweilen Fälle des Leidens auf Hysterie zurück, ob mit Recht, bleibt dahingestellt. — Wir selbst haben mehrere Fälle des Leidens bei Personen beobachtet, die keine anderweitige Erkrankung darboten als hartnäckige Verstopfung, besonders nach vorausgegangener Blinddarmentzündung.

Unter den Lebensaltern kommen besonders die Abschnitte zwischen dem 2. bis 5. Jahrzehnte in Betracht, was in Rücksicht auf die Hauptursache, das Ueberstehen von Geburten, leicht erklärlich ist. Allerdings findet sich das Leiden auch bei Personen, die nie geboren haben, selbst bei Kindern von 4 bis 5 Jahren.

Anatomische Veränderungen. Vielfach trafen *Hyrtl* und *Luschka* Formveränderungen des Steissbeines bei Frauen, die geboren hatten, als Folge von Verrenkung und Bruch. Freilich wurde in solchen Fällen nicht der Nachweis geliefert, dass bei Lebzeiten Steissbeinschmerz vorhanden war. *Scanzoni* fand verschiedentlich das Steissbein sehr lang, leicht beweglich oder nach einer Seite abweichend, auch deutliche Zeichen von Entzündung und sogar Eiterung, durchschnittlich jedoch, weil während des Leidens nur ausnahmsweise der Tod eintritt, sind die anatomischen Veränderungen noch wenig bekannt.

Krankheitsbild. Die einzige klinische Erscheinung, abgesehen von den durch ein etwaiges Grundleiden gebotenen Aeusserungen, besteht in Schmerzen am Steissbeine, die besonders dann auftreten, wenn die am Steissbeine sich ansetzenden Muskeln bewegt werden. Dieses ist namentlich beim Niedersetzen und Aufstehen der Fall, zuweilen aber bleiben die Schmerzen auch beim Sitzen. Viele Patientinnen können nur auf der einen Hinterbacke sitzen, anderen verursacht jeder Schritt beim Gehen heftigen Schmerz. Besonders empfindlich pflegt oft die Stuhlentleerung zu sein; ausnahmsweise treten die Qualen stets beim Beischlafe auf. Mitunter ist die schmerzhafte Empfindung über das ganze Steissbein und seine Umgebung verbreitet, in anderen Fällen nur auf einzelne Stellen desselben beschränkt. Der Grad des Schmerzes ist sehr wechselnd, sogar bei einer und derselben Patientin; bald wird ein dumpfes, lästiges, ziehendes Gefühl in der Gegend des Steissbeines empfunden, bald solche Schmerzen, wie bei hochgradiger Neuralgie. — Auf Druck ist das Steissbein empfindlich, zuweilen nur eine Fläche, in der Regel die äussere, während man die innere von der Scheide aus, ohne schmerzhafte Empfindung hervorzurufen, abtasten kann.

Die Dauer des Leidens hängt durchschnittlich von der Art der ursächlichen Erkrankung ab, in der Regel hat man es mit einem hartnäckigen und langwierigen Uebel zu thun.

Erkennung. Die Erkennung ist durch den charakteristischen Sitz der Schmerzen leicht. Stets fahnde man nach einem etwaigen Grundleiden.

Vorhersage. Die Aussichten hängen von der Art der ursächlichen Erkrankung ab. Lebensgefahr ist durch die Coccygodynie nicht vorhanden. Die Aussichten für Milderung und Beseitigung der Schmerzen sind vom Standpuncte der Naturheilmethode aus nicht ungünstig, freilich sind Rückfälle ziemlich häufig.

Behandlung. Ist der Steissbeinschmerz nur eine Erscheinung eines anderweitigen Frauenleidens, so ist dieses mit den hierfür in Betracht kommenden Maassnahmen zu behandeln. Liegt eine entzündliche Erkrankung des Steissbeines zu Grunde, so gehe man mit wiederholten 26 ⁰ bis 24 ⁰ R. Sitzbädern und in passender Erneuerung anzulegender 18 ⁰ T-Binde (Fig. 36) vor. Bei etwaiger Stuhlverstopfung, welche unter Umständen zur Schmerzsteigerung beitragen kann, verabreiche man täglich ein bis zwei 18 ⁰ R. Entleerungsklystiere von $^1/_2$ bis 1 Liter Wasser und nach der Entleerung stets ein 14 ⁰ R. Behalteklystier von $^1/_2$ bis 1 Weinglas Wasser zur Ableitung des Blutstromes und Milderung der Entzündung am Steissbeine. Zeigt sich bereits Flüssigkeitsschwappen (Fluctuation), so bewirke man durch Anbringen von Dampfcompressen die endgültige Einschmelzung mit nachfolgendem Eiterdurchbruche. Ueberdies wahre der Patient einige Zeit hindurch Bettruhe und geniesse nur reizlose Kost. Wiederholt sahen wir unter dieser Behandlung dauernde Beseitigung oder doch bedeutende Abnahme des Schmerzes eintreten. - - Bei hartnäckigen Fällen, besonders rheumatischen und hysterischen Charakters leisten, wofern Schwangerschaft hierfür keine Gegenanzeige bietet, tägliche Gesässdampfbäder mit nachfolgendem 26 ⁰ bis 24 ⁰ R. Sitzbade, oder der direct auf das Steissbein geleitete Dampfstrahl mit nachfolgender 20 ⁰ R. Waschung behufs Abkühlung der erkrankten Theile vortreffliche Dienste. Von der Anlegung von Eisbeuteln ist vollständig abzusehen, da sie Eiterung und Schmerzen nur begünstigen. Vor Morphiumeinspritzungen an Ort und Stelle können wir auch nur dringend warnen, da dieses Gift gerade beim Steissbeinschmerze, wie schon *Simpson,* der das Leiden überhaupt zuerst beschrieben hat, beobachten konnte, meist versagt. Ebenso müssen wir von der Durchschneidung der sich an das Steissbein ansetzenden Sehnen, Bänder und Muskeln abrathen, da der Schmerz durch naturgemässe Mittel leicht gemildert werden kann, und diese Operation keineswegs bedeutungslos ist. Nur wenn thatsächlich schwere Erkrankungen des Steissbeines als Ursache in Betracht kommen, könnte man ausnahmsweise an seine operative Entfernung denken.

Vierter Abschnitt.
Die Krankheiten der Scheide (Vagina).

CAPITEL I.
Bildungsfehler der Scheide.

a) Fehlen und mangelhafte (rudimentäre) Bildung der Scheide.

Der vollständige Mangel einer Scheide kommt in der Regel nur verbunden mit vollständigem Fehlen oder mangelhafter Bildung der Gebärmutter vor, nur ausnahmsweise für sich allein bei normaler Gebärmutter. Man findet in solchen Fällen, wenn man die Schamspalte auseinanderzieht, ausser der Harnröhrenmündung keinen in das Innere des

Beckens führenden Canal. Meist ist es nicht möglich, Fälle vollständigen
Mangels der Scheide von ihrer rudimentären Bildung zu unterscheiden,
da häufig der untere Theil der Vagina in einen Bindegewebsstrang umgewandelt ist, während der obere Theil eine wenn auch wenig geräumige
Höhle darbietet. Es befindet sich in solchen Fällen hinter dem Jungfernhäutchen eine Art kurzen Blindsackes. Zuweilen fehlt die Mitte der
Scheide, wobei die beiden vorhandenen Enden durch eine verschieden
dicke Haut getrennt sind. Bei Fällen dieser Art ist es stets fraglich, ob
die Abweichung mit entwickelungsgeschichtlichen Vorgängen zusammenhängt, oder vielmehr nach bereits eingetretener Bildung der Scheide
durch krankhafte Processe bewirkt wurde. Es können noch andere
Formen rudimentärer Scheidenbildung vorkommen, jedoch würde es zu
weit führen, alle Spielarten aufzuzählen.

b) Regelwidrige Enge und Kürze der Scheide.

Wiederholt findet man bei geschlechtsreifen Mädchen und Frauen
eine Scheide, die bezüglich der Länge und des Umfanges Verhältnisse
darbietet, welche dem frühen Kindesalter zukommen, so dass man eine
sogenannte kindliche Scheide (Vagina infantilis) vor sich zu haben glaubt.
Scanzoni konnte in einem solchen Falle nur eine gewöhnliche Hohlsonde,
Veit nur einen Metallcatheter in die Scheide einführen. Gleichzeitig
findet man daneben den Schamberg unbehaart, den Kitzler und die
inneren Geschlechtsorgane wenig entwickelt und den Monatsfluss sowie
die Geschlechtslust fehlend. Zuweilen erstreckt sich die Verengerung
nur auf einzelne Theile der Scheide, was auf sehr frühzeitige Entzündungsvorgänge zurückzuführen sein dürfte. Geringere Grade der Enge und
Kürze der Scheide beeinträchtigen zuweilen den Geschlechtsverkehr und
die Geburt nicht. Man hüte sich, Abweichungen der geschilderten Art
mit durch Krampfzustände ihrer Musculatur bewirkter Verengerung der
Scheide zu verwechseln. Beschwerden werden, abgesehen vom Geschlechtsverkehre vorwiegend nur durch die Zurückhaltung von Menstruationsblut geboten.

c) Einfacher Scheidenverschluss (Atresie der Vagina).

Der vollständige Verschluss (Atresie) der Scheide kommt angeboren
oder erworben vor. — Bei der angeborenen (congenitalen) Form
findet man entweder einfache, ziemlich dünne, quergespannte, die Scheide
in einen oberen und unteren Abschnitt trennende Häute, oder das Organ
ist am Eingangstheile in einer längeren oder kürzeren Ausdehnung in einen
derben Strang verwandelt. Der erworbene Scheidenverschluss kommt
an allen Stellen dieses Geschlechtscanales vor, und man trifft alsdann entweder vollständige Verwachsung der gegenüberliegenden Wände oder einen
häutigen Verschluss, wobei die Häute häufig kleine Oeffnungen zeigen,
durch die eine Sonde kaum durchgeschoben werden kann. In der Regel

werden solche Scheidenverschlüsse durch das Wochenbett, infolge eiteriger,
oder durch schwere, instrumentelle Entbindung zurückbleibender Entzündung der Scheide bewirkt, seltener sieht man sie nach Diphtherie
und Croup der Scheide auftreten, wie auch verschiedene allgemeine
Infectionskrankheiten begleiten.

Die Erscheinungen des angeborenen Scheidenverschlusses, der
sich über die gesammte Länge des Canales erstreckt, sind häufig nicht
wesentlich; denn da in der Regel gleichzeitig die anderen Geschlechtsorgane verkümmert sind, hierdurch der Monatsfluss dauernd fehlt, so
kommt eine Blutansammlung hinter der Scheide nicht vor. Bei der erworbenen Form des Leidens entwickeln sich um die Zeit des Men-
struationseintrittes mehr oder minder beträchtliche Beschwerden durch
die Ansammlung von Schleim oder Blut jenseits der Verschlussstelle. Im
Laufe der Monate kann es zu grösseren Geschwulstbildungen blutigen
Inhaltes kommen, die zuweilen, wenn die verschliessende Haut sehr dünn
ist, platzen und nach aussen oder in den Mastdarm durchbrechen.
Anderenfalls können solche Blutbildungen grosse Ausdehnung erreichen,
so dass die Gebärmutter, Eileiter und Eierstöcke gedrückt und gezerrt
werden, wodurch unerträgliche Qualen entstehen können. Im weiteren
Verlaufe kann hierdurch, wenn nicht rechtzeitig eingeschritten wird, der
Tod bedingt werden. Vielfach werden die Patientinnen, wenn sonst
günstige Verhältnisse bisher keine wesentlichen Beschwerden bewirkten,
erst dann zum Arzte gebracht, wenn sich dem Geschlechtsverkehre un-
überwindliche Hindernisse darbieten.

Die Erkennung des Leidens ist in der Regel bei Besichtigung der
Geschlechtstheile leicht   Ist der Verschluss durch eine Haut bedingt,
so fühlt der untersuchende Finger eine durch Zurückhaltung von Absonderungen mehr oder weniger prall gespannte Vorwölbung. Bei bereits
in der Geschlechtsreife befindlichen Personen achte man auf das Vorhandensein einer Geschwulst, die alle vier Wochen besonders fühlbar ist
und von den Patientinnen in der Regel selbst bemerkt oder empfunden
wird. Häufig erreicht man durch Untersuchung vom Mastdarme aus
Kenntniss von einer jenseits der Scheide liegenden Geschwulst. — Bei
erworbenem Scheidenverschlusse achte man auf etwaige aus der Krankengeschichte anzunehmende Entzündungen der Scheide, besonders nach
schweren Geburten und Infectionskrankheiten.

d) Theilung oder Verdoppelung der Scheide.

Unter diesem Bildungsfehler versteht man jene Abweichung der
Scheide, bei welcher dieser Canal durch eine ihn längs durchsetzende
Wand in zwei Theile geschieden wird. Die trennende Längswand
kann durch die gesammte Scheide verlaufen, so dass wir geradezu
zwei Scheiden vor uns haben (Fig. 70), wobei auch häufig der Muttermund doppelt ist. Dabei kann der Umfang der einen Scheide grösser

sein, so dass der Geschlechtsverkehr durch sie unmöglich ist, der anderen geringer. Zuweilen ist der Muttermund nur einfach vorhanden und der Geschlechtsverkehr ist gerade durch jene Scheide ausführbar, in die der Muttermund nicht hineinragt. Oft ist in solchen Fällen auch das Jungfernhäutchen doppelt vorhanden. Zuweilen erstreckt sich eine Trennungswand in der Scheide in geringerer Ausdehnung über deren vorderen oder hinteren Theil, während die anderen Abschnitte einfach vorhanden sind. Mehrfach hat man Fälle von getheilter oder verdoppelter Scheide beschrieben, bei denen die eine Hälfte verschlossen war (Atresie), und durch sie Schleim- und Menstruationsblut zurückgehalten wurde, während die andere Hälfte durchgängig war und den Geschlechtsverkehr gestattete.

Wesentliche Beschwerden werden durch den geschilderten Bildungsfehler der Scheide nicht geboten. Nur wenn durch verhinderten Abfluss des Menstruationsblutes Geschwülste entstehen oder der Geschlechtsverkehr behindert ist oder Störungen unter der Geburt dargeboten werden, wird ärztliche Behandlung gewünscht.

Die Behandlung aller erwähnten Bildungsfehler der Scheide, zu

Figur 70.

Durch eine Zwischenwand getheilte Scheide und Gebärmutter.
Nach *Eisenmann.*

AA doppelter Scheideneingang, B Harnröhrenmündung, C Harnröhre, DD doppelte Scheide, EE doppelter Muttermund, FF doppelter Gebärmutterhals, GG doppelter Gebärmutterkörper, HH runde Mutterbänder, II Eileiter, KK Eierstöcke.

denen noch eine grosse Zahl anderer hier nicht angeführter kommt, hat vorwiegend nur dann einen Zweck, wenn sich durch zurückgehaltenes Menstruationsblut eine Geschwulst gebildet hat. Handelt es sich um beträchtliche angeborene Missbildungen, wobei auch in der Regel Gebärmutter und Eierstock zurückgeblieben oder verbildet sind, so hat die künstliche Schaffung einer Scheide beim Verschlusse derselben oder bei ihrem Mangel keinen Zweck, und überdies besteht beim Operiren die hohe Gefahr von Verletzungen wichtiger Nachbarorgane: der Blase, des Mastdarmes oder Bauchfelles. Bei verschliessenden Häuten führt ein Messerschnitt zum Ziele, jedoch muss längere Zeit hindurch bis zur Wundheilung ein Mutterspiegel oder Wattetampons dauernd durch die

Scheide hindurch liegen bleiben, damit die Schnittflächen nicht wieder verwachsen. Bei Patientinnen, die den Monatsfluss überhaupt nicht haben, ist auch dieser operative Eingriff unnöthig, da ja keine Zurückhaltung von Blut und Schleim und dadurch bedingte Beschwerden eintreten. Kommt, wie häufig, wo man es kaum für möglich gehalten hätte, eine Schwangerschaft zu Stande, so werden verschliessende Häute zertrennt und auch bei andersartigen Verbildungen der Scheide eine Art Herstellung bewirkt. In der Scheide längs verlaufende, sie in zwei Hälften theilende Wände und brückenartige Bänder braucht man nur in solchen Fällen mit einer stumpf-spitzigen Scheere zu durchschneiden, wo sie ein Hinderniss für den Geschlechtsverkehr oder eine Geburt darbieten. Bei einer grossen Reihe auch angeborener Verengerungen erreicht man durch systematische Tamponade häufig bleibende Erweiterung.

CAPITEL II.
Die Entzündungen der Scheide. Scheidenkatarrh. — Vaginitis. — Kolpitis.

Ursachen. Der Scheidenkatarrh kommt in seiner acuten und chronischen Form überaus häufig vor, bald als ursprüngliches (primäres) und alleiniges Leiden, bald im Anschlusse (secundär) an verschiedene, mehr örtliche oder allgemeine Erkrankungen. Eine Anzahl von Autoren, denen wir uns jedoch nicht anzuschliessen vermögen, lässt den Begriff Scheidenkatarrh nicht zu, weil angeblich die Scheide keine eigentliche Schleimhaut enthält, sondern ihre Bekleidung der äusseren Haut sehr nahe steht. Aus den später zu schildernden anatomischen Veränderungen und klinischen Erscheinungen ergiebt sich jedoch hinlänglich die Berechtigung, in gewissem Sinne den Begriff »Scheidenkatarrh« beizubehalten.

Unter den Ursachen des Leidens erwähnen wir folgende:
1. Mechanische Einwirkungen. Hier kommen besonders Fremdkörper in Betracht, z. B. übermässig lange in der Scheide liegende Tampons und Pessarien, die entweder an sich unzweckmässig sind, oder überdies noch durch die sie bildende Masse reizend wirken. Hier müssen wir ferner an die verschiedenen Fremdkörper erinnern, die zu onanistischen Zwecken in die Scheide gebracht werden, diese verletzen und so Entzündung hervorrufen. Auch übermässiger oder stürmischer Geschlechtsverkehr kann Scheidenkatarrh bewirken.

2. Chemische Einwirkungen. Starke Aetzmittel und sonstige chemische Substanzen, wie sie häufig ärztlicherseits angewendet werden, oder Beimengungen zu dem für Scheidenausspülungen dienenden Wasser können heftige Entzündungen sogar mit Verengerung durch Narbenbildung bewirken. Hierhin kann man auch jene Fälle des Leidens rechnen, die durch Zersetzung und dadurch bedingte Reizung natürlicher

und krankhafter Absonderungen, besonders bei mangelhafter Behandlung und Reinlichkeit hervorgerufen werden, z. B. des Menstruationsblutes, Urines usw. Mit gewissem Rechte hat man auch übermässigen Alkohol- und Kaffeegenuss als Ursache des Leidens bezeichnet.

3. Pflanzliche Schmarotzer (Parasiten). Auch durch kleinste Pilze kann Scheidenentzündung veranlasst werden, z. B. Soor. Besonders *v. Herff* hat mit Recht darauf hingewiesen, dass auch andere, vorwiegend hefeartige Pilze entzündlich auf die Scheidenschleimheit einwirken können. Alle hier in Betracht kommenden Schmarotzer sind in ihrer Blüthe freilich mehr auf die Luft angewiesen (aerob), dringen daher wenig in die Tiefe und kommen nur ausnahmsweise zu so bedeutender Entwickelung, dass man wahre Pilzcolonien, -fäden oder -häute sieht.

4. Temperaturreize. Durch übermässig heisse oder allzu kalte Scheidenausspülungen kann Scheidenkatarrh bewirkt werden. Aehnlich wirken chronisch kalte Füsse und wahrscheinlich auch Sitzen auf feucht-kaltem Erdboden oder sonstigen kühlen Unterlagen. Die unzweckmässige Kleidung des weiblichen Geschlechtes, welche gerade die äusseren Schamtheile unbedeckt lässt, gestattet kalten Windströmungen, die unter den Kleidern hinaufdringen, den Zutritt. In ähnlicher Weise können zugige Closets unter Umständen wirken.

5. Allgemeine und geschlechtliche Ansteckungskrankheiten. Hierhin gehören besonders Masern, Scharlach, Croup, Diphtheritis, Blattern und Typhus. Die hervorragendste Quelle des Scheidenkatarrhes überhaupt ist jedoch die Ansteckung mit dem Trippergifte, und wenn der eigentliche Tripper schon längst ausgeheilt ist, — die chronische Vaginitis ist zurückgeblieben. Eine wichtige Rolle spielt auch die Verletzung mit sich anschliessender Infection der Scheidenschleimhaut unter der Geburt, aus der das Wochenbettfieber, eine Ursache heftiger Scheidenentzündung, hervorgeht.

6. Fortgepflanzte Entzündung von Nachbarorganen. Ueberaus oft bildet Scheidenentzündung den Begleiter der acuten und chronischen Gebärmutter- und Beckenbindegewebsentzündung, von Eierstockgeschwülsten, des Mastdarm- und Blasenkatarrhes, der Blinddarmentzündung, von Fisteln der Nachbarorgane. — Durch Stauung in den Blutgefässen des Beckens kommen Herz- und Leberleiden, Geschwülste in der Bauchhöhle, Schwangerschaft u. dergl. als Veranlasser von Scheidenkatarrh in Betracht. Nicht selten nimmt die Erkrankung von den äusseren Schamtheilen ihren Ausgang, um sich auf die Scheide fortzusetzen.

7. Unter den constitutionellen Krankheiten spielen Bleichsucht, Scrophulose und Zuckerkrankheit eine hervorragende ursächliche Rolle. Im Verlaufe der Bleichsucht fehlt ein mehr oder minder heftiger Scheidenkatarrh nur selten. Minder häufig veranlasst Scrophulosis chronische Vaginitis, und muss hierbei stets die Möglichkeit einer Tripperansteckung, selbst bei kleinen Mädchen im Auge behalten werden.

8. Eine besondere Neigung (Disposition) zum Scheidenkatarrhe bieten klaffende Schamlippen, besonders also ausgedehnte Dammrisse, da so der Luftzutritt (und hierdurch Zersetzung) zu den in die Scheide gelangenden Absonderungen ermöglicht ist. Auch der Monatsfluss, sowie die Schwangerschaft, welche vermehrten Blutzufluss auch nach der Scheide im Gefolge haben, können, wenn noch andere gelegentliche Schädigungen hinzutreten, der Vaginitis den Boden ebnen. – Auch Verstopfung, wie sie beim weiblichen Geschlechte so überaus häufig ist, erhöht die Neigung der Scheide zu entzündlichen Processen.

Unter den Lebensaltern wird keins, selbst nicht das kindliche, verschont. Durchschnittlich jedoch werden Personen jenseits der Geschlechtsreife, schon in Rücksicht auf die Verbreitung des Trippers, häufiger befallen.

Anatomische Veränderungen. Weit besser als an der Leiche kann man zu Lebzeiten die anatomischen Abweichungen beobachten, welche bei den verschiedenen Arten der Scheidenentzündung auftreten. — Die Entzündung befällt, was seltener vorkommt, die Scheidenbedeckung entweder in ihrer gesammten Ausdehnung (diffuse Vaginitis) oder fleckweise (circumscript). Die erstere Form ist meist die acuteste, besonders durch Ansteckung im Wochenbette oder mit Tripper bedingt. Man findet beim Auseinanderziehen der Schamlippen gleichmässige Röthung und wassersüchtige Schwellung der gesammten Scheidenbedeckung mit starker, eiteriger Absonderung. Weit häufiger ist der fleckweise auftretende, vorwiegend chronische Scheidenkatarrh, von welchem mehrere Arten beobachtet werden. Auf der nur mässig gerötheten und wenig veränderten Schleimhaut erheben sich mehr oder weniger hervorragende Wärzchen (Granula) von Stecknadelkopf- bis Linsengrösse (Colpitis granularis), die sich nach den Untersuchungen von *Ruge* und *Eppinger* durch kleinzellige Anschoppung und dadurch bedingte Schwellung einzelner Papillen der Scheidenauskleidung entwickeln. Die den Hervorragungen aufsitzenden Deckzellen sind verdünnt und bis auf die tieferen Schichten abgestossen. Durch diese Entblössung ihrer Deckzellen sowie durch Blutüberfüllung erscheinen die Hervorragungen gegenüber der anderen Scheidenschleimhaut hochroth und bilden, da sie in der Regel auf den Schleimhautfalten sitzen, leicht sichtbare Knötchen. Die Colpitis granularis stellt demnach eine umschriebene, unter der Oberhaut und den Warzenkörpern der Haut liegende Entzündung dar, über der sich die Deckzellen und eine Reihe von Hautpapillen anatomisch verändern. Bei der Heilung schwindet die entzündliche Anschoppung, die Deckzellen wachsen wieder in die Tiefe und Breite und drängen dadurch die gewucherten Hautpapillen auf ihre ursprüngliche Form und Ausdehnung zurück.

Andere anatomische Abweichungen bietet die Scheidenentzündung der alten Frauen, die oft auch lange nach dem völligen

Schwinden des Monatsflusses angetroffen wird. Hierbei sind die Deckzellen der Scheidenauskleidung zuerst verdünnt, und es ist an einzelnen
Stellen eine starke kleinzellige Anschoppung vorhanden. Unter den verdünnten Deckzellen sind häufig kleine Blutaustritte bis zu Linsengrösse
vorhanden, die etwas über die Schleimhaut hervorragen und in der
Mitte oft einen entzündlichen, geschwürigen Substanzverlust tragen.
Hierdurch treten leicht Verklebungen, ja selbst Verwachsungen der
gegenüberliegenden Scheidewände ein, so dass man den ganzen Process
als geschwürig-verwachsende Scheidenentzündung (Vaginitis ulcerosa
adhaesiva) bezeichnet. — Zuweilen findet man in der Scheidenschleimhaut, namentlich bei Schwangeren, seltener bei Wöchnerinnen, im oberen
Drittel halbkugelige, graudurchscheinende Bläschen von Hirsekorn- bis
Weintraubengrösse in unregelmässigen, oft dichten Gruppen mit weicher,
glatter Oberfläche. Mitunter lässt der darüber gleitende Finger schon
ein Knistern wahrnehmen. Beim Anstechen eines Bläschens fällt dieses
zusammen und zuweilen entweicht unter Geräusch ein gasartiger, nur
ausnahmsweise zum Theile flüssiger Inhalt. Man hat es also mit kleinen
Hohlräumen (Cysten) in der Scheidenschleimhaut zu thun, die mit gas-
förmigem Inhalte gefüllt sind, daher die Bezeichnung des Leidens als
Colpitis cystica oder emphysematosa. Nach den Untersuchungen
von *Ruge* befindet sich das Gas in Bindegewebsspalten; es entwickelt
sich nach *Chiari* in erweiterten Räumen des Lymphgefässsystemes wahrscheinlich in dessen Haargefässen (Capillaren). Nach *Eisenlohr* und *Klein*
verdankt das Gas seine Entstehung der Anwesenheit von kleinsten
pflanzlichen Lebewesen in den Bindegewebs- oder erweiterten Lymphspalten. — Bei der croupösen Scheidenentzündung, welche sich entweder über einzelne Stellen oder die ganze Schleimhaut der Vagina
erstreckt, findet man die sogenannten Crouphäute besonders im oberen
Theile und an der vorderen Wand der Scheide. Man kann die faser-
stoffhaltigen Membranen mehr oder minder leicht abziehen; die unter
ihnen liegende Schleimhaut ist entzündlich geröthet, gelockert und gewulstet; beim Abziehen der Häute blutet häufig die entblösste Fläche.
    Bei der diphtheritischen Scheidenentzündung findet man entweder
vereinzelte Stellen oder grössere, zusammenhängende Flächen der Scheidenschleimhaut mit einem schmutzig-gelben, geschwürigen, schlecht riechenden, Eiter und Jauche absondernden Belag überzogen, der zu Gewebstod
der oberflächlichsten Schichten und zur Abstossung morscher, schwärzlich-
grüner Fetzen führt. Die Ausheilung tritt häufig unter verzerrender
Narbenbildung und hierdurch bedingter Verengerung des Scheidencanales
ein. — Auch bei einer anderen Art von Scheidenentzündung, der
Vaginitis membranacea oder exfoliativa, kommt es zur periodischen
Abstossung von vorwiegend aus Deckzellen der Scheidenschleimhaut bestehenden Häuten, ein Vorgang, der mit der später beschriebenen Dysmenorrhoea membranacea, bei welchem Leiden stets unter sonstigen

Beschwerden beim Monatsflusse häutige Gebilde aus der Gebärmutter
abgestossen werden, viel Aehnlichkeit besitzt. Unter den sonstigen Formen der Scheidenentzündung erwähnen wir:
die rothlaufartige (erisypelatosa), die vergiftende (septica),
wie sie besonders unter der Entbindung durch hierbei geschaffene
Wunden und Einschleppung giftiger Keime in dieselben entsteht, die
brandige (gangränosa), die ziemlich häufig durch Druck von Fremdkörpern oder des Kindeskopfes oder der Zange bei schweren Geburten
herbeigeführt wird, die tuberculöse, welche als ursprüngliches Leiden nur
sehr selten angetroffen wird. Die anatomischen Veränderungen, welche
sich bei den hier nur kurz angeführten Formen der Scheidenentzündung
ergeben, stimmen mit den entsprechenden Verhältnissen der gleichartigen Entzündung anderer Organe überein, so dass wir von einer eingehenden Schilderung an dieser Stelle absehen können. Ein grösseres
Interesse erfordert die Entzündung und Vereiterung des die Scheide umgebenden Bindegewebes (Perivaginitis phlegmonosa). Die Anregung
hierzu geht häufig von umschriebenen Eiteransammlungen (Abscessen)
innerhalb des Beckens aus, die sich im weiteren Verlaufe nach der
Scheide zu senken und nach Entzündung des umliegenden Zellgewebes
und Unterminirung der Scheidenschleimhaut, meistens durch die hintere
Scheidenwand durchbrechen und Eiter entsendende Fistelgänge bewirken.
Bei einer anderen Form, der mehr örtlichen Scheidenzellgewebs-
entzündung und -eiterung, wird, wenn der Process heftig und verbreitet
auftritt, ein Theil der Scheidenschleimhaut ausser Ernährung gesetzt, zum
Absterben gebracht und schliesslich im Vereine mit dem Scheidentheile
der Gebärmutter ab- und ausgestossen.

Krankheitsbild. Neben Gefühl von innerer Hitze, Kribbeln, ist
vermehrte Absonderung, der Ausfluss, meist die einzige und erste
klinische Erscheinung des Leidens. Die hervorquellende Flüssigkeit ist
vielfach normal, nur vermehrt oder lediglich mit mehr Blutwasser durchsetzt. Durch Luftzutritt oder die ursächliche Einwirkung zersetzt sie sich
häufig, führt so zu Erweichung der Scheidenbedeckung, Neubildung und
Abstossung ihrer Deckzellen, wodurch eine weissliche, rahmähnliche Absonderung erzeugt wird, der nur spärlich Schleim und Eiterkörperchen
beigemengt sind. Durch seine Zersetzung bewirkt der Ausfluss einen
widerlichen, stechenden Geruch und ätzt die Haut der äusseren Geschlechtstheile mehr oder minder an. In zahlreichen, anderen Fällen ist
die entzündliche Absonderung mehr eiterig, besonders wenn Tripperansteckung zu Grunde liegt, wobei der dickflüssige und grünlich-gelbe
Eiter an dem eingeführten Finger im Strome herablaufen kann. Auch
jauchige Flüssigkeit kommt unter Umständen zu Tage.

Schmerzen sind nur bei der hitzigen Form des Leidens vorhanden
und äussern sich als heftiges Brennen, unerträgliches Drängen nach unten
und gesteigerte Empfindlichkeit des Scheideneinganges. Hierdurch kann

im Anfange selbst die Scheidenspülung unmöglich werden, und man muss zunächst die dünnsten Mutterrohre gebrauchen. Besonders gross wird der Schmerz bei solchen Personen, die eine frische Tripperansteckung in der Scheide haben und trotzdem den Geschlechtsverkehr unterhalten sollen. Im weiteren Verlaufe nehmen die Schmerzen ab und bei der chronischen Form pflegen sie alsdann vollkommen zu fehlen.

Die Harnentleerung bereitet im Beginne des Leidens lebhaftes Brennen durch Benetzung des schon geröteten und entzündlich ergriffenen Scheideneinganges; bei heftigem Scheidenkatarrhe kann vollständige Urinverhaltung auftreten. Nicht selten ist hierbei vermehrter Stuhldrang und die Darmentleerung mit unbehaglichen Empfindungen und Schmerzen verknüpft.

Der Geschlechtsverkehr ist beim acuten Scheidenkatarrhe schmerzhaft und durch die Anschwellung der ganzen Scheidenschleimhaut oft überhaupt unmöglich. Auch späterhin bereitet er den Patientinnen mehr Unbehagen als Genuss, so dass sie ihn meiden. Mitunter scheitern alle Versuche des Geschlechtsverkehres nicht unmittelbar an Schmerzhaftigkeit selbst, sondern an dem durch Scheidenkatarrh bewirkten Scheidenkrampf (Vaginismus). — Die Empfängniss ist bedeutend erschwert; abgesehen von der Behinderung des Geschlechtsverkehres und sonstigen Umständen wird sie durch die Art des Ausflusses behindert, der die Samenzellen (Spermatozoën) befruchtungsunfähig machen oder tödten kann.

Allgemeinerscheinungen sind nur bei einem Theile der Fälle von Scheidenentzündung vorhanden. Die chronisch verlaufenden Formen üben in der Regel keinen wesentlich schädigenden Einfluss auf den Organismus aus. Freilich, langdauernde Säfteverluste, Schmerzhaftigkeit schwächen allmählich die Patientinnen, die schliesslich blass werden, keinen Appetit haben, blaue Ringe um die Augen bekommen und seelisch niedergedrückt sind.

Fieber ist nur bei einem Theile der acuten Scheidenkatarrhe bald vorübergehend, bald dauernd vorhanden. Nur bei den schweren Arten des Leidens, der diphtherischen, brandigen, rothlaufartigen, oder wenn das Grundleiden an sich fieberhaft ist, trifft man hohe Fiebertemperatur an.

Sonstige klinische Erscheinungen werden nur durch ein ursächliches Leiden geboten oder entstehen dann, wenn sich die Entzündung der Scheide auf Nachbarorgane erstreckt.

Unter den Folge- und Begleiterkrankungen erwähnen wir Entzündung der äusseren Schamtheile (Vulvovaginitis), Entzündung der Gebärmutterinnenwand (Endometritis), Gebärmutterhalsentzündung (Cervixkatarrh) und weiter Erkrankungen der Eileiter, Eierstöcke und des Bauchfelles, sowie Beckenbindegewebsentzündung. Zuweilen tritt beim Scheidentripper Gelenkentzündung auf, was besonders in den letzten Jahren aufmerksamer beachtet worden ist.

Die Dauer des acuten Scheidenkatarrhes erstreckt sich etwa auf

2 bis 4 Wochen, worauf entweder Ausheilung oder die chronische Form eintritt. Gelingt es nicht, ein schweres Grundleiden zu heben, so bleibt die Vaginitis, oft jeder Behandlung hartnäckig trotzend, lange Zeit hindurch bestehen.
Erkennung. Um den Scheidenkatarrh zu erkennen, braucht man
häufig nur die Theile des Scheideneinganges sanft auseinanderziehen, um
so unmittelbar mit dem Auge den unteren Theil der Scheide zu untersuchen und gleichzeitig zu ermitteln, welche, und ob eine acute oder
chronische Form des Leidens vorliegt. Die verwachsende (adhaesiva)
und emphysematöse Form kann man durch Betastung mit dem vorsichtig
eingeführten Zeigefinger erkennen. Ob der Katarrh nur auf einen Theil
der Scheide beschränkt ist oder sich über das ganze Rohr erstreckt, lässt
sich bei der acuten mit Schmerz und Schwellung verknüpften Entzündung
nicht immer sofort feststellen; bei der chronischen Form genügt zu dieser
Ermittelung in der Regel die Fingeruntersuchung oder die Besichtigung bei
mässig auseinandergezogenen Scheidenwänden. Eine Spiegeluntersuchung
ist nur selten nothwendig. Die Frage, ob bei eiteriger Scheidenabsonderung eine Tripperansteckung oder andere Ursache vorliegt, ist
häufig nicht mit Sicherheit zu entscheiden, besonders bei älteren
Katarrhen. Ist die Harnröhre wesentlich mitbetheiligt, so kann man
schon eher Tripperkatarrh annehmen; noch mehr bieten spitze Feigwarzen und Vereiterung der *Bartholini*'schen Drüse hierfür einen
Anhalt, die freilich in der Mehrzahl der Fälle fehlen. — Um Ueber-
raschungen zu vermeiden, besichtige man wiederholt bei Kindern, die an
Scharlach, Diphtheritis und sonstigen hier ursächlich in Betracht kommenden Infectionskrankheiten gelitten haben, den Geschlechtscanal. — Die
Erkennung hat sich häufig auch auf das Grundleiden zu erstrecken.
Vorhersage. Je acuter die Scheidenentzündung ist und je eher sie
zur Behandlung gelangt, desto günstiger sind die Aussichten für vollkommene Heilung. Bei leicht zu beseitigenden Ursachen, z. B. einem
schlecht sitzenden Gebärmutterringe, ist auch der Scheidenkatarrh schnell
gehoben. Durch Vernachlässigung tritt häufig die chronische Form der
Vaginitis ein, die oft allen Mitteln hartnäckig trotzend, Monate und Jahre
bestehen bleiben kann; besonders gefährlich ist nach dieser Seite hin
der durch Tripper hervorgerufene Scheidenkatarrh, zumal vielfach selbst
nach seiner Ausheilung Gebärmutterkatarrh, Eierstockseiterung usw. zurückbleiben. Liegt ein nicht zu beseitigendes Grundleiden, z. B. Gebärmutterkrebs vor, so sind die Aussichten für Hebung der hierdurch bedingten
Scheidenentzündung ungünstig. Bei der diphtherischen und brandigen
Form des Leidens sind die Aussichten stets zweifelhaft, bei kleineren
Kindern in der Regel ungünstig. Die zu Verwachsungen führende
Scheidenentzündung der alten Frauen ist eine unbedenkliche Erkrankung,
da hierdurch ein wesentlicher Nachtheil nicht entsteht.
Behandlung. Um den Scheidenkatarrh, besonders die starke Ab-
sonderung der Scheidenschleimhaut, zu beseitigen, muss man, soweit es

möglich ist, bestrebt sein, gegen die Ursache naturgemäss vorzugehen.
Die veranlassenden Momente der Vaginitis vom weiblichen Geschlechte
überhaupt fern zu halten, also eine Vorbeugung (Prophylaxe) dieses
Leidens zu erzielen, gelingt meist nicht leicht. Hier käme zunächst ein
vernünftiges Verhalten während des Monatsflusses in Betracht. Ist dieser
irgendwie schmerzhaft, übermässig stark, so muss durch Bettruhe, vorangegangene 26° bis 24° R. Sitzbäder (Fig. 33), Leibaufschläge (Fig. 39) für Beseitigung der Unpässlichkeiten gesorgt werden. Ganz besonders darf während
der Periode nicht getanzt werden. Wir stimmen vollkommen mit folgenden
Angaben *Winckel*'s überein: »Es ist nicht etwa blosse Genusssucht oder
die Freude am Tanze, sondern viel eher eine gewisse Scham, die Sorge,
dass errathen werden möchte, weshalb das junge Mädchen nicht tanzte
oder vom Balle wegbleibe, welche die Uebertretung jener Vorschrift begehen lässt. Manchmal tritt erst während des Tanzes die Menstruation
ein und es wird trotzdem aus dem oben angeführten Grunde weiter-
getanzt. Unverantwortlich ist ferner der Versuch, den so viele junge
Mädchen unternehmen, durch verschiedene, womöglich innere Mittel die
Menstruation früher herbeizuführen, damit sie schon vor dem sehn-
süchtig erwarteten Balle vorüber sei. Manche Mutter hat mir gestanden,
dass sie in dieser Beziehung zu nachsichtig gegen die Tochter gewesen
sei und ihr das Tanzen während der Regel gestattet habe, und dass
jene bald darauf erkrankt sei. Viele junge Mädchen machen sich aber
mit Absicht krank, indem sie durch übermässigen Genuss saurer Getränke Bleichsucht herbeizuführen suchen, weil sie dieselbe für interessant
halten, was ihnen denn auch durch Essigtrinken nicht selten gelingt;
statt des monatlichen Blutabganges finden sich bei ihnen schleimig-eiterige
Ausflüsse. Eine dritte, sehr wichtige Vorbeugung ist die, schon in
frühester Kinderzeit, namentlich aber zur Zeit der Geschlechtsreife, Unregelmässigkeiten in der Stuhlentleerung, besonders Verstopfungen, durchaus nicht unbeachtet zu lassen, da sich diese Unterlassungssünde im
späteren Leben oft sehr bitter rächt«. Auch folgende Auslassungen desselben Autors finden unsere Zustimmung: »Besonders schädlich sind
ferner unzweckmässige und zu stark anstrengende Hochzeitsreisen: Nachts
die häufigen geschlechtlichen Vereinigungen und Tags das Erklettern der
Berge, das Reiten und Fahren auf holperigen Wegen, oder das Umhergehen und Stehen in Galerieen, alles das ist nur zu geeignet, active und
passive Blutüberfüllung in den Schleimhäuten des Geschlechtsapparates,
also auch der Scheide, zu bewirken, so dass oft statt Schwangerschaft
vorzeitige Lösung des Eies mit ihren Folgen und Schwellung und übermässige Absonderung von Seiten der Scheidenschleimhaut eintritt. Aus
diesen Gründen sind daher viele junge Frauen schon auf Hochzeitsreisen
genöthigt, ärztliche Hülfe nachzusuchen.«

Ein unzweckmässiges Pessar muss entfernt werden, eine etwaige
Scheidenfistel oder ein Dammriss muss operativ beseitigt werden usw.,

wodurch es häufig gelingt, den Scheidenkatarrh rasch fortzuschaffen. Die
Behandlung selbst ist in der Mehrzahl der Fälle eine rein örtliche. Vielfach kommt man schon durch alleinige Reinlichkeit, durch häufige
Waschungen und Ausspülungen zum Ziele. Freilich dürfen die Scheidenausspülungen nicht mit zu warmem oder zu kaltem Wasser ausgeführt
werden, der Spülflüssigkeit dürfen keine reizenden Chemikalien beigemengt sein, das Einführungsrohr der Spülkanne muss schonend in die
Scheide eingeschoben werden, der Apparat selbst peinlichst sauber und
durch vorheriges Durchlaufen heissen Wassers keimfrei (aseptisch) erhalten werden. Bei einer Reihe von Fällen hitziger (acuter) Scheidenentzündung lasse man einige Zeit hindurch Bettruhe bewahren, nach der
sich die Patientinnen oft selbst sehnen. In der Regel kommt man aber mit
der Reinlichkeit allein nicht zum Ziele, besonders bei der durch Tripper
bewirkten Vaginitis, sowie bei hartnäckigen, vorwiegend chronischen
Formen des Leidens. Hier muss vielmehr eine streng systematische Behandlung durchgeführt werden, welche durch folgende Mittel der Naturheilmethode, wenn nicht ein unheilbares Leiden zu Grunde liegt, ausnahmslos zur Heilung führt: 1. Sitz- oder Rumpfbäder (Fig. 33 u. 34). Bei
den acuten Formen der Entzündung können hiervon drei bis vier täglich
in der Temperatur von 26 ⁰ bis 24 ⁰ R., je ¼ bis ½ Stunde dauernd,
ausgeführt werden. Im Bade mögen womöglich die Schamlippen auseinander gezogen werden, damit wenigstens der Scheideneingang bespült
wird. Badespiegel einzuführen ist überflüssig; denn abgesehen von den
durch sie hervorgerufenen Schmerzen wirken sie durch mehrere Umstände,
z. B. mechanischen Druck, Schleimhautverletzung, Hinterdrängen krankhafter Absonderungen, schädigend. Ebenso zwecklos ist es, dem Badewasser irgend welche Zusätze, Salz, Kleie u. dergl. beizumengen, da sie,
in die Scheide gelangend, eine Aetzwirkung ausüben und den Katarrh
häufig steigern. Bei der chronischen Scheidenentzündung lasse man, je
nach der Art derselben, täglich ein bis zwei Sitz- oder Rumpfbäder
gebrauchen, deren Temperatur im Sommer oder bei abgehärteten
Patientinnen 22 ⁰ bis 18 ⁰ R. betragen kann. — 2. Scheidenausspülungen.
Vermittelst der Spülkanne und daran befindlichem, vorsichtig in die
Scheide gebrachten Ansatzstücke lasse man bei der acuten Scheidenentzündung 28 ⁰ R. Wasser 2 bis 4 mal täglich in die Scheide
strömen. Das zur Ausspülung benutzte Wasser soll vorher gesiedet und
auf die benöthigte Temperatur abgekaltet sein; letztere wird etwas
wärmer gewählt, damit einerseits die entzündete Schleimhaut der Scheide
nicht gereizt, andererseits die entzündliche Absonderung besser losgelöst wird. Die Ausspülung bei der hitzigen, mit starker Schwellung
der Scheide einhergehenden Entzündung ist bei liegender Stellung der
Kranken vorzunehmen, weil nur hierdurch die Möglichkeit geboten ist,
dass das Wasser durch die eigene Schwere in die Scheide hineinrieselt.
Verfehlt ist es, der Spülflüssigkeit chemische Substanzen beizumengen;

sie wirken, abgesehen von etwas Citronensaft, der bei der Tripperentzündung benutzt werden kann, schädlich und die Entzündung verstärkend. Hierhin gehören besonders Tannin, Alaun, Jod, Borsäure,
essigsaure Thonerde, übermangansaures Kali, Höllenstein usw. Wir
müssen vor diesen Chemikalien schon deshalb warnen, weil sie durch
die Scheidenschleimhaut aufgesaugt werden und zu acuten und chronischen Vergiftungen des Organismus führen können. In stärkerer Lösung
und bei länger dauerndem Gebrauche können sich auch unter dem die
Gewebe zerstörenden Einflusse dieser Substanzen narbige Processe in
der Scheide entwickeln. Vielfach beobachteten wir endlich durch ihre
Benutzung eine fast lederartige Veränderung der Scheidenwände, indem durch die obigen Gifte das Eiweiss und die Zellen angegriffen
werden. Bei chronischer Vaginitis sind die Ausspülungen in der
Temperatur von 22 ⁰ R. 1 bis 2 mal täglich oder unter Umständen nur
jeden zweiten Tag, je nach dem Grade und der Art der Entzündung,
auszuführen. Hierbei brauchen sich die Patientinnen nicht gerade unbedingt in liegender Stellung zu befinden. — 3. Wattescheiben. Zur
Aufsaugung krankhafter Absonderungen, sowie zugleich zur Erzeugung
feuchter Wärme führe man, wenn möglich und durch die Umstände erforderlich, nasse, aber gut ausgedrückte Scheiben chemisch reiner Verbandwatte in den vorderen oder hinteren Theil der Scheide oder den ganzen
Canal, der Ausbreitung der Entzündung entsprechend, ein. Man darf
diese feuchten Watteeinlagen in der Scheide nicht allzu lange liegen lassen,
sondern muss sie mehrere Male täglich erneuern. — 4. Dampfproceduren.
Sie kommen für die Behandlung des uncomplicirten Scheidenkatarrhes nur
wenig in Betracht, höchstens bei hartnäckigen, durch Tripper verursachten
Fällen, wobei man ab und zu ein Gesässdampfbad (Fig. 40) mit nachfolgendem abkühlenden 26 ⁰ bis 24 ⁰ R. Rumpfbade (Fig. 34) gebrauchen
muss. — Bei der Scheidengewebsentzündung und -eiterung (Perivaginitis
phlegmonosa) lasse man behufs rascher Eitereinschmelzung und -durch-
bruches Dampfcompressen an das Mittelfleisch und die Schamtheile legen. —
5. Die T-Binde (Fig. 36) wird bei acuten Fällen fast stets angewendet.
Vorzügliche Dienste leistet sie bei der Vulvovaginitis der kleinen Kinder,
bei der man vor Anlegung der 18 ⁰ R. T-Binde eine nasse Wattescheibe
auf die äusseren Schamtheile legt, um die entzündliche Absonderung aufsaugen zu lassen. Bei der chronischen Scheidenentzündung ist die
T-Binde in der Regel überflüssig. — 6. Entleerungs- und Behalteklystiere. Bei der meist bestehenden Stuhlverstopfung, die durch eine
hiergegen gerichtete Nahrung nicht immer zu beseitigen ist, gebe man
nach Bedarf täglich ein bis drei 18 ⁰ R. Entleerungsklystiere und im
Anschlusse an deren Entleerung ein 14 ⁰ R. Behalteklystier von $\frac{1}{2}$ bis
1 Weinglas Wasser. Hierdurch wird nicht nur der Stuhlgang allmählich
geregelt, sondern auch eine Ableitung des Blutes von dem Entzündungs-
gebiete bewirkt. — 7. Die Diät muss mild und reizlos sein, besonders

müssen stark alkoholhaltige Getränke, Kaffee und russischer Thee gemieden werden. — 8. Von sonstigen Maassnahmen kommt nur die stumpfe oder blutige Durchtrennung etwaiger durch die Entzündung allmählich bewirkter Verklebungen und Verwachsungen der Scheidenwände in Betracht, dagegen verbanne man Bepinselungen der Theile mit Höllenstein (Argentum nitricum), Carbol, Jod, Gerbsäure (Tannin) u. dergl., ferner die Einführung von Jodoformstäbchen, sogenannter mit verschiedenen Chemikalien bereiteter Scheidenkugeln, der verschiedenen Pulver und Salben. Das Fett, welches in letzteren enthalten ist, zersetzt sich häufig durch die entzündliche Absonderung ranzig und bildet schliesslich eine widerlich riechende, die Entzündung unterhaltende Schmiere. — 9. Diejenigen Mittel, welche der Behandlung des Grundleidens oder der Allgemeinbehandlung dienen, sind an anderer Stelle einzusehen.

CAPITEL III.
Scheidenkrampf. — Vaginismus.

Ursachen. Unter Scheidenkrampf versteht man eine eigenthümliche Vermischung von Erscheinungen, deren Wesen darin besteht, dass einem in die Scheide eindringenden Körper, vorwiegend dem untersuchenden Finger des Arztes und dem männlichen Gliede, durch schmerz- und krampfhafte Zusammenziehungen des Scheidenschliessmuskels, zuweilen auch anderer Beckenmuskeln, der Eingang in den weiblichen Geschlechtscanal erschwert oder unmöglich gemacht wird. Nach *Sims* handelt es sich um eine krankhaft gesteigerte Reizbarkeit des Scheideneinganges.

Unter den näheren Ursachen dieses durchaus nicht seltenen, für die Praxis sehr wichtigen Leidens heben wir folgende hervor:

1. Verletzungen innerhalb des Scheideneinganges. Entsteht bei den ersten Beischlafsversuchen am Scheideneingange eine Verletzung, so ist der Geschlechtsverkehr nunmehr schmerzhaft, und sobald das männliche Glied die Wunde berührt oder scheuert, entsteht der Scheidenkrampf. Hierhin zu rechnen sind auch die Verletzungen des Jungfernhäutchens unter dem Beischlafe. Je kleiner nämlich die Oeffnung des Hymens ist, desto eher wird, wenn es überhaupt einmal zum regelrechten Beischlafe kommt, das Jungfernhäutchen an einer oder mehreren Stellen durchrissen, was zwar oft, jedoch nur vorübergehende Schmerzen macht. Ist aber das Jungfernhäutchen widerstandsfähig und mit einer grossen Oeffnung versehen, durch die das männliche Glied dringt, ohne Zerreissung des Hymenrandes, so wird dieser bei jedem Geschlechtsumgange gedehnt und aufgescheuert, wodurch Schmerzen und Muskelkrämpfe entstehen.

2. Lage- und Raumveränderung der Scheide. Ist der Scheideneingang an sich eng oder das männliche Glied im Verhältnisse zum

Scheidenumfange übergross, so kann hierdurch als Folge einer Ueber-
dehnung des Scheidenschliessmuskels (Constrictor cunni) Vaginismus
entstehen. Häufig liegt die äussere Scham (Vulva) sehr weit nach oben
und vorn, theilweise sogar unmittelbar über der Schambeinverwachsung,
so dass der Scheideneingang nur eine mehr oder minder enge Spalte
vorstellt. Bei solchen abweichenden Lagen des Scheideneinganges wird
besonders durch noch unerfahrene, junge Ehemänner das Glied gegen
die Harnröhrenmündung und diese fest gegen die Schambeinverwachsung
gedrückt, oder, was auch nicht zu selten vorkommt, das männliche Glied
trifft nicht in die wenig zugängliche Scheide, sondern in den Anfangstheil
der Harnröhre. Geschieht dieses wiederholt bei erneutem Geschlechtsverkehre, so wird das Anfangsstück der Urethra (Harnröhre) erweitert,
und durch die damit verknüpften Schmerzen entsteht Scheidenkrampf.

3. Entzündungen. In der Regel werden durch die Angriffe (Insulte)
der Scheide bei den bereits angeführten Ursachen Entzündungen in ihr
hervorgerufen, die, selbst wenn das ursprüngliche Hemmniss im Geschlechtsverkehre beseitigt ist, bestehen bleiben und so bei fernerem
Beischlafe schmerzhafte Empfindungen und Muskelkrämpfe bewirken.
Aber auch anderweitige Entzündungen des Scheideneinganges, der Scheide
selbst, namentlich durch Tripper hervorgerufen, sowie des Gebärmutterhalses, der Gebärmutter selbst und der Eierstöcke können Scheidenkrampf herbeiführen.

4. Ob anatomische Erkrankungen des Gehirnes oder Rücken-
markes im Stande sind, schmerzhafte Krämpfe des Scheidenschliessmuskels hervorzurufen, ohne durch örtliche Anlässe hierzu angeregt zu
werden, ist noch nicht klargestellt. Dagegen kann Vaginismus als Theilerscheinung der Hysterie auftreten.

5. Eine besondere Neigung (Disposition) zu der Erkrankung
besitzen zaghafte, nervöse und erregte Personen, oder auch solche
Mädchen, die in Unkenntniss dessen, was ihnen beim Geschlechtsverkehre
bevorsteht, oder wegen seiner Folgen unter grosser Angst ausüben.

Unter den Lebensaltern kommt fast ausschliesslich die Zeit nach
der Geschlechsreife in Betracht. Vorwiegend handelt es sich um junge
oder in den ersten Ehejahren stehende Frauen.

Anatomische Veränderungen. In der Regel findet man bei der
Lebenden, da Todesfälle durch das Leiden wohl kaum vorkommen, nur
unwesentliche Veränderungen innerhalb des Scheideneinganges. Zuweilen
ist die Schleimhaut geröthet, etwas aufgescheuert, und man findet mitunter auch kleine, wärzchenartige Erhebungen. Manchmal ist die Mündung
der Harnröhre und diese selbst so erweitert, dass man bequem mit dem
Finger hineingleitet. In anderen Fällen trifft man kleine Verletzungen
des Jungfernhäutchens, die Ränder desselben verdickt und aufgeworfen,
oder kleine Schleimhautrisse. Sonstige Abweichungen pflegt die Scheide
nicht darzubieten.

Krankheitsbild. Die beiden wesentlichsten Erscheinungen des Leidens bestehen in gleichzeitigem Auftreten der Zusammenziehung des Scheidenschliessmuskels mit Schmerzen, sobald der Finger oder das männliche Glied den Scheideneingang passirt. Selbst bei leisester Berührung mit dem Sondenknopfe tritt der qualvolle Zustand in Erscheinung, und nach einigen Autoren soll schon das Anblasen der äusseren Geschlechtstheile, das Kitzeln mit einer Feder, selbst der Gedanke an eine ärztliche Untersuchung oder den Beischlaf den schmerzhaften Muskelkrampf hervorrufen. Allmählich betheiligen sich auch andere benachbarte Muskelgruppen am Krampfe, besonders der Afterschliessmuskel, die Blasenmuskeln, die Oberschenkelmuskulatur, so dass die Patientin Schmerzen und Belästigungen von Seiten der Blase und des Mastdarmes auszustehen hat, die Beine zittern und sich krampfhaft an einander drücken. Der Beischlaf bereitet grosse Schmerzen, so dass das Wollustgefühl überhaupt nicht eintritt. Aus Angst widerstreben die Patientinnen dem Geschlechtsverkehre, und da es häufig nicht zur vollkommenen Einführung des Gliedes kommt, so wird, bei falscher Scham, eine platonische Ehe und Unfruchtbarkeit bewirkt. Gelingt, wenn auch unter den heftigsten Schmerzen, der Beischlaf zuweilen vollständig, so können die Patientinnen selbstverständlich empfangen, jedoch kann der Scheidenkrampf mitunter, wenn auch das Gegentheil die Regel zu sein pflegt, die Schwangerschaft und Geburt überdauern. Wird von rücksichtsvollen Männern der Geschlechtsverkehr zunächst ausgesetzt, so gehen die Erscheinungen am Scheideneingange meist rasch zurück, jedoch verbleibt an dem Ausgangspuncte des Scheidenkrampfes auch dann noch eine aussergewöhnliche Empfindlichkeit zurück.

Das Allgemeinbefinden leidet meist beträchtlich, wenn das Leiden nicht rechtzeitig beseitigt wird. Die Patientinnen werden immer nervöser, matter, sind verstimmt, bleich und schlaflos und tragen sich· mit Ehescheidungs- und Selbstmordgedanken. Dieses wird zum Theile durch die häufig wiederholten, mit heftigen Schmerzen verknüpften Beischlafsversuche oder das fehlende Gefühl ehelicher Befriedigung bewirkt. — Nach der Heilung des Leidens sind häufig alle Erscheinungen wie mit einem Schlage verschwunden, und rasch tritt bei der Frau das Wollustgefühl und die ersehnte Empfängniss ein.

Erkennung. Die Ermittelung des Leidens gelingt bei dem charakteristischen Zusammentreffen von Schmerz und Muskelkrampf in der Scheide meist rasch und leicht. Stets bemühe man sich, die etwaige Ursache des Leidens zu ergründen.

Vorhersage. Die Aussichten für die Hebung des Scheidenkrampfes sind fast ausnahmslos günstig, selbst wenn er lange Zeit hartnäckig der Behandlung trotzt. Rückfälle sind auch von uns wiederholt beobachtet worden. Beruht der Vaginismus auf Hysterie oder fast nicht zu beseitigenden Lageabweichungen der weiblichen äusseren Schamtheile, so ist es häufig nicht möglich, einen regelrechten Geschlechtsverkehr einzuleiten. Allerdings besteht dabei für das Leben keine Gefahr. In seltenen Fällen kann auch bei dieser anscheinend ungünstigen Ursache des Vaginismus Schwangerschaft und nach der Entbindung Gesundung erfolgen.

Behandlung. Bei vorübergehendem Scheidenkrampfe im Beginne der Ehe ist die Behandlung in erster Reihe eine seelische. Man kläre die Ehegatten auf, dass im Anfange der Beischlaf bei vielen Frauen mehr oder minder schmerzhaft sei, und dringe darauf, dass einige Zeit hindurch alle Beischlafsversuche unterlassen werden, damit etwaige Risse der Scheidenschleimhaut, des Jungfernhäutchens usw. Zeit zur Ausheilung haben. Häufig kommt es schon hierdurch allein zur Heilung, und bei einigen Erläuterungen bezüglich des Geschlechtsverkehres, die leider aus falscher Scham den jungen Eheleuten von den Eltern nicht gegeben wurden, findet sich später bei grösserer Vertraulichkeit der beiden Ehegatten Alles von selbst. Der Ehemann wird im gegebenen Falle sein Glied statt wie bisher an die Harnröhrenmündung in die Scheide einführen, oder falls die äusseren Geschlechtstheile der Ehefrau etwas abweichend liegen, beim Beischlafe eine entsprechende Lage einnehmen u. dergl. mehr. Dringend müssen wir vor vielen Untersuchungen der Scheide mit Finger und Spiegel warnen, da hierdurch das Leiden hervorgerufen und gefördert werden kann. Führt die Pause im Geschlechtsverkehre allein nicht zur Heilung, da entzündliche Vorgänge am Scheideneingange vorhanden sind, so muss man hiergegen nach dem bereits angeführten Verfahren vorgehen. Liegt die Ursache des Leidens an einem derberen Jungfernhäutchen, so dehne man dasselbe auf unblutigem Wege bei Chloroformbetäubung der Patientin. Es wird in die Oeffnung des Jungfernhäutchens erst ein und dann ein zweiter Finger eingeschoben und durch deren Spreizung, oft ohne dass ein Tropfen Blut fliesst, eine Dehnung der Oeffnung nach hinten bewirkt. Den Beischlaf gestatte man erst ein bis zwei Wochen später. Zuweilen, besonders bei noch wenig sinnlich erregten und daher in der Scheide trockenen Frauen, mag der Mann, nach Ausheilung von Entzündungen, sein Glied mit etwas Süssmandelöl anfetten und schlüpfrig machen, um hierdurch Rückfällen vorzubeugen. Die Empfängniss erfolgt nach den erwähnten Maassnahmen häufig so schnell, dass man Vaginismus vom therapeutischen Standpuncte aus als die unwesentlichste Ursache der Unfruchtbarkeit bezeichnen kann. — Treten Muskelkrämpfe, die von Schmerzen nicht begleitet sind, in den Vordergrund, so vermögen 2 bis 3 mal täglich zu gebrauchende, mit 28 ° R. beginnende, auf 32 ° R. steigende Sitzbäder (Fig. 33), je 20 bis 30 Minuten dauernd, Gesässdampfbäder (Fig. 40) und Dampfcompressen in bereits beschriebener Ausführung, verknüpft mit Damm- und Gesässmassage, den Zustand meist zu beheben, so dass man hierbei von einer gewaltsamen Dehnung des krampfenden Scheidenschliessmuskels absehen kann.

Gegen die allgemeine Schwäche und Nervosität ist nach den hierfür üblichen Regeln vorzugehen. In den seltenen Fällen unheilbaren Scheidenkrampfes gebe man den Ehegatten die volle Wahrheit an die Hand, damit sie über ihr zukünftiges Verhältniss unterrichtet sind.

CAPITEL IV.

Neubildungen der Scheide.

a) Scheidencysten.

Ursachen. Ueber die eigentlichen Ursachen von Sack- oder Höhlengeschwülsten in der Scheidenwand weiss man nur wenig. Zuweilen handelt es sich um Erweiterung von Canälen, die während des Daseins im Mutterleibe vorhanden sind. In anderen Fällen hängt die Cystenbildung mit einseitiger, mangelhafter Entwickelung der Scheide zusammen. Ein anderer Theil der Scheidencysten besteht wahrscheinlich aus drüsenartigen Einbuchtungen der Schleimhaut, entweder in Form eines mässig tiefen, breiten Blindsackes oder einer schlauchförmigen Einstülpung. — Schwangerschaft und Geburt scheinen auf die Entwickelung von Hohlräumen in der Scheide ohne Einfluss zu sein, wenigstens waren unter 50 Fällen *Winckel*'s nur acht Frauen, die geboren hatten. Ob Scheidenkatarrh die Veranlassung zu einer Scheidencyste bieten kann, ist noch unklar. Oefter dagegen konnte man im Anschlusse an Verletzungen durch Geburtsvorgänge, Fremdkörper in der Scheide u. dergl. Cysten innerhalb derselben beobachten. Freilich ist es fraglich, ob der Hohlraum nicht schon vorher vorhanden war und nicht erst zufällig, gelegentlich der durch Scheidenverletzung herbeigeführten Untersuchung entdeckt wurde. Ueberhaupt ist es wahrscheinlich, dass die Neubildung viel häufiger vorkommt, als nach den diesbezüglichen geringen Literaturangaben erscheinen könnte. Die Scheide gehört eben zu denjenigen Organen, deren nähere Untersuchung oft vernachlässigt wird oder deren Erkrankungen neben denjenigen der Gebärmutter häufig nicht genügend beachtet werden.

Bezüglich des Lebensalters ist noch wenig ermittelt. *Breisky* und *Winckel* haben Fälle veröffentlicht, wonach bei Neugeborenen aus der Oeffnung des Jungfernhäutchens die Cyste vorfiel. Freilich findet man die Cysten vorwiegend bei Frauen im geschlechtsreifen Alter, weil man Gelegenheit hat, diese besonders oft zu untersuchen.

Anatomische Veränderungen. In der Regel kommen die Scheidencysten nur einzeln vor, zuweilen jedoch trifft man mehrere nebeneinander. Vorwiegend von der vorderen oder hinteren Wand ausgehend, sitzen sie meist im unteren Drittel der Scheide. Ihre Grösse schwankt zwischen dem Umfange einer Erbse bis Haselnuss oder eines Apfels. Ihr Inhalt ist bald gelblich hell und klar, vorwiegend aus Blutwasser bestehend, bald röthlich, bräunlich, chocoladefarben, selbst grünlich, dabei mitunter eiweissartig dick und fadenziehend. Auch Deckzellen, ähnlich wie bei Balggeschwülsten der Haut, kommen darin vor. Die Wandung der Cysten ist sehr verschieden, bald so zart, dass sie durch Druck zum Platzen gebracht werden kann, bald derb, hart und faserig. An der Aussenfläche ist die Cystenwand von dem normalen, geschichteten Plattenepithel der Scheide bedeckt, die Innenfläche trägt meist Cylinderdeckzellen, und ist gewöhnlich glatt, zuweilen warzenartig braun. Tiefer sitzende Scheidencysten besitzen eine mit Muskelfasern versehene Wand.

Krankheitsbild. Die kleinen und mittelgrossen Scheidencysten machen in der Regel keine klinischen Erscheinungen. Meist behalten sie ihre Grösse bei, oder wenn sie wachsen, erreichen sie fast immer nur eine mittlere Grösse. Das Wachsthum ist dabei ziemlich regelmässig ein sehr langsames, so dass erst nach vielen Jahren Hühnereigrösse erlangt wird. Nur wenn grössere Cysten tief unten sitzen, so dass sie, besonders beim Stehen, nach den kleinen Schamlippen zu drücken, wird die Aufmerksamkeit der Patientin hingelenkt. Grosse Scheidencysten rufen unter Umständen Schmerzen und Hindernisse beim Beischlafe hervor. Nur ausnahmsweise erreichen sie solche Ausdehnung, dass ein Hinderniss bei der Urinentleerung, eine Verlagerung der Gebärmutter oder eine Erschwerung der Geburt entsteht. Zuweilen platzen Scheidencysten von selbst, jedoch kann eine Wiederanfüllung der Höhle eintreten.

Erkennung. Die Ermittelung der Scheidencysten gelingt unschwer, wenn man den Sitz der Neubildung, ihre Verschieblichkeit, ihren Zusammenhang mit der Scheidenwand, ihren fühlbaren, prall elastischen Inhalt berücksichtigt. Nur bei oberflächlicher Untersuchung könnte eine Verwechselung mit Eierstockscysten, Gebärmuttervorfall und sonstigen Erkrankungen vorkommen. Kleinere Scheidencysten werden häufig übersehen.

Vorhersage. Die Aussichten für Beseitigung des Leidens und Erhaltung des Lebens sind stets günstig. Rückfälle kommen vor, bieten aber gleichfalls eine günstige Vorhersage.

Behandlung. Kleinere Scheidencysten, die keine Beschwerden bereiten und hoch oben in der Scheide sitzen, bedürfen keiner Behandlung. Verlangen grössere dieser Neubildungen ärztliches Vorgehen, so spalte man die sie überdeckende Haut, schäle, stumpf vorgehend, den Sack mit Inhalt heraus und vereinige durch die Naht die Ränder der Schnittwunde. Nach kurzer Zeit ist die Stelle, wo die Cyste sass, kaum noch zu entdecken. Gefährlich ist jenes Verfahren, wonach ein Stück der Cystenwand ausgeschnitten, der Inhalt entleert und der Grund mit Höllenstein oder Jod ausgepinselt wird, da durch die Nähe des Bauchfelles hierbei grosse Gefahren drohen.

b) Fasergeschwülste der Scheide. — Fibrome und Fibromyome der Vagina.

Ursachen. Aus dem Gewebe der Scheidenschleimhaut, zuweilen gleichzeitig aus den Muskelfasern, entstehen Faser- oder Muskelfasergeschwülste, die jedoch im Verhältnisse zu den Fibromen und Fibromyomen der Gebärmutter nur selten beobachtet werden. Ueber ihre eigentliche Ursache ist nur wenig bekannt, Selbstbefleckung und Geschlechtsverkehr, Monatsfluss und Schwangerschaft kommen wohl kaum in Betracht.

Unter den Lebensaltern wird das geschlechtskräftige vorwiegend befallen, jedoch kommt schon in den frühesten Lebensaltern bei Kindern und Mädchen in den Entwickelungsjahren die Fasergeschwulst vor. *Martin* will eine solche bei einem 24 Stunden alten Kinde gefunden haben.

Anatomischer Befund. Die Geschwülste können sich an allen Stellen der Scheide entwickeln und zuweilen eine bedeutende Grösse, die eines Kindskopfes *(Baudier, Gremler, Greene* u. A.) und ein bedeutendes Gewicht, bis zu 10 Pfund, erreichen. Andere Fibromyome sind lange Zeit hindurch nur erbsengross und wachsen erst nach jahrelangem Bestehen, aber überaus langsam. Ziemlich oft entwickelt sich die Geschwulst polypenartig, öfter mit einem dicken als dünnem Stiele *(Scanzoni)*. Gegenüber den Fasergeschwülsten der Gebärmutter treten die Bindegewebs- und muskelhaltigen Geschwülste der Scheide immer nur einfach auf. Unter dem Einflusse der monatlichen Blutung, wiederholter Schwangerschaft wird die Neubildung blutwässerig durchtränkt, aufgelockert, weich, fast schwappend (fluctuirend), so dass man es anscheinend nicht mit einer massiven Wucherung, sondern mit einer Eitersammlung oder Scheidencyste zu thun hat. Mehrfach beobachtete man fettige, schleimige Entartung und Verkalkung dieser Scheidengeschwülste. Nur selten findet man gleichzeitig Geschwülste an anderen Theilen der weiblichen Geschlechtsorgane oder den Uebergang in Krebs (Carcinom) und Sarcom.

Krankheitsbild. Nur bei bedeutender Grösse oder unbequemem Sitze macht die Wucherung Beschwerden, während kleinere Myome und Fibromyome der Scheide häufig nur zufällig gelegentlich einer Untersuchung entdeckt werden. Die entstehenden klinischen Erscheinungen werden rein mechanisch durch Reizung und Druck seitens einer wachsenden Geschwulst herbeigeführt. Die Patientinnen werden von einem Gefühle der Schwere und Zerrung in den Schamtheilen belästigt. Tritt die Neubildung aus der Schamspalte hervor, so schwillt sie durch Druck, Reibung und sonstige Insulte entzündlich und wassersüchtig an, zerfällt eiterig an ihrer Oberfläche und ruft Vulvitis und Vaginitis hervor. In der vorderen Scheidenwand sprossende Neubildungen können schmerzhaftes Uriniren (Dysurie), Harnverhaltung (Ischurie), Schmerzhaftigkeit der Stuhlentleerung und Stuhlverhaltung bewirken sowie den Beischlaf verhindern oder ein Geburtshinderniss abgeben. Durch hervortretende Geschwülste ist selbstverständlich das Gehen, Stehen und Sitzen erschwert.

Erkennung. Kleinere Fasergeschwülste in der Scheide werden vermittelst Fingeruntersuchung leicht an ihrer Härte, Rundung und Verschieblichkeit erkannt. Polypöse Wucherungen unterliegen diagnostisch erst recht keiner Schwierigkeit, nur muss man sich hüten, sie mit hervorgetriebenen Polypen der Gebärmutter zu verwechseln. Nicht immer kann man sich vor Entfernung der Geschwulst vor einer Verwechselung mit umschriebener Eiteransammlung (Abscess) und mit prall gefüllten Hohlräumen (Cysten) schützen.

Vorhersage. Kleinere und gestielte Faser- und muskelhaltige Geschwülste der Scheide bieten für das Leben keine Gefahren und sind ebenso wie polypöse Wucherungen bequem zu beseitigen. Grössere Geschwülste bieten nur dann eine zweifelhafte Vorhersage, wenn sie durch Vernachlässigung Complicationen bewirkt haben, oder durch Verwachsungen mit der Umgebung die operative Entfernung stark beeinträchtigen.

Behandlung. Ist die Geschwulst an einem Stiele befindlich, also polypenartig, so unterbinde man diesen, nachdem man sich vorher überzeugt hat, dass der Stiel weder mit Nachbarorganen verwachsen ist, noch Theile der Blase, Harnröhre oder des Mastdarmes in ihm vorhanden sind. Alsdann durchschneide man den Stiel oberhalb der Unterbindungsstelle mit Messer oder Scheere. Bei muthigen Frauen kann man in uncomplicirten Fällen die leichte und kurzdauernde Operation unter örtlicher Schmerzlosmachung ausführen; anderenfalls betäube man mässig durch Aether, wofern die Athemorgane gesund sind, sonst durch Chloroform. Bei breit aufsitzenden Geschwülsten spalte man nach vorheriger Blasen- und Darmentleerung und gründlicher Säuberung des Operationsfeldes durch Scheidenausspülungen die das Fibromyom überziehende Schleimhaut und schäle die Geschwulst stumpf aus ihrem Bette heraus, worauf die Wundränder zusammengenäht werden.

c) Der Scheidenkrebs. — Carcinom der Vagina.

Ursachen und anatomischer Befund. Der ursprüngliche (primäre) Scheidenkrebs ist sehr selten und erscheint sowohl als umschriebene, fast regelmässig an der hinteren Wand sitzende Geschwulst, die allmählich sich vergrössernd, schliesslich halbkugelförmig in die Scheide hineinragt, oder es tritt eine ausgedehnte (diffuse) krebsige Anschoppung der Scheidenschleimhaut auf, die an den ergriffenen Stellen wie geschunden aussieht. Durch die harten, die Oberfläche mässig überragenden krebsigen Anschoppungen wird im weiteren Verlaufe des Leidens die Scheide in einen starrwandigen Canal verwandelt, dessen lichte Weite (Lumen) stark verengt ist. In der Regel bildet das Carcinom eine faserige Wucherung (Scirrhus), während die weiche, markartige (medulläre) Form äusserst selten ist. An der Oberfläche der bösartigen Wucherung entwickeln sich früher oder später geschwüriger Zerfall oder Jauchung. Schon frühzeitig sind die Becken- und Leistenbeugendrüsen betheiligt, spät jedoch erst kommt auch die Harnröhre an die Reihe.

Unter den Lebensaltern werden von dem aus unbekannten Ursachen entstandenen Leiden vorwiegend die vorgerückteren Abschnitte betroffen. Die meisten Fälle betreffen Frauen zwischen dem 30. bis 60. Lebensjahre. Jugendliche Mädchen zwischen dem 15. bis 20. Lebensjahre und zuweilen auch darunter erkranken nur ausnahmsweise an primärem Scheidenkrebs.

Krankheitsbild. Eine Zeit lang kann das Leiden ohne wesentliche Beschwerden bestehen, und Schmerzen können selbst im vorgerückteren Stadium ausbleiben. Vielfach machen sich durch die Schwere der bösen Wucherung, oder zuweilen mechanisch durch die Verengerung des Scheidenumfanges Hindernisse und Beschwerden beim Beischlafe und einer Geburt geltend. Schreitet, wie zumeist, der Krebs auch auf Blase und Darm über, so treten von Seiten dieser Nachbarorgane mehr oder minder bedeutende Störungen mit daraus entspringenden Gefahren ein. Neben sonstigen Erscheinungen von Scheidenkatarrh kommt es zu vermehrten schleimigen, eiterigen oder jauchigen Ausflüssen und unregelmässig auftretenden grösseren oder geringeren Blutungen. Der Tod erfolgt entweder durch allgemeinen Kräfteverfall (Cachexie), Verblutung oder schwere Blasen- und Nierenleiden.

Erkennung. Die Erkennung gelingt in der Regel leicht in Rücksicht auf die breite Basis, Starrheit und Unbeweglichkeit, das rasche Wachsthum der Geschwulst und ihre leichte Blutung sowie den Ausfluss. Bei krebsiger Infiltration kommen Verwechselungen mit Feigwarzen (Condylomen), Fasergeschwülsten (Fibromyomen) und Sarcomen der Scheide vor. Bei der Feststellung des Leidens hat man durch eingehende Untersuchung zu entscheiden, ob es sich um einen ursprünglich (primär) in der Scheide aufgetretenen oder um einen fortgepflanzten (secundären) Krebs handelt.

Vorhersage. In seltenen Fällen, auf die man freilich durchschnittlich nicht zu rechnen hat, kann ein kleiner Krebsknoten in der Scheide von selbst abgestossen werden und Heilung unter Narbenbildung eintreten. Fast ausnahmslos ist die Vorhersage für Heilung des Leidens, Verhütung von Rückfällen und Erhaltung des Lebens ungünstig, und meist erfolgt der tödtliche Ausgang innerhalb von $1/2$ bis $1^1/_2$ Jahren, selten darüber.

Behandlung. Umschriebene Krebsknoten sind sobald als möglich mit Messer und Scheere zu entfernen und die Wundränder sorgsam zu vernähen. Auch ausgedehnte Krebswucherungen sind, falls nicht unzertrennliche Verwachsungen mit den Nachbarorganen eine Gegenanzeige bieten, operativ zu entfernen. Alsdann muss nach Ausheilung der Operationswunden die Patientin in einer Naturheilanstalt einer allgemeinen

Kräftigungscur unterzogen werden, und es ist nicht unwahrscheinlich, dass in passenden Fällen eine wesentliche Lebensverlängerung und Verhütung von Rückfällen erzielt wird. Bei nicht mehr operirbaren Fällen muss man symptomatisch mit den gegen Scheidenkatarrh empfohlenen Mitteln vorgehen.

d) Andere Geschwülste der Scheide.

Von sonstigen, überaus selten in der Scheide vorkommenden Neubildungen erwähnen wir Fettgeschwülste (Lipome), warzenartige Wucherungen (Papillome) und Sarcome, die ähnliche Beschwerden wie die bereits geschilderten Geschwulstarten hervorrufen und in ähnlicher Art operativ zu entfernen sind.

CAPITEL V.
Fremde Körper in der Scheide.

Ursachen. In der Scheide sind schon die verschiedensten Fremdkörper angetroffen worden. In practischer Beziehung sind die Pessarien besonders wichtig, die, wenn sie lange Zeit hindurch gleichmässig gegen eine Stelle drücken, in das Zellgewebe tiefe Furchen einschneiden und schliesslich durch entzündliche Wucherung vollständig eingebettet sein können. Eine zweite Gruppe von Fremdkörpern bilden die zu onanistischen Zwecken benutzten, welche in die Scheide eingeführt, den Fingern entschlüpfend, darinnen liegen bleiben. Wir erwähnen Haar- und Häkelnadeln, Nadelbüchsen, Bleistifte, Lockenhölzer, Garnspulen, Tannenzapfen, Trinkgläser u. dergl. Diese Fremdkörper erregen in der Scheide Zusammenziehungen der Beckenbodenmuskeln, werden von diesen erfasst und in das Scheidengewölbe hineingebracht, um dort liegen zu bleiben. Zuweilen wird ein Fremdkörper von zweiter Hand boshafter Weise in die weibliche Scheide gebracht, und so erwähnt *Bazanella* einen Fall, in welchem eine Frau 10 Jahre lang ein Trinkglas in der Scheide beherbergte, welches ihr vor der Ehescheidung der Mann hineingebracht hatte, um ferneren Geschlechtsverkehr der Frau mit anderen Männern zu verhindern. — Auch Fremdkörper, die zur Verhütung einer Empfängniss eingeschoben wurden, Gummiblasen, Schwämmchen, Wattestücke u. dergl., deren Wegnahme vergessen wurde, findet man oft genug in der Scheide vor. Mitunter kann man in der Scheide die vorderen Theile spitziger Instrumente, die zu Fruchtabtreibung gebraucht wurden und dabei zerbrachen, finden, z. B. den vorderen Theil einer Stricknadel. Auch durch ärztliches Ungeschick können Fremdkörper in der Scheide verbleiben, z. B. das vordere Stück eines Milchglasspiegels *(Kurz)* oder einer Glasspritze *(Day)*. Bei Kindern gelangen mitunter Fremdkörper, z. B. kleine Steine, beim Spielen in die Scheide. Auch als Aufenthaltsort von Werthgegenständen, z. B. Goldstücken, Uhren,

Geldbörsen u. dergl. wurde die Scheide von Diebinnen benutzt. — Von den Nachbarorganen dringen, ohne also den Scheideneingang passirt zu haben, von der Harnblase oder dem Mastdarme aus, nach Durchbruch der betreffenden Scheidewände, Fremdkörper in die Vagina ein, z. B. Harn- und Kothsteine, bei Bauchschwangerschaft Kindstheile u. dergl. Auch Darmwürmer können in dieser Weise in die Scheide gelangen. — Schliesslich können durch einen unglücklichen Sturz auf hölzerne oder sonst zerbrechliche Gegenstände Stücke derselben in die Scheide hineingerathen.

Unter den Lebensaltern wird vorwiegend die Zeit nach der Geschlechtsreife befallen.

Krankheitsbild. Die klinischen Erscheinungen, welche von in der Scheide anwesenden Fremdkörpern hervorgerufen werden, sind von dem Materiale, der Grösse, Form, Oberfläche, Dauer des Verweilens, den beim Einführen bewirkten Verletzungen abhängig. Kleinere Gegenstände können zuweilen viele Jahre hindurch ohne andere Erscheinungen als die eines Scheidenkatarrhes getragen werden. Nach und nach bewirken sie wesentliche Veränderungen: Schleim und Menstruationsblut stauen sich hinter ihnen, an der Oberfläche lagern sich Kalksalze und Phosphate ab, wodurch eine harte Kruste gebildet ist, so dass besonders ein kleinerer Fremdkörper nur noch als Kern einer grösseren Steinbildung erscheint. Die hierdurch zunehmende Rauhigkeit der Oberfläche reizt und scheuert die Scheidenschleimhaut immer mehr und mehr und bewirkt Geschwüre, übelriechende, eiterig-jauchige Ausflüsse, Verwachsungen oder Durchbrüche in Nachbarorgane, oder wenn es sich um grosse, versteinerte Fremdkörper handelt, durch anhaltenden Druck auf die Scheidewände Druckbrand mit seinen gefährlichen Folgen. Häufig treten auch durch ihre Massenhaftigkeit gefährliche Blutungen ein. Bei günstigerem Verlaufe werden kleinere Fremdkörper durch chronische Geschwüre allmählich umwuchert und schliesslich durch derbe, narbige Stränge und Brücken eingekapselt oder durch hochgradige Scheidenverengerung abgeschlossen.

Das Allgemeinbefinden ist mehr oder minder gestört, selbst wenn ein Fremdkörper keinen Schmerz verursacht, durch die anhaltenden Säfteverluste, die Störungen des Monatsflusses, die Angst und Verstimmung, noch mehr aber, wenn Geschwüre, Brand u. dergl. hinzutreten. Alsdann besteht in der Regel auch Fieber von wechselnder Höhe und Dauer.

Erkennung. Durch Berücksichtigung der Krankengeschichte und genaue, unter grosser Vorsicht — um Verletzungen zu vermeiden — vorgenommene, örtliche Untersuchung gelingt die Erkennung des Leidens leicht. Meist genügt die einfache Fingeruntersuchung zur Feststellung, und oft ist die Einführung des Spiegels gefährlich.

Vorhersage. Die Aussichten, den Fremdkörper aus der Scheide zu bringen und völlige Gesundheit zu schaffen, sind fast immer günstig.

Behandlung. Kleinere Gegenstände entferne man unter Leitung des Fingers mit einer Kornzange. Eingewachsene Fremdkörper erfordern zunächst ein operatives Entfernen von Umwachsungen und abschliessenden, derben Strängen. Grössere Gegenstände müssen oft erst mit Knochenscheere oder Säge verkleinert werden, um sie herauszuziehen. Auch die Geburtszange kann man bei steinigen Bildungen zum Herausziehen derselben verwenden. Nach der Entfernung des Fremdkörpers behandle man die durch ihn bewirkten Processe in der Scheide und den Nachbarorganen nach den üblichen Regeln.

CAPITEL VI.

Die Scheidenfisteln.

Unter Scheidenfisteln versteht man die regelwidrige Verbindung von durch Verletzung bewirkten Oeffnungen der Scheide mit Nachbarorganen. Wir betrachten besonders die Scheidendarm- und Scheidenblasenfisteln.

A) Die Scheidendarmfisteln kommen sowohl als Mastdarmscheidenfisteln als auch Dünndarmscheidenfisteln vor. Die regelwidrige Verbindung zwischen Scheide und Mastdarm entsteht am häufigsten durch die Geburt, entweder von selbst, durch allzu starke Ausdehnung und Zerrung der zwischen Mastdarm und Scheide gelegenen Grenze, oder schliesst sich durch entzündliche und Eiterungsprocesse an Quetschungen, verbliebenen Druckbrand u. dergl. an, oder wird durch die Hände oder Instrumente des Geburtshelfers oder durch Knochensplitter des kindlichen Skelettes herbeigeführt. Ausser den durch Geburten bewirkten Verletzungen kommen Mastdarmscheidenfisteln auch bei Operationen an den weiblichen Geschlechtsorganen vor, z. B. bei Entfernung von Geschwülsten aus der hinteren Scheidenwand, bei Erweiterung von Scheidenverengerung, nach Operation der vorgefallenen Gebärmutter usw., besonders wenn sich in der Mastdarm-Scheidenwand umschriebene Eiteransammlungen bilden. — Durch ungeschicktes Hantiren beim Klystieren kann gelegentlich eine Mastdarmscheidenfistel entstehen. — Auch durch ein liegen gebliebenes Pessar, einen Fall auf einen spitzen Gegenstand kann zuweilen eine regelwidrige Verbindung zwischen Mastdarm und Scheide herbeigeführt werden. — Schliesslich können alle jene Erkrankungen, die Mastdarm und Blase gleichzeitig betreffende Entzündung und Gewebstod bewirken, Mastdarmscheidenfistel zur Folge haben, besonders abgekapselte Eiterungen im *Douglas*'schen Raume, syphilitische, diphtheritische und brandige Geschwüre, zerfallende Geschwülste, besonders Krebs usw.

Auch die Dünndarmscheidenfisteln entstehen in der Regel bei der Geburt, wenn hierbei in einen im hinteren Scheidengewölbe entstehenden Riss eine Darmschlinge vorfällt, eingeklemmt und nach brandigem Zerfalle abgestossen wird. Da in solchen Fällen der Dünndarm von seinem anderen Ende abgetrennt ist und sein Kothinhalt durch die Scheide abgeht, so bezeichnet man diesen Zustand als widernatürlichen Scheidenafter (Anus praeternaturalis vaginalis). Es kann aber auch bei der Geburt eine im *Douglas*'schen Raume liegende Darmschlinge stark gequetscht, entzündlich-brandig und nach vorangegangener Verklebung durch das hintere Scheidengewölbe durchbrechen. Alsdann führt von der Scheide nur eine Oeffnung oder ein Gang in den betreffenden Dünndarmtheil, so dass letzterer in seiner lichten Weite nicht verengt ist und sein Inhalt zum Theile an jenem Gange vorbeipassirt. Diesen Zustand bezeichnet man im eigentlichen Sinne als Dünndarmscheidenfistel.

Unter den Lebensaltern kommt meist das geschlechtsreife in Betracht, nur vereinzelt fand man Darmscheidenfisteln bei Kindern oder Säuglingen.

Anatomische Veränderungen. Sitz und Ausdehnung der Darmscheidenfisteln sind überaus verschieden. Grössere dieser regelwidrigen Verbindungen stellen sich in der Regel als rundliche, schlitzförmige oder unregelmässig gestaltete Lücken dar, mittlere und kleinere, besonders durch geschwürige Processe entstandene Fisteln stellen meist einen schrägverlaufenden Gang vor, dessen Oeffnungen verschiedene Weite haben. Der Sitz der Fistelöffnung in der Scheide kann die untere oder obere Wand sein, sowohl deren mittlere als auch seitlichen Theile.

Krankheitsbild. Fast unerträgliche Qualen bietet den Kranken die klinische Haupterscheinung, nämlich der unfreiwillige Abgang von Darminhalt und Gasen durch die Scheide. Die übrigen Beschwerden und Krankheitsäusserungen hängen von der Grösse und dem Verlaufe der Fistel, sowie von der Reinlichkeit der einzelnen Patientinnen ab, insofern als die erwähnten Umstände für die Folgezustände des Leidens: die Wulstung und Entzündung an den Fistelrändern, den durch den beizenden, schlechtriechenden Ausfluss unterhaltenen Katarrh der Scheide und äusseren Schamtheile, verantwortlich sind. Wenn auch unter günstigen Umständen das Allgemeinbefinden nur unwesentlich leidet, so werden doch die meisten Patientinnen niedergeschlagen und aus der Gesellschaft flüchtig. Bei Dünndarmscheidenfisteln freilich, bei denen ein dünnflüssiger, hellgelber Speisebrei abgeht, leidet der allgemeine Ernährungszustand wesentlich.

Erkennung. Die Erkennung des Leidens gelingt in der Regel schon durch die Angabe der Patientin, dass Darminhalt und -gase durch die Scheide abgehen. Stets jedoch muss man die Mastdarmscheidenfistel aufsuchen und die regelwidrige Verbindung mit einer Sonde passiren. Bei kleiner oder versteckter Oeffnung, die nicht immer bequem zu finden ist, giesse man Milch oder Süssmandelöl in den Mastdarm und beobachte, ob und wo die eingeführte Flüssigkeit auf der Scheidenwand hervortritt. Die Art der Fistelöffnung, sowohl im Mastdarme als auch in der Scheide, lässt sich in der Regel auch bei sehr kleinen Fisteln, wenn sie von einem narbigen Saume begrenzt sind, schon durch den abtastenden Finger ermitteln. Unter Umständen muss man eine Mastdarmuntersuchung mit Finger und Spiegel vornehmen. — Die Dünndarmfistel wird dadurch festgestellt, dass bei Anwesenheit von Darminhalt- und Darmgasabgang aus der Scheide der Mastdarm unversehrt ist, indem sich die in den Mastdarm gebrachte Sonde nach jeder Richtung unbehindert bewegen kann und durch Eingiessungen in den Mastdarm sich eine Verbindung desselben mit der Scheide ausschliessen lässt. Ausserdem ist die Farbe und Consistenz des Speisebreies, der meist 1 bis 2 Stunden nach eingenommener Mahlzeit aus der Scheide kommt, charakteristisch.

Vorhersage. Frische Mastdarmscheidenfisteln können, wenn sie nicht zu gross sind und rechtzeitig naturgemäss behandelt werden, öfters von selbst heilen. Auch grössere Mastdarmscheidenfisteln bieten, sofern kein schweres Leiden, z. B. Krebs, zu Grunde liegt, bei Geduld und Ausdauer für die Heilung durchschnittlich günstige Aussichten. Die Dünndarmscheidenfisteln sind insofern etwas Unangenehmes, als sie die Ernährung wesentlich beeinträchtigen und durch ihren höheren Sitz etwa nothwendige operative Eingriffe erschweren.

Behandlung. Kleinere Fisteln sind zunächst dahin zu behandeln, dass sie womöglich von selbst heilen. Hierzu genügen häufig Bettruhe und Reinlichkeit, 3 bis 4 mal täglich zu wiederholende 22 ⁰ R. Scheidenspülungen von je 1 Liter Wasser und ebensoviele 28 ⁰ R. Darmeinläufe von je $^1/_4$ Liter Wasser, daneben täglich zwei bis drei 26 ⁰ bis 24 ⁰ R. Sitzbäder (Fig. 33) von $^1/_2$ stündlicher Dauer und nach Bedarf zu wechselnde 18 ⁰ R. Scheidentampons. Auch an das Mittelfleisch gebrachte Dampfcompressen, Gesässdampfbäder und der directe Dampfstrahl, sämmtliche in der bereits geschilderten Weise ausgeführt, führen zum Ziele. — Aetzungen mit dem Glüheisen, um die verdickten Ränder der Fistelöffnungen wund zu machen, sind zu verwerfen *(Hegar, Kaltenbach)*, da die hierdurch entstehenden Narbenmassen den Erfolg eines später etwa nothwendigen operativen Vorgehens ungünstig beeinflussen.

Viele Mastdarmscheidenfisteln sind nur operativ zu beseitigen, nämlich durch blutige Anfrischung und darauf folgende Vereinigung durch die Naht. Stets jedoch hat man vor Ausführung der Operation die gegen kleinere Fisteln als wirksam empfohlene Behandlung voranzuschicken, damit die entzündeten und geschwollenen Fistelränder und deren Umgebung erst annähernd gesunden, damit die Vernarbung überhaupt und rasch eintritt. Je nach dem Sitze der Fistel operirt man vom Mastdarme oder der Scheide aus, in der Regel von letzterer. Entschlossene Patientinnen brauchen nach *Chrobak* nur örtlich durch fünfprocentige Cocaïnlösung unempfindlich gemacht zu werden. Zunächst wird durch Herabziehen der hinteren Scheidenwand mit Häkchen oder Kornzangen oder durch den in den Mastdarm eingeführten Finger eines Assistenten die Fistel

blosgelegt und ihre Ränder gespannt. Alsdann frischt man die Fistelränder oder die sie umziehenden Narben, möglichst ohne viel wegzu-
schneiden, an und vereinigt je nach dem Einzelfalle die geschaffene
Wunde längs oder quer mit feiner Seide. Nach Vereinigung der Nähte
wird durch Einführung von Milch in den Mastdarm die Undurchlässigkeit
des vernähten Gebietes geprüft. Um Zerrungen zu vermeiden, verbindet
man in den ersten Tagen nach der Operation der Patientin die Kniee.

Figur 71.   Figur 72.   Figur 73.

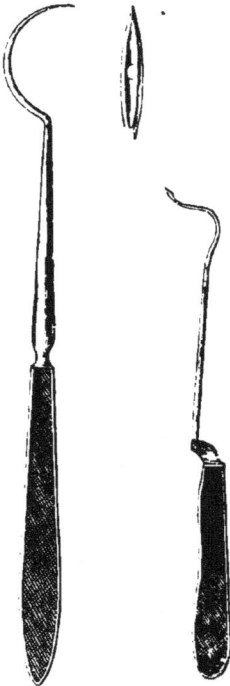

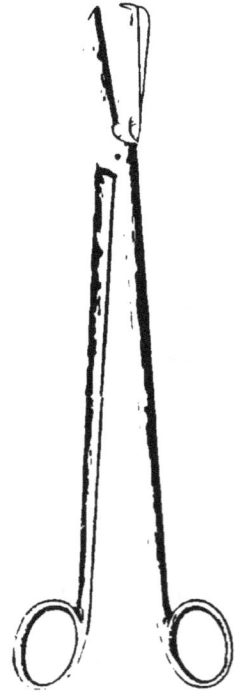

Nadeln für Fisteloperationen.   *Hagedorn*'s Nadelhalter.   Scheere zur Entfernung tiefliegen-
                                                               der Nähte bei Fisteloperationen.

Aehnlich geschieht das operative Vorgehen vom Mastdarme aus, wie es besonders *Simon* ausübte: bei Steissrückenlage der Patientin, unter starker
Erhebung des Steisses, werden die Ränder der Fistel mit Häkchen herab-
gezogen, angefrischt und vernäht. *Chrobak* schlägt vor, diese Operationsmethode zu meiden. Nach der Operation bekommt die Patientin Milch,
dünne Suppen, Apfelmus, Mandelmilch, Citronenlimonade u. dergl., keine
derbe, feste Nahrung, um weichen, breiigen Stuhlgang zu bewirken.

Die Dünndarmscheidenfisteln werden in ähnlicher Weise behandelt. Nach *Weber* und *Heine* wird zunächst der widernatürliche

Scheidenafter in eine einfache Kothfistel verwandelt, indem nach vorheriger Behandlung mit Bädern, Abspülungen und feuchtwarmen Umschlägen eine Darmscheere in die beiden getrennten Darmenden eingeführt wurde, die durch Druck vermittelst Einklemmung nach etwa einer Woche eine breite Verbindung der beiden Darmstücke bewirkte. Schliesslich wird die verbleibende einfache Scheidenöffnung angefrischt und zum Vernarben gebracht.

B) Die Scheidenurinfisteln. — Urogenitalfisteln.

Ursachen. Unter Scheidenurinfistel versteht man eine regelwidrige Verbindung der Scheide mit der Harnblase, der Harnröhre und dem Harnleiter, wodurch es ermöglicht wird, dass Harn durch die Scheide abgeht.

Unter den Ursachen des Leidens erwähnen wir folgende:

1. Schwere Geburten. Bei engem Becken oder durch bedeutende räumliche Missverhältnisse aus anderen Gründen zwischen kindlichem Körper und den Geburtswegen der Mutter können, besonders bei lange dauernden Geburten, der Kopf oder sonstige Theile der auszustossenden Frucht gegen die Weichtheile des mütterlichen Beckens so bedeutend drücken, dass das gedrückte Gebiet brandig wird und sich nach einigen Tagen loslöst. Durch diesen Substanzverlust in der Blasen-Scheidenwand entsteht eine regelwidrige Verbindung zwischen den Harnorganen und der Scheide. Hierbei kommen ursächlich jene Geburten in Betracht, welche nach dem Blasensprunge bei vorliegendem Kindesschädel sehr lange dauern.

2. Verletzungen durch geburtshülfliche Instrumente. Unter ungünstigen Umständen wird direct durch den Zug der Zange oder des Kopfzertrümmerers, wenn ein Löffel weit nach vorn ungewöhnlich lange liegen bleibt und die Manipulation zu lange fortgesetzt wird, die Blasen-Scheidenwand zerstört. Weiterhin wird ja durch die Zange das räumliche Missverhältniss zwischen engem Geburtscanale und Grösse des Kindskopfes noch erhöht, es werden so besonders durch etwas forcirtes Ziehen des Instrumentes die durch einen feststehenden Kindesschädel schon vorher gedrückten Weichtheile noch mehr gepresst oder zermalmt. Man kann demnach sagen, dass viele Scheidenurinfisteln nicht durch zu vieles oder verfrühtes Vorgehen mit geburtshülflichen Instrumenten entstehen, sondern dadurch, dass überhaupt nicht oder zu spät instrumentell vorgegangen wurde. Freilich, ein falsch eingesetzter spitzer oder stumpfer Haken reisst eine grosse, von oben nach unten verlaufende Fistel in die Blasen-Scheidenwand. Aber noch mehr trägt ungeschicktes Umgehen mit der Geburtszange an den Blasenscheidenfisteln die Schuld, und mit einer gerechten Entrüstung constatirt *Zweifel*, dass unter dreiunddreissig von ihm operirten Urinfisteln achtzehn durch falsche Zangenanwendung entstanden sind. *Winckel* erklärt das Zustandekommen dieser durch Gewalt bewirkten Urinfisteln bei der Zangenoperation: durch Zerschneiden

der Blasen-Scheidenwand mit den Spitzen der Zange beim Abgleiten, durch vorzeitiges Anlegen des Instrumentes v o r völliger Erweiterung des Muttermundes, ferner durch raschen Uebergang von einer Stellung in die andere, oder beim Drehen um die Längsachse der Zange zur Aenderung der Kopfstellung. — Von selbst kann unter der Geburt die Scheidewand zwischen Harn- und Geschlechtscanal unter Umständen bei bedeutender Starrheit und Anwesenheit von Narben zerreissen. Auch scharfe, nach seiner Durchbohrung aus dem Kindesschädel hervorstehende Knochen können eine regelwidrige Verbindung zwischen Blase und Scheide bewirken. — In seltenen Fällen können auch angestrengte Versuche zur Einführung eines Katheters von innen nach aussen die Blase durchbohren.

3. Verletzungen abseits von Geburten. Hier kommen Durchbohrungen mit der Steinsonde und dem Steinzertrümmerer, oder seitens in die Blase gelangender Fremdkörper, z. B. von Haarnadeln und abgebrochenen Kathetern, durch Fall auf spitze Gegenstände, durch Verletzungen bei Operationen der Nachbarorgane und der weiblichen Geschlechtstheile nach Steinschnitt usw. in Betracht. — Eng hieran schliessen sich jene Fälle von Scheidenurinfisteln, welche von der Scheide aus durch zu scharfkantige und zu grosse Pessarien und von der Blase aus durch ihre Durchbohrung seitens Steinbildungen entstehen.

4. Erkrankungen der Scheide und Blase, z. B. syphilitische Geschwüre der Vagina, diphtheritische und brandige Processe derselben, mit Geschwürsbildung einhergehende Blasenentzündung, Blasenkrebs usw., sind im Stande, regelwidrig die Scheide mit Harnorganen in Verbindung zu bringen.

Unter den Lebensaltern kommt meist die Zeit nach der Geschlechtsreife in Betracht.

Anatomische Veränderungen. Die Lage und Gestalt der Scheidenurinfisteln, besonders der durch Druck unter der Geburt herbeigeführten, ist überaus wechselnd und es können in mannigfaltiger Form die verschiedensten Theile der Harn- und Geschlechtswege betroffen sein. Kleinere Fisteln sind in der Regel rund oder eiförmig, andere bilden längs oder quer verlaufende Spalten und Lücken, bald nur feine, kaum sichtbare Canäle, bald Oeffnungen, durch die man von der Scheide aus bequem mehrere Finger in die Blase führen kann. Es können zwei oder mehrere Fisteln gleichzeitig neben einander gefunden werden; alsdann waren anfänglich grosse Zerstörungen vorhanden und einzelne zusammengeheilte Theile überbrücken den ursprünglich grossen Substanzverlust, oder in einer bedeutenderen brandigen Partie sind einzelne relativ gesunde Stellen übrig geblieben. Zuweilen trifft man neben einer Fistel eine Anzahl Narben in der Scheide, welche darauf hindeuten, dass früher noch andere Verletzungen bestanden. Mitunter ist durch brandigen Zerfall ein so grosser Gewebsverlust eingetreten, dass von der Scheide nur wenig übrig blieb.

Je nach den regelwidrig verbundenen Theilen der Geschlechts- und Harnwege unterscheidet man: a) die Blasenscheidenfistel, bei welcher die Harnblase mit der Scheide in Communication steht; b) die Blasengebärmutterscheidenfistel, bei welcher, wenn der obere Rand aus dem Scheidentheile der Gebärmutter besteht, eine oberflächliche, wenn sie höher hinauf reicht, also die vordere Muttermundslippe mit zerstört ist, eine tiefere Form unterschieden wird. Ist die Blase regelwidrig mit der Höhle des Gebärmutterhalses verbunden, so spricht man von Blasencervixfistel. Führt ein Gang aus der Harnröhre in die Scheide, so bezeichnet man diesen Zustand als Harnröhrenscheidenfistel. Mündet der eine Harnleiter in die Scheide, was besonders dann stattfinden kann, wenn der betreffende Harnleiter durch Entzündung des Zellgewebes der breiten Mutterbänder (Parametritis) nach unten gezogen ist, so kann eine Harnleiterscheidenfistel entstehen. Die Harnröhre wird häufig, da sie dem Urinabgange nicht zu dienen braucht, durch Nichtgebrauch oder dieselben Schädlichkeiten, welche überhaupt die Fistel bewirkt haben, enger oder vollkommen verschlossen. Auch die Harnblase hat oft an Umfang abgenommen, ihre Wände berühren sich und stülpen sich in die Fistelöffnung hinein, so dass sie in den äusseren Geschlechtstheilen sichtbar wird. Man findet alsdann auch entzündliche, geschwürige oder überwuchernde Processe an der Blase. Auch der Harnleiter kann der Verengerung und dem Verschlusse anheimfallen und die zugehörige Niere mehr oder minder anatomisch verändert sein. — Die Scheide kann verengert und verschlossen, und zugleich mit den äusseren Schamtheilen alle Erscheinungen der Entzündung, Geschwürsbildung und Ueberwucherung zeigen.

Krankheitsbild. Unwillkürlicher, andauernder Urinabfluss aus der Scheide ist die wichtigste und charakteristischste Erscheinung des Leidens. Bei grossen, directen Verletzungen tritt diese Abweichung sofort ein, bei ursächlichem Druckbrande erst später, etwa erst vom dritten bis vierten Tage nach der schweren Geburt, wenn das brandig gewordene Gewebe losgestossen ist. — Nicht selten bleibt eine grössere Portion von Urin in der Blase oder Scheide zurück, wenn die Patientin ruhig die Rückenlage einnimmt, beim Erheben des Oberschenkels jedoch, oder bei Seitenlage schwappt der zurückgehaltene Harn rasch heraus. In mancher Stellung, wenn die Fistelöffnung durch die hintere Scheidenwand oder den Gebärmutterhals verlegt wird, kann zuweilen der Urin auf dem normalen Wege entleert werden. — Bei Harnröhrenscheidenfistel wird der Urin in der Blase zurückgehalten, nur bei der Entleerung fliesst er, anstatt aus der Harnröhrenmündung heraus, durch die Fistel nach der Scheide. Bei kleiner Oeffnung lässt die Patientin einen Theil des Urines regelrecht in das Geschirr, während gleichzeitig der andere Theil aus der Scheide an den Beinen nach unten herausträufelt. Bei Harnleiterscheidenfistel, wenn sie nur einseitig besteht, wird der von der einen Niere abgesonderte Urin in normaler Art entleert, während die Absonderung der anderen Niere, jedoch nicht in erheblichem Maasse, nur von Zeit zu Zeit stärker unfreiwillig durch die Fistel tröpfelt.

Der Monatsfluss bleibt meist lange Zeit aus oder wird unregelmässig und schmerzhaft. Da bei beiden Ehegatten ein gewisser Abscheu vor dem Geschlechtsverkehre besteht, so ist eine Empfängniss der Patientinnen seltener, die Möglichkeit einer Schwangerschaft an sich ist durch das Leiden nur wenig beeinflusst. Eine bereits bestehende Schwangerschaft kann normal verlaufen, öfters jedoch wird sie durch die Fistel begleitende Erkrankungen unterbrochen.

Das Allgemeinbefinden ist bei kleinen Fisteln mit spärlichem Urinträufeln zuweilen ungestört, meist jedoch tritt durch die häufige Durchnässung Störung im Schlafe, Erkältung, Wundsein und Schmerz an den äusseren Schamtheilen, Katarrh der Scheide und ihrer äusseren Umgebung, Entzündung des Afters und Mastdarmes ein, wodurch die Patientinnen allmählich verfallen. Hierzu gesellt sich eine düstere Stimmung, da die Kranken durch den widerlichen Geruch des zersetzten Urines sich selbst und der Umgebung zur Last fallen, aus der Gesellschaft fliehen und allen Zerstreuungen fernbleiben müssen.

Die Dauer des Leidens beträgt gewöhnlich Jahre und Jahrzehnte, und die Patientinnen gehen, wenn sie nicht rechtzeitig behandelt werden, an Entkräftung oder den Folgekrankheiten zu Grunde.

Erkennung. Die Erkennung grösserer Blasenscheidenfisteln, deren Oeffnung auch nur einen Centimeter beträgt, gelingt unschwer allein schon durch die Fingeruntersuchung und die Führung eines Katheters durch das regelwidrige Loch von der Blase aus. Sind die Fisteln klein, so muss man eine genaue Scheidenuntersuchung vermittelst des Spiegels vornehmen; und kann man alsdann seitlich sitzende, sehr feine, etwas versteckt liegende Verbindungen der Harnblase und Scheide nicht finden, so führe man durch einen Katheter eine gefärbte Flüssigkeit, Milch, in der Temperatur von 37 ^{0} C. in die Blase ein und beobachte, wo die Flüssigkeit aus der vorderen Scheidenwand hervortritt. Schwierigkeiten entstehen nur bei gleichzeitiger Scheidenverengerung.

Geht beim Einführen von lauer Milch in die Blase kein Tropfen davon durch die Scheide ab, so ist eine Blasenscheidenfistel auszuschliessen und man kann, falls die Milch aus dem Muttermunde abgeht, auf diese Weise eine Blasengebärmutterfistel constatiren. Nicht immer ist in diesen Fällen der Sitz und die Beschaffenheit der Fistel festzustellen.

Geht bei Anwesenheit unwillkürlichen Urinabganges aus der Scheide in die Blase gebrachte laue Milch weder durch die Scheide noch den Muttermund ab, sondern es fliesst aus der Fistel ungefärbter Urin, so kann es sich nur um Harnleiterscheiden- oder Harnleitergebärmutterfisteln handeln. Tamponirt man den Mutterhals, und die Scheide bleibt bei dem Versuche trocken, so ist eine Harnleitercervixfistel anzunehmen.

Zuweilen ist es schwierig, eine Verwechselung mit Harnträufeln nach Lähmung des Blasenschliessmuskels zu vermeiden, wie sie nicht selten durch anhaltenden Druck unter der Entbindung bewirkt wird. Nur eine feste Scheidentamponade kann alsdann Aufschluss geben, ob der Urin nur aus der Harnröhre aus- oder in die oberen Theile der Scheide übertritt.

Vorhersage. Die Aussichten für Heilung des Leidens sind durchschnittlich günstig. Bei frischen Fisteln tritt unter naturgemässer Behandlung ziemliche Naturheilung ein; nachdem ein brandig gewordenes Stück sich abgestossen hat, beginnen die Wundränder zu spriessen, und es kann so unter Vernarbung die regelwidrige Oeffnung zum Verschlusse gelangen. Seltener tritt eine relative Naturheilung ein, indem durch den die Fistel veranlassenden Process auch die Scheide verwächst, wobei alsdann sowohl der Harn, als auch das Monatsflussblut durch die Harnröhre nach aussen befördert werden. — Bei bereits eingetretener Vernarbung der Fistelränder ist auf Naturheilung kaum noch zu rechnen, und nur zufällig tritt Verwachsung der regelwidrigen Oeffnung ein, wenn durch Reize seitens des Urines oder von Harnniederschlägen narbige Ränder sich entzünden und Sprossungsgewebe fördern. Auch ältere, vernachlässigte Scheidenurinfisteln bieten für die Heilung günstige Aussichten und widerstehen selten einer oder wiederholten Operationen. Selbst körperlich sehr herabgekommene Patientinnen erholen sich nach gelungener Operation auffallend rasch. Bei complicirten Fällen lässt man wegen grosser Gefahren des operativen Vorgehens ab und zu Fisteln ungeheilt. Dass bei der Operation Verletzungen und sonstige, nicht vorauszusehende unangenehme Zufälle vorkommen können, beeinträchtigt die Vorhersage der Fisteloperation nur unwesentlich.

Behandlung. Von einer Vorbeugung (Prophylaxis) des Leidens kann nur in gewissem Sinne gesprochen werden, der in folgendem Satze *Zweifel's* enthalten ist: »Nur eine richtige, wohlüberlegte und kunstgerecht gehandhabte ärztliche Hülfe bei Geburten kann die Urinfisteln vermeiden machen, durch rohe, planlose und pflichtwidrige Ausübung dagegen werden sie hervorgebracht«. Besonders soll, neben vorsichtigerem Zangengebrauche, die schädliche Verabreichung von Mutterkorn vermieden werden, das den anhaltenden Druck auf die Gewebe — die Hauptursache ihres Brandigwerdens — nur verlängert. — Bei frischen Fisteln, wie sie zuweilen nach überstandener Geburt entdeckt werden, suche man durch geeignete Behandlung eine Selbstheilung zu erreichen. Man entferne jeden übelriechenden Wochenfluss durch häufige 28 ⁰ R. Scheidenirrigationen (Fig. 31 u. 32) und lege einen elastischen oder metallenen Katheter dauernd in die Blase, damit der Urin leicht und durch die Harnröhre abfliesst. Der Katheter wird nur soweit in die Blase eingeschoben, dass er das innere Ende der Harnröhre erreicht. Mindestens alle zwei Tage ist der Katheter oder ein ihn ersetzendes Gummirohr von crystallinisch nieder-

geschlagenen Harnsalzen zu befreien. Entstehen durch dieses Instrument
Blasenkrämpfe, Leibschmerz, Erbrechen u. dergl., so stehe man von dem
dauernden Liegenbleiben desselben ab und führe es alle paar Stunden
ein. Von der Scheidentamponade, behufs Verhinderung des Urinabflusses
durch die Scheide, ist nur bei Fistelgängen Gebrauch zu machen, sonst
aber abzusehen, da anderenfalls die Scheide ausgedehnt, die regelwidrige
Verbindung vergrössert, die Fistelränder von einander entfernt werden,
sich schliesslich entzündliche Absonderungen und Urin hinter dem Tampon
stauen, so dass heftige Katarrhe entstehen. Unter dieser Behandlung
tritt häufig Naturheilung ein. Ist letztere nicht erzielt, so schreite man
erst nicht zum Gebrauche von Aetzmitteln, die fast ausnahmslos von
Erfolg nicht begleitet sind, dagegen die Chancen der späteren blutigen
Operation wesentlich beeinträchtigen, da das geätzte Gewebe einer glatten
Wundheilung schwer zuzuführen ist. Der einzige Weg zur Heilung besteht alsdann in der blutigen Anfrischung der vernarbten Wundränder
und deren Vereinigung durch die Naht nach dem von *Simon* angegebenen
Verfahren. Die Patientin befindet sich in Steissrückenlage, dem Sitze der
Fistel entsprechend, zuweilen in Seiten- oder Knieellenbogenlage. Alsdann legt man die Fistel durch entsprechende rinnenförmige Spiegel und
Scheidenhebel vollständig frei zu Gesichte und bewirkt, da Anfrischung
und Naht nicht schmerzhaft sind, bei muthigen Patientinnen die Operation
ohne allgemeine Betäubung. Verhindern Scheidenverengerung oder Verwachsungen die Freilegung einer Fistel, so durchtrenne man die Hindernisse. Zuweilen drückt man sich durch einen in die Blase geführten
Katheter eine versteckt liegende Fistel näher zu Gesichte. Sonstige Vor-
bereitungen sind überflüssig und bei dem Blutreichthume der Blasen-
Scheidenwand heilen gut angefrischte und gut vereinigte Wundflächen
hierselbst leicht, da auch der Urin nicht schadet und die Wunde selbst
durch eine angefüllte Blase nicht gezerrt wird, da diese viel Urin fassen
und sich bequem in die Bauchhöhle vorwenden kann. Sind Theile der
Blasenwand in die Fistelöffnung hineingefallen, so müssen diese während
der Operation mit einem festen Katheter oder durch einen an die Blase
gelegten Schwamm, der jedoch nicht zu vergessen, sondern vor dem
Knüpfen der Faden zu entfernen ist, zurückgehalten werden. An der
bequem zugänglichen Fistel werden die narbigen Ränder mit einem
spitzen Messer etwa $\frac{1}{2}$ bis 1 Centimeter vom Fistelrande entfernt um-
und weggeschnitten, wodurch eine grosse, trichterförmig nach der Blase
zu sich verengernde frische Wunde entsteht. Von der Blasenschleimhaut,
wie es *Simon* that, braucht man nichts zu entfernen, da sonst sehr leicht
Blasennachblutungen vorkommen, während andererseits die Blutung nicht
stark und oft schon durch den Druck der Spiegel auf die Wundfläche
selbst gestillt ist. Stark spritzende Arterien werden gefasst und unterbunden. Die Wundränder müssen durch die Nähte ohne jede Zerrung
aneinander zu bringen sein, weshalb man zuerst diejenigen Nähte knüpft,

die über der Anfrischungsfläche liegen, wo die Fistel sich nicht befindet, alsdann kommen erst die der Fistel unmittelbar zugehörigen Wundränder leichter aneinander. Erst wenn alle Nähte in Zwischenräumen von etwa $^1/_2$ bis $^3/_4$ Centimeter gelegt sind, werden sie vorsichtig geknotet und, wenn die Wundränder alsdann nicht überall gut aneinander liegen, werden noch einige oberflächliche Zwischennähte mit feinerer, vorher ausgekochter Seide angelegt. Ist ein grosser Substanzverlust vorhanden, oder die Wunde sehr unregelmässig, so erfolgt die Vereinigung der Wundränder oft in einzelnen Lappen unter T- oder Y-förmigen Figuren, oder man heilt bei einer ersten Operation eine Hälfte der Fistel und in einer späteren, nach vollendeter Heilung den Rest, dessen Ränder sich inzwischen genähert haben.

Nach vollführter Operation wird die Scheide mit vorher gesiedetem, auf 28 ° R. abgekühltem Wasser vermittelst Irrigators (Fig. 31) gehörig ausgespült und die Patientin für etwa eine Woche in das Bett gebracht. Den Urin braucht sie nur dann durch den Katheter zu lassen, wenn er nicht von selbst entleert werden kann. Die Entfernung der Nähte geschieht vorsichtig etwa vom achten Tage an; sind kleine Oeffnungen verblieben, so wende man das oben zur Beförderung der Naturheilung angegebene Verfahren an, kommt man jedoch damit nicht zum Ziele, so führe man nach 3 bis 4 Wochen eine kleinere Nachoperation aus. — Ist die Harnröhre verengert oder verschlossen, so muss sie vor der Operation zugängig gemacht werden; auch hat man sich zu hüten, die Harnleiter durch Verwechselung mit Arterien mitzufassen und bei der Anfrischung oder Naht zu verletzen.

Ein übles Ereigniss stellen Nachblutungen aus der Blase vor, die oft so mächtig werden können, dass die Harnblase bis zum Nabel mit Blut gefüllt ist und Verblutungserscheinungen eintreten. Die Kälteanwendung von der Scheide oder den Bauchdecken aus stillt die Blutung in der Regel nicht und zu diesem Zwecke vorgenommene Einspritzungen in die Blase vergrössern nur deren Inhalt und vermehren bereits vorhandene Blasenkrämpfe. Da sich die Blasenmuskeln so lange zusammenziehen, bis die Blutgerinnsel durch die Wunde gepresst sind, so bleibt der Erfolg der Operation aus.

Die Operation der Blasengebärmutterhalsfistel ist oft schwierig wegen schwerer Zugänglichkeit. Der Gebärmutterhals muss deswegen zuerst seitlich gespalten werden, um die Fistel zu Gesichte zu bekommen. Die meist kleinen und trichterförmig anzufrischenden Fisteln heilen gut aus, bei grösseren freilich muss man den Muttermund zusammennähen, worauf das Monatsflussblut in die Harnblase und durch diese nach aussen abgeht. Alsdann ist zwar die Scheide zugängig für das männliche Glied, aber es kann keine Schwangerschaft eintreten.

Ist die ganze Harnröhre verloren gegangen, so wird die äussere Scham verschlossen und es ist nach *Rose* eine Mastdarmscheidenfistel her-

zustellen, so dass Urin und Monatsfluss durch den Mastdarm abgehen.
Die Heilung der Harnleiterscheidenfisteln bietet bei operativem Vorgehen
grosse Schwierigkeiten. Man führt nach *Landau* einen dünnen Katheter
von der Scheide aus in das obere, sich in die Scheide öffnende Ende
des Harnleiters ein, frischt über dem Katheter an, vereinigt die Wundränder über ihm und vernäht sie. Erst nach vollkommener Wundheilung wird der Katheter entfernt. Der künstliche Gang wird durch
den Urin wegsam erhalten. Fehlt ein Stück des Harnleiters, so schlagen
Simon, *Zweifel* und *Fritsch* vor, auf die Operation der Blasenscheidenfistel zu verzichten und lieber die zugehörige Niere zu entfernen. — Die
Dünndarmscheidenfisteln erfordern häufig die Eröffnung der Bauchhöhle
(Laparotomie), worauf sie angefrischt und vernäht werden.

Fünfter Abschnitt.
Bildungsfehler und Erkrankungen der Gebärmutter.

CAPITEL I.
Bildungsfehler der Gebärmutter.

Der weibliche Geschlechtscanal entwickelt sich aus zwei von einander
getrennten, der Länge nach neben einander liegenden, vom Scheiden-
eingange bis zur Bauchhöhlenöffnung ziehenden Canälen, den sogenannten
Müller'schen Gängen. Am Ende der achten Woche des Lebens im
Mutterleibe verwachsen beide Gänge am unteren Ende, denjenigen Theilen
entsprechend, die späterhin die Gebärmutter und Scheide bilden, während
diejenigen Theile, aus denen sich die Eileiter entwickeln, getrennt bleiben.
Die Grenze zwischen diesen beiden Theilen wird scharf durch die runden
Mutterbänder an den oberen Ecken der Gebärmutter gekennzeichnet.
Zwischen dem zweiten bis dritten Lebensmonate beginnt die Verschmelzung des unteren Endes der beiden *Müller*'schen Gänge, worauf
sich beide Scheiden und Gebärmutteranlagen zu je einem Gebilde vereinigen. Je nachdem nun, ob sich die *Müller*'schen Gänge überhaupt
nicht oder nur theilweise vereinigen, oder ob der eine oder beide fehlen
oder frühzeitig untergegangen sind, entstehen verschiedene Entwickelungsfehler, von denen wir die wichtigsten einer Besprechung unterziehen wollen.

a) **Vollständiger Mangel und verkümmerte Bildung der Gebärmutter.**
Anatomischer Befund und Krankheitsbild. Bei dem vollständigen
Mangel der Gebärmutter grenzen Mastdarm und Blase aneinander,
die breiten Mutterbänder verlaufen in dem zwischen den erwähnten
Organen liegenden Bindegewebe, und selbst bei der genauesten Untersuchung lässt sich eine Gebärmutter nicht finden. An Stelle der letzteren können thatsächlich dünne Muskelbündel vorhanden sein, jedoch

sind sie bei Lebzeiten kaum mit Sicherheit zu fühlen. Zuweilen kann man eine verkümmerte Gebärmutter mit einer Höhlenbildung, die sogar mit Schleimhaut ausgekleidet ist, abtasten. In der Regel ist bei den hierher gehörigen Fällen auch die Scheide und der Kitzler mangelhaft entwickelt, oder es fehlen zuweilen die Schamhaare und Brüste *(Saexinger)*. Die Eierstöcke sind gleichfalls meist mangelhaft entwickelt, ebenso die Eileiter. Das Becken und der ganze Typus solcher Personen ist weiblich. Je nach der Art des Bildungsfehlers können geschlechtliche Neigungen aufkommen oder fehlen, und wenn auch nicht ein regelmässiger, so doch andeutungsweiser Monatsfluss auftreten. Derartige Frauen sind keineswegs selten verheirathet oder unterhalten ausserehelichen Geschlechtsverkehr, und es wird bei ihnen alsdann durch die fortgesetzten Bemühungen des Ehemannes oder Liebhabers, freilich unter Schmerzen und Ausbleiben der Befruchtung, entweder die verkümmerte Scheide so vertieft oder die Harnröhre allmählich so erweitert, dass auf diesem oder jenem Wege die Einführung des männlichen Gliedes gelingt, und häufig haben beide Theile keine Ahnung von dem abweichenden Zustande.

Erkennung. Die Feststellung des Leidens gelingt nur durch die combinirte Untersuchung vom Mastdarme und von den Bauchdecken aus, da die Scheide in der Regel nicht zugängig ist. Immerhin ist die Hemmungsbildung an der Lebenden häufig schwer mit Sicherheit zu ermitteln.

Behandlung. Von einer Beseitigung des abweichenden Zustandes kann natürlich keine Rede sein.

b) Einhörnige Gebärmutter. — Uterus unicornis.

Ursachen. Fehlt auf der einen Seite der *Müller*'sche Gang, oder ist er unvollständig, während derjenige der anderen Seite sich normal ausgebildet hat, so hat man es mit einer einhörnigen Gebärmutter zu thun.

Anatomischer Befund und Krankheitsbild. Die einhörnige Gebärmutter stellt einen länglichen, nach oben spitz zulaufenden, seitlich gekrümmten, massiven oder hohlen Körper dar, der im Verhältnisse zur Länge ziemlich schmal ist. Die Lage des verbildeten Organes ist von der Mittellinie fast abgewichen. Das breite Mutterband fehlt auf der Seite des nicht entwickelten *Müller*'schen Ganges. An der seitlichen Krümmung entspringt ein Eileiter, und der Eierstock liegt in der Regel dicht an der Gebärmutter. An der einhörnigen Gebärmutter fehlt der eigentliche Grund (Fundus), der Hals (Cervix) ist länger und dicker als der Körper, der Scheidentheil ist meist klein, die Scheide in der Regel eng. Das zweite Horn fehlt entweder vollkommen, oder es ist überaus mangelhaft entwickelt, bandartig und zuweilen auffallend lang. Die zu ihm gehörigen Anhänge, besonders Eileiter und Eierstock, sind häufig stark verbildet.

Die Geschlechtsthätigkeit erfährt bei einhörniger Gebärmutter häufig keine Beeinträchtigung. Der Monatsfluss kann sich regelmässig einstellen und sowohl in dem normal entwickelten, als auch in dem verkümmerten Nebenhorne kann Schwangerschaft eintreten. In ersterem Falle kann sich die Frucht normal entwickeln, und auch die Schwangerschaft verläuft regelrecht, im anderen platzt das verkümmerte Nebenhorn mit Austritt der Frucht und Blut in die Bauchhöhle, so dass der Tod eintritt. Stirbt die Frucht, welche sich im verkümmerten Nebenhorn entwickelt hat, ab, so bleibt das Leben der Mutter erhalten, jedoch wird alsdann der Kaiserschnitt nothwendig.

Erkennung. Die Ermittelung des Leidens ist in der Regel schwer. Man kann durch combinirte Untersuchung bei Anwesenheit einer engen Scheide und eines verkümmerten Scheidentheiles der Gebärmutter zu-

Figur 74.

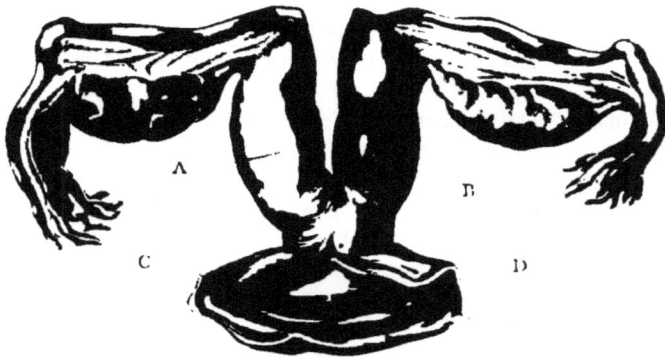

Zweigehörnte Gebärmutter mit verdoppeltem Muttermunde. Nach *Schaefer.*
A rechtes Gebärmutterhorn, B linkes Gebärmutterhorn, C rechter Gebärmutternacken und äusserer Muttermund, D linker Gebärmutternacken und äusserer Muttermund.

weilen nachweisen, dass die dünne, sich nach oben zuspitzende Gebärmutter sehr stark bogenförmig nach einer Seite krümmt. Kann man an dieser Seite die Gebärmutteranhänge, auf der anderen Seite einen Strang oder einen sich seitwärts an den Gebärmutternacken ansetzenden Körper fühlen, so muss man diesen als das verkümmerte zweite Horn betrachten. — Bei eingetretener Schwangerschaft kommt an der Lebenden Verwechselung mit Eileiterschwangerschaft vor.

Behandlung. Eine Operation wird in der Regel nicht verlangt, da die geschlechtliche Thätigkeit gewöhnlich nicht beeinträchtigt ist; nur wenn Complicationen, besonders Schwangerschaft im verkümmerten Nebenhorne, vorhanden sind, käme operatives Vorgehen in Betracht.

c) Verdoppelte Gebärmutter. — Uterus duplex.

Ursachen und anatomischer Befund. Eine Verdoppelung der Gebärmutter kommt dann zu Stande, wenn beide *Müller'*schen Gänge gut ausgebildet sind, aber die Verschmelzung ihrer die Gebärmutter bildenden Theile ausgeblieben, oder nicht hoch genug erfolgt ist.

Man kann folgende Formen dieses Entwickelungsfehlers unterscheiden:

1. Uterus didelphys oder doppelte, geschiedene Gebärmutter. Hierbei liegen die beiden Gebärmütter vollständig von einander getrennt. Man hat diese Hemmungsmissbildung meistens bei Früchten getroffen, die wegen anderweitiger Formabweichungen lebensunfähig waren. In neuerer Zeit jedoch sind verschiedene Fälle von doppelten, getrennten Gebärmüttern auch bei erwachsenen Personen, darunter bei Gebärenden, beobachtet worden *(Olivier, Freudenberg, Schroeder, Heitzmann).*

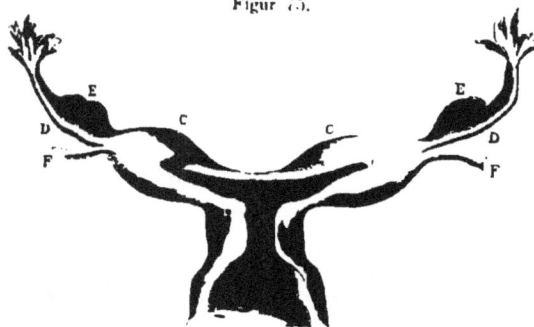

Figur 75.

Aufgeschnittene zweigehörnte Gebärmutter mit nur einem Gebärmutterhalse. Nach *Kussmaul.*

A Scheide (einfach), B Gebärmutterhals (einfach), CC die beiden Hörner des Gebärmutterkörpers, DD Eileiter, EE Eierstöcke, FF runde Mutterbänder.

2. Uterus bicornis oder doppelhörnige Gebärmutter. Hierbei bilden die beiden Gebärmutterhälften im oberen Theile zwei auseinandergehende Hörner. Die beiden Gebärmütter liegen in wechselnder Ausdehnung aneinander. Häufig liegen nur die Gebärmutterhälse aneinander, während die Körper unter einem bedeutenden Winkel auseinandergehen (Fig. 74). Die zweihörnige Gebärmutter kann vollständig oder nur theilweise doppelt vorhanden sein. Bei unvollständiger Verdoppelung findet sich entweder ein gemeinschaftlicher Gebärmutterhalscanal (Fig. 75) oder die Scheidewand ragt zum Theile in denselben hinein. Streben die beiden

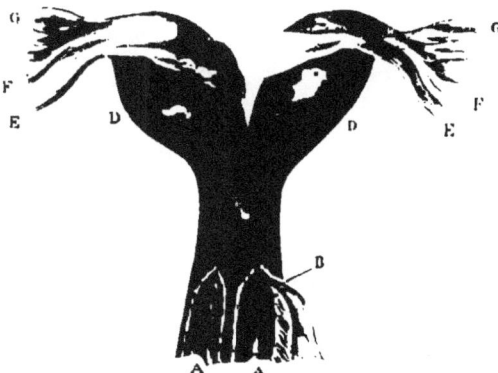

Figur 76.

Zweigehörnte Gebärmutter und getheilte Scheide bei einem 17jährigen Mädchen. Nach *Fr. Schroeder.*

AA die aufgeschnittenen Scheiden, B der linksseitige Muttermund, C der äusserlich anscheinend einfache, durch eine Scheidewand aber getheilte Gebärmutterhals, DD die beiden Gebärmutterhörner, EE die runden Mutterbänder, FF die Eileiter, GG die Eierstöcke.

Hörner erst hoch oben auseinander (Fig. 76), so kann ihre Scheidewand in die Gebärmutterhöhle hineinragen oder fehlen. Der normalen Gebärmutter schon nahe stehen jene Fälle, bei denen die Theilung in zwei Hörner nur durch eine seichte oder etwas tiefere sattelförmige Einsenkung in der Mitte des Gebärmuttergrundes angedeutet ist.

3. Uterus septus, die getheilte oder zweikammerige Gebärmutter. Hierbei ist die Gebärmutter äusserlich normal, wird aber im Innern durch eine Längsscheidewand in zwei getrennte Höhlen oder Hälften getheilt (Fig. 77 u. 78). Die Trennung ist entweder eine vollständige, wenn

Figur 77.

Durch eine (äusserlich bereits erkenntliche) Scheidewand getrennte Gebärmutter mit doppeltem Muttermunde, nach abgelaufener Schwangerschaft der linken Hälfte.
Nach *Cruveilhier*.

die Scheidewand vom Grunde der Gebärmutter bis zum inneren Muttermunde zieht, oder eine theilweise, wenn sie nur in die Gebärmutterhöhle mehr oder minder hineinragt (Uterus subseptus). Aeusserst selten kommt es in entsprechender Weise vor, dass eine ungetheilte Gebärmutterhöhle, dagegen ein durch eine Scheidewand in zwei Hälften zertheilter Gebärmutterhalscanal, also ein doppelter Muttermund vorhanden ist. Die Scheide kann sowohl bei der zweihörnigen, als auch der zweikammerigen Gebärmutter einfach oder doppelt vorhanden sein und im Scheideneingange, der von regelmässig entwickelten Geschlechtstheilen umgeben ist, findet sich ein einfaches oder doppeltes Jungfernhäutchen.

Krankheitsbild. In allen Formen der Gebärmutterverdoppelung können die geschlechtlichen Functionen normal vorhanden sein. Einzelne der hier in Betracht kommenden Personen hatten den Monatsfluss selten, unregelmässig oder mit Beschwerden, dabei findet die Periode bald nur aus einer, bald aus beiden Hälften statt. Für den Geschlechtsverkehr wird in der Regel nur eine Scheidenhälfte benutzt, jedoch kann durch beide Hälften empfangen und geboren werden.

Erkennung. Die Feststellung der geschilderten Bildungsfehler der Gebärmutter ist bald leicht, bald schwer; ein doppelter Muttermund, der in eine einfache Scheide mündet, ist sofort zu entdecken, aber eine doppelte Scheide kann leicht übersehen werden, und es spielten sich

Figur 78.

Dieselbe Gebärmutter, nach vorn geöffnet.

die drolligsten Verwechselungen ab, wenn ein und derselbe oder verschiedene Aerzte untersuchten und, je nachdem in welche der beiden Scheiden der untersuchende Finger gerieth, verschiedene Resultate hatten. Bei einem doppelten Muttermunde kann man in der Regel auf eine doppelte Gebärmutter schliessen, doch kann ausnahmsweise hierbei sogar bei gleichzeitig verdoppelter Scheide die Gebärmutter einfach sein. Die Frage, welche Form der Gebärmutterverdoppelung bei ihrem verdoppelten Scheidentheile vorhanden ist, lässt sich leicht durch die combinirte Untersuchung entscheiden. Der zweikammerige Uterus entzieht sich ohne natürliche oder künstliche Erweiterung des Muttermundes der Erkenntniss und ist auch nach Geburten schwierig zu ermitteln, da die Längsscheidewand unter der Entbindung häufig einreisst und nur Reste in Form eines vorspringenden Wulstes hinterlässt.

Behandlung. Ein ärztliches Vorgehen ist in der Regel überflüssig, nur wenn bei verheiratheten Frauen durch Scheidewände der Geschlechtsverkehr und die Empfängniss verhindert werden, ist an eine in der Regel leicht auszuführende und gefahrlose Durchtrennung zu schreiten.

d) Im kindlichen Zustande verbleibende Gebärmutter. — Uterus infantilis.

Ursachen und anatomischer Befund. Entwickelt sich die Gebärmutter bei der keimenden Frucht zunächst regelrecht, bleibt aber später in der Bildung auf derjenigen Stufe zurück, die sie zur Zeit der Geburt oder im Kindesalter erreicht hatte, so bezeichnet man diesen Zustand als Uterus foetalis oder infantilis. Da die Gebärmutter von der Geburt bis zur herannahenden Geschlechtsreife kaum eine Formveränderung erleidet, so bleibt der Zustand zunächst bis etwa zum 15. Jahre bestehen. Verharrt aber auch nunmehr eine Gebärmutter auf ihrer in der frühesten Jugend vorhandenen Grösse, so findet man bei sonst gut entwickeltem Körperbaue das Missverhältniss um so greller. Zuweilen wächst in der Zeit der Geschlechtsreife eine Gebärmutter, jedoch nicht bis zur durchschnittlichen sonstigen Grösse, was *Puech* mit U t e r u s p u b e s c e n s bezeichnet.

Der im Wachsthume stehen gebliebene Uterus zeichnet sich durch ein Missverhältniss zwischen seinem Körper und Halse aus; die Länge des Körpers ist um ein Beträchtliches herabgesetzt, so dass dessen Höhe nur 1,25 Centimeter beträgt; dabei ist die Wand sehr dünn, mitunter fast häutig, die Schleimhaut gefaltet, während der Gebärmutternacken eine dicke Muskelschicht besitzt und eine Höhle von etwa 2,5 Centimeter, also grösser als die Gebärmutterkörperhöhle aufweist, sowie einen kleinen Scheidentheil und engen Muttermund zeigt. Die Eierstöcke fehlen mitunter oder sind nur verkümmert vorhanden. — Die Scheide ist kurz und eng, die äusseren Geschlechtstheile und die Brüste sind ebenfalls nur schwach entwickelt.

Krankheitsbild. Die Periode fehlt in den ausgesprochenen Fällen des Leidens regelmässig, ebenso wie Bildung von reifen Eiern und Möglichkeit einer Schwangerschaft. Der Geschlechtsverkehr kann, besonders wenn die Scheide durch das männliche Glied erweitert und verlängert ist, oft normal unterhalten werden. Findet um die Zeit der Geschlechtsreife zwar eine Entwickelung der Gebärmutter, jedoch eine mangelhafte statt, so kann Unfruchtbarkeit und Schmerz bei der Periode vorhanden sein, in anderen Fällen aber veranlasst in der Ehe die geschlechtliche Erregung und der dadurch bedingte vermehrte Blutzufluss ein allmähliches Wachsthum und die völlige Ausbildung der Gebärmutter, so dass Schwangerschaft eintritt und die Beschwerden beim Monatsflusse schwinden.

Erkennung. Die Ermittelung der angeführten Entwickelungsfehler gelingt bei der combinirten Untersuchung, wenn man die geschilderten Verhältnisse fühlen kann. Eine Sondenuntersuchung ist nicht nöthig und gefährlich, da die Gebärmutterwand bisweilen papierdünn ist und leicht durchbohrt werden kann. Ueberdies kann die Sonde oft bei regelwidriger Richtung des Eileiters leicht in diesen hineingelangen, so dass hierdurch Gefahren und Irrthümer entstehen.

Behandlung. Eine besondere Behandlung ist zwecklos, höchstens lasse man, am besten in einer Naturheilanstalt, die Patientin eine allgemeine Kräftigungscur ausführen, wobei gleichzeitig für eine bessere Durchblutung der Gebärmutter durch warme Sitzbäder, Leibumschläge und laue Scheidenausspülungen gesorgt wird.

CAPITEL II.
Hitzige Entzündung der Gebärmutterwand. — Die acute Metritis.

Ursachen. Unter acuter Metritis versteht man die Entzündung des in der Gebärmutterwand vorhandenen Muskel- und Bindegewebes.

Unter den Ursachen des Leidens kommen folgende in Betracht:

1. Schädigungen während des Monatsflusses, z. B. Erkältung, roher Beischlaf, Ausspülungen mit allzu kaltem Wasser usw.

2. Verletzungen, die den Unterleib treffen, z. B. Sturz, Stoss, Schlag, Fall. Hierher gehören auch jene Verwundungen, die durch ärztliche Eingriffe sowohl vermittelst Instrumenten als auch chemischer, ätzender Substanz geschaffen werden. Hierbei ist es wohl kaum die Verletzung allein, welche zu Entzündung der Gebärmutterwand führt, sondern eindringende Gifte und Selbstgifte. Besonders erwähnenswerth ist nach dieser Richtung hin das Wochenbettfieber. Auch die Sondirung der Gebärmutterhöhle und die Erweiterung mit Quellmeisseln kommen als wichtige Ursachen in Betracht.

3. Fremdkörper. Vergessene Tampons und Schwämme oder Pressschwämme, schlechtsitzende Scheidenhebel (Pessarien), Stricknadeln u. dergl. rufen nicht selten eine acute Gebärmutterwandentzündung hervor, bald durch Zurückhaltung und Zersetzung von Blut des Monatsflusses oder Absonderungen, bald durch Druck und dadurch bedingte entzündlich-brandige Processe.

4. Fortgepflanzte Entzündung. Bei Scheidenkatarrh, wie er besonders nach Trippersansteckung auftritt, Beckenzellgewebsentzündung (Peri- und Parametritis), Bauchfellentzündung u. dergl. findet man oft sich anschliessend die acute Gebärmutterwandentzündung.

Unter den Lebensaltern kommen besonders die Abschnitte jenseits der Geschlechtsreife in Betracht.

Anatomische Veränderungen. Da die acute Entzündung der nicht schwangeren Gebärmutter nur ausnahmsweise tödtlich endet, so hat man nur selten Gelegenheit, die anatomischen Veränderungen an der Leiche zu beobachten. Die Gebärmutter schwillt an ihrem oberen Ende stark an, ist aufgelockert, weich, manchmal sogar wassersüchtig durchtränkt, fast teigig. Auf dem Durchschnitte zeigt sich die Gebärmutterwand blutüberfüllt, lebhaft geröthet. Die Muskelbündel sind auseinander gedrängt, stellenweise, jedoch meist nur spärlich, von Eiterkörperchen durchsetzt, so dass man mitunter erbsen- bis mandelgrosse Eiterhöhlen trifft. Sie können nach vorheriger entzündlicher Verklebung in die Nachbarorgane durchbrechen. Die Gebärmutterschleimhaut ist häufig am Entzündungsprocesse betheiligt, ebenso das Beckenzellgewebe. Die Höhle des Gebärmutterkörpers zeigt bezüglich ihrer Länge und Weite oft keine Abweichungen.

Krankheitsbild. Die Erkrankung beginnt in der Regel mit einem lästigen Gefühle von Schwere und Hitze in der Unterbauchgegend, das sich meist nach einem Tage zu einem heftigen, in der Tiefe des Beckens sitzenden, wehenartigen oder dumpfen Schmerze, der bei Druck gesteigert wird, entwickelt. Gewöhnlich geht ein Frostanfall voran, dem hohes Fieber folgt.

Der Monatsfluss, besonders wenn das Leiden um die Zeit seines Eintrittes beginnt, setzt in der Regel sofort aus. Es kann aber auch zu heftigen Blutergüssen aus der Gebärmutter kommen, so dass man von einer blutigen Gebärmutterentzündung (Metritis haemorrhagica) spricht.

Die Schmerzen werden theils im kleinen Becken, theils auch höher hinauf empfunden und strahlen bei Mitbetheiligung des Bauchfelles oft über den ganzen Leib aus. Jede Berührung durch die die Bauchdecke betastenden oder behufs Untersuchung in die Scheide eingeführten Finger steigert die Schmerzhaftigkeit des Organes, ebenso jede heftige Körperbewegung, auch Sprechen, Niesen, Husten.

Die Stuhl- und Harnentleerung ist in der Regel gestört; es bestehen Harn- und Stuhlzwang mit heftigem Schmerze und Durchfall, der aber bald einer hartnäckigen Verstopfung Platz macht. — Unter dem Schüttelfroste tritt auch wiederholtes Erbrechen ein.

Ausfluss aus der Gebärmutter, selbst wenn die Erkrankung nicht zur Zeit des Monatsflusses eintritt, besteht in der Mehrzahl der Fälle, anfangs blutiger, später eiterig-schleimiger Natur, besonders wenn es zu umschriebener Eiteransammlung in der Gebärmutter mit folgendem Durchbruche kommt.

Die Betastung der Gebärmutter, sowohl von den Bauchdecken aus als auch durch die combinirte Untersuchung, ist, wie bereits erwähnt, schmerzhaft. Nur ausnahmsweise, lediglich dann, wenn sie schon vor der acuten Entzündung durch Geschwülste u. dergl. wesentlich vergrössert war, erreicht die Gebärmutter bei der Entzündung ihrer Wand eine solche Grösse, dass man das Organ durch die Bauchdecken hindurch fühlen konnte. Bei der Untersuchung durch die Scheide fühlt man eine Temperatursteigerung der inneren Geschlechtsorgane und den Uterus stark geschwollen und weich.

Der Verlauf des Leidens ist in der Regel so, dass nach mehreren Tagen alle klinischen Erscheinungen, besonders auch die Schmerzhaftigkeit, nachlassen und bei geeigneter Behandlung vollkommene Herstellung ohne bleibende Veränderung des erkrankten Organes und seiner Thätigkeit eintritt. Nicht selten jedoch schliesst sich die chronische Entzündung der Gebärmutterwand an, die nur wenige Beschwerden bereitet, ausser wenn von Zeit zu Zeit acute Rückfälle auftreten, dafür aber anderweitige Störungen und Gefahren bedingt. Ist es zu umschriebener Eiteransammlung (Abscess) gekommen, so erfolgt bei Durchbruch derselben nach vorangegangener Verwachsung in die Gebärmutterhöhle und den Mastdarm oder durch die Bauchdecken und Harnblase in der Regel Heilung, dagegen schliesst sich dem Durchbruche eines Abscesses der Gebärmutterwand in die freie Bauchhöhle fast immer eine tödtliche Bauchfellentzündung an.

Unter den Begleit- und Folgeerkrankungen (Complicationen) erwähnen wir Gebärmutterinnenwandentzündung (Endometritis), Beckenzellgewebsentzündung (Perimetritis), Entzündung und Eiterung des zwischen den beiden Blättern der breiten Mutterbänder gelegenen Zellgewebes (Parametritis), Unfruchtbarkeit und dauernde Störung des Monatsflusses, Lage- und Formveränderungen der Gebärmutter.

Erkennung. Die Ermittelung des Leidens gelingt leicht durch Berücksichtigung des Beginnes, der sich beim Drucke steigernden Schmerzen, des Verhaltens des Monatsflusses und die Feststellung der Vergrösserung eines Organes. Die Sonde, deren Anwendung heftige Schmerzen machen und die Endzündung leicht steigern würde, darf nicht gebraucht werden *(Schroeder)*. Die umschriebenen Eiteransammlungen innerhalb der Gebärmutterwand lassen sich erst bei grösserer Ausdehnung durch das Gefühl des Schwappens (Fluctuation) erkennen, sind aber häufig erst bei oder nach dem Durchbruche festzustellen. — Stets berücksichtige man bei der Feststellung das ursächliche Moment der Erkrankung.

Vorhersage. Die Aussichten hängen vollständig von den Ursachen der acuten Gebärmutterwandentzündung ab. Sind diese nicht zu beseitigen, so ist die Wahrscheinlichkeit der chronischen Form des Leidens vorhanden. Sind die klinischen Erscheinungen heftig und ist hohes Fieber damit verknüpft oder muss man eine Mitbetheiligung des Bauchfelles annehmen, so ist die Vorhersage stets zweifelhaft. — Auch in Rücksicht auf die Folgeerkrankungen sei man stets bei der Vorhersage vorsichtig.

Behandlung. In leichteren Fällen kommt man mit folgender Behandlung aus: Man lasse während des Monatsflusses bei Personen, die zu Blutüberfüllung der Beckenorgane neigen, alle Schädlichkeiten vermeiden. Ist die acute Gebärmutterwandentzündung ausgebrochen, so suche man

eine noch einwirkende Ursache, z. B. Scheidenhebel (Pessarien), Gebär-
mutterstifte und sonstige Fremdkörper zu entfernen. Strenge Bettruhe,
täglich drei bis vier 26 ° bis 24 ° R. Rumpfbäder (Fig. 34), häufige Scheidenausspülungen mit vorher gesiedetem, auf 20 ° erkaltetem Wasser, bei geringem Drucke, $^1/_2$- bis 1 stündlich zu wechselnde 16 ° R. Leibaufschläge
(Fig. 39), drei bis vier 14 ° R. Behalteklystiere von $^1/_2$ Weinglas Wasser
im Laufe des Tages, reizlose Kost bringen rasch Erleichterung und
Heilung. Um noch energischer das Blut von der Gebärmutter abzuleiten,
lasse man alle 3 bis 4 Stunden 18 ° R. Beinpackungen ausführen. Schon
nach 2 bis 3 Tagen kann man mit der Zahl der angeführten Maassnahmen nachlassen, und die Heilung ist meist innerhalb 1 bis 2 Wochen
vollendet. Einzelne Autoren haben Schnitte am Scheidentheile der Gebärmutter und die Anlegung von Blutegeln auf die Bauchdecken empfohlen. Wer die anatomischen Verhältnisse der Gefässe der weiblichen
Geschlechtsorgane, ihr weit verzweigtes und von mehreren Strömen ausgehendes Netz berücksichtigt, weiss, dass durch solches Vorgehen nichts
genützt wird, und auch *Winckel* gesteht zu, dass man ohne diese örtliche Blutentleerung und noch besser der acuten Gebärmutterentzündung
Herr werden kann. Geradezu gefährlich ist das Anlegen mehrerer Eisbeutel auf den Unterleib; zwar mag die Kühle subjectiv von der Patientin
als wohlthuend empfunden werden, aber man lege des Versuches halber
nur einmal einer gesunden Frau einige Tage lang hindurch Eisbeutel
auf den Leib, sie wird schwer leidend, noch mehr natürlich, wenn die
Gefässe der Beckenorgane entzündlich gereizt sind. Ueberdies lässt die
Harnblase, welche ja oberhalb der Gebärmutter liegt, die Eisblase nicht
wesentlich auf die erkrankte Gebärmutter einwirken, also fort mit diesem
schädlichen, Blasenleiden bewirkenden, lähmenden, Eiterung befördernden
Mittel aus der Frauenheilkunde! Sind die heftigen Erscheinungen vorüber,
so bewirken die feuchtwarmen Leibaufschläge und von 28 ° auf 30 ° R.
steigende, eine halbe Stunde dauernde Rumpfbäder die Abschwellung
der entzündlich vergrösserten Gebärmutter und die Aufsaugung von Entzündungsproducten. Die von einzelnen Autoren zu diesem Zwecke
empfohlenen Bepinselungen der Bauchdecken und des Scheidentheiles der
Gebärmutter mit Jod sind vollkommen überflüssig und schädigend, ebenso
ist die Verabreichung von Mutterkornpräparaten (Secale cornutum) zur
Verkleinerung des Uterus höchst überflüssig. In der Regel beugt man
durch rechtzeitige Anwendung des naturgemässen Heilverfahrens dem
Entstehen einer umschriebenen Eiteransammlung (Abscess) in der Gebärmutter vor; ist jedoch dieses Ereigniss eingetreten, so entleere
man den Eiterherd nur dann künstlich durch einen Einschnitt, wenn er
bequem zugängig ist. Die Behandlung mit Leibumschlägen und warmen,
lang dauernden Rumpfbädern bewirkt in der Regel, dass das Bauchfell
verschont bleibt, so dass wesentliche Qualen beim Durchbruche nur
ausnahmsweise entstehen.

CAPITEL. III.

Die schleichende Gebärmutterentzündung. — Chronische Metritis.

Ursachen. Unter chronischer Metritis versteht man die durch schleichende Entzündungsprocesse innerhalb des eigentlichen Gebärmuttergewebes (Uterusparenchym) hervorgerufene, mit mehr oder minder grosser Empfindlichkeit verknüpfte Ueberwucherung sowohl des zwischen den einzelnen Muskelfasern gelegenen Bindegewebes als auch dieser selbst.

Die Ursachen der Erkrankung sind ausserordentlich verschieden, und es kommen alle jene Zustände und Verhältnisse in Betracht, die zu einer dauernden oder wiederholten Blutüberfüllung der Gebärmutter führen, selbst wenn die eigentlichen Erscheinungen der Entzündung nur angedeutet auftreten. Wir führen unter den näheren Ursachen folgende an:

1. **Mangelhafte Rückbildung der schwangeren Gebärmutter.** Die Mehrzahl der Fälle von chronischer Metritis betrifft Frauen, die geboren haben oder vorzeitige Fruchtabgänge (Abortus) hatten, und es ist bekannt, dass nach Störungen in der Nachgeburt, durch zu frühes Verlassen des Bettes, zurückgebliebene Blutgerinnsel und Eihautreste, besonders wenn das Zellgewebe des Beckens und der breiten Mutterbänder schon entzündet waren, die blutüberfüllte Gebärmutter sich nicht zurückbildet, wodurch sie bedeutend grösser verbleibt als normal. Besonders schädlich wirken nach dieser Richtung hin die vorzeitigen Fruchtabgänge, zumal wenn sie häufig wiederkehren. Verlaufen sie ungünstig, so schliessen sie dieselben schädlichen Momente in sich, wie eine rechtzeitig eintretende Geburt, verlaufen sie günstig, so schonen sich erfahrungsgemäss die Frauen darnach wenig, obgleich doch die Gebärmutter dieselben Veränderungen behufs Rückbildung durchzumachen hat. Oft genug tritt eine erneute Empfängniss mit entsprechender Vergrösserung der Gebärmutter ein und dadurch leicht wiederholt vorzeitiger Fruchtabgang, bevor das Organ sich noch vollständig zurückgebildet hat. Auch das Nichtstillen verlangsamt die Rückbildung der schwangeren Gebärmutter, da hierbei die sonst durch das Anlegen des Kindes bewirkten Zusammenziehungen der Muskelfasern des Uterus und der so herbeigeführte raschere Zerfall des Zelleninhaltes in Wegfall kommen. An sich ist die mangelhafte Rückbildung der schwangeren Gebärmutter noch kein chronisch-entzündlicher Process, aber es bildet sich an dem im Wochenbette zu gross gebliebenen Organe eine bald stärkere, bald schwächere Schwellung mit Empfindlichkeit aus, an die sich bald durch sonstige Schädigungen eine charakteristische schleichende Gebärmutterwandentzündung anschliesst.

2. **Erkrankungen des Organes selbst.** Bereits früher haben wir erwähnt, dass aus der acuten Form durch Vernachlässigung oft die chronische Gebärmutterwandentzündung entsteht. In ähnlicher Weise wirken Lageveränderungen, besonders Vorfall und Knickungen der Ge-

bärmutter, indem hierdurch der Blutabfluss gehemmt ist, so dass in der Regel eine venöse Stauung eintritt. Auch Gebärmutterinnenwandentzündung bewirkt bald durch Fortpflanzung der Entzündung, bald durch dauernde Blutüberfüllung der Gebärmuttergefässe die chronische Form der Metritis. Auch die meisten gut- und bösartigen Neubildungen des Uterus bewirken chronische Entzündung seiner musculösen Wand.

3. Erkrankungen benachbarter Organe spielen für die Entstehung der chronischen Metritis häufig eine wichtige Rolle. Bald wird die Entzündung durch unmittelbare Fortpflanzung selbst hervorgerufen, bald durch andauernde Blutüberfüllung des Organes mit ihren Folgen, besonders der venösen Stauung innerhalb der Gebärmutter. Wir erwähnen hier Beckenzellgewebsentzündung, Bindegewebsentzündung der breiten Mutterbänder, chronische Verstopfung, grössere Neubildungen, Eileiterentzündung usw.

4. Der Geschlechtsverkehr. Da beim Beischlafe ein vermehrter Blutzufluss nach der Gebärmutter stattfindet, so wird durch ihn unter Umständen eine oft wiederholte und andauernde Reizung der Gebärmutter hervorgerufen, die um so nachhaltiger wird und ungünstiger auf das Organ einwirkt, wenn durch Mangel an Befriedigung die regelrechte Abschwellung der Gebärmutter ausbleibt. Dieses ist besonders der Fall, wenn zur Verhütung einer Empfängniss der Geschlechtsverkehr mit dem Manne vor der Samenausstossung unterbrochen wird, oder zum Geschlechtsverkehre unfähige Männer diesen häufig zu erzwingen trachten. — In ähnlicher Weise wirkt auch die Selbstbefleckung.

5. Aerztliche Eingriffe. In nicht allzu seltenen Fällen, wie auch *Schroeder* anführt, entsteht die chronische Metritis durch zu häufig wiederholte ärztliche Einwirkungen, besonders zur Beseitigung der Gebärmutterinnenwandentzündung. Hier kommen vorwiegend die Auskratzungen und Sondirungen der Gebärmutterhöhle, Einspritzungen chemischer Substanzen in dieselbe u. dergl. in Betracht.

6. Sonstige Erkrankungen, die Kreislaufsstörungen in den Beckenorganen bedingen, vorwiegend Herz-, Leber-, Lungen- und Nierenleiden, die eine Blutüberfüllung im gesammten Gebiete der unteren Hohlvene hervorrufen.

Unter den Lebensaltern werden die mittleren und vorgerückten häufiger betroffen; die Mehrzahl der Fälle bieten Frauen dar, die geboren oder Fruchtabgänge hatten.

Anatomische Veränderungen. Die Gebärmutter ist, wenn auch nicht sehr bedeutend, fast regelmässig vergrössert, wobei sämmtliche Wände annähernd gleichmässig an der Umfangszunahme betheiligt sind. Die Höhle des Organes ist hierdurch verlängert. Das Gewebe der erkrankten Gebärmutterwand ist meist saftreich, weich, röthlich, aufgelockert, im Spätstadium aber ziemlich derb. Das venöse Gefässsystem ist erweitert und stark blutüberfüllt. Die Schleimhaut der Gebärmutterhöhle nimmt fast ausnahmslos an der Blutüberfüllung, Gewebsauflockerung und Schwellung Theil. Am Muttermunde sieht man häufig entzündliche Aufwerfung (Erosion) und Geschwüre. - - Unter dem Mikroskope fällt die Bindegewebsüberwucherung auf, während die Musculatur nur unwesentlich zugenommen hat. Oft sind die Muskelfasern der Gebärmutterwand zum Theile verfettet und in unregelmässige Bündel abgeschnürt.

In der Regel ist das ganze Organ von der entzündlichen Wucherung befallen, zuweilen jedoch nur der Gebärmutterkörper und in selteneren Fällen der Gebärmutterhals allein. — Hat der krankhafte Process lange bestanden, so schrumpft das neugebildete Bindegewebe der Gebärmutterwand narbig zusammen und wird fest und faserig. Durch die hierbei entstehende Zerrung und Zusammendrückung veröden die früher erweiterten Gefässe und werden blutärmer. Schliesslich wird dadurch die Gebärmutter wieder kleiner, ihre Wand auf dem Durchschnitte trocken, blass und derb, ein fast knorpelhartes, unter dem Messer knirschendes Gewebe darbietend.

Der Bauchfellüberzug der Gebärmutter zeigt zuweilen Verdickungen und häutige Auflagerungen, so dass der Uterus mitunter zottig aussieht. — Auch die Eileiter und Eierstöcke sind zuweilen verlagert und mit der entsprechenden Gebärmutteroberfläche durch spinngewebsähnliche, gefässfreie, bandartige Massen verknüpft.

Krankheitsbild. Die klinischen Erscheinungen entwickeln sich in der Regel allmählich, falls nicht gerade die acute Form des Leidens vorangegangen ist. Die Frauen, welche geboren haben oder einen Fruchtabgang hatten, fühlen sich seitdem, besonders wenn sie vorzeitig das Wochenbett verlassen haben, sich grösseren Arbeiten unterziehen, zumal wenn sie ein schweres Wochenbett überstanden haben, nicht mehr so wohl im Unterleibe wie früher. Zuweilen stellt sich erst mit dem ersten Monatsflusse nach dem Wochenbette das Gefühl der Unpässlichkeit ein. Eine Empfindung von Druck und Schwere im Unterleibe, Kreuz- und Leibschmerzen, Ausfluss aus der Scheide, Verstopfung, manchmal mit Durchfall wechselnd, vermehrter Harndrang, zeitweiliger, etwas unregelmässiger, ausserhalb des Monatsflusses auftretender Blutabgang aus der Scheide pflegen den Anfang zu machen.

In der Regel achtet die Patientin wenig auf die Beschwerden, und sie wird meist nur im Verlaufe von Wochen oder Monaten, vorwiegend um die Zeit der Menstruation, bei der sich selbst ohne gelegentliche Veranlassung die Beschwerden steigern, an die Anwesenheit krankhafter Processe erinnert. Die Kreuz- und Leibschmerzen werden schliesslich so quälend, dass die Bettruhe nicht mehr entbehrt werden kann, und die Patientinnen bekommen, wenn sie mit Gewalt ausser Bett bleiben wollen, Schwächezustände und, wie der Volksmund sich ausdrückt, Blutkrämpfe. Nach etwa einer Woche lassen die Beschwerden merklich nach, jedoch nicht vollkommen, und ein »heimlicher« Schmerz im Becken und das

Gefühl von Schwere im Unterleibe verbleiben. Da hartnäckige Verstopfung das Befinden wesentlich verschlimmert, so haben sich die Kranken an den regelmässigen Gebrauch von Abführmitteln gewöhnt. Verhältnissmässig am besten befinden sich die Patientinnen in der Zeit zwischen zwei Perioden, da einmal die Blutüberfüllung durch den Monatsfluss, diesen Selbstaderlass des Körpers, beseitigt und die erneute Blutzufuhr noch nicht wieder eingetreten ist; jedoch besteht auch hier nur ausnahmsweise das Wohlgefühl völliger Gesundheit.

Der Monatsfluss ist der Zeit und Menge nach häufig normal; nicht selten aber stellen sich hierbei mächtige Gebärmutterblutungen ein, die auch ausserhalb der Menstruation auftreten, besonders anhaltend und stark bei gleichzeitig bestehender Gebärmutterinnenwandentzündung. In späteren Stadien des Leidens wird die monatliche Blutung geringer, zumal bei schwachen und blutarm gewordenen Patientinnen.

Die Geschlechtsthätigkeit leidet mehr oder minder in verschiedener Art. Viele Patientinnen haben Abneigung gegen den Geschlechtsverkehr, weil sie dabei entweder Schmerzen oder Blutungen haben. Häufig ist Unfruchtbarkeit vorhanden, nicht sowohl durch die Erkrankung des Gebärmuttergewebes selbst, als vielmehr durch gleichzeitig vorhandene Gebärmutterinnenwand-, Eileiter-, Eierstocks-, Beckenzellgewebsentzündung und Lageveränderungen der Gebärmutter. Erfolgt eine Empfängniss, so wird im vierten oder fünften Monate zuweilen eine unreife Frucht ausgestossen. Dem gegenüber haben wir eine Reihe von Fällen beobachtet, in denen reicher Kindersegen vorhanden war.

Das Allgemeinbefinden ist meist stark beeinträchtigt, und die Kranken kommen zuweilen sehr herunter, wenn Appetit und Stuhlgang darniederliegen, starke Monatsblutungen und Schmerzen sie heimsuchen. — Häufig beschränken sich letztere nicht auf Ort und Stelle, sondern strahlen in die Lendengegend und unteren Gliedmaassen aus, ja man findet sogar durch Nervenübertragung (reflectorisch) halbseitigen Kopfschmerz (Hemicranie), Gesichtsschmerz (Neuralgie des dreizipfeligen Nerven) und hysterische Erscheinungen. — Nach *Peyer* giebt es auch eine Form von Asthma, die im Anschlusse an chronische Gebärmutterwandentzündung auftritt; der Anfall wird dabei in der Regel durch geschlechtliche Aufregung oder den nahenden Monatsfluss ausgelöst. Auch übermässige Speichelabsonderung (Ptyalismus) wird mitunter als Begleiterscheinung beobachtet.

Bei der objectiven combinirten Untersuchung ist die Gebärmutter bei Druck und passiver Bewegung mehr oder minder empfindlich, und das Organ ist stets verdickt zu fühlen und so vergrössert, dass man eine Gebärmuttermuskelgeschwulst (Myom) vermuthen könnte.

Die Dauer des Leidens ist gewöhnlich eine lange, und es wechseln Zeiten des Stillstandes und der Besserung mit Verschlimmerung ab. Nach den Wechseljahren tritt häufig, jedoch nicht immer, allmählich

Heilung ein, mitunter freilich wird gerade um die Zeit des aufhörenden Monatsflusses (Menopause) der Zustand vorübergehend erst recht unerträglich. Nicht selten bleibt die Gebärmutterwand bis in das Greisenalter hinein chronisch entzündet, wodurch die Menstruation sich ausnahmsweise länger erhält oder in unregelmässigen Zwischenräumen Blutungen auftreten. — Ist eine Schwangerschaft regelrecht überstanden, so kommt häufig vollständige Rückbildung des vorher entzündlich vergrösserten Organes, also völlige Ausheilung, zu Stande. Zumeist freilich vermögen Schwangerschaft und vorzeitige Fruchtabgänge die chronische Gebärmutterwandentzündung zu erhalten und zu steigern. Bei langem Bestande des Leidens kommt es schliesslich zu narbiger Schrumpfung des entzündlich gewucherten Gebärmutterbindegewebes, wodurch das Organ kleiner und härter wird und die lästigen Erscheinungen, besonders die zeitweiligen Verschlimmerungen des Zustandes, aufhören.

Erkennung. Der Nachweis des Leidens gelingt in der Regel leicht, wenn man die Vergrösserung, die von selbst und bei Druck vorhandene Schmerzhaftigkeit, die Störungen im Monatsflusse, die vorübergehenden Besserungen und Verschlimmerungen im Auge behält. Stets hat man bei der Feststellung der Krankheit ein vorhandenes Grund- oder Anschlussleiden zu berücksichtigen. Eine Verwechselung könnte unter Umständen mit Schwangerschaft in den ersten Wochen oder einzelnen Formen von Gebärmuttergeschwülsten, den Myomen, aufkommen. In den ersten acht Wochen der Schwangerschaft kann der objective Befund bei der combinirten Untersuchungsmethode in Bezug auf Grösse, Gestalt, Lage und Beschaffenheit der Gebärmutter mit demjenigen bei chronischer Metritis übereinstimmen. Auch die subjectiven klinischen Erscheinungen können bei beiden Zuständen die gleichen sein. Alsdann ergiebt die Krankengeschichte sehr werthvollen, wenn auch nicht immer zutreffenden Aufschluss, da vielfach Schwangerschaft in Abrede gestellt wird. In zweifelhaften Fällen muss man mit der Feststellung des Leidens bis zum Zeitpuncte des demnächst zu erwartenden Monatsflusses zurückhalten. Ferner berücksichtige man, dass die chronisch entzündete Gebärmutterwand stark druckempfindlich ist, die schwangere dagegen nur selten. Noch grössere Schwierigkeiten für die Krankheitsfeststellung entstehen dann, wenn in einer chronisch entzündeten Gebärmutter Schwangerschaft vorhanden ist.

Schwierig ist oft die Unterscheidung des Leidens von Muskelgeschwülsten (Myomen) der Gebärmutter, besonders wenn sie in der Höhle des Organes oder dem Bindegewebe seiner Wand sitzen. Auch Empfindlichkeit kann alsdann vorhanden sein, und oft ist bei Lebzeiten eine sichere Feststellung der Krankheit nicht zu ermöglichen.

Vorhersage. Das Leben wird in der Regel durch chronische Gebärmutterwandentzündung nicht unmittelbar bedroht. Gefahren entstehen vorwiegend durch starke Blutungen und Fortpflanzung der Entzündung auf

das Bauchfell. Aber auch sonst ist das langwierige Leiden gefährlich.
Es verkümmert der Patientin durch die häufig wiederkehrenden Qualen
den Lebensgenuss, macht sie anfällig gegen anderweitige Erkrankungen,
unfähig, die Pflichten als Gattin und Mutter zu erfüllen. Von selbst tritt
Heilung nur selten vor den Wechseljahren ein. Immerhin darf man
grosse Hoffnungen erwecken, bei naturgemässer Behandlung Linderung
aller Beschwerden und eine fast vollkommene Ausheilung zu erreichen,
wenn auch die entzündliche Vergrösserung der Gebärmutter nicht ganz
zu beseitigen ist. Günstiger noch sind die Aussichten bei jenen Formen
des Leidens, denen Lageveränderungen der Gebärmutter, Polypen usw.
zu Grunde liegen. Mit der Beseitigung des Grundleidens schwinden allmählich, oft sogar in kurzer Zeit die Kreislaufsstörung und die chronische
Metritis selbst.

Behandlung. In gewissem Sinne ist von einer Vorbeugung (Prophylaxe) des Leidens zu sprechen. Jedes Wochenbett muss streng in
hygieinisch-diätetischer Weise geleitet werden, alle chronischen Blutüber-
füllungen der Gebärmutter müssen soweit als möglich durch Mässigkeit
im Geschlechtsverkehre, Beseitigung von Verstopfung u. dergl. abge-
wendet werden; Lageveränderungen der Gebärmutter, ihre acute Wand-
und Innenwandentzündung müssen rechtzeitig einer entsprechenden Behandlung unterzogen werden. Stets wende man schon frühzeitig, sobald
Störungen des Monatsflusses gepaart mit Vergrösserung und Schmerzhaftigkeit der Gebärmutter vorhanden sind, naturgemässe Mittel an.

Hat man es mit dem fertigen Leiden zu thun, so ist der Angriffspunct der Behandlung selten die Gebärmutter selbst, sondern vielmehr
ihre Umgebung und der ganze Organismus. Die Patientin muss sich im
weitesten Sinne des Wortes schonen und von allen Anstrengungen und
Schädlichkeiten fernhalten, die eine Blutüberfüllung der inneren Geschlechtstheile und eine kräftigere Thätigkeit der Bauchpresse bewirken,
z. B. Tanzen, Reiten, Fahren auf schlechten Wegen, Treppen- und Berg-
steigen, Heben schwerer Lasten, Nähen auf der Nähmaschine sowie
Pressen beim Stuhlgange. Die Kranke kann unbehindert ihrer gewohnten
häuslichen Thätigkeit nachgehen und mit grossem Vortheile täglich
2 bis 3 Stunden ohne Uebermüdung auf ebenen oder sanft ansteigenden
Wegen spazieren gehen; andauernde Bettruhe dagegen wirkt schädlich,
da der Ernährungszustand hierdurch leidet und venöse Stauungen im
Unterleibe begünstigt werden. Die Kost darf nicht reizend sein, dagegen geeignet, den Stuhlgang zu befördern. In dieser Beziehung sind
Kaffee, russischer Thee, Bier zu vermeiden, süsse und saure Milch, Obst
und Compot, Wasser mit Fruchtsaft vermengt, Reis, Gries, Schrotbrod
und Semmel, leicht verdauliche grüne Gemüse, Blattsalat mit Citronensaft und Oel bereitet u. dergl. zu geniessen. Ist die Verstopfung hartnäckig, so bekämpfe man sie überdies durch den mässigen Gebrauch
von 18° R. Entleerungsklystieren. Die meisten Patientinnen haben im

Verlaufe ihrer jahrelangen Erkrankung allerlei Abführmittel kennen gelernt, so dass es häufig dringenden Zuredens bedarf, diesen überflüssigen
Arzneigebrauch, der die chronische Metritis nur unterhalten kann, zu
beseitigen. — Der Geschlechtsverkehr ist entweder zu verbieten oder
doch nur sehr mässig zu gestatten. — Schon die Durchführung dieser
Allgemeinbehandlung lässt es überaus wünschenswerth erscheinen, die
Patientinnen in eine Naturheilanstalt zu verbringen, da hier alle Mittel
zur Allgemeinbehandlung vereinigt sind, neben Kräftigung des Organismus Beseitigung der Verstopfung und sonstiger Schädlichkeiten sowie
Fernhaltung vom Geschlechtsverkehre erreicht wird.

Was die Behandlung des eigentlichen Leidens und erkrankten Organes
selbst betrifft, so machen die Frauenärzte von verschiedenen chemischen
Mitteln, operativen Eingriffen usw. Gebrauch, auf die etwas näher einzugehen wir uns veranlasst fühlen. Obenan sollen in der Behandlung der
chronischen Gebärmutterwandentzündung örtliche Blutentziehungen stehen.
Dieses Verfahren ist schon meist deswegen widersinnig, weil es sich
meist um blutarme, geschwächte Patientinnen handelt, die man gerade
in die Luftcurorte schickt, damit sie mehr Blut bekommen, nicht dass
man ihnen noch Blut entziehen darf. Hierdurch schwächt man den
Organismus und begünstigt das Fortbestehen der Erkrankung. Weiterhin
bewirkt ja der Körper selbst durch stärkeren Blutabgang beim Monatsflusse und sonst eintretende Gebärmutterblutungen einen Aderlass und
Beseitigung der Blutstauung in den Beckengefässen, wozu alsdann noch
überdies häufige Blutentziehungen? Ferner, wenn man den Zusammenhang und die Verbindung der Gebärmuttergefässe im Auge behält, was
nützen die kleinen, wenn auch oft wiederholte Blutentleerungen, da
hierdurch weder ein beträchtliches Abschwellen der erweiterten Blutgefässe, noch weniger aber ein Fortschaffen des chronischen Entzündungs-
reizes denkbar ist. Schliesslich darf man nicht vergessen, dass die vielen
operativen Maassnahmen zur Blutentziehung aus der Gebärmutter einen
Reiz bilden, der die Entzündung unterhält, und die seelische Erregung,
die bei der Vornahme der hier in Betracht kommenden Eingriffe nicht
ausbleibt, die Kranke noch mehr herunter bringt, schliesslich hysterisch
macht und die Blutüberfüllung in der Gebärmutter unterhalten kann.
In unserer Privat- und Anstaltspraxis hatten wir es mit einer ganz beträchtlichen Zahl von Fällen chronischer Metritis zu thun, die uns, nachdem sie Monate und Jahre lang erfolglos gequält waren, zu dem Standpuncte brachten: Fort mit den operativen Blutentziehungen
aus der Gebärmutter bei deren chonischer Wandentzündung!
Bereits an anderer Stelle haben wir gegen die Anlegung von Blutegeln
an dem Scheidentheil der Gebärmutter behufs Blutentnahme aus den
Uterusgefässen das Wort ergriffen. Der Volksglaube, dass diese widerlichen Thiere nur schlechtes Blut aussaugten, ist natürlich hinfällig, im
Gegentheile, kein Blut ist ihnen gut genug. Um Wiederholungen zu

entgehen, erwähnen wir nur nochmals die umständliche Weise der Anlegung, die Nachblutung aus den Bissstellen, deren Schmerzhaftigkeit,
die zu Kolikanfällen führt, die Unberechenbarkeit des von ihnen auszu-
saugenden Blutes, überdies endlich die durch den Reiz bewirkte Blutzufuhr nach der Gebärmutter, wodurch gerade das Gegentheil vom
beabsichtigten Zwecke erreicht wird; also fort mit den Blutegeln
zur örtlichen Blutentziehung aus der Gebärmutter. Dasselbe
Urtheil ist, wenn auch aus anderen, oben erwähnten Gründen über die
Einstechungen (Punctionen) des Scheidentheiles der Gebärmutter (Portio)
auszusprechen. Ebenso zu verwerfen sind seichte Einschnitte (Scarificationen). Auch hierbei entstehen oft Schmerzen, Nachblutungen, Hysterie,
Blutarmuth u. dergl., und der erstrebte Zweck bleibt fast stets aus.
Noch mehr müssen wir uns gegen die von *Martin* empfohlene Abtragung
(Amputation) des Scheidentheiles der Gebärmutter oder dessen keil-
förmige Ausschneidung (Excision) aussprechen, mag dieselbe durch das
Messer oder die *Paquelin*'sche galvanische Glühschlinge ausgeführt
werden. Gewiss werden bei dieser Operation jedesmal zahlreiche Blutgefässe durchschnitten und dadurch zur Verödung gebracht, der vergrösserte, mit seinem Halse (Cervix) in die Scheide hineinreichende
Uterus verkürzt und zuweilen geht wohl auch, wie *Braun* nachgewiesen
hat, das überwucherte Bindegewebe der Gebärmutterwand eine Rückbildung ein — aber der chronische Entzündungsreiz, die Blutüberfüllung
der Gebärmuttergefässe — kurz die chronische Metritis bleibt bestehen
und quält die Patienten nach wie vor, oft sogar noch stärker.

In gleicher Weise müssen wir der Elektricität jede heilende Wirkung
bei chronischer Gebärmutterwandentzündung absprechen. Aehnlich wie
angeblich bei Gebärmuttermuskelgeschwülsten (Myomen) will *Apostoli*
durch elektrische Behandlung günstige Einwirkungen auf die chronisch
entzündete Gebärmutterwand erreicht haben; der Umstand, dass nur
wenige Frauenärzte von diesem Verfahren Gebrauch machen und nach
wie vor lieber operatives Vorgehen beibehalten, überdies die grossen
Schmerzen, welche bei chronischer Metritis durch starke elektrische
Ströme entstehen, sprechen vollkommen gegen ihre jeden Nutzens ent-
behrende Anwendung. Dieser Anschauung huldigt auf Grund aus-
reichender Erfahrung auch *Schauta,* der diesem Verfahren keine Erfolge
zusprechen kann. Die scheinbare Besserung der Krankheitserscheinungen
ist nach diesem Beobachter meist nur eine sehr rasch vorübergehende.

Ebenso zu verwerfen sind die innerlich und örtlich angewendeten
chemischen Mittel, die man gegen bereits vorhandene Blutüberfüllung der
geschwollenen, nach Geburten nicht vollständig zurückgebildeten Gebärmutter empfohlen hat. Hier erwähnen wir besonders das Mutterkorn
(Secale cornutum), sein Präparat, das Ergotin, und Hydrastis canadensis.
Auch *Schroeder* gesteht zu, dass diese Mittel bei der chronischen Metritis
mitunter sehr viel zu wünschen übrig lassen, da die Muskelfasern der

chronisch entzündeten Gebärmutterwand ebenso wie ihre erweiterten Gefässe sich nur schlecht durch sie zusammenziehen. Hierzu kommt noch die Gefährlichkeit dieser schweren Gifte, die nach der Angabe der sie empfehlenden Frauenärzte viele Monate hindurch bis zum Eintritte eines Erfolges genommen werden müssen. Wir behandelten viele Fälle, die trotz systematischen Gebrauches der genannten Chemikalien nicht nur sich schlimmer gestaltet hatten, sondern bei denen noch überdies die Patientinnen durch Mutterkorn die Kriebelkrankheit und Rückenmarksschwindsucht hinzubekommen hatten. Auch von innerlichem Jodgebrauche erwartet *Schroeder* nicht viel für die Aufsaugung (Resorption) der neu gebildeten Gewebsmassen innerhalb der chronisch entzündeten Gebärmutterwand. Auch örtliche chemische Maassnahmen sind ausnahmslos schädlich und entbehrlich. Durch die noch viel gebrauchten Senfteige, Blasenpflaster und Jodpinselung wird nur die Haut misshandelt, die Gebärmutter aber nicht im geringsten beeinflusst. Ebenso wenig Vortheil bieten mit Jodtinctur, Jodoform und Glycerin versehene Wattetampons, und auch dem Ichthyol sprechen viele Frauenärzte keinen besonderen Nutzen zu.

Demgegenüber hat die Naturheilmethode eine Reihe von Heilfactoren, die ungleich vortheilhafter und ungefährlich sind. Da das erste Heilbestreben dahin gehen muss, die Kreislaufstörungen, besonders die venöse Stauung, zu beseitigen, so wende man nächtlich 18 ° R. Leibaufschläge (Fig. 39) und 22 ° R. Wadenpackung an. Alle Morgen möge der ganze Körper 18 ° R. gewaschen und behufs Abtrocknung mild frottirt werden, wodurch gleichfalls eine Ableitung des Blutes nach der Haut bewirkt wird. Demselben Zwecke dienen laue Bäder, die von der Patientin einen Tag um den anderen je 15 bis 20 Minuten lang zu gebrauchen sind. Hat man keine Vollbadewanne oder wenig Wasser zur Verfügung, so leisten 26 ° bis 24 ° R. Rumpfbäder (Fig. 34) annähernd denselben Dienst. Um die Resorption zu befördern, den Kreislauf anzuregen, wende man 2 mal täglich Wechselscheidenausspülungen an, indem man zuerst eine 30 ° R. Irrigation von 1 Liter Wasser vornimmt, unmittelbar darauf 22 ° R. Wasser in den weiblichen Geschlechtscanal einlaufen lässt. Durch diese einfache, aber überaus wirksame Procedur wird zugleich der Schmerz gelindert. Vor den von *Kiwisch* und anderen Autoren empfohlenen heissen Scheidendouchen bis zu 44 ° R. ist eindringlich zu warnen, da sie die Scheiden- und Beckenschleimhaut verbrennen und allmählich das Gegentheil ihres Zweckes, nämlich eine Venenerweiterung bewirken, also die Blutstauung begünstigen. Eher sprechen wir dafür den Sitzdampfbädern (Fig. 40) mit nachfolgendem 26 ° bis 24 ° R. Halb- oder Rumpfbade, die zwei mal in der Woche benutzt werden können, das Wort; sie befördern die Aufsaugung, lindern Schmerzen, beseitigen Kreislaufsstörungen und erleichtern den Monatsfluss. Für die späteren Stadien des Leidens empfiehlt sich innere und äussere Unterleibsmassage und

-gymnastik, die besonders bei schlaffen, mageren Bauchdecken auch eine Entleerung der Lymphwege und so vermehrte Aufsaugung bedingen. Besonders *Bunge* und *Prochownik* haben mit diesem Heilfactor günstige Erfahrungen bei der chronischen Gebärmutterwandentzündung gemacht. Freilich bedarf es immer einer sehr geduldigen und vorsichtigen Anwendung dieses beide Theile gleich anstrengenden Mittels, und man darf vor Ablauf von 5 bis 6 Wochen kaum auf einen durchgreifenden Erfolg rechnen. Die Gebärmutter wird hierbei zwischen den in die Scheide eingeführten Zeigefinger der linken Hand und die auf den Bauchdecken liegende rechte Hand gefasst und geknetet. Besonders bei vorhandener Verstopfung sind öfters 18 ⁰ R. Entleerungsklystiere von je 1 Liter Wasser und 14 ⁰ R. Behalteklystiere von $1/_2$ bis 1 Weinglas voll Wasser zu gebrauchen, da auch hierdurch eine Blutableitung von der chronisch entzündeten Gebärmutter erreicht wird. Mit diesen Anwendungsformen im Vereine mit der Allgemeinbehandlung kann man die meisten Fälle des Leidens zu einer leidlichen Ausheilung bringen. Nervöse oder hysterische Patientinnen sind am besten daran, wenn sie in eine Naturheilanstalt verbracht werden, wogegen wir den Besuch meist theurer Luxus-Frauenbäder dringend widerrathen. Nicht Salz, Soole, Stahl, Moor usw. wirken in den betreffenden Badeorten bessernd, sondern das Fernbleiben von häuslichen Sorgen und Anstrengungen, der Aufenthalt und die vermehrte Bewegung in frischer Luft, der angeregtere Appetit usw. Auch *Fritsch* giebt zu, dass ein directer Einfluss eines bestimmten Bades auf die chronische Metritis wohl nicht vorhanden ist, die nothgedrungene Faulheit, die geistige und körperliche Ruhe usw. besser wirken, als der specifische Heilcoëfficient der Quelle in solchen Frauenbädern. Auch dem Rathe, die Patientinnen in Kaltwasserheilanstalten zu senden, ist entgegenzutreten. Kaltes Wasser bedeutet für die meist nervösen und blutarmen Patienten ein zweischneidiges Mittel, und man kann damit allein chronische Metritis nicht heilen. Den Kaltwasserheilanstalten stehen meist nur noch elektrische Apparate zur Verfügung, mit denen bei der chronischen Gebärmutterwandentzündung nichts zu erzielen ist, der anderen Mittel dagegen, die zur mehr örtlichen Behandlung des Leidens als zweckdienlich angeführt sind, entbehren sie fast vollkommen. Zudem werden, was eine grosse Anzahl von Frauenärzten nicht zu wissen scheint, in den Kaltwasserheilanstalten die Patientinnen mit Arzneien weiter gefüttert, und gerade um diese auszusetzen, wurden die Kranken in die Anstalt geschickt.

Oft befindet man sich in der Lage, zunächst gegen einzelne, besonders lästige Erscheinungen des Leidens vorgehen zu müssen, wobei in erster Reihe stark schmerzhafte oder mit übermässiger Blutung einhergehende Periode in Betracht kommt. Alsdann hat man sich derjenigen Heilfactoren zu bedienen, die in den entsprechenden Capiteln hiergegen von uns empfohlen werden.

CAPITEL IV.

Die hitzige Gebärmutterschleimhaut- oder Gebärmutterinnenwandentzündung. — Acute Endometritis.

Ursachen. Die acute Entzündung der Schleimhaut, mit welcher die Gebärmutterhöhle ausgekleidet ist, kommt als ursprüngliches (primäres) Leiden nur selten vor, meist vielmehr handelt es sich um eine Theil- oder Begleiterkrankung anderweitiger Leiden.

Unter den wichtigsten Ursachen heben wir folgende hervor:

1. Schwangerschaft, Wochenbett und Geburt. Hierbei kommt es bekanntlich zu Blutüberfüllung, Auflockerung, vermehrter Absonderung, Dehnung, Zerrung und Verletzung der Gebärmutterschleimhaut, und so ist der Boden für eine Entzündung geebnet, wenn noch anderweitige Schädigungen, z. B. Wundverunreinigung hinzutreten. Besonders vorzeitige Fruchtabgänge (Aborte) sind nach dieser Richtung hin gefährlich, da hierbei leicht Theile des Mutterkuchens (Placenta) und der Eihäute zurückbleiben und faulig zerfallen.

2. Erkrankungen der Gebärmutter selbst und benachbarter Organe. Bekanntlich ist die acute Gebärmutterschleimhautentzündung häufig mit der hitzigen Gebärmutterwandentzündung vergesellschaftet. Daraus erwächst aber noch keineswegs, wie *Döderlein* es will, die Berechtigung, beide Erkrankungsarten nur als eine einheitliche aufzufassen und kurzweg von »Gebärmutterentzündungen« zu sprechen. Eine einfache Entzündung der Wangenschleimhaut ist denn doch z. B. von einer sich in dem Wangenbindegewebe abspielenden Rose (Erysipel) sehr verschieden, so dass man auch nicht lediglich von »Wangenentzündungen« sprechen wird. — Auch bei Gebärmuttergeschwülsten, Eileiterentzündung, Scheidenkatarrh, besonders wenn dieser durch faulende Tampons und schmutzige Scheidenhebel bewirkt ist, entsteht durch Fortkriechen des Entzündungsprocesses die acute Endometritis. Nicht minder wichtig ist die Tripperansteckung und dadurch bedingte Entzündung der weiblichen Geschlechtstheile als Ursache für die hitzige Gebärmutterschleimhautentzündung.

3. Schädigungen während des Monatsflusses. Durch Blutstauung und Zersetzung des Blutes, starke Abkühlungen, Durchnässungen, Tanzen, kühle Einspritzungen usw. kann unter dem Monatsflusse der hitzigen Gebärmutterschleimhautentzündung der Boden geebnet werden.

4. Oertliches chirurgisches und chemisches Vorgehen. Sondirung der Gebärmutter mit unsauberen Instrumenten, in die Gebärmutterhöhle gebrachte Hebel und Aetzstifte, eingespritzte, stark reizende Flüssigkeiten können unter Umständen die Schleimhaut der Gebärmutterhöhle in einen heftigen Entzündungszustand versetzen.

5. Allgemeine Ansteckungs- und Constitutionsleiden. Hier kommen Typhus, Cholera, Influenza, Masern, Scharlach, Pocken und

Scrophulosis in Betracht.   Eng hieran schliessen sich jene Fälle des
Leidens, welche nach Phosphorvergiftung beobachtet wurden *(Massin)*.
Anatomische Veränderungen. Die erkrankte Schleimhaut der Gebär-
mutterhöhle zeigt die charakteristischen Abweichungen der acuten Entzündung. Sie ist blutüberfüllt, geschwollen, aufgelockert, von sammet-
artiger Oberfläche und zeigt kleine Blutaustritte. Die Schleimhaut des
Gebärmutterhalses ist in der Regel weniger betheiligt als die des Gebärmutterkörpers. Auch der Scheidentheil der Gebärmutter ist häufig von der
Entzündung mitergriffen, also geschwollen und weich, mit entzündlichen
Auflockerungen (Erosionen) versehen, und der Muttermund rundlich. In
allen heftigeren Fällen ist auch die Gebärmutterwand und die Scheidenschleimhaut am entzündlichen Processe betheiligt, bald durch Fortpflanzung des anatomischen Vorganges, bald durch Reizung vermittelst
der ausfliessenden Absonderungen.

Krankheitsbild. Aehnlich wie die acute Gebärmutterwandentzündung,
stellt sich die acute Endometritis in der Regel unter einem nur wenige
Tage anhaltenden, nicht sehr hohen Fieber ein, mit dem Gefühle von
Druck und Schwere im Becken, stärkerem Abwärtsdrängen und innerer
Hitze, seltener eigentlicher, in der Tiefe sitzender Schmerzen. Der
entzündliche Ausfluss, besonders seitens der Schleimhaut des Gebärmutterhalses ist dünnflüssig, blutwässerig, später trübe und eiterig, ebenso
die vermehrte Absonderung der Gebärmutterkörperschleimhaut. Die
Blase und der Mastdarm zeigen zuweilen insofern Störungen, als häufiger
Harn- und Urindrang auftreten. Bei der Besichtigung zeigt sich der
Scheidentheil der Gebärmutter geröthet oder bläulich verfärbt und weist
entzündliche Auflockerungen und mit weisslichem oder eiterigem Inhalte
gefüllte Bläschen auf. Die Gebärmutter ist auf Druck nur wenig schmerzhaft und hat eine unwesentliche Vergrösserung erfahren. Die Sondirung,
besonders das Passiren des inneren Muttermundes und die Berührung
des Gebärmuttergrundes mit der Sonde ist schmerzhaft, meist natürlich
auch überflüssig. Häufig geht aus der acuten die chronische Form des
Leidens hervor, und es wird besonders gefährlich, wenn, wie vorwiegend
bei ursächlicher Tripperansteckung, sich der entzündliche Process auf die
Eileiterschleimhaut und das Bauchfell fortpflanzt.

Erkennung. Der Nachweis des Leidens ist in Berücksichtigung der
Ursachen und geschilderten Erscheinungen leicht.

Vorhersage. Bei rechtzeitiger und naturgemässer Behandlung sind
die Aussichten auf rasche Beseitigung des Leidens günstig. Nur bei
ursächlicher Tripperansteckung mache man zunächst nicht allzusichere
Aussichten.

Behandlung. Die Behandlung stimmt mit derjenigen der acuten
Gebärmutterwandentzündung überein, nur dass man, um die ausfliessende
entzündliche Absonderung rascher zu beseitigen und ihres Reizes zu
berauben, in passendem Wechsel 18 ⁰ R. Wattetampons, gut ausgedrückt,

in das Scheidengewölbe einlegt. Vor der Anwendung stärkerer örtlicher Mittel warnt selbst *Schroeder*, und auch von Blutentziehungen durch Blutegel und Einschnitte in den Scheidentheil der Gebärmutter versprechen sich viele Frauenärzte keinen Erfolg.

CAPITEL V.

Die chronische Gebärmutterschleimhaut- oder Gebärmutterinnenwandentzündung. — Chronische Endometritis.

Ursachen. Die chronische Entzündung der Gebärmutterschleimhaut stellt eine überaus oft vorkommende Erkrankung dar, besonders wenn man sich nicht allzubegrenzt an den Begriff »Entzündung« klammert, vielmehr sich bei der Gleichheit der klinischen Erscheinungen gewöhnt, unter die chronische Endometritis jene zahlreichen Fälle zu rechnen, die eigentlich nur eine dauernde Blutüberfüllung der Gefässe der Gebärmutterinnenwand bedeuten, oder sonstige anhaltende Reizzustände der Gebärmutterschleimhaut, die nicht entzündlicher Natur sind.

Unter den wichtigsten Ursachen des Leidens heben wir folgende hervor:

1. Angeboren schon kann die chronische Endometritis vorkommen, und *Fischel* behauptet, dass hierauf einzelne Bildungsfehler innerhalb der Gebärmutterhöhle zurückzuführen sind.

2. Schwangerschaft und Wochenbett. Ein grosser Theil der Fälle betrifft Frauen, die geboren haben oder zeitige Fruchtabgänge (Abortus) hatten. Häufig treten letztere bei Personen auf, bei denen, wie *Veit* behauptet, schon vor der Empfängniss chronische Entzündung der Gebärmutterschleimhaut vorhanden war. In anderen Fällen liegt eine directe Ansteckung unter der Entbindung zu Grunde, die nur örtlich, aber schleichend und anhaltend die Gebärmutterinnenwand betrifft, den Gesammtorganismus dagegen verschont. Bald auch schonen sich die Frauen zu wenig, stehen zu frühzeitig auf, sorgen nicht für Reinlichkeit und genügenden Abfluss des Wochenflusses, so dass dieser sich zersetzen und reizen kann.

3. Erkrankungen des Organes selbst. Bereits an anderer Stelle ist darauf hingewiesen worden, dass aus der acuten Form durch Vernachlässigung oft die chronische Form der Gebärmutterschleimhautentzündung entsteht. Aehnlich wirken Lageveränderungen, besonders Vorfall und Knickungen der Gebärmutter, ein, indem hierdurch der Blutabfluss gehemmt ist und in der Regel eine venöse Stauung eintritt. Auch Gebärmutterwandentzündung bewirkt bald durch Fortpflanzung des entzündlichen Processes selbst, bald durch dauernde Ueberfüllung der Blutgefässe in der Gebärmutterschleimhaut die chronische Endometritis. Wir treffen diese auch häufig bei den meisten gut- und bösartigen Neubildungen der Gebärmutter.

4. Erkrankungen benachbarter Organe spielen für die Entstehung der chronischen Endometritis eine wichtige Rolle. Auch in Fällen dieser Art wird die Gebärmutterschleimhautentzündung bald durch unmittelbare Fortpflanzung hervorgerufen, bald durch andauernde Blutüberfüllung der Schleimhautgefässe mit ihren Folgen, besonders der venösen Stauungen. Wir erwähnen hier nur die Vulvo-Vaginitis der kleinen Kinder, deren wir schon früher gedachten, des Scheidenkatarrhes, besonders durch Tripper beginnend, der Eierstockserkrankungen usw. Dass Blutandrang nach den Eierstöcken einen chronisch-entzündlichen Process der Gebärmutterinnenwand hervorzurufen vermöge, ist bei dem nahen Zusammenhange zwischen Eireifung (Ovulation) und Monatsfluss leicht verständlich. Häufig ist der entzündliche Process benachbarter Organe ausgeheilt, aber die chronische Endometritis bestehen geblieben.

5. Geschlechtsverkehr. Durch den beim Beischlafe vermehrten Blutzufluss, der auch nach der Gebärmutterschleimhaut stattfindet, kann unter Umständen ein andauernder Reiz geschaffen werden, der um so nachhaltiger wirkt, wenn der Geschlechtsverkehr allzuzeitig nach dem Monatsflusse oder einer Entbindung ausgeübt wird. Nach unseren zahlreichen Erfahrungen hierüber ist gerade die letzterwähnte Ursache bisher noch zu wenig gewürdigt. — In ähnlicher Weise wirkt auch die Selbstbefleckung.

6. Aerztliche Eingriffe. Vielfach entsteht die chronische Gebärmutterinnenwandentzündung durch zu häufig wiederholte ärztliche Eingriffe innerhalb des Gebärmuttercanales. Hier kommen besonders Auskratzungen, Sondirungen und Einspritzungen chemischer Sustanzen in die Gebärmutterhöhle und Erweiterung des Gebärmutterhalscanales durch Quellmeissel in Betracht.

7. Sonstige Erkrankungen, die Kreislaufsstörungen in den Beckenorganen bedingen oder wie an anderen Organen auch an der Gebärmutter die Schleimhaut zu entzündlichen Processen geneigt machen, besonders Herz-, Leber-, Lungen- und Nierenleiden, Typhus, Pocken, Cholera, Influenza, Tuberculose, Bleichsucht, Bluterkrankheit usw.

8. Hefezellen können nach *Colpe* in die Gebärmutterhöhle gelangen und dortselbst mitunter nicht lediglich die Rolle eines unschädlichen Schmarotzers spielen, sondern durch eine Art Anpassung an die Lebensvorgänge in den Geschlechtswegen eine hartnäckige Gebärmutterschleimhautentzündung erregen und unterhalten.

Unter den Lebensaltern kommen mehr die vorgerückteren in Betracht; nach *Ruge* ist die Hälfte der befallenen Frauen jenseits des 45. Lebensjahres.

Anatomische Veränderungen. Die chronisch entzündete Gebärmutterschleimhaut ist blutreich, weich und mehr oder weniger stark gewuchert und kann selbst die Dicke eines Centimeters und darüber erreichen. In den oberflächlicheren Schichten finden sich vielfach Blutaustritte oder deren Ueberbleibsel, so dass man mehr oder minder zahlreiche, kleine, dunkelroth, braungelb oder schwärzlich gefärbte Herde antrifft. Die Innenfläche der Gebärmutter erscheint bald glatt, bald aufgeworfen, höckerig, selbst zu polypenartigen Auswüchsen gewuchert, so dass die Gebärmutterhöhle oft mit schwammigen Massen ausgefüllt ist. Das Aussehen der Gebärmutterinnenwand wird noch mehr schwammähnlich, wenn die Oeffnungen der erweiterten Drüsen als kleine Cysten hindurchschimmern. Nach *Ruge* unterscheidet man eine drüsige (glanduläre), eine bindegewebige (interstitielle) und eine Mischform der chronischen Gebärmutterschleimhautentzündung, wobei zu bemerken ist, dass eigentlich in allen Fällen die Veränderungen des einen Gewebstheiles auch solche des anderen herbeiführen.

Bei der drüsigen (glandulären) chronischen Gebärmutterschleimhautentzündung hat eine starke Wucherung und Vermehrung der Drüsendeckzellen (Epithelien) stattgefunden. Der sonst glatt verlaufende Drüsenschlauch erscheint hierdurch auf dem Durchschnitte sägeartig oder mehr seitlich ausgebogen, sogar korkzieherartig sich schlängelnd. Bei diesem einfachen Ueberwucherungsprocesse wird nur das Drüsenepithel befallen, die Zahl der Drüsengänge bleibt jedoch unverändert. Dieser sogenannten hypertrophischen (glandulären) Endometritis steht die hyperplastische Form gegenüber, bei der nicht nur die Wandung der Drüsengänge erkrankt ist, sondern durch seitliches Auswachsen von den ursprünglichen Gängen oder durch neue Einsenkung von der Schleimhautoberfläche aus oder durch drüsige Wucherungen vom Drüsengrunde gegen und in die Gebärmuttermusculatur die Zahl der Drüsengänge eine Zunahme erfahren hat. Es wuchert also die Schleimhaut der Gebärmutter sowohl nach der Oberfläche als auch nach rückwärts, gegen die Musculatur zu.

Bei der bindegewebigen (interstitiellen) chronischen Gebärmutterschleimhautentzündung betheiligen sich an der Wucherung entweder mehr das Stützgerüst oder die zelligen Bestandtheile des Bindegewebes. In letzterem Falle liegen die vermehrten kleinen, rundlichen Zellen dicht nebeneinander, werden spindelförmig und mit einem ovalen Kerne versehen, meist sind sie in sich wirr durchkreuzenden Zügen angeordnet. Im weiteren Verlaufe vergrössert sich der Umfang des Zellenleibes, der schliesslich mehrere Kernkörperchen besitzt. Ist mehr das Bindegewebsgerüst von dem chronisch-entzündlichen Processe befallen, so kann dieses durch entzündliche Ausschwitzung verdickt, weich und brüchig sein, oder wenn die Bindegewebsfasern vermehrt sind, verdickt und hart.

Bei den Mischformen betrifft der Entzündungsprocess sowohl die Drüsen als auch das Bindegewebe, jedoch meist in ungleichem Maasse und zwar so, dass in der Regel die Bindegewebswucherung überwiegt, während die Drüsenwände weniger erkrankt sind und die Drüsengänge

selbst nur stark erweitert oder höchstens in einzelnen Theilen abgeschnürt erscheinen. In anderen Fällen fand eine starke Vermehrung der
Drüsengänge statt, während die Drüsenzellen nur mässig gewuchert sind.

Von diesen entzündlichen Veränderungen ist in der Regel die ganze
Schleimhautfläche befallen, wobei gleichzeitig an verschiedenen Stellen
bald mehr die drüsige, bald mehr die bindegewebige Form der Ueberwucherung zum Vorscheine kommt.

Durch sehr lange bestehende Entzündungen kann schliesslich die
Gebärmutterschleimhaut schwinden (atrophiren).
Die Deckzellen gehen verloren, die Drüsenzellen quellen, zerfallen, so dass schliesslich die
ganze Drüse durch Aufsaugung fortfällt oder
nur ein kleiner Theil derselben, ein Cystchen
bildend, übrig bleibt. Die Schleimhaut wird
allmählich ganz dünn, und zuletzt verbleibt als
Auskleidung der Gebärmutterinnenwand nur ein
einfaches, dünnes, glattes Bindegewebslager. Man
bezeichnet diesen im Alter und nach Wochen-
bettsentzündungen ähnlich vorkommenden Vorgang als Endometritis atrophicans.

Figur 79.

Darstellung der wichtigsten Scheidenfisteln. Halbschematisch.
Nach *Bergel*. (Zu Seite 167.)
G Gebärmutter, H Harnblase, M Mastdarm, S Scheide.
Man erkennt an der Abbildung die Mastdarmscheidenfistel, Harn-
röhrenscheidenfistel, Harnblasenscheidenfistel und Gebärmutterhals-
harnblasenfistel.

Eine eigenartige
Form der chronischen
überwuchernden Endo-
metritis ist die fungöse oder blutige (haemorrhagica), so genannt,
weil bei ihr eine übermässig starke Blutung beim Monatsflusse stattfindet.
Die Wucherung der Gebärmutterschleimhaut kann hier die bedeutendste
Ausdehnung gewinnen und ist meist allgemein verbreitet, bald mehr die
bindegewebigen, bald mehr die drüsigen Elemente ergreifend. — Unter
Endometritis decidualis versteht man die nach Entbindungen und
besonders nach sehr zeitigen Fruchtabgängen zurückbleibenden entzündlichen Processe der Gebärmutterschleimhaut, wobei sich also diese nicht
völlig rückbildet, sondern in einem entzündlichen Wucherungszustande

verharrt. Anfänglich ist hiervon mehr das Bindegewebe, später allerdings sind auch die Drüsen befallen. Die Gebärmutterschleimhaut bleibt hierbei dick und ist zu Blutungen geneigt. Diese Form hat nichts mit den fälschlich als Endometritis post abortum bezeichneten Zuständen zu thun, bei denen durch zurückgebliebene Eihaut- oder Mutterkuchenreste Blutungen durch mangelhafte Zusammenziehung der Gebärmuttermuskeln und -gefässe hervorgerufen werden, so dass man lieber in solchen Fällen von Gebärmutterschleimhautblutung nach vorzeitigem Fruchtabgange sprechen sollte.

Von besonderer Wichtigkeit ist auch die häutende Gebärmutterschleimhautentzündung Endometritis exfoliativa, früher Dysmenorrhoea membranacea genannt. Hierbei löst sich regelmässig bei jedem Monatsflusse die oberflächliche Schicht der Gebärmutterschleimhaut ganz oder theilweise ab und wird häufig unter Wehenschmerzen in Fetzen oder als vollständiger Ausguss der Gebärmutterhöhle in Form eines dreizipfeligen Sackes ausgestossen. Die Dicke der zu Tage geförderten Membranen schwankt auch bei derselben Patientin wesentlich bei den verschiedenen Menstruationen zwischen 2 bis 6 Millimeter und darüber. Die Grundursache dieser Erkrankung besteht in einem Entzündungszustande der Gebärmutterschleimhaut, bei welchem die oberste Schicht entweder zu fest oder die darunter befindliche zu weich und zerreisslich ist. Man findet in der ausgestossenen Haut in den oben beschriebenen Erkrankungszuständen begriffene Drüsen und reichliches, von rothen und weissen Blutkörperchen durchsetztes Zwischenbindegewebe. Hiermit nicht zu verwechseln sind jene kleinen, häutigen Fetzen, die sich oft im Menstruationsblute finden und aus Blutgerinnungsstoff (Fibrin) und untergegangenen rothen und weissen Blutkörperchen bestehen.

Krankheitsbild. Die wichtigste Erscheinung des Leidens sind Blutungen aus der Gebärmutter, sowohl zur Zeit des Monatsflusses, also typisch, als auch ausserhalb desselben, atypisch auftretend. Eine vermehrte Schleim- oder Eiterabsonderung ist durchschnittlich nicht vorhanden, höchstens nur dann anzutreffen, wenn Tripperansteckung oder sonstige Eiterungsprocesse innerhalb benachbarter Organe zu Grunde liegen. Vor und nach der monatlichen Blutung besteht nach den Angaben vieler Patientinnen vermehrter Ausfluss, jedoch handelt es sich meist nur um eine durch die Blutüberfüllung der Gebärmutterschleimhaut, wie sie um die Zeit des Monatsflusses besteht, hervorgerufene vermehrte Absonderung alkalischen Schleimes. Auch bei Anstrengungen, wodurch die Gebärmutter und Scheide nach unten gedrängt, gleichsam ausgedrückt werden, kann vorübergehend schleimiger Ausfluss bestehen.

Der Monatsfluss ist häufig ungestört oder zeigt nur beim Eintreten leichte Abweichung, in anderen Fällen tritt die Periode stets zu früh ein, dauert 8 bis 10 Tage und selbst 2 bis 4 Wochen, wobei gewöhnlich nur die erste Woche starke Blutausscheidung besteht, die übrige Zeit der Abgang von Blut nur sparsam, tropfenweise erfolgt, um dann wieder mit der nächsten Periode mächtig zu werden. Nicht selten sind Blutgerinnsel (Coagula). Zuweilen setzt der Monatsfluss längere Zeit aus, was man sowohl bei jugendlichen, als auch älteren Patientinnen findet.

Schmerzen und sonstige regelwidrige Empfindungen kommen bei der Mehrzahl der Patientinnen vor. Bald wird über ein Gefühl von Druck und Schwere im Becken, über dumpfes Kreuzweh, über die Empfindung einer beginnenden Gebärmuttersenkung geklagt, bald über leichtes Ziehen, wehenartigen Schmerz, die bedeutend wechseln, sich zu den heftigsten Anfällen steigern können und besonders bei dem Monatsflusse vorhanden sind. In anderen Fällen wieder ist während der Menstruation Schmerz nicht vorhanden, oder ein vorher bestehender wird unter dem Monatsflusse aufgehoben, dagegen bestehen grosse Qualen in der Mitte der blutungsfreien Zwischenzeit, in Form des sogenannten Mittelschmerzes. Vielfach findet eine Ausstrahlung nach dem Unterleibe und den Schenkeln statt. Sogar Neuralgie der Brust, Migräne, Magenkrampf u. dergl. können gleichzeitig vorhanden sein. Besonders empfindlich ist die Gebärmutterschleimhaut gegen die Berührung mit der Sonde, wodurch bald an umschriebenen Stellen, bald an der gesammten Gebärmutterschleimhaut Schmerzgefühl hervorgerufen wird. Zuweilen fehlt die Empfindlichkeit bei Berührung mit der Sonde, besonders wenn dicke Wucherungen der Schleimhaut ergiebige Blutungen hervorrufen.

Unfruchtbarkeit (Sterilität) ist eine sehr häufige Folge der chronischen Gebärmutterschleimhautentzündung, sowohl für solche Frauen, die noch nicht geboren haben, als auch bei solchen, die nach bereits stattgehabter Geburt das Leiden erwarben. Die Unfruchtbarkeit beruht sowohl darauf, dass die entzündliche Absonderung der Gebärmutterschleimhaut die männlichen Samenzellen fortschwemmt, als auch darauf, dass kranke Stellen einen ungünstigen Boden für die Ansiedelung eines befruchteten Eies bieten.

Bei der mit Schleimhautabgängen verknüpften Form des Leidens stellen sich die angegebenen Beschwerden meist nur um die Zeit des Monatsflusses ein. Wie bereits oben angedeutet, ist die Ausstossung von Häuten fast immer mit ausserordentlichen Schmerzen verknüpft. In der Regel ist ein lästiges Gefühl von Unbehagen, Ziehen und Drängen im Unterleibe schon viele Tage vor der mit Ausstossung von Häuten einhergehenden Menstruation vorhanden, bis diese unter wehenartigen Schmerzen und starker Blutung eintritt und nach Bestehen mehrtägiger Qualen die Häute zum Vorscheine kommen. Bei vielen Patientinnen tritt die Periode um mehrere Tage verspätet ein oder bleibt wochenlang aus, so dass sie an Schwangerschaft denken, bis wieder plötzlich mit den gefürchteten Schmerzen und dem starken Blutabgange verknüpft Häute in Massen abgehen.

Das Allgemeinbefinden ist mehr oder minder gestört. Schon die dauernden Säfte- und Blutverluste, die oft monate- und jahrelang bestehenden Schmerzen schwächen die Patientinnen körperlich immer mehr und mehr. Hierzu gesellt sich schliesslich auf Grund allgemeiner seelischer Herabstimmung nervöse Magenverstimmung (Dyspepsie) oder Hysterie, so dass durch den Appetitmangel und die schlechte Verdauung viele Frauen gänzlich herunterkommen. — *Schauta* und *Pick* wollen durch chronische Gebärmutterschleimhautentzündung veranlasst mehrfach hartnäckige Hauterkrankungen, besonders Talgdrüsenentzündung, nässende Flechte, Hautverfärbung, Jucken, Schuppenflechte, Schwindflechte usw. beobachtet haben. Es erscheint uns ein ursächlicher Zusammenhang bei diesen Fällen allerdings etwas fraglich. — Auch beträchtlich beschleunigter Puls *Eisenhart)* und vermehrte Urinabsonderungen sind beobachtet worden.

Unter den Begleiterkrankungen erwähnen wir: Zellgewebsentzündung der breiten Mutterbänder (Parametritis), Eileiterentzündung (Salpingitis) und Beckenbauchfellentzündung (Pelveoperitonitis).

Erkennung. Die Feststellung des Leidens gelingt oft schon allein aus der Krankengeschichte, Berücksichtigung der klinischen Erscheinungen und einer etwa entdeckten Ursache. Nicht immer jedoch ist die Erkennung der Krankheit so einfach, und man muss bei vorhandenem Ausflusse und Blutungen aus den weiblichen Geschlechtstheilen erst die übrigen Möglichkeiten hierfür ausschliessen, also feststellen, ob wirklich der Uterus die Quelle derselben ist. Eine Ausschabung der Gebärmutter, um sich zu überzeugen, welche besondere Form der Endometritis besteht, was eine mikroskopische Untersuchung eines herausgekratzten Schleimhautstückes ergiebt, ist überflüssig, da hierdurch vielfach Irrthümer entstehen und für die Behandlung entscheidende Gesichtspuncte nicht geboten werden. Auch eine Austastung der ganzen Gebärmutterhöhle mit dem Finger nach vorher künstlich vollkommen erweitertem Muttermunde bringt in der Regel keinen Vortheil und käme nur dann in Betracht, wenn polypöse Wucherungen in der Gebärmutterhöhle vermuthet werden.

Vorhersage. Die Aussichten bei der chronischen Gebärmutterschleimhautentzündung sind häufig günstig, besonders bei der fungösen Form, hängen jedoch im Näheren von der Ursache, Ausdehnung und Dauer des Processes, von etwaigen Complicationen und der allgemeinen Körperbeschaffenheit der Patientin ab. Die nach Wochenbetten, bei Lageveränderungen und Muskelgeschwülsten (Myomen) der Gebärmutter auftretende Endometritis kann nach Beseitigung des Grundleidens oft sehr schnell schwinden. Ungünstiger sind die Aussichten bei zu Grunde liegendem Tripper und der schwindenden (atrophirenden) Gebärmutterschleimhautentzündung. Die häutende (exfoliative) Form des Leidens bleibt oft, selbt bei jugendlichen Personen, trotz naturgemässer Behandlung lange bestehen, bedingt jedoch nicht immer Unfruchtbarkeit. Selbstverständlich darf man an Endometritis leidenden Jungfrauen nur dann die Ehe gestatten, wenn die Erkrankung ausgeheilt ist.

Behandlung. Die Behandlung des Leidens hat vollkommen nach denselben Gesichtspuncten zu geschehen, die wir bei dem Vorgehen gegen die Gebärmutterwandentzündung entwickelt haben, was einleuchtend erscheint, wenn man berücksichtigt, dass beide Erkrankungen annähernd dieselbe Ursache haben, auf Stauung in eng aneinander liegenden Blutgefässen zurückzuführen sind und häufig gemeinschaftlich vorkommen. Stets hat die Behandlung örtlich und allgemein zu sein und darauf hinzuwirken, den Absonderungen bequemen Abfluss zu schaffen, die Blutstauungen zu beseitigen, die veränderte Gebärmutterinnenwand der allmählichen Gesundung entgegen zu führen. Dieser Zweck wird durch die heute gegen die Endometritis üblichen Mittel meist nicht erreicht. Abgesehen von den hiermit verknüpften Gefahren können die Abschabungen der Gebärmutterschleimhaut, wie sie fast schablonenmässig bei Endometritis vorgenommen werden, höchstens gewisse Folgen des chronischen Reizzustandes momentan beseitigen, da aber die Grundursache der Erkrankung, der eigentliche anatomische Entzündungsprocess bestehen bleibt, so tritt die Endometritis immer wieder und wieder auf. Die an die Ausschabung sich anschliessende Einspritzung chemischer Stoffe in die Gebärmutterhöhle vermag, von den hiermit verknüpften Gefahren abgesehen, nur das nunmehr freiliegendere, tiefere Schleimhautgewebe zu zerstören oder vollkommen zu ertödten, wie kann man also hiervon erwarten, dass die sich nun bildende Gebärmutterschleimhaut eine gesunde wird? Der Schaden, der für den Uterus selbst dadurch entsteht, dass durch die Ausschabungen der grösste Theil der Gebärmutterhöhle der Schleimhaut vollkommen verlustig geht, so dass Ausbleiben der Periode (Amenorrhoe) und Unfruchtbarkeit eintreten, ist ein beträchtlicher. Vielfach wird durch die Manipulation der entzündliche Process nach den Eileitern und der Gebärmutterwand unmittelbar fortgepflanzt. Dass die Einspritzungen medicamentöser Stoffe vermittelst der *Braun*'schen Spritze, selbst mit aller Vorsicht ausgeführt, oft bedenkliche Folgen, ein Uebertreten von Flüssigkeit in die Eileiter und sogar in das Bauchfell herbeigeführt haben, heftige Gebärmutterkolik und durch Eindringen in die Drüsen- und Lymphgefässe die stärksten Entzündungen bewirken können, wird von allen unparteiischen Beobachtern offen eingestanden. Deswegen wird die Intrauterinspritze von *Braun* von vielen Frauenärzten vollständig verworfen. Der galvanischen Behandlung sprechen *Martin, Schauta* u. A. bei der chronischen Gebärmutterschleimhautentzündung keine befriedigenden Resultate zu. Abgesehen davon, dass die Patientinnen stets nervös geworden waren, zeigte die erkrankte Schleimhaut trotz vieler elektrischer Sitzungen schliesslich keine Spur von Veränderung.

Wir können demnach nur dringend rathen, dass alle Fälle von Endometritis ohne chirurgische und chemische Mittel behandelt werden

sollen. Am besten ist die Unterbringung der Patientin in einer gut
geleiteten Naturheilanstalt, wo unter der Hand eines kenntnissreichen
Arztes fast immer auf Genesung zu rechnen ist. Freilich geht diese
nicht immer rasch von statten, aber gründlich. · Sogar die häutende
Form, eine der hartnäckigsten Erkrankungen der weiblichen Geschlechtsorgane, ist bei genügend langer Durchführung einer sytematischen Behandlung nach der Naturheilmethode dauernd zu beseitigen, und wir
selbst verfügen über eine grössere Anzahl von langjährigen Heilungen.

CAPITEL VI.

Der Gebärmutterhalskatarrh. — Cervixkatarrh. — Endometritis cervicis.

Ursachen. Unter Cervixkatarrh versteht man die überaus häufig
vorkommende Entzündung der Schleimhaut des Gebärmutterhalscanales,
die ohne gleichzeitigen Katarrh der Schleimhaut der Gebärmutterkörperhöhle auftritt. Wenn auch der innere Muttermund keine eigentliche
anatomische und mechanische Grenze zwischen Gebärmutterhals und
-körper bildet, so tritt diese Scheidung bei der Schleimhautentzündung
dieser Theile eines und desselben Organes klinisch vielfach scharf hervor.
Es ist nicht die Enge des inneren Muttermundes, welche der Fortpflanzung
einer Entzündung nach der eigentlichen Gebärmutterhöhle Einhalt gebietet,
sondern ein gewisser Innendruck, der im Canale des Gebärmutterkörpers
besteht, und, wie besonders *Hofmeier* nachgewiesen hat, vorwiegend der
Umstand, dass auch im Uterus gleichwie in anderen Organen eine
Flimmerbewegung von innen nach aussen stattfindet. Erst wenn durch
eine Erkrankung des Gebärmuttergewebes sich die Druckverhältnisse
ändern oder die Flimmerbewegung gestört wird, können Entzündungsproducte von unten nach oben gelangen. Mechanisch kann dieses auch
bei der Sondeneinführung geschehen. Da nun alle in die Gebärmutterhöhle gelangenden Schädlichkeiten zuerst deren Halscanal passiren müssen,
so kann es nicht Wunder nehmen, dass selbst bei Fortpflanzung der
Entzündung lange Zeit hindurch Gebärmutterhalskatarrh allein besteht
und erst später die Schleimhaut des Gebärmutterkörpers ergriffen wird.
Ausgesprochene Cervixkatarrhe kommen aber auch weit häufiger vor,
als stärkere Entzündung der Scheidenschleimhaut, da sie auf der zarten,
mit nur einschichtigen Cylinderdeckzellen überzogenen, mit tiefen Furchen
versehenen Schleimhaut des Gebärmutterhalses sich leichter entwickeln
und chronisch werden können, als auf der dicken, mit mehrschichtigen
Plattendeckzellen versehenen Scheidenschleimhaut.

Alle Ursachen demnach, welche im Stande sind, einen Scheidenkatarrh herbeizuführen, wirken noch ungleich ungünstiger auf die Schleimhaut des Gebärmutterhalses. So entsteht die Entzündung der letzteren
oft durch Selbstbefleckung, übermässigen Geschlechtsverkehr, Tripper,

Scheidenhebel, sonstige Fremdkörper, ärztliche Eingriffe, Einspritzung von Chemikalien, Fortleitung von Entzündungen, Kreislaufstörungen durch Lageveränderungen bewirkt, u. dergl. Die wichtigste Ursache der entzündlichen Erkrankung des Gebärmutterhalses bieten Geburt und Wochenbett. Schon unter der Ausstossung des Kindes wird der Gebärmutterhals mächtig gedehnt, der zarten Deckzellenschicht beraubt und reisst ein. Während des Wochenbettes fliessen dann über die wunde, sprossende Schleimhaut in leichter Zersetzung befindliche Reste des Mutterkuchens, oder beizende Absonderungsproducte rinnen über die in Vernarbung begriffenen Risse und reizen chronisch. Auch die narbige Zusammenziehung der Risse allein kann auf die Gefässvertheilung in der Schleim-

Figur 80.

Sternförmige Risse am äusseren Muttermunde. Nach Schaeffer.*

haut des Gebärmutterhalses dahin ungünstig einwirken, dass einzelne Theile chronisch gereizt und geschwellt bleiben. Unter Umständen bildet sich, ähnlich wie wir es bezüglich des Gebärmutterkörpers angeführt haben, die Schleimhaut und die Muskelschicht des Gebärmutterhalses nach der Geburt nicht wieder zurück, vielmehr verbleibt das Gewebe im Zustande der Lockerung und Schwellung, so dass eine zu Absonderung geneigte Fläche besteht.

Unter den Lebensaltern kommt besonders das mittlere in Betracht, also etwa die Zeit vom 18. bis 45. Lebensjahre. Freilich ist das Leiden auch bei sehr jungen Mädchen und bejahrten Frauen durchaus keine Seltenheit.

Anatomische Veränderungen. Der Katarrh der Schleimhaut des Ge-

* Aus dessen vorzüglichem farbigen Bilderatlasse der Gynaekologie, erschienen im Verlage von *J. F. Lehmann* in München.

bärmutterhalses zeigt sich schon an der Lebenden in überaus mannigfaltigen Formen. In einfachen Fällen ist die erkrankte Schleimhaut
blutüberfüllt, daher stark geröthet, geschwollen und gewulstet und mit
reichlicher Absonderung versehen. Der Schleim ist meist rein glasig,
mehr oder weniger mit weissen Blutkörperchen durchsetzt. Bei längerer
Dauer des Entzündungsprocesses wuchert
die an sich schon faltige Schleimhaut in
neugebildeten Wülsten, sowohl nach der
lichten Weite des Gebärmutterhalses hin als
auch in die Tiefe gegen die Muskelbündel
des Cervix, diese theilweise auseinander
drängend. Hierdurch wird die absondernde
Oberfläche der entzündeten Gebärmutterhalsschleimhaut auf das Vier- bis Sechs-
fache vergrössert, sie ragt, bei weitem
äusseren Muttermunde, aus diesem nach

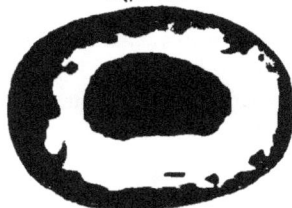

Figur 81.

Entzündliche Auflockerung (Erosion)
am Scheidentheile der Gebärmutter.

der Scheide zu hervor, bildet bei hoch hinaufragenden Muttermunds-
rissen (Fig. 80) einen dicken Wulst von gewucherter Schleimhaut um den
ganzen Scheidentheil der Gebärmutter.
Auch die cylindrischen Deckzellen, mit
denen die Schleimhaut des Gebärmutterhalses versehen ist, schicken drüsige Einstülpungen, die sich vielfach verzweigen,
in das Innere der Schleimhaut und selbst
hinunter in die Muskelbündel des Gebärmutterhalses hinein, wodurch gleichfalls
eine Vergrösserung der absondernden
Schleimhautoberfläche entsteht.

Figur 82.

Gestielter Muttermundspolyp, von der
unteren Muttermundslippe entspringend.
Eigene Beobachtung.

Der häufigste Befund bei den Entzündungen des Gebärmutterhalses und
seiner Schleimhaut sind die sogenannten
entzündlichen Aufwerfungen (Erosionen),
deren Wesen *Veit* und *Ruge* richtig gedeutet haben. Früher fasste man die
Erosionen als Geschwüre, neusprossende
Flächen oder als durch Abscheuerung der
Deckzellen entstanden auf. Die beiden
genannten Autoren haben nachgewiesen, dass auf diesen hochrothen
Theilen von mattglänzender Oberfläche statt der sonst vorhandenen Plattendeckzellen cylindrische Deckzellen vorhanden sind. Letztere dringen in
die Tiefe, wuchern daselbst, sind anfänglich noch oberflächlich von
Plattenepithel bedeckt, allmählich jedoch treten sie vollkommen an Stelle
des letzteren. Durch zahlreiche drüsenartige Einstülpungen in die
Schleimhaut bleiben von derselben nur fein zerklüftete Theile stehen,

die durch ihr feinkörniges Aussehen dem unbewaffneten Auge als auch
mikroskopisch Wärzchen (Papillen) vortäuschen (papillomatöse Erosion
oder papilläres Geschwür), jedoch durchaus keine Wucherung über
die Schleimhautoberfläche hinaus bilden. Entwickeln sich bei der zahlreichen Neubildung von Drüsenschläuchen in manchen derselben durch
Verhaltung der entzündlichen Absonderung Cysten vom Umfange eines
Stecknadelkopfes bis zu Erbsengrösse oder durch Zusammenfliessen
mehrerer benachbarter bis zu Kirschengrösse, so spricht man von folli-
culärer Erosion (Fig. 81).

Schliesslich kommen auch umgrenzte Wucherungen der erkrankten
Schleimhaut des Gebärmutterhalses in Form von Schleimpolypen (Fig. 82)

Figur 83.

Gestielter, aus der Scheide hervortretender Follicularpolyp des Gebärmutterhalses.
Nach *Boivin* und *Dugès*.

sehr oft zur Beobachtung. Diese kommen dadurch zu Stande, dass einzelne
mit entzündlicher Absonderung gefüllte Follikel durch ihre Schwere die
Schleimhaut ausziehen. Die Schleimhautpolypen haben im Grunde denselben Bau, wie die erkrankte Schleimhaut des Gebärmutterhalses selbst.
Sie bestehen im Wesentlichen aus neugebildeten Drüsenschläuchen mit
Bildung kleiner Cysten und sind mit cylindrischen Deckzellen bekleidet.
In anderen Fällen enthalten sie meist gewuchertes Schleimhautbindege-
webe, und Follikel und Drüsen kommen nur wenig in ihnen vor. Meist
bilden die Polypen haselnussgrosse, an langen dünnen Stielen hängende
Gebilde (Fig. 83), oder sie sehen nach Art eines Hahnenkammes breit-
flächig aus dem Muttermunde heraus. Ihre Farbe ist meist grau, wiederholt entfernten wir selbst fleischwasserfarbene.

Die Entzündung der Gebärmutterhalsschleimhaut dringt zuweilen mehr in die Tiefe, als dass die Oberfläche wesentlich betroffen ist. Hierbei dringen die neugebildeten Drüsen tief zwischen die Muskelfasern des Gebärmutterhalses hinein, oder einzelne Schleimhautfalten erstrecken sich wie tiefe Schluchten in das Gewebe des Gebärmutterhalses, wodurch man den Anblick einer scheinbaren Zerspaltung und Zerklüftung oder tief greifender Zerstörungen erhält. — Schliesslich kann der entzündliche Process auch auf die Muskelfasern des Gebärmutterhalses selbst über-gehen und diese zur Ueberwucherung reizen.

Man trifft alsdann bald regelmässig runde, bald unregelmässige, knollige oder buckel-förmige, in den Gebärmutterhalscanal vor-springende Muskelwülste, die nur von einer dünnen, fest anhaftenden Schleimhautschicht überzogen sind. Uebrigens findet man sehr häufig Schleimhaut und Muskelgewebe des Gebärmutterhalses gleichzeitig und gleich-mässig im chronischen Entzündungszustande begriffen, wodurch der ganze Gebärmutter-hals allmählich wesentlich verdickt erscheint.

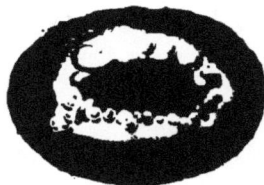

Figur 84

Kleinere und grössere *Naboth's*-Eier um den äusseren Muttermund. Eigene Beobachtung.

In diesen Fällen spricht man von einer Entzündung der Gebär-mutterhalswand (Metritis colli).

Einen überaus häufigen Befund bei chronischem Gebärmutterhalskatarrhe stellen die *Naboth*'schen Eier (Ovula Nabothi) dar, die als Vorläufer der polypösen Wucherungen zu betrachten sind. Sie entstehen besonders an der Oberfläche des Gebär-mutterhalses um den äusseren Muttermund herum, die Oberfläche mässig überragend. Zuweilen findet sich nur ein solches Ei vor, oder eine geringe An-zahl, in anderen Fällen sind die *Naboth*'schen Eier so massenhaft vorhanden, dass der Scheidentheil der Gebärmutter wesentlich vergrössert, himbeer-artig-drüsig, folliculär entartet erscheint (Fig. 84). Die Grösse der einzelnen Gebilde schwankt zwischen 1 bis 10 Millimeter im Durchmesser und darüber

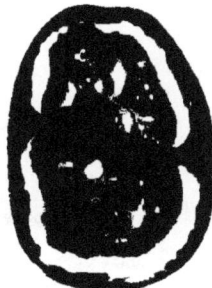

Figur 85

Umstülpung der Schleimhaut des Ge-bärmuttermundes.

hinaus, kleine Ovula sind häufiger als grosse. Durch ihre dünne Ober-haut schimmert gelbgrüner Schleim hindurch. Die *Naboth*'schen Eier stellen Cysten dar, entstanden aus Drüsen, die selbst oder deren Aus-führungsgang durch starke Wucherungsvorgänge verschlossen sind, so dass die Drüsenabsonderung nicht abfliessen kann. Nicht immer liegen diese cystischen Gebilde oberflächlich, sondern man findet tief am inneren Muttermunde ein *Naboth*'sches Ei vor.

Einen wichtigen Befund beim chronischen Gebärmutterhalskatarrhe stellt die Auswärtsstülpung (Ectropium) der Muttermundslippen (Fig. 85) vor, wie sie besonders bei Rissen im Gebärmutterhalse (Cervixriss) nach Geburten beobachtet wird. Nicht jeder Cervixriss führt eine solche Umstülpung der Muttermundslippen herbei, begünstigt jedoch, besonders bei gleichzeitig bestehender Lageveränderung der Gebärmutter, ihren Eintritt. Durch den Cervixriss liegt ein Theil der Schleimhaut des Gebärmutterhalses mehr frei und ist dadurch äusseren Reizen leichter ausgesetzt, so dass sich das cylindrische Epithel in platten-förmige Deckzellen umwandeln kann. Erst wenn der katarrhalische Zu-stand selbst eintritt, breitet sich das Cylinderepithel auf die Fläche und in die Tiefe aus, wodurch, wenn seitliche Risse die beiden Muttermunds-

Figur 86.

Auswärtsstülpung der Muttermundslippen, mit einzelnen Naboth'schen Eiern.
Spiegelbild nach Schaeffer.
Die nach aussen gestülpte Schleimhaut des Gebärmutterhalscanales ist durch chronische Entzündungsprocesse
mit folgender Bindegewebsschrumpfung runzelig geworden und narbig eingezogen.

lippen trennen, diese sich nach aussen umstülpen, wodurch der Process besonders lebhaft und leichter sichtbar wird. Oft trifft man trotz hoch-gradiger Zerreissung am Gebärmutterhalse keine Spur von Cervixkatarrh und Erosion, in anderen Fällen erstrecken sich letztere nur um die Riss-narbe (Fig. 86). Dieses anatomische Verhältniss zwischen Gebärmutter-halskatarrh und Umstülpung der Muttermundslippen muss festgehalten werden, da man die Gebärmutterhalsrisse in ihrer Bedeutung für die Auswärtsstülpung der Muttermundslippen und damit die Nothwendigkeit operativen Vorgehens wesentlich übertrieben hat.

Eine überaus wichtige Folge des Gebärmutterhalskatarrhes ist die Verengerung (Stenose) (Fig. 87) und Verwachsung (Fig. 88) des äusseren Muttermundes. Oft sind die sich berührenden Ränder durch Narben-

verwachsung so hochgradig verengt, dass nur mehr eine stecknadelkopf-
grosse Oeffnung übrig bleibt, hinter der sich die entzündliche Absonderung und das Menstruationsblut stauen. Auf diese Weise wird der Gebärmutterhalscanal flaschenförmig erweitert und der Scheidentheil des
Organes in die Länge gezerrt. Selbst wenn der Katarrh des Gebärmutternackens schon längst geschwunden ist, bleiben als seine Merk-
zeichen die Verengerung und Verwachsung des äusseren Muttermundes
zurück. Die beste und natürlichste Ausheilung bewirkt eine etwaige
Schwangerschaft, die freilich nur schwer eintritt.

Krankheitsbild. Die wichtigste Erscheinung des Gebärmutterhalskatarrhes ist Ausfluss, der in der Regel klar, gallertartig und fadenziehend ist. Durch reichliche Beimengung von Schleim und Eiterkörperchen.
kann er eine trübe oder gelbliche Färbung annehmen. Besonders die
Erosionen unterhalten oft einen Ausfluss schleimig-eiteriger Natur. Bei

Figur 87.

Figur 88.

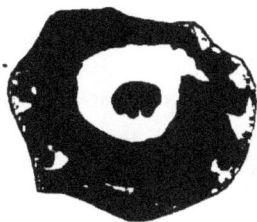

Starke Verengerung des äusseren
Muttermundes.

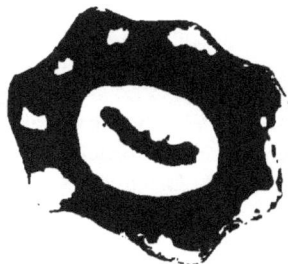

Verwachsung der mittleren Theile
der beiden Muttermundslippen.

den Schleimpolypen fliesst zuweilen sehr dünnflüssige, blutwässerige
Flüssigkeit, besonders am Morgen massenhaft ab, nachdem sie sich
während der Nacht im Scheidengewölbe ansammeln konnte. Die entzündliche Absonderung, als weisser Fluss sehr bekannt, ist um so
vermehrter, je grösser durch Faltenbildung und drüsige Einsenkungen
der Gebärmutterhalsschleimhaut die Fläche geworden ist. Auch zu
Blutungen bei den kleinsten Anlässen, schon bei der Berührung mit der
untersuchenden Fingerspitze, neigt das neugebildete Gewebe. Sie treten
besonders dann auf, wenn der Gebärmutterhalskatarrh zur Bildung von
Schleimhautpolypen führt. Die Säfteverluste können die Kranken auch
schwach und matt machen und Nervosität begünstigen.

Schmerzen im Rücken, Kreuze und Becken bei der Urin- und
Stuhlentleerung kommen bei hochgradiger Verlängerung des Gebär-
mutterhalses, dessen Rissen, bei Erosionen und Verwachsungen vor.
Die schmerzhaften Empfindungen erhöhen sich wesentlich durch die
Spannung, welche die mit Schleim gefüllten, aus entarteten Drüsen her-
vorgegangenen Cysten im Scheidentheile der Gebärmutter hervorrufen.

Der Geschlechtsverkehr leidet mehr oder minder. Bald ist er mit grossen Schmerzen verknüpft, bald geht dabei, besonders bei Anwesenheit von Erosionen, Blut ab, so dass die Frauen Angst und Abscheu davor haben. Leicht wird auch durch ältere Gebärmutterhalskatarrhe Unfruchtbarkeit bedingt, indem einmal durch die vermehrte Absonderung der männliche Samen weggeschwemmt wird oder der Muttermund durch die gewucherten Schleimhautfalten oder einen festen im Gebärmutterhalse steckenden Schleimpfropf verlegt wird, so dass die Samenzellen einen behinderten Eintritt haben.

Der Monatsfluss ist in der Regel etwas verstärkt, besonders bei Anwesenheit von Polypen. Eine wesentlich vermehrte Monatsblutung tritt meist aber nur dann ein, wenn gleichzeitig die Schleimhaut des Gebärmutterkörpers entzündet ist.

Die Dauer des Leidens ist in der Regel eine sehr lange, besonders wenn, wie so häufig, der Gebärmutterhalskatarrh nur geringe klinische Erscheinungen macht und auf Ort und Stelle beschränkt bleibt. Auch die Schleimpolypen brauchen zu ihrer Entwickelung meist Jahre und kommen erst dann zur Beobachtung, wenn sie den Katarrh verstärken oder zu Blutungen Veranlassung geben. Selbstheilung tritt in der Regel erst nach den Wechseljahren ein, wiewohl andererseits gerade dann das Leiden erst in den Vordergrund tritt.

Erkennung. Die Feststellung des Leidens gelingt häufig schon durch die Fingeruntersuchung. Man kann die Verdickung des Gebärmutterhalses, auch dessen Seitenrisse, die sammetweiche Schwellung der Cervixschleimhaut oder die harten Wülste bei älteren Fällen des Leidens fühlen, und der untersuchende Finger kehrt mit der charakteristischen Absonderung überzogen zurück. Auch die anatomischen Veränderungen, *Naboth*'sche Eier, Umstülpung der Muttermundslippen, die meisten Polypen sind durch Fingeruntersuchung leicht festzustellen. Die feineren Veränderungen der erkrankten Schleimhaut freilich sind nur mit den Augen, nach Einführung eines Scheidenspiegels wahrzunehmen. Bei grösseren Erosionen und weit fortgeschrittenen Gebärmutterhalskatarrhen könnte die Frage aufgeworfen werden, ob es sich um einen gut- oder bösartigen Process handelt, was besonders für die Behandlung beginnender bösartiger Neubildungen wichtig ist. Bereits an anderer Stelle haben wir schon auf diesen Umstand hingewiesen. Die mikroskopische Untersuchung kleinerer ausgeschnittener Schleimhautstücke löst in schwierigen Fällen bestehende Zweifel.

Vorhersage. Der Cervixkatarrh stellt ein hartnäckiges Leiden dar, das jedoch das Leben kaum bedroht. Auch die Aussichten einer vollkommenen oder relativen Heilung sind durchschnittlich günstig, jedoch lässt sich die Zeit nicht vorhersagen, welche eine grössere Erosion bis zur Ausheilung bedarf. Die Möglichkeit, dass auf dem Boden alter, vernachlässigter Gebärmutterhalskatarrhe und von Erosionen eine bösartige

Neubildung entstehen kann, ist entfernt vorhanden, aber sonst einen ursächlichen Zusammenhang beider Processe durchschnittlich annehmen zu wollen, ist bei der Häufigkeit beider Erkrankungen kaum angängig.

Behandlung. Die Behandlung des chronischen Gebärmutterhalskatarrhes stimmt durchschnittlich mit derjenigen der Gebärmutterwandentzündung überein, nur dass man, weil der Gebärmutterhals noch zugänglicher ist, besser zum Ziele kommt. Neben Sitzbädern, Leibaufschlägen, Entleerungs- und Behalteklystieren spielen hierbei eine wichtige Rolle Gesässdampfbäder und Unterleibsmassage. Ausserdem ist täglich ein 18° R. Wattebausch in das Scheidengewölbe einzulegen, der die entzündliche Absonderung verflüssigt und aufsaugt und wie ein feuchtwarmer Umschlag um den Scheidentheil der Gebärmutter wirkt. Er leitet von dem angeschoppten Gebärmutterhalse und dessen Schleimhaut das Blut ab und schafft endgültig im Verlaufe weniger Wochen den Entzündungsreiz fort. Auch die Erosionen und *Naboth*'schen Eier gelangen hierdurch zu vollkommener Ausheilung. Ein ähnlich wirksames Mittel stellen die wechselwarmen Scheideneinläufe vor, wie sie nach unserem Wissen bisher nur von uns angewendet wurden; 2

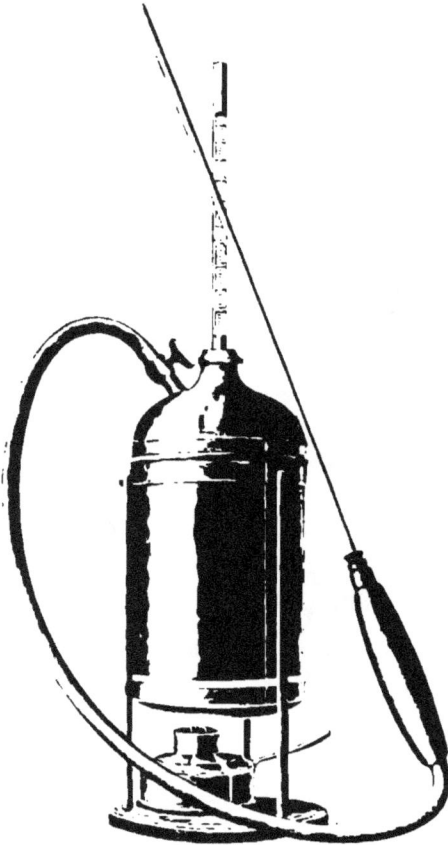

Figur 80.

Apparat (Dampferzeuger) zur directen Dampfdouche des Scheidentheiles der Gebärmutter.

bis 3 mal täglich lässt die Patientin durch eine Spülkanne zunächst 1 Liter 32° R. Wasser in das Scheidengewölbe laufen und unmittelbar darauf 1 Liter 18° bis 20° R. Wasser. Die Einwirkung auf die Kreislaufsstörungen in der Gebärmutterhalsschleimhaut, welche der Temperaturunterschied dieser wechselwarmen Scheideneinläufe ausübt, ist eine besonders günstige. Dem zur Ausspülung dienenden Wasser kann man stets etwas frisch ausgepressten Citronensaft beimengen, wenn ausgedehnte Erosionen längere Zeit der Behandlung getrotzt haben. Durch diese milde Aetzung heilen selbst hartnäckige Erosionen, indem Stellen, die mit einschichtigen Cylinderdeckzellen bekleidet waren, sich wieder mit dem gewöhnlichen Pflasterepithel der Scheide bedecken, und die tieferen, drüsigen Einsenkungen des Cylinderepithels veröden. Unter Umständen macht es sich nöthig, um dieses Ziel zu erreichen, nachdem man zuvor den Scheidentheil der Gebärmutter im Mutterspiegel eingestellt und den Muttermund mit umwickelten Wattetamponträgern abgetupft hat, ihn durch in verdünnten Citronensaft getauchte Watte abzutupfen, wodurch man in besonders hartnäckigen Fällen noch rascher zum Ziele kommt.

Figur 90.

Kreisstreichung um den Gebärmutterhals. Die eingezeichneten Pfeile zeigen die Richtung für den umkreisenden Zeigefinger an.

Sind starke Ueberwucherungen der Schleimhaut und des gesammten Gebärmutterhalses vorhanden, oder hat man Grund, tiefer sitzende und grössere *Naboth*'sche Eier anzunehmen, so kann man, um dieselben durch Platzen fortzubringen, in vorsichtiger Weise durch einen hölzernen Mutterspiegel 1 bis 2 mal täglich je 5 bis 10 Minuten lang directen Dampf an den Scheidentheil der Gebärmutter bringen. In Naturheilanstalten sollten Vorkehrungen getroffen sein, diese einfache überaus wichtige Procedur, die auch bei der chronischen Metritis und Endometritis vortheilhaft wirkt, mit Bequemlichkeit auszuführen. In der eignen Häuslichkeit bedient sich die Patientin eines Dampferzeugers oder gewöhnlichen Inhalationsapparates (Fig. 89), von denen sie in passender Entfernung, auf einem Stuhle sitzend, Dampf durch einen Mutterspiegel aus Holz hindurchleitet. Damit die Procedur richtig ausgeführt wird, sollte sie beim ersten Male der Arzt stets selbst vornehmen. Jeder Dampfeinführung hat eine 22° R. Scheidenspülung von je 1 bis 2 Liter behufs nöthiger Abkühlung zu folgen. Auf diese Weise erspart man das sonst leider so gebräuchliche häufige Einstechen in den Scheidentheil der Gebärmutter, das Abschaben und die hohe Herausschneidung der Gebärmutterhalsschleimhaut sowie die Entfernung (Amputation) des Scheidentheiles der Gebärmutter. Wenn man bedenkt, wieviele Frauen an chronischem Gebärmutterhalskatarrhe und den dadurch bewirkten Veränderungen leiden und wie häufig dementsprechend die erwähnten operativen Eingriffe bisher vorgenommen worden sind, so wird man den ungeheuren Werth der von uns geschilderten erhaltenden Behandlung würdigen können. Selbstverständlich werden hierdurch alle Aetzungen und die Einführung irgend welcher Chemikalien in den Gebärmutterhals — angeblich um dessen Schleimhaut umzustimmen — vollständig überflüssig. Aber noch ein weiteres Mittel besitzt die Naturheilmethode, um die dem Gebärmutterhalskatarrhe zu Grunde liegenden Kreislaufstörungen und chronischen Entzündungsreize zu beseitigen, in Form der inneren Gebärmuttermassage und entsprechender gymnastischer Uebungen. Letztere schildern wir näher bei den Lageveränderungen der Gebärmutter, weswegen wir an dieser Stelle nur auf die in Betracht kommende Massage eingehen. Die Stellung der Kranken und des Masseurs ist diejenige, wie bei der in Rückenlage der Patientin ausgeführten combinirten Untersuchung durch die Scheide und von den Bauchdecken aus. Mit dem in die Scheide eingeführten Zeigefinger werden kreisförmige Streichungen 12 bis 20 mal, dem Einzelfalle entsprechend ein bis zwei täglich ausgeführt. Nach vollführter Gebärmutterhalskreisstreichung (Fig. 90) bleibt die Patientin 2 bis 3 Minuten liegen und kann unmittelbar hinterher den nassen Wattetampon eingeführt bekommen oder ein Sitzbad oder eine Scheidenspülung vornehmen.

Figur 91.

Scheere zum Abschneiden von Schleimpolypen des Gebärmutterhalses.

Sind Risse am Muttermunde vorhanden, so lässt man dieselben, falls kein Gebärmutterhalskatarrh besteht, ohne Schaden unbeeinflusst. Begünstigen sie jedoch einen Cervixkatarrh, so heile man diesen nach dem geschilderten Verfahren zunächst aus und mache sich alsdann an die sogenannte *Emmet*'sche Operation, welche darin besteht, dass die vernarbten Rissränder angefrischt und durch die Naht vereinigt werden. Auch hierbei soll, wie *Fritsch, Saenger* u. A. hervorheben, zur Anfrischung kein physiologisches Gewebe geopfert, sondern nur die Narbe gelöst werden. Wohlgemerkt, die Naht des Cervixrisses an sich vermag den Gebärmutterhalskatarrh nicht zu heilen, da der Katarrh nicht durch den Riss bedingt wird und mit der Wiedervereinigung der Wundränder nicht aufhört, — stets muss er vor der *Emmet*'schen Operation wie bereits angeführt behandelt worden sein.

Die Schleimpolypen des Gebärmutterhalses sind nur durch einen leichten chirurgischen Eingriff zu entfernen. Man erfasst sie mit einer kräftigen Kornzange, die man durch einen eingelegten Mutterspiegel führt, und dreht oder schneidet sie ab (Fig. 91). Nur selten braucht man sie vorher, wenn sie gestielt und reichlich mit Blutgefässen versehen sind, am Grunde zu unterbinden, um eine grössere Blutung zu verhüten. Die Nachbehandlung besteht in 18 ⁰ R. Scheidenspülungen und Tamponade des Scheidengewölbes behufs Blutstillung und weiterhin in der Beseitigung des ursächlichen Gebärmutterhalskatarrhes nach oben angeführtem Verfahren.

CAPITEL VII.
Die Lageveränderungen der Gebärmutter.

A) Vorbemerkungen über normale und regelwidrige Lage der Gebärmutter.

Um die Lageabweichungen der Gebärmutter bestimmen zu können, muss man vorher die Frage nach der normalen Lage des Organes lösen. Dieses ist jedoch keineswegs leicht, da die Untersuchung an der Leiche allein nicht im Stande ist, einen richtigen Aufschluss über die Lage des Uterus bei der Lebenden zu geben. Nach eingetretenem Tode sinkt nämlich bei Rückenlage der Leiche mit dem Aufhören des Kreislaufes, dadurch bedingtem Schlaffwerden der Gebärmutter und ihrer Nachbarorgane, mit der Entspannung der Becken- und Bauchmuskeln der schwere Uterus nach unten, während der mit Gas gefüllte Darm in die Höhe steigt. Es muss also unbedingt unter Vermeidung aller Fehlerquellen die Untersuchung an der Lebenden zu einer sicheren Lagebestimmung benutzt werden. Nur in sehr seltenen Fällen bekommt man die normalen inneren Geschlechtstheile der Frau zu Gesicht, nämlich bei Eröffnung der Leibeshöhle (Laparotomie), so dass für uns, um die richtige Lage der Gebärmutter an der Lebenden zu bestimmen, vorwiegend die combinirte Untersuchung in Betracht kommt. In der That genügt diese unter Vermeidung der geringfügigen mit ihr verknüpften Fehlerquellen, um die in Betracht kommenden Verhältnisse festzustellen. Der einzige Einwand gegen die combinirte Untersuchung besteht darin, dass der in der Scheide liegende Finger als auch die von aussen tastende Hand die Geschlechtstheile etwas verschieben. Diese Fehlerquelle ist jedoch sehr unwesentlich, da der eingeführte Finger fast dieselbe Krümmung wie die Scheide besitzt, höchstens wird eine etwas verkürzte Scheide durch den Finger gestreckt.

Die combinirte Untersuchung ergiebt nun, dass bei leerer Blase und leerem oder nur wenig gefülltem Mastdarme, bei nicht schwangerer Gebärmutter deren Grund (Fundus) hinter dem oberen Rande der inneren Schambeinverwachsung (Symphyse) liegt, während der Scheidentheil nach hinten und unten der Kreuzbeinspitze zu sieht (Fig. 92).

Die Lage des nach allen Seiten frei beweglichen Uterus wird durch eine Reihe von Verhältnissen beeinflusst, die eine physiologische Veränderung gestatten. Zunächst kommt hier der wechselnde Druck innerhalb der Bauchhöhle in Betracht, wenn auch die gewöhnlichen, durch die Athmung bedingten Schwankungen zwar deutlich, aber nur sehr gering wechselweise von der Gebärmutter mitgemacht werden. Nur bei bedeutender Verstärkung des in der Bauchhöhle herrschenden Druckes wird der Uterus stark nach unten gedrängt, um sich bei Nachlass des Druckes zu erheben oder sogar, wenn der Bauchhöhlendruck negativ wird, hoch hinauf in die Bauchhöhle zu steigen. Ferner wird die Lage der Gebärmutter noch mehr durch die wechselnde Füllung der Blase und auch des Mastdarmes beeinflusst, so dass, wenn diese beiden Organe leer sind, ein grosser Theil des Darmes das kleine Becken ausfüllt, wenn sich jedoch Blase und Mastdarm anfüllen, die Gebärmutter langsam aufgerichtet und nach hinten gedrängt wird. Bei starker Anfüllung der Harnblase liegt die hintere Fläche der Gebärmutter der vorderen des Mastdarmes an, und aus dem *Douglas*'schen Raume ist jeder Darmtheil verdrängt.

Bei sich entleerender Blase sinkt die Gebärmutter wieder langsam in die frühere Lage zurück. Bei stärkerer Füllung des Mastdarmes wird nur der Gebärmutterhals etwas nach vorn gedrängt, während der Körper des Uterus dabei seine frühere Lage behält, indem die aufgeblähte vordere Mastdarmwand eben nur die Darmschlingen aus dem *Douglas*'schen Raume verdrängt.

Figur 92.

Lage der Gebärmutter bei leerer Blase und leerem Mastdarme.
S Scheide, M Mastdarm, G Gebärmutter, H Harnblase.

Die Gebärmutter ist also nach allen Seiten sowie nach unten verschieblich, ferner in der Art beweglich, dass der Körper des Uterus als grösserer Hebelarm dem Halse als kleinerem Hebelarme Bewegungen in entgegengesetzter Richtung mittheilt und umgekehrt, und drittens so, dass Gebärmutterhals und -grund isolirt nach irgend einer Richtung bewegt werden kann. Schon beim Aufrechtstehen, selbst bei der Jungfrau, sinkt die Gebärmutter etwas nach unten, so dass die Scheide kürzer wird, sie sinkt dagegen beim Untersuchen im Liegen, besonders bei erhöhtem Becken, soweit nach oben, dass man eben noch den Scheidentheil des Organes erreichen kann. Auch beim Beischlafe wird die Gebärmutter um 5 bis 6 Centimeter erhoben, ohne dass Schmerzen entstehen; bei combinirter Untersuchung kann der eingeführte Finger, ohne dass besonderer Widerstand oder Schmerz erzeugt wird, die Gebärmutter 10 bis 15 Centimeter über den Beckeneingang emporschieben, so dass der Grund des Organes fast den Nabel erreicht; ebenso lässt sich durch Druck der äusseren Hand gegen die Bauchdecken der Scheidentheil der

Gebärmutter in die Scheide hineindrücken, um bei Nachlass des Druckes oder Zuges in die ursprüngliche Lage zurückzukehren.

Nach allen diesen Erörterungen ist also die Lage der Gebärmutter eine wechselnde, und von einer Befestigung durch Bänder ist bei so bedeutender Beweglichkeit nicht gut die Rede, da gerade der Zustand krankhaft ist, wo wirklich ein Gebärmutterband straff wird. Erst dann werden Lageveränderungen der Gebärmutter als krankhafte zu betrachten sein, wenn die normale Beweglichkeit des Organes nach irgend einer Richtung hin beschränkt oder vollkommen behindert ist oder das Verhältniss von Gebärmutterkörper zum -halse in Bezug auf gegenseitige Hebelwirkung und Lage dauernd ein abweichendes geworden ist.

Schliesslich ist nicht zu vergessen, dass die Lage der Gebärmutter von der eigenen Form und von ihrer eigenen Schwere abhängig ist. Ist der Uterus mehr rund und dabei z. B. durch Geschwulstbildung regelwidrig schwer, so rollt er, je weniger ihm die befestigenden Mittel Widerstand leisten, desto mehr von der normalen Lage herab.

Aus diesen Erörterungen ergeben sich die verschiedenen Möglichkeiten der krankhaften Lageveränderungen der Gebärmutter. Man unterscheidet Knickungen nach vorn und hinten, bei denen der Gebärmutterkörper gegenüber dem Gebärmutterhalse sich nach vorn oder hinten abknickt: Anteflexio, Retroflexio. Ferner Senkungen des Grundes der nicht geknickten Gebärmutter nach vorn und hinten: Anteversio, Retroversio, wobei der Scheidentheil der Gebärmutter nach oben geht, wenn der Körper nach unten sinkt und umgekehrt; endlich kennt man noch Herabsteigen oder Senkung des gesammten Organes oder eines grösseren Theiles desselben: den Vorfall oder Uterusprolaps. Wird die Gebärmutter durch eine Geschwulst nach oben verschoben und in dieser Lage festgehalten, so spricht man von einer Aufwärtsschiebung (Elevatio).

B) Vorwärtsneigung der Gebärmutter. — Anteversio uteri.

Ursachen und anatomische Veränderungen. Unter Anteversio (Fig. 93) uteri versteht man die regelwidrige, mit Veränderung der normalen Gestalt einhergehende, dauernde Streckung der Gebärmutter, so dass der Knickungswinkel des Gebärmutterhalses gegen den -körper ausgeglichen ist, so dass die Längsachsen des Gebärmutterkörpers und -halses annähernd eine gerade Linie bilden, bei gleichzeitig verringerter Beweglichkeit des Gebärmuttergrundes nach vorn.

Unter den näheren Ursachen des Leidens kommen in Betracht:

1. Erkrankungen der Gebärmutter selbst, besonders chronische Entzündungen, die zu einer Schwellung und Verdickung des Organes, besonders am Uebergange des Gebärmutterhalses zum -körper führen, wodurch der normale Knickungswinkel am inneren Muttermunde ausgeglichen wird.

2. **Erkrankungen in der Umgebung des Uterus.** Diese müssen gleichzeitig mit den zu Schwellung führenden Processen der Gebärmutter selbst verknüpft sein, so dass die Verbindungen des Uterus mit den Nachbarorganen und seine Bänder schlaff sind. Hier kommt besonders die Beckenbindegewebsentzündung (Perimetritis) in Betracht.

Die Gebärmutter ist den Ursachen entsprechend anatomisch verändert, in der Regel etwas vergrössert, verdickt und mit Blut überfüllt, oder durch alte Bindegewebsschwielen festgehalten.

Krankheitsbild. Die klinischen Erscheinungen der Anteversio uteri werden meist durch die zu Grunde liegende Erkrankung bedingt, man trifft also jene Beschwerden, die bei der chronischen Gebärmutterwandentzündung und bei Geschwülsten oder Erkrankungen der Umgebung vorhanden sind. Vielfach klagen die Patientinnen über ein Gefühl von Herumfallen der Gebärmutter, da diese, von den schlaffen Bändern nicht festgehalten, bei wechselnder Körperhaltung und verschiedenen Füllungszuständen der Harnblase ihre Lage bedeutend wechselt. Eigenthümlich der Anteversio sind Blasenstörungen,

Figur 93.

Vorwärtsneigung der Gebärmutter.
Deren Wand ist durch chronische Entzündung verdickt.
G Gebärmutter, H Harnblase, M Mastdarm, S Scheide.

welche ebensowohl Folge der mechanischen Einflüsse als auch der gleichzeitig vorhandenen venösen Blutstauung sind. Harndrang und schmerzhaftes Uriniren sind besonders dann vorhanden, wenn der regelwidrig gestaltete Uterus durch Verwachsungen in seiner regelwidrigen Lage festgehalten wird. Besonders treten diese Beschwerden beim Monatsflusse auf, wenn die hierbei vergrösserte Gebärmutter die Ausdehnung der Harnblase verhindert. — Störungen der Menstruation und Unfruchtbarkeit sind oft vorhanden, mehr freilich als Folge der ursächlichen chronischen Gebärmutterwandentzündung. Oefters kommt es zu stärkeren Blutergüssen, wenn im Spätwochenbette oder auch beim Monatsflusse Blut in der Gebärmutterhöhle zurückgehalten und erst wenn diese mächtig ausgedehnt ist ausgestossen wird.

Sind die ursächlichen Entzündungen abgelaufen, so kann sich unter Umständen die Patientin trotz Fortbestehens der Anteversio vollständig gesund fühlen.

Erkennung. Der Nachweis des Leidens gelingt stets leicht durch die einfache und combinirte Scheidenuntersuchung. Man trifft hierbei mit dem eingeführten Finger auf die vordere Muttermundslippe, und erst bei deren Umgehen den nach hinten gerichteten Muttermund. Den Gebärmutterkörper fühlt man dem vorderen Scheidengewölbe aufliegend, den Gebärmuttergrund gegen die Schambeinverwachsung gerichtet. Die passive Beweglichkeit des in seiner Gestalt veränderten Organes ist erschwert oder vollständig unmöglich, und die Verschiebung des Gebärmuttergrundes theilt sich dem Scheidentheile des Organes mit. Die Einführung der Sonde behufs Erkennung der Anteversio uteri ist, wie auch *Fehling* zugiebt, überflüssig, ja sogar schädlich. Stets hat man die Feststellung auch auf die ursächliche Erkrankung der Gebärmutter selbst und ihrer Umgebung zu erstrecken.

Vorhersage. Abgesehen von der ursächlichen Erkrankung und Complicationen ist die Vorhersage gut.

Behandlung. In der Regel gelingt es, die Anteversio uteri und die durch sie hervorgerufenen Beschwerden durch Beseitigung der chronischen Entzündungsprocesse fortzuschaffen, so dass wir an dieser Stelle vorwiegend auf die Behandlung der chronischen Gebärmutterwandentzündung verweisen müssen. Erst wenn auf diese Weise die Grundursache beseitigt ist, kann man an eine mechanische Behandlung der noch verbleibenden Gestaltveränderung und verringerten Beweglichkeit der Gebärmutter denken. Der Gebrauch von irgend welchen Ringen und Hebeln ist hierzu völlig überflüssig, worin wir mit *Fehling* übereinstimmen. »Macht man sich die Wirkung des *Mayer*'schen Ringes klar, so wird er, schräg im Becken stehend, den Scheidentheil der Gebärmutter noch mehr nach hinten und oben schieben, also die Anteversio vermehren.« Hierzu kommen noch die Gefährdungen, welche der Ring an sich bietet: Beckenzellgewebsentzündung, Scheiden- und Gebärmutterkatarrh, hervorgerufen durch Reizung der sich zersetzenden Ringoberfläche und den mechanischen Druck des Instrumentes. — Die Anwendung der Elektricität, wie sie von amerikanischen Aerzten gerühmt wird, ist völlig unnütz, dagegen schafft die innere Gebärmuttermassage grossen Nutzen, indem hierdurch die Kreislaufstörungen innerhalb der Gebärmuttergefässe und der Umgebung beseitigt, Blasen- und Menstruationsbeschwerden fortgeschafft werden. Die Bestrebungen, die Anteversio uteri operativ zu behandeln, wie es noch in neuerer Zeit *Küster* gethan hat, haben glücklicherweise nur wenige Nachahmer gefunden, zumal sich das gewünschte Resultat einfacher und leichter erreichen lässt.

C) Knickung der Gebärmutter nach vorn   Anteflexio uteri.

Ursachen und anatomische Veränderungen. Unter Anteflexio uteri versteht man eine dauernde Abknickung der Gebärmutter nach vorn, die durch wechselnde Füllung und Entleerung der Blase und des Mastdarmes nicht mehr ausgeglichen wird und die physiologische Biegung der Gebärmutter über ihre vordere Fläche beträchtlich überschreitet (Fig. 94). Es lässt sich demnach eine Grenze zwischen normaler und krankhafter Anteflexio, da alle Uebergänge hier beobachtet wurden, nicht immer ziehen. Auch die Anschauung, dass man solche Knickungen der Gebärmutter nach vorn als krankhafte zu bezeichnen hat, welche Thätigkeitsstörungen des Organes bedingen, sind nicht stichhaltig; denn es können selbst bei normaler, geringfügiger Anteflexio von Seiten der Gebärmutter Beschwerden auftreten, bedingt durch Gebärmutterinnenwand- und Zellgewebsentzündung, Krankheiten, die man früher geneigt war der Vorwärtsknickung der Gebärmutter zuzuschreiben. Für die Behandlung ist aber jene Begriffsbestimmung, wie wir sie für die Anteflexio uteri gegeben haben, maassgebend, da selbst hochgradige Formen der Lageveränderung einer Behandlung nicht bedürfen, wenn Beschwerden nicht vorhanden sind.

Unter den näheren Ursachen erwähnen wir folgende: Entzündungen in der Umgebung der Gebärmutter, besonders wenn

Figur 91.

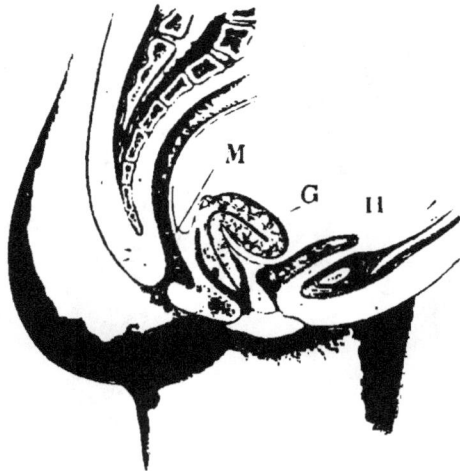

Knickung der Gebärmutter nach vorn.
Die Scheide ist sehr kurz, der Scheidentheil der Gebärmutter regelwidrig lang.
G Gebärmutter, H Harnblase, M Mastdarm, S Scheide.

sie unter entsprechender Verlängerung der Scheide den Gebärmutterhals mehr nach hinten und oben heben oder denselben in der Gegend der hinteren Beckenwand fixiren (Fig. 95). Hier kommt besonders die chronische Entzündung des hinteren Zellgewebes der breiten Mutterbänder (Parametritis posterior) in Betracht, die ihren Ausgang oft vom Gebärmutterhalse nimmt und sich auf die Steissbeingebärmutterbänder (Ligamenta sacro-uterina) und das Bauchfell des *Douglas*'schen Raumes fortpflanzt. Durch diesen sich im Zellgewebe des kleinen Beckens oder im *Douglas*'schen Raume abspielenden Entzündungsprocess, der besonders gern im Anschlusse an das Wochenbett, Tripperansteckung, Mastdarmkatarrhe und chronische Verstopfungen hervorgerufen wird, werden die erwähnten Bänder und *Douglas*'schen Falten unter Verkümmerung der

Muskelfasern starr und unbeweglich, so dass der Scheidentheil der Ge-
bärmutter eine Zerrung erleidet, während bei Blasenfüllung höchstens nur
der Gebärmuttergrund etwas erhoben wird, nur soweit, als es die hintere
Feststellung erlaubt. Dass auch frühere Blinddarmentzündungen durch
Fortpflanzung des Processes nach dem Bauchfelltheile der *Douglas*'schen
Falten eine Anteflexio uteri bedingen, konnten wir oft feststellen.

Auch Erkrankungen der **Eierstöcke** und **Eileiter** können, wenn
sie zu Bauchfellverwachsungen führen, unter Umständen durch eine An-
heftung nach vorn die Anteflexio uteri be-
wirken.

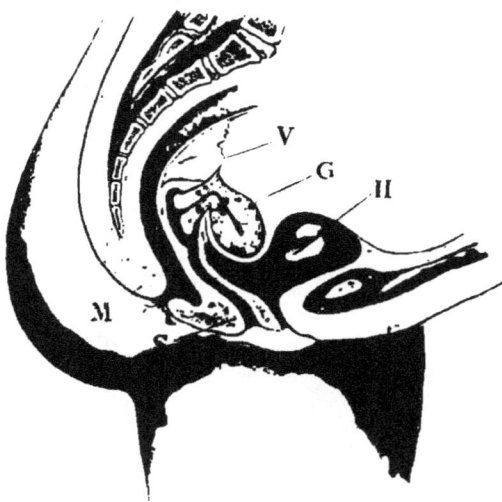

Figur 95.

**Erkrankungen
der Gebärmutter
selbst**, besonders Neu-
bildungen an der hin-
teren Wand oder ange-
borene Abweichungen
im Baue des Organes
bei starrer Wand des-
selben unter Vorwiegen
des Bindegewebes bei
mangelhaft entwickel-
ten Gefässen.

**Starkes Schnü-
ren**, schon vor der
Reifezeit, kann nach
Thomas Veranlassung
zur dauernden Knick-
ung der Gebärmutter
nach vorn abgeben.

Unter den **Lebens-
altern** werden beson-

Knickung der Gebärmutter nach vorn, mit hinteren Verwachsungssträngen verknüpft.
G Gebärmutter, V Verwachsungsstränge, vom Scheidentheile der Gebärmutter nach dem Mastdarme und *Douglas*'schen Raume ziehend,
H Harnblase, M Mastdarm, S Scheide.

ders die mittleren befallen. — Eine **angeborene** Knickung der Gebärmutter nach vorn, die für sich allein Ursache von klinischen Erscheinungen und Object einer Behandlung wäre, giebt es nach *Löhlein*
u. A. nicht.

Krankheitsbild. In einer grossen Anzahl der Fälle, wenn nämlich
der Knickungswinkel des Gebärmutterhalses gegenüber dem -körper
kein bleibender ist, entstehen keine klinischen Erscheinungen, wiewohl
der Uterus dabei in der Regel welk und schlaff oder durch Entzündung verdickt, dabei leicht beweglich und durch einen dünnen,
schlaffen Eingang mit dem Gebärmutterhalse verbunden ist. In anderen
Fällen bedingen sehr häufig die ursächlichen oder begleitenden Krankheiten allein die vorhandenen Beschwerden. Vielfach entstehen Thätig-

keitsstörungen dadurch, dass sich durch die Knickung eine verengte Passage am inneren Muttermunde entwickelt.

Störungen der Periode sind eine wichtige Erscheinung der Anteflexio uteri. Bei frühzeitig entstandenen Formen dieser Lageveränderung tritt durch mangelhafte Anlage der Gebärmutter und sie begleitende geringe Entwickelung der Eierstöcke die Periode überhaupt nicht oder erst sehr verspätet ein. Bei den durch die oben erwähnten Ursachen entstandenen Formen des Leidens treten die ersten Monatsflüsse unter krampfartigen Schmerzen ein, die in der Regel nur einige Stunden bis einen Tag währen. Seltener überdauern die Schmerzen die gesammte Periode, oder sie treten erst vom zweiten oder dritten Tage ab auf. Die gewöhnlichste Ursache dieser als Dysmenorrhoe bezeichneten Zustände, die bei den späteren Monatsflüssen in wechselnder Heftigkeit auftreten, beruht darauf, dass wegen der Knickung am inneren Muttermunde das Menstruationsblut nur schwer abfliessen kann, so dass es wiederholter Zusammenziehungen der Gebärmutter — und diese gerade werden als krampfartige Schmerzen, Uteruskolik, empfunden — bedarf, um das in der Gebärmutter zurückgehaltene Blut auszupressen. Andererseits kann die stärkere Füllung der Gebärmuttergefässe um die Zeit der Periode allein Ursache schmerzhafter Zusammenziehungen der Gebärmuttermusculatur sein. Dem gegenüber darf nicht übersehen werden, dass nicht selten bei ganz engem Muttermunde einer nach vorn geknickten Gebärmutter die Periode ohne erhebliche Beschwerden verläuft oder nur bei reichlichem Blutergusse Schmerzen eintreten. Es giebt demnach keine einheitliche Ursache der durch die Anteflexio uteri so oft bedingten Dysmenorrhoe.

Unfruchtbarkeit (Sterilität) ist recht häufig bei hochgradigen Knickungen der Gebärmutter nach vorn vorhanden, jedoch in der Regel mehr eine Folge der begleitenden Gebärmutterinnenwandentzündung, der ursächlichen Tripperentzündung mit sich anschliessender Eileiter- und Eierstocksentzündung, als der Enge des inneren Muttermundes. Immerhin aber liegt, wenn auch kein absolutes Hinderniss durch die Knickung am inneren Muttermunde, so doch eine Erschwerung der Empfängniss vor. Hört der entzündliche Zustand der Gebärmutter auf, so können Frauen selbst mit hochgradiger Anteflexio uteri trotz stark verengten Muttermundes schwanger werden, da die männlichen Samenzellen (Spermatozoën) selbst sehr enge Canäle durchwandern können. Unter 44 diesbezüglichen verheiratheten Patientinnen *Schultze*'s waren 11 kinderlos, unter 50 verheiratheten hierher gehörigen Kranken *Martin*'s waren sogar 27 unfruchtbar. — Bei eingetretener Schwangerschaft wird der Gebärmutterkörper, seiner Lage entsprechend, sich zunächst nach vorn und unten vergrössern, dabei die Harnblase stark drücken und Harndrang hervorrufen. Ist jedoch im späteren Verlaufe die schwangere Gebärmutter aus dem kleinen Becken herausgewachsen, so entwickelt sie sich alsdann weiter wie eine ursprünglich normal liegende. Auch der Knickungswinkel wird allmählich immer mehr und mehr ausgeglichen, und die Geburt erfolgt schliesslich, falls nicht anderweitige störende Umstände vorliegen, in regelmässiger Weise. Im Wochenbette kann durch Vorwärtsknickung Zurückhaltung des Wochenflusses mit Aufsaugung desselben entstehen.

Blasenstörungen kommen durch den stark nach vorn geknickten Gebärmutterkörper, besonders wenn er entzündlich verdickt ist und fest auf der Blase liegt oder wenn er zur Zeit der Menstruation oder ausserhalb derselben bei Verschlimmerungen chronischer Entzündung anschwillt, in Form häufigen Harndranges oder schmerzhaften Urinirens vielfach vor und stellen oft die unangenehmste Erscheinung der Anteflexio uteri dar.

Auch von Seiten des Mastdarmes treten im Augenblicke der Stuhlentleerung mehr oder minder grosse Beschwerden ein, die als Folgezustände der oben erwähnten Parametritis posterior aufzufassen sind. Sie können so bedeutend werden, dass man an das Krankheitsbild der Darmverschlingung erinnert wird. In der Regel besteht Schmerz vor oder nach jeder Ausleerung von Kothmassen, wodurch die Patientinnen einer Ohnmacht nahe kommen. Ist durch eine entzündliche Ausschwitzung im hinteren Becken oder durch Verzerrung des Mastdarmes eine Verengerung desselben vorhanden, so werden band- oder pillenartige Kothmassen entleert.

Unter den Allgemeinerscheinungen erwähnen wir Blutleere und Bleichsucht, jedoch ist hierbei nicht immer Ursache und Folge genau zu unterscheiden. Dass durch die Schmerzen bei der Periode, die Unfruchtbarkeit sowie Harn- und Stuhlbeschwerden schliesslich Verstimmung, allgemeine Nervosität und Hysterie eintreten, ist leicht begreiflich.

Erkennung. Der Nachweis des Leidens gelingt durch die combinirte Untersuchung, am leichtesten bei leerer Blase und entspannten Bauchdecken. Man kann alsdann die Richtung des Gebärmutterhalses gegen den -körper abtasten sowie sich über deren gegenseitige Beweglichkeit unterrichten. Die Sonde ist zur Feststellung des Leidens und seines Grades, wie auch *Schroeder* zugiebt, fast nie verwerthbar, da wegen der Stellung des Gebärmutterhalses einerseits, wegen der scharfen Knickung am inneren Muttermunde andererseits eine Sondirung, ohne die Lage der Gebärmutter zu verändern, fast unmöglich ist. — Durch die Mastdarmuntersuchung kann man häufig Ursachen des Leidens feststellen.

Vorhersage. Die Aussichten für die Hebung der Anteflexio uteri hängen von der Ursache, Dauer und dem Grade dieser Lageveränderung ab, sind jedoch in der Regel nicht gerade ungünstige zu nennen.

Behandlung. Die Behandlung hat sich in erster Reihe auf das Grundleiden, also zumeist auf Beseitigung von Entzündungszuständen und von Verwachsungssträngen zu erstrecken. Man geht hierbei in derselben Weise vor, wie wir es bei der chronischen Gebärmutterwand-

und Gebärmutterhalsentzündung angegeben haben. Hierdurch wird das ganze Organ beweglicher, die Bänder werden dehnbarer, die Unfruchtbarkeit, schmerzhafte Periode, Blasen- und Darmstörungen schwinden. Erst dann kann man sich an die innere Unterleibsmassage machen und hierdurch den Rest des Leidens beseitigen. Ein grosser Theil der Frauenärzte hat bei hochgradiger angeborener Anteflexion versucht, durch Hebel (Pessarien) von der Scheide aus auf den Gebärmutterkörper einzuwirken; es gelingt aber nach *Schroeder* nicht, in einigermaassen wirksamer Weise vom vorderen Scheidengewölbe aus den vorderen Gebärmutterkörper zu heben, und ebensowenig bietet der Scheidentheil des Organes hierbei einen Angriffspunct, um eine Normalstellung des Gebärmutterkörpers zu erzielen.

Noch weniger ist von Gebärmuttercanalhebeln (Intrauterin-Pessarien) zu erwarten, worunter man ein dünnes, am unteren Ende mit einem Knopfe aus leichtem Holze versehenes Fischbein- oder Elfenbeinstäbchen versteht, das durch den äusseren und inneren Muttermund in die Gebärmutterhöhle eingeführt und darin liegen gelassen wird. Die meisten Frauenärzte sind von diesem früher übertrieben gebrauchten Instrumente wegen der damit verknüpften Gefahren mit Recht fast vollständig abgekommen, da die schmerzhafte Menstruation und Sterilität bei der Anteflexio uteri besser durch einfachere Mittel schwinden, wo nicht, den Intrauterin-Pessarien aber erst recht nicht weichen. Die gegen Fremdkörper sehr empfindliche und leicht verletzbare Schleimhaut der Gebärmutterhöhle blutet durch das Instrument sehr leicht und neigt bei dauerndem Tragen desselben zu chronischen Entzündungsprocessen, die sich nicht selten dem Gebärmuttergewebe selbst und dem Beckentheile des Bauchfelles mittheilen. Der Erfolg für die Beseitigung der Vorwärtsknickung steht aber in keinem Verhältnisse zu den Gefahren derartigen Vorgehens, da die Ursachen des Leidens, welche doch in der Regel ausserhalb der Gebärmutter liegen, weiter wirken und nach Weglassung der Intrauterin-Pessarien die regelwidrige Vorwärtsknickung der Gebärmutter sich rasch wieder einstellt.

Auch ein operatives Vorgehen, wie es von *Sims, Simon, Merman, Küster* usw. empfohlen wurde, halten wir für vollständig überflüssig, da durch die in Vorschlag gebrachte Methode lediglich eine bleibende Verunstaltung des Scheidentheiles der Gebärmutter herbeigeführt wird. Besonders müssen wir uns noch gegen den Vorschlag von *Fehling* wenden, in einzelnen Fällen des Leidens die Eierstöcke auszuschneiden, um durch Wegfall der Eireifung (Ovulation) und des Monatsflusses (Menstruation) die hartnäckig bestehenden Beschwerden zum Schwinden zu bringen, da die Mittel der Naturheilmethode auch in den heftigsten Fällen des Leidens bei einiger Geduld schliesslich nicht versagen.

D) Rückwärtsneigung der Gebärmutter. — Retroversio uteri.

Ursachen und anatomische Veränderungen. Unter Retroversio uteri verstehen wir jene Lageabweichung der Gebärmutter, bei welcher ihr

Grund dauernd soweit nach hinten verlagert ist, dass die Achse der Gebärmutterhöhle mit der Eingangsachse des kleinen Beckens einen hinten
offenen Winkel bildet.

Unter den Ursachen des Leidens erwähnen wir:

Verwachsungen der Gebärmutter mit Nachbarorganen, die das
Organ dauernd in Rückwärtsneigung erhalten.

Erkrankungen des Organes selbst, bei denen die unteren Auf-
hängebänder schlaff werden, so dass die Gebärmutter nach unten in die
Beckenachse gleitet. Dieser Zustand tritt besonders nach vorzeitigen
Fruchtabgängen (Abortus), bei allzu frühzeitigem Aufstehen nach einer
Entbindung, durch Geschwülste in der vorderen oder hinteren Wand
u. dergl. auf, wie überhaupt die Rückwärtsneigung der Gebärmutter eine
starre Wand und Verlust der normalen Biegungsfähigkeit voraussetzt.

Aerztliche Eingriffe, besonders das Herabziehen des Scheidentheiles der Gebärmutter, also der sogenannte künstliche Prolaps, können
zu dauernder Rückwärtsneigung des Organes führen.

Schwächende Erkrankungen, Blutleere und Bleichsucht, Typhus
und Cholera usw., bei denen alles Fett im Becken schwindet oder die Verstopfung und Durchfälle im Gefolge haben, führen zu einer Erschlaffung
der Tragapparate des Organes, so dass sich die Gebärmutter in derselben Weise mechanisch nach rückwärts neigt, wie in der Leiche. Das
Organ ist in der Regel blutüberfüllt und zeigt die anatomischen Veränderungen eines etwaigen Grundleidens. — Hat die Gebärmutter bei
bleibender Rückwärtsneigung ihre normale Festigkeit, so gleicht sich
die physiologische Vorwärtskrümmung des Gebärmutterkörpers gegenüber
dem -halse allmählich aus, so dass der Krümmungswinkel schliesslich
vollkommen schwindet, und die Achse des Gebärmutterkörper- und -hals-
canales eine gerade Linie bildet. Auf Durchschnitten ist die vordere,
nunmehr obere Wand der Gebärmutter länger und dünner als die untere.

Krankheitsbild. Häufig sind mit der Rückwärtsneigung der Gebärmutter lange Zeit hindurch oder überhaupt keine wesentlichen Beschwerden verknüpft. Nur wenn das Organ dauernd in dieser regelwidrigen Stellung, besonders durch Verwachsungen, festgehalten wird,
können Belästigungen entstehen, wie wir sie bei den Rückwärtsknickungen
kennen lernen werden. Ein Drängen nach unten, ein belästigender Druck
auf den Mastdarm, Harn- und Blasenbeschwerden, das Gefühl von Schwere
im Becken, Ausfluss und Blutungen sind die hervorstechendsten Erscheinungen. Bei im Wochenbette entstandenen Fällen tritt unter vernünftigem
Verhalten der Wöchnerin bei der Rückbildung der Gebärmutter zum
nichtschwangeren Zustande, an der sich auch die Bänder des Organes
betheiligen, die normale Vorwärtsneigung von selbst wieder ein; dauern
jedoch die Schädlichkeiten fort, besonders bei körperlicher Anstrengung,
so bleibt der Gebärmutterkörper schlaff, während die Befestigungsbänder
demgegenüber straff werden, so dass sich schliesslich aus der Rückwärts-

neigung eine Rückwärtsknickung (Retroflexio) des Uterus entwickelt. Bleiben im Gegentheile bei der Rückbildung nach Schwangerschaft die Befestigungen schlaff, der Gebärmutterkörper dagegen straff, steif, chronisch entzündet und schwer, so steigt die Gebärmutter tief in das Scheidengewölbe hinab (Descensus uteri), oder sie fällt vor (Prolapsus uteri).

Erkennung. Die Ermittelung des Leidens gelingt sicher und in schonenderer und ungefährlicherer Weise als durch die Sonde durch die combinirte Untersuchung. Um Irrthümer zu vermeiden, erforsche man stets die Lage des Gebärmutterkörpers, dessen Grund hinter der Schambeinverwachsung fehlt. Bei Druck der auf den Bauchdecken liegenden Hand kann man die grosse Beweglichkeit der Gebärmutter von oben nach unten wahrnehmen.

Vorhersage. Bei richtiger Behandlung sind die Aussichten für Hebung des Leidens gut.

Behandlung. In gewissem Sinne ist eine Vorbeugung (Prophylaxe) der dauernden Rückwärtsneigung der Gebärmutter möglich, indem Wöchnerinnen, die schon früher Lageabweichung hatten, sich im Wochenbette vernünftig verhalten. Vom fünften oder sechsten Tage nach der Entbindung soll täglich eine 22 ⁰ R. Scheidenspülung (Fig. 31 u. 32) vorgenommen werden, auch für tägliche Stuhl- und regelmässige Harnentleerungen muss Sorge getragen werden. Ausserdem hat sich die Wöchnerin von allen körperlichen Anstrengungen fern zu halten und täglich eine Stunde lang um die Mittagszeit horizontal auf der Seite zu liegen. Wenn möglich lege man fingerlange und -dicke Tampons von chemisch-reiner Verbandwatte, in 18 ⁰ R. Wasser getaucht und gut ausgerungen, 2 mal täglich in passender Weise in das Scheidengewölbe. Daneben sollen Sitzbäder (Fig. 33) und Leibaufschläge (Fig. 39) gemacht werden, um die regelrechte Rückbildung der Gebärmutter zu befördern. Ganz besonders sollten Frauen, die eine Fehlgeburt durchgemacht haben, angehalten werden, sich als Wöchnerinnen zu betrachten, nicht aber nur sich so lange zu schonen, wie bei einer Menstruation. Erst nachdem durch eine Behandlung, ähnlich wie wir sie bei der Metritis angegeben haben, die Gebärmutter abgeschwollen ist, mache man sich daran, durch systematische Tamponeinführung und eine zweckentsprechende innere Massage die Lageabweichung dauernd zu beseitigen.

E) Knickung der Gebärmutter nach rückwärts. — Retroflexio uteri.

Ursachen und anatomische Veränderungen. Unter Retroflexio uteri versteht man jene Lageveränderung der Gebärmutter, bei welcher das Organ seine normale Gestalt derartig eingebüsst hat, dass der Gebärmutterkörper gegenüber dem -halse nach hinten abgeknickt ist, (Fig. 96) so dass die Achse des Gebärmutterkörper- und Gebärmutterhalscanales einen nach hinten offenen, stumpfen oder sogar spitzen Winkel bilden.

Das Leiden kommt nur äusserst selten angeboren vor, entwickelt sich vielmehr erst um die Zeit der Geschlechtsreife, und alsdann ist eine Erschlaffung der Gebärmutterwand mindestens am inneren Muttermunde und eine Erschlaffung der Gebärmutterbänder die nothwendige Voraussetzung.

Unter den eigentlichen Ursachen des Leidens erwähnen wir: Rückwärtsneigung (Retroversio) der Gebärmutter, welche in den meisten Fällen zu der Knickung nach hinten Veranlassung bietet. Dieses Verhältniss ist leicht verständlich, wenn man sich vor Augen hält, dass bei rückwärts geneigtem Uterus nach der Entleerung der Harnblase die Darmschlingen auf der vorderen Seite der Gebärmutter lasten, so dass ein vermehrter Bauchhöhlendruck ständig die vordere Fläche des Organes trifft und den etwas schlaffen Körper der rückwärts geneigten Gebärmutter nach hinten abknickt und in den *Douglas*'schen Raum hineindrängt. Bleibt der nach hinten geknickte Uterus längere Zeit in der abweichenden Stellung, so drängt der hinter dem Halse, im *Douglas*'schen Raume liegende Körper den Gebärmutterhals nach vorn, und zwar um so vollkommener, je stärker bei bestehender Verstopfung der gefüllte Mastdarm den Druck von hinten nach vorn verstärkt. Schliesslich nähert sich der Gebärmutterhals der inneren

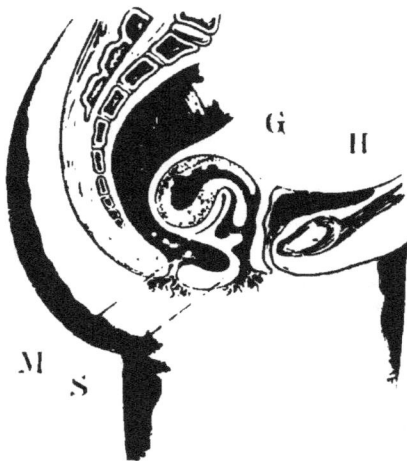

Figur 96.

Starke Knickung der Gebärmutter nach hinten.
Der Mastdarm ist zusammengedrückt, die Scheide verläuft fast senkrecht und ist stark verkürzt und zusammengeschoben.
G Gebärmutter, H Harnblase, M Mastdarm, S Scheide.

Schambeinverwachsung, indem sich die *Douglas*'schen Falten und die in ihnen verlaufenden Mastdarm-Gebärmutterbänder verlängern. Ist der Gebärmutterkörper durch chronische Blutüberfüllung oder Entzündung angeschwollen und daher schwerer, so bleibt er erst recht dauernd in der rückwärts geknickten Lage. Führt die Entzündung zu Verwachsungen, oder verkürzen sich die entsprechenden Bänder durch entzündliche Processe wesentlich und dauernd, so bleibt das verlagerte Organ unbeweglich, es kann also nicht nach oben geschoben werden; bei dünnen Verwachsungssträngen kann zuweilen mit den drückenden Händen die richtige Lage der Gebärmutter bewirkt werden, nach Entfernung der Hände jedoch tritt wieder die Retroflexio ein. Da die Retroflexio so oft durch die Retroversio verursacht wird, so kommen auch hier für die

Entstehung die die Rückwärtsneigung bedingenden Momente in Betracht, also Geburten und vorzeitige Fruchtabgänge, chronische Verstopfung, Entzündung und Geschwülste der Gebärmutter, entzündliche Geschwülste der Nachbarorgane usw.

Verletzungen können auch bei Unverheiratheten eine Knickung der Gebärmutter nach hinten bedingen, und *Fritsch, Fehling* u. A. berichten von sicher constatirten Fällen plötzlich entstandener Retroflexio durch schwere Erschütterung des kleinen Beckens bei einem starken Falle auf das Gesäss. Hierbei liegt der eigentliche Grund in der Gebärmutter selbst, die, im Begriffe durch die Schwere nach hinten zu sinken, durch den infolge des Rückstosses gesteigerten Bauchhöhlendruck noch mehr nach hinten gedrängt wird.

Selbstbefleckung, Bleichsucht und sonstige lang dauernde Erkrankungen, die zu einer Erschlaffung der Gebärmutter führen oder zu entzündlichen Processen derselben Veranlassung geben, können leicht eine Rückwärtsknickung des Organes herbeiführen.

Schlechtsitzende Scheidenhebel (Vaginalpessarien), die eine Druckentzündung, Kreislaufstörungen oder Verwachsungsstränge bedingen, führen häufig die ausgesprochensten Formen der Lageveränderung herbei.

Die Wand des Gebärmutterkörpers ist gegenüber der dünneren Knickungsstelle in der Regel sehr dick und blutreich. Der Muttermund an sich ist meist weit, doch wird seine lichte Weite oft durch die kugelig hervorragende, verdickte hintere Muttermundslippe, um die sich der schmale Saum der dünnen vorderen Muttermundslippe herumlegt, ausgefüllt. Der Scheidentheil der Gebärmutter erscheint sehr oft kurz, nach Richtiglegung des Organes jedoch auffallend lang. Die Eierstöcke liegen, falls sie nicht vorher herabgesunken und hinten festgewachsen waren, seitlich an und über der Gebärmutter, sonst können sie auch zwischen Gebärmutter und Mastdarm oder an irgend einer anderen Stelle liegen. — Die Verwachsung der Gebärmutter kann breit sein, sogar die ganze Hinterfläche der Gebärmutter kann mit dem *Douglas*'schen Raume verbunden sein, oder es finden sich zahlreiche schmälere Stränge. Diese sind nicht immer sehr fest, sondern als Rückbleibsel früherer Verklebungen ziehen sie oft spinngewebsartig von einem Organe zum anderen, und bei der Richtigstellung des Organes durch die drückenden Hände dehnen sie sich bedeutend und zerreissen sogar. Oft lässt sich im Einzelfalle nicht entscheiden, ob die Verwachsungen Ursache oder Folge der Rückwärtsknickung sind. — Auf den anatomischen Befund der gleichzeitigen oder Folgezustände gehen wir an dieser Stelle nicht ein.

Krankheitsbild. Häufig verläuft die Knickung der Gebärmutter nach hinten, wenn die Lageabweichung keine beträchtliche ist, dauernd ohne Beschwerden; ja sogar starke Retroflexionen, wenn nur sonst die Gebärmutter gesund bleibt, können ohne klinische Erscheinungen vorhanden sein und erst zufällig entdeckt werden. So tritt manches Mädchen mit einer Rückwärtsknickung der Gebärmutter, ohne deren Existenz zu ahnen, in die Ehe, empfängt, und erst später, nach einer normalen Entbindung, wird gelegentlich im Wochenbette die Lageveränderung entdeckt. Man hat deswegen vielfach angenommen (*Theilhaber, Salin, Landau, Kreutzmann* u. A.), dass nicht die Knickung an sich, sondern nur deren Ursachen und Folgezustände die klinischen Erscheinungen bedingen, jedoch trifft das nicht vollkommen zu, indem leichte Beschwerden, auf die jedoch kein Werth gelegt wird, besonders Kreuzschmerzen, nur selten fehlen. Erst allmählich gesellen sich in einem kleinen Theile der Fälle, vielleicht durch Kreislaufsstörungen, vorwiegend durch venöse Stauung in der nach hinten geknickten Gebärmutter und dadurch begünstigte Entzündungsprocesse, andere Beschwerden hinzu.

Der Monatsfluss verläuft meist mit wechselnden Abweichungen. Durch Schwellung und Entzündung des Gebärmutterkörpers und seiner Schleimhaut kommt es zu stärkerem Blutabgange, längerer Dauer und vorzeitigem Eintritte der Periode. Schmerzhafter Monatsfluss (Dysmenorrhoe) pflegt in der Regel weniger vorhanden zu sein als bei Knickung nach vorn, ist jedoch oft genug auch bei der Retroflexio, besonders wenn bei hochgradiger Knickung dadurch eine Verengerung des inneren Muttermundes bewirkt wird. Auch durch Verwachsungen, wenn die Gebärmutter durch sie verhindert wird, sich während der Zusammenziehung genügend aufzurichten, treten unter dem Monatsflusse Schmerzen auf. Letztere werden besonders im Kreuze, Unterleibe und an den Seiten empfunden, strahlen jedoch nicht selten auch über die Ober- und Unterschenkel aus. In leichteren Fällen wird über ein starkes Gefühl des Druckes, der Schwere und des Ziehens geklagt, in schwereren über krampfartige Kolikanfälle.

Die Fruchtbarkeit (Fertilität) wird in der Regel nur durch Schleimhautkatarrhe und sonstige Folgezustände behindert. Bei solchen Personen, die bereits geboren haben, tritt trotz bestehender Knickung der Gebärmutter nach hinten häufig Empfängniss ein, bei Mädchen dagegen, die mit dieser Lageveränderung behaftet in die Ehe treten, ist oft Unfruchtbarkeit vorhanden.

Störungen der Harnentleerung sind weniger vorhanden als bei der Knickung der Gebärmutter nach vorn, doch kann durch entzündliche oder Druckreizung häufiger Urindrang, später, wenn der Scheidentheil der Gebärmutter hochgerückt ist und gegen den Blasenhals drückt, Schwierigkeit der Urinentleerung auftreten. Sehr selten, nur bei bedeutender Vergrösserung der Gebärmutter kann vollständige Harnverhaltung vorkommen.

Der Stuhlgang ist fast ausnahmslos gestört. Bald besteht Verstopfung, bald hindern grosse Schmerzen die Kranken an der Entleerung des Mastdarmes. Die Ursache hierfür liegt nur wenig im Drucke der nach hinten geknickten Gebärmutter auf den Mastdarm, sondern in der

Erschlaffung seiner Wand. Die geringe körperliche Bewegung, der grosse Flüssigkeitsverlust bei der Periode, die Furcht vor Schmerzen beim Stuhlgange, der durch die Verschiebung der entzündeten Beckenorgane Qualen bereitet, die Vermehrung des Bauchhöhlendruckes durch Pressen und ähnliche Umstände veranlassen die Frauen, den Stuhlgang zu verhalten und so durch Erschlaffung der Mastdarmwand Stuhlverstopfung zu erwerben.

Nervenstörungen in verschiedenen Gebieten und von wechselnder Art sind häufig mit der Rückwärtsknickung der Gebärmutter verbunden. Freilich verbleibt ein ursächlicher Zusammenhang meist zweifelhaft. Die hierbei auftretenden Erscheinungen sind bald durch Nervenübertragung (reflectorisch), bald durch Fortpflanzung der Entzündung, bald mechanisch entstanden. Vielfach trifft man Bewegungsstörungen, besonders Schwäche und Lähmung innerhalb der Muskeln der unteren Gliedmaassen. Viele Patientinnen empfinden die Beine bleiern schwer, können nur wenig gehen, vermögen sich nicht schnell zu setzen und zu erheben oder lange zu stehen. Noch häufiger sind gleichzeitige Schmerzen in näher- oder weiterliegenden Nervenbahnen vorhanden, im Unterleibe, in den Brüsten, Gesichts- und Zwischenrippennerven, Neuralgie, Migräne, Hüftweh, Steissbeinschmerz, Magenkrampf u. dergl. Auch sonstige nervöse Reizzustände, von denen man freilich nicht immer weiss, ob sie gerade auf die Rückwärtsknickung der Gebärmutter zurückzuführen sind, wurden beobachtet, Epilepsie, Hysterie, Veitstanz, Krampfhusten, Zittern der Arme und Beine usw., und sie sollen nach Verbringung der Gebärmutter in die richtige Lage fast augenblicklich geschwunden sein (?).

Das Allgemeinbefinden leidet natürlich nur dann mehr oder minder, wenn durch die Retroflexio anhaltende Beschwerden, Blut- und Säfteverluste entstehen. Alsdann tritt Bleichsucht, allgemeine Schwäche, seelische Verstimmung ein.

Dass Unterbrechung der Schwangerschaft durch die Rückwärtsknickung der Gebärmutter bedingt werden kann, sei noch zum Schlusse erwähnt. Der tief liegende geschwängerte Uterus kann sich in seinem Wachsthume oft nicht genügend nach oben erheben und füllt vollständig das kleine Becken aus. Es entstehen hierdurch Kreislaufsstörungen, besonders venöse Stauung, Blutungen, die zu vorzeitigem Fruchtabgange (Abortus) führen. Durch Druck der sich ausdehnenden schwangeren Gebärmutter kann die Harnröhre verzerrt und verlagert werden, so dass Harnverhaltung als erste und wichtigste Erscheinung der Einklemmung (Incarceration) der rückwärts geknickten schwangeren Gebärmutter auftritt. Wird das verlagerte Organ rechtzeitig richtig gelagert, so kann der vorzeitige Fruchtabgang verhütet werden.

Erkennung. Die Ermittelung des Leidens gelingt leicht durch die combinirte Untersuchung von der Scheide oder dem Mastdarme aus, nach vorheriger Harn- und Kothentleerung, in Steissrückenlage. Man fühlt den Scheidentheil der Gebärmutter stark nach vorn, dem Scheideneingange näher gerückt, die vordere Muttermundslippe stark verkürzt, die hintere verdickt. Am inneren Muttermunde entdeckt man leicht den Knickungswinkel, und besonders deutlich vom Mastdarme fühlt man den geschwollenen, nach hinten gelagerten Gebärmutterkörper. Nur ganz ausnahmsweise darf zur Sicherstellung der Lageabweichung die Sonde eingeführt werden, nach *Fehling* nur dann, wenn mit vollkommener Sicherheit die Richtung des Gebärmuttercanales erkannt ist, so dass die Sonde in der zuvor durch combinirte Untersuchung festgestellten Richtung vorgeschoben werden kann; ein Suchen im Dunklen ist wegen der Gefahr der Durchbohrung der Gebärmutter, abgesehen von Schmerzen und Blutungen, nicht erlaubt.

Eine Verwechselung der Retroflexio mit hinter der Gebärmutter gelegenen Geschwülsten, besonders Fibrom, Eiteransammlung im *Douglas'*-schen Raume usw., welche die Gestalt der Gebärmutter besitzen und sich in scheinbarer Abknickung an den Gebärmutterhals ansetzen können, oder mit Eileiter- und kleinen Eierstocksgeschwülsten ist immerhin möglich. Hier schützt die combinirte Untersuchung hinreichend vor Täuschungen, wenn man auf den Nachweis des Gebärmutterkörpers vor einer etwaigen Geschwulst, auf das Gefühl des Flüssigkeitschwappens (Fluctuation) und die Möglichkeit, zwischen Gebärmutterhals und -geschwulst etwas mit dem Finger einzudringen, genügend sein Augenmerk richtet. Es kann nicht genug betont werden, dass eine sichere Erkennung nicht erzwungen werden kann, und man sollte lieber wiederholt untersuchen oder bei Schmerzen zunächst deren Grund ermitteln und erst nach ihrer Beseitigung von Neuem untersuchen. Unter Umständen empfiehlt es sich, zu diesem Zwecke zunächst einige Zeit lang die Patientin in passender Ausführung Sitzbäder, Scheidenausspülungen, Leibaufschläge und Darmeinläufe machen zu lassen, um alsdann vorsichtig, mit grösserer Aussicht auf Schmerzlosigkeit und Abschwellung der etwa entzündeten Organe nochmals an die Ausführung der combinirten Untersuchung zu gehen. Wiederholt haben wir in letzter Zeit mit bestem Erfolge die innere Untersuchung im warmen Voll- oder Rumpfbade angewendet.

Vorhersage. Die Retroflexio uteri ist in der Regel ein belangloses Leiden und heilbar, jedoch darf man in Bezug auf die voraussichtliche Curdauer nicht allzu knapp sein. Ist die rückwärts geknickte Gebärmutter durch Verwachsungsstränge in ihrer regelwidrigen Lage festgehalten, sind die *Douglas'*schen Falten und Bauchfellbefestigungen des Uterus erschlafft, so ist eine völlige Wiederherstellung nicht immer möglich. Die nach den Wechseljahren eintretende Retroflexio heilt unter dem Altersrückgange der weiblichen Organe in der Regel ohne Behandlung aus. Im Uebrigen richten sich die Aussichten auf Linderung der Beschwerden und dauernde Heilung nach den gleichzeitig anwesenden Grund- und Folgeleiden.

Behandlung. In gewissem Sinne ist von einer Vorbeugung (Prophylaxe), ähnlich der bei Retroversio angeführten, auf die wir hier verweisen, zu sprechen. Fehlen bei einer festgestellten Rückwärtsknickung der Gebärmutter klinische Erscheinungen, oder sind nur solche Krankheitsbilder vorhanden, die sich nicht unmittelbar auf die Lageveränderung beziehen, z. B. Migräne, Verstopfung und Hysterie, so lässt man die regelwidrige Lage ruhig bestehen und behandelt zunächst die Allgemeinerscheinungen. Wie man an einer schief stehenden Nase, wenn sie die Athmung und Sprache nicht beeinflusst, nichts ändert, so ist es bei einem nach rückwärts verlagerten, keine Erscheinungen bewirkenden Uterus gleichgültig, ob er in die richtige Lage verbracht wird oder nicht. Erst wenn durch entzündliche Folgezustände Beschwerden entstehen, gehe man gegen diese unter Anwendung der gegen chronische Gebärmutterwand- und -schleimhautentzündung angeführten Mittel vor, wodurch man mehr oder minder rasch, ohne Richtiglagerung zu bewirken, sein Ziel erreicht. Ist auch dieses Vorgehen erfolglos, und hat man die Ueberzeugung gewonnen, dass die Rückwärtsknickung der Gebärmutter an sich die Ursache der Beschwerden ist, so muss das Bestreben dahin gehen, die Lageveränderung zu beseitigen, d. h. die Gebärmutter aufzurichten und in der normalen Lage zu erhalten, vorher jedoch muss man die Frage entscheiden, was keineswegs immer einfach ist, ob die nach rückwärts geknickte Gebärmutter durch entzündliche Verwachsungen in ihrer regelwidrigen Lage festgehalten wird. Da der entzündete Uterus so geschwollen sein kann, dass er hinten fest eingeklemmt liegt, und alle Versuche, ihn aus der regelwidrigen Lage zu bringen, hierdurch sowie durch die lebhaften Schmerzen unmöglich sind, so dass man über die Anwesenheit von Verwachsungssträngen keine Gewissheit erlangt, so empfiehlt es sich, zu dieser für die Behandlung wichtigen Feststellung eine leichte Vorcur auszuführen.

Nunmehr erst kann man die nach rückwärts geknickte Gebärmutter in der Regel ziemlich leicht in die richtige Lage zurückbringen. Man geht mit einem, selten zwei Fingern in die Scheide, seltener in den Mastdarm ein und drängt vom hinteren Scheidengewölbe den Gebärmutterkörper soweit in die Höhe, dass die zweite Hand von den Bauchdecken aus die hintere Fläche des Uterus umfassen und ihn nach vorn bringen kann (Fig. 97 I, II, III, IV). Eine Betäubung der Patientin ist in der Regel nicht nöthig und ausführbar. Da es sich meist um Frauen handelt, die geboren haben, so ist die Einführung von ein und auch zwei Fingern in die Scheide nicht wesentlich schmerzhaft, und bei Jungfrauen richte man die Gebärmutter vom Mastdarme aus auf. Zudem ist jeder einzelne Arzt befähigt, diese Reposition der verlagerten Gebärmutter vorzunehmen, und dieser hat nicht immer Assistenz behufs Betäubung (Narcose), oder muss deren Gefahren mehr fürchten als der Kliniker. — Man erleichtert die Umlagerung der nach hinten geknickten Gebärmutter dadurch, dass beim Erheben ihres

Körpers der Hals des Organes nach hinten gedrängt wird. Hat man den Zeigefinger in den Mastdarm eingeführt, so dränge man mit dem in die Scheide gebrachten Daumen derselben Hand den Gebärmutterhals nach hinten. Nicht immer jedoch gelingt die Aufrichtung ohne Weiteres,

Figur 97.

I.

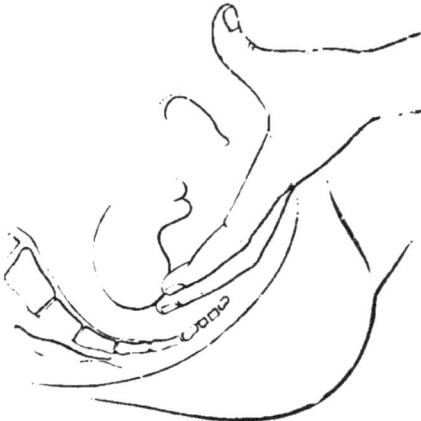

I. Act.

II.

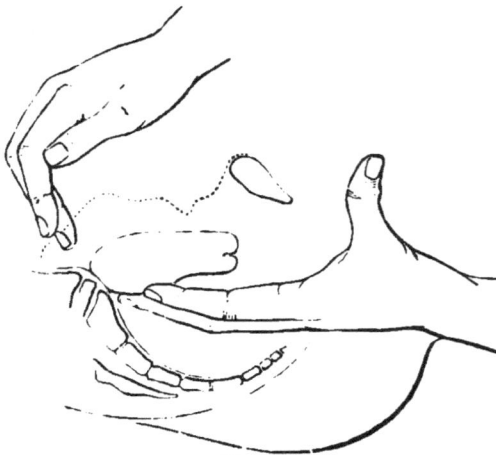

II. Act.

Schematische Darstellung der Aufrichtung der nach rückwärts geknickten Gebärmutter. Nach *Schultze*.

wenn nämlich Verwachsungsstränge die Gebärmutter festhalten. Aber auch dann braucht man nicht die Hoffnung auf Richtiglagerung aufzugeben, da man in der Massage ein Mittel hat, allmählich und bei peinlicher Sauberkeit ungefährlich die Verwachsungsstränge zu durchtrennen. Für den Vorschlag von *Schultze* sind wir dagegen nicht, bei Narcose der Patientin diese zuweilen recht derben Stränge gewaltsam zu zerreissen. Bleiben auch hierbei die Verletzungen oft ohne nachtheilige Folgen, so weiss man doch nicht im Voraus, welche Gewebe mit durchtrennt, ob nicht grössere Gefässe zerrissen werden und zu Blutungen oder Blutgeschwülsten, die hinter der Gebärmutter liegen, Veranlassung geben. — Entsteht nach der Aufrichtung des nach rückwärts geknickten Organes Fieber oder Schmerz, so ist Bettruhe zu wahren, die Patientin mit lauen Bädern, Scheidenausspülungen (Fig. 31 u. 32) und Leibaufschlägen (Fig. 39) in bereits geschilderter Ausführung zu behandeln. Selbst in den einfachsten Fällen lasse man die Kranke noch einige Zeit auf dem Bauche oder der Seite liegen und verbiete weites Gehen, Fahren, Pressen beim Stuhlgange u. dergl. Fällt das richtig gelagerte Organ wieder in die regelwidrige Stellung, so muss es wiederholt aufgerichtet werden, ohne dass sich eine bestimmte Zahl für die Ausführung dieser Manipulationen angeben liesse. Mit der Aufrichtung allein, selbst wenn sie mehrfach wiederholt wird, ist es aber noch nicht gethan, die Gebärmutter muss vielmehr dauernd in der richtigen Stellung fixirt werden, und dieses gelingt am besten durch systematische Massage und Gymnastik, wodurch eine Festigung der Gebärmutterbänder bewirkt wird. Hier ist besonders Rudern und Schwimmen oder die Benutzung eines Ruderapparates für das Haus zu entsprechenden gymnastischen Uebungen empfehlenswerth. Die innere Massage wird lediglich durch den Arzt, in keinem Falle durch ein oft nur zu unwissendes Hülfspersonal ausgeführt, indem nach Art der zweihändigen Untersuchung mit einem durch die Scheide geführten Finger die Gebärmutter in die Höhe, gegen die Bauchdecken zu, in die richtige Lage gedrängt wird, während die auf den Bauchdecken ruhende Hand passende Streichbewegungen, besonders über den breiten Mutterbändern, ausführt. Anschliessend hieran kann man einen nassen, chemischreinen Wattebausch in das Scheidengewölbe verbringen, der die Gebärmutter möglichst in richtiger Lage hält.

Figur 97.
III.

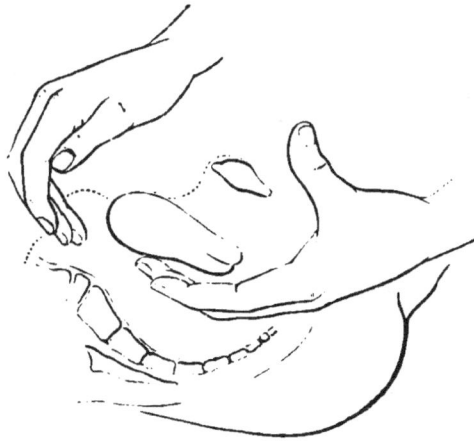

III. Act.

IV.

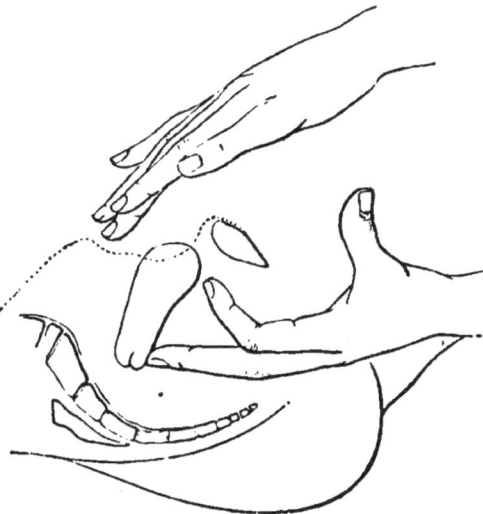

IV. Act.

Schematische Darstellung der Aufrichtung der nach rückwärts geknickten Gebärmutter. Nach *Schultze*.

Andere Mittel zur Behebung der Rückwärtsknickung der Gebärmutter, falls überhaupt eine Behandlung nothwendig sein sollte, sind vollkommen überflüssig, und müssen wir an dieser Stelle ganz besonders gegen das operative Verfahren protestiren, das aus einer meist belanglosen Lageabweichung ein zuweilen gefährliches Leiden und ein schweres Geburtshinderniss schafft. Mögen die Operationsmethoden noch so hochklingende Namen tragen, mag die rückwärts verlagerte Gebärmutter an ihrem Scheidentheile oder ihrem Körper an die Bauchdecken, die Scheide oder an die Harnblase genäht werden, — die Operation ist stets verwerflich, und es ist unbegreiflich, dass manche Frauenärzte, in Verkennung der häufigen Belanglosigkeit des in Frage stehenden Zustandes, planlos, ohne Nothwendigkeit die in Betracht kommende Operation je an vielen Hunderten von Frauen ausführen konnten. Sie schufen aus einer abweichenden Lage der Gebärmutter nur eine zweite regelwidrige — die auf Verwachsung beruhende Vorwärtsknickung, — abgesehen von den seelischen und sonstigen Schädigungen, die das Operiren meist im Gefolge hat. Eine gerechte Entrüstung hierüber herrscht auch unter den besonneneren Frauenärzten, zumal immer mehr und mehr die Widersinnigkeit dieser Operationen erkannt worden ist. In einer grösseren Reihe von Fällen, wie auch *Landau, Salin* u. A. ausgeführt haben, schwanden alle angeblichen Beschwerden der Retroflexio sogar schon dadurch, dass den unglücklichen Frauen bestimmt erklärt wurde, eine ihnen von anderer Seite vorgeschlagene Operation sei nicht nothwendig. Die fürsorgliche Hebeamme oder ein Arzt setzt die Patientin in Kenntniss, dass ihre Gebärmutter ›geknickt‹ sei. Da nun in Laienkreisen die Anschauung weit verbreitet ist, dass die ›Knickung‹ ein schweres Leiden ist, bewirkt oft schon diese Mittheilung, dass die betreffende Frau Beschwerden verspürt und sich deshalb in ärztliche Behandlung begiebt. Schliesslich wird ihr, wenn andere Mittel mehr geschadet als genützt haben, eine Operation vorgeschlagen — und von Schneidewütherichen auch ausgeführt, wenn nicht zufällig ein anderer Arzt dringend davor warnt.

F) Die Senkung und der Vorfall der Gebärmutter.

Ursachen. Unter Senkung der Gebärmutter versteht man jene Lageveränderung dieses Organes, bei welcher sein Scheidentheil dem Beckenausgange beziehentlich der äusseren Scham näher gerückt ist. Unter Vorfall der Gebärmutter versteht man jenen Zustand, bei welchem ein Theil des Organes, oder dieses insgesammt, gleichzeitig die aufgelockerten Scheidenwände mit sich ziehend, aus den äusseren Geschlechtstheilen hervortritt (Fig. 98). Unter den näheren Ursachen dieses keineswegs seltenen Zustandes führen wir folgende an:

1. Das Fortpflanzungsgeschäft. Hierbei spielt schon die Schwangerschaft eine grosse Rolle, indem hierdurch die Scheide aufge-

lockert wird und in die Länge und Breite wächst, so dass sie in ihrer straffen Befestigung an die Harnblase Einbusse erleidet und, die Gebärmutter mit sich ziehend, leichter hinabgedrängt werden kann. Nicht minder leistet die Geburt dem Eintritte der Lageabweichung Vorschub, da unter diesem Acte das zwischen Harnblase und Gebärmutternacken befindliche Bindegewebe eine Quellung und bedeutende Auflockerung erfährt, sowie ein ähnlicher Vorgang unter der Austreibungszeit durch die Verzerrung der Scheidenwände seitens des durchschneidenden Kopfes der Frucht das benachbarte Bindegewebe von Blase, Mastdarm, *Douglas'*-schem Raume usw. zur Auflockerung und Nachgiebigkeit führt, und eine nur kleine Veranlassung die Senkung oder den Vorfall rasch bewirken

Figur 98.

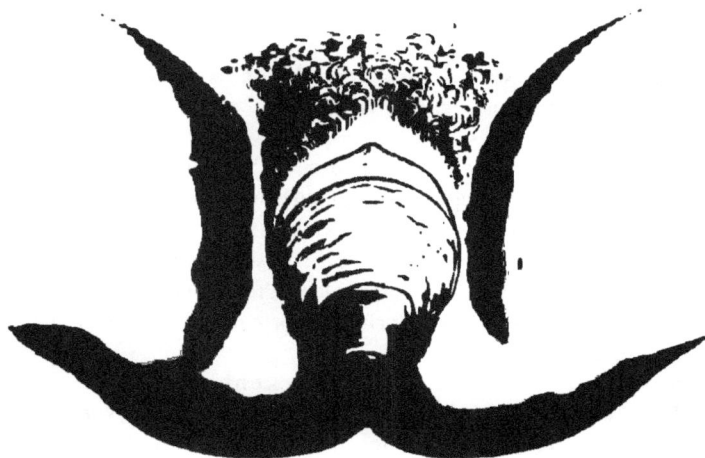

Scheiden- und Gebärmuttervorfall. Nach *Sims*.

kann. - Wenn auch nicht immer, so doch oft, wird die Lageabweichung durch unvereint gebliebenen Dammriss bewirkt, da nach der Zerreissung der Dammmuskeln, welche die Scheide nach unten stützen, besonders wenn die vordere Scheidenwand an sich schon aufgelockert ist, diese Stütze fortfällt. Allmählich wird auch die aufgelockerte Gebärmutter mitgezogen, zumal wenn ihre Befestigungsbänder oder gar ihr Bauchfellüberzug schlaff verblieben sind. —

2. Druck von oben. Man konnte die Senkung und den Vorfall der Scheide und Gebärmutter oft durch Druck grosser Eierstocksgeschwülste, mächtiger Bauchwassersucht, durch anhaltendes Pressen bei Ruhr, Cholera, Diarrhoeen und ähnlichen Zuständen allmählich eintreten sehen. Es ist nicht unwahrscheinlich, dass starkes Schnüren wenigstens unterstützend wirken kann.

3. Schwere Krankheiten in- und ausserhalb des Wochenbettes. So wie auch andere Organe, z. B. Magen, Darm und Niere, durch übermässigen Fettschwund unter abzehrenden Erkrankungen durch Erschlaffung ihrer Befestigungsapparate oder Nachgiebigkeit der Musculatur eine regelwidrige Beweglichkeit annehmen und ihre Lage bedeutend ändern können, kann auch bezüglich der Gebärmutter dasselbe Verhältniss Platz greifen. Schwindet demnach das Fett im Becken durch lange Krankheiten oder Störungen im Wochenbette, und lag besonders die Gebärmutter schon vorher nicht vollständig regelrecht, so braucht nur noch eine kleine Schädigung, etwa eine Verstärkung der Bauchpresse, hinzuzukommen, um oft plötzlich den Vorfall der Gebärmutter zu bewirken.

4. Operatives Vorgehen sowohl gegen bestehende Frauenleiden als auch bei der Entbindung. Bereits an anderer Stelle haben wir erwähnt, dass zur Feststellung eines Frauenleidens künstlich ein Gebärmuttervorfall bewirkt wird. Zuweilen, besonders wenn hierbei nicht schonend vorgegangen ist, die Manipulation zu oft wiederholt wurde, gelegentlich aber auch abseits der beiden erwähnten Umstände, verblieb ein grösserer oder geringerer Grad des Gebärmuttervorfalles dauernd. Auch unter ungeschickt ausgeführten geburtshülflichen Maassnahmen, besonders bei starkem Ziehen mit der Geburtszange, kann plötzlich ein Gebärmuttervorfall bewirkt werden. — Nicht selten entwickelt sich durch allzu grosse Scheidenhebel, die allmählich die Scheide entzündlich auflockern, ihr Bindegewebe zur Verödung bringen und den Canal stark erweitern, die Lageveränderung.

5. Regelwidrige Vorgänge des Beckenbauchfelles. Besonders *Fritsch* hat darauf hingewiesen, dass sich in einer Reihe von Fällen zuerst die Gebärmutter senkt, und im Anschlusse daran die Scheide sich hinabzieht. Er giebt für diesen Vorgang folgende Erklärung:

Im Wochenbette müssen die Bauchfellbefestigungen der Gebärmutter dieselbe rückläufige Umwandlung durchmachen wie das Organ selbst. Bleibt diese Umwandlung aus, und das Bauchfell verbleibt blutreich und schlaff, so dass seine Flächenausdehnung zu gross ist, so können die Bauchfellbefestigungen die Gebärmutter nicht in der richtigen Lage erhalten, sie wird vielmehr durch ihre Schwere jene nachgiebigen Bänder zerren und sich senken. Besonders tritt dieses dann ein, wenn auch der Beckenboden der Gebärmutter keinen wesentlichen Halt und kein Hinderniss zum Hinabgleiten bietet, Bedingungen, die besonders durch eine Rückwärtslagerung und übermässige Schwere der Gebärmutter gegeben sind. In der Regel wirken mehrere der angegebenen Ursachen gleichzeitig zusammen, um die Senkung und den Vorfall der Gebärmutter hervorzubringen. Nicht unerwähnt wollen wir lassen, dass vereinzelte Beobachtungen vorliegen, bei denen das Leiden angeboren vorgekommen sein soll.

Unter den Lebensaltern wird besonders das 25. bis 40. Lebens-
iahr befallen, weil ja hierbei das Fortpflanzungsgeschäft besonders in
Betracht kommt.

Anatomische Veränderungen. Bei der Leichenschau sind die meisten
anatomischen Abweichungen zurückgegangen, also wenig ersichtlich,
da ja bei längerer Rückenlage die sonst vorgefallene Gebärmutter in
das Becken geschlüpft ist oder von der Kranken dahin zurückgedrängt
wurde. Man kann deshalb viel besser die anatomischen Veränderungen
bei Lebzeiten beobachten. Dem Grade des Vorfalles entsprechend, bemerkt man vor der weiblichen Scham eine Geschwulst von wechselnder
Grösse, die in der Regel zunächst nur von Scheide und Harnblase

Figur 99.

Scheiden- und Gebärmuttervorfall, mit gleichzeitig herabgezogener Harnblase.

(Fig. 99), später auch von einem grossen Theile der Scheidenwände und
der Gebärmutter gebildet wird. Die Scheidenschleimhaut hat allmählich
ihre Falten verloren, ist gespannt, blass, seltener verdünnt, öfters verdickt.
Im weiteren Verlaufe wird sie trocken, derb, fast lederartig und ist mit
durch mechanische Verletzungen oder Kratzwunden entstandenen Geschwüren versehen. — Der Scheidentheil der Gebärmutter, der
schon oft vor dem Eintritte des Vorfalles blutüberfüllt und verdickt war,
ist zunächst, besonders durch Kreislaufstörungen, stärker geschwollen
(Fig. 100). Nach einiger Zeit ist die Schleimhaut des Scheidentheiles der
Gebärmutter sowie des Gebärmutternackencanales entzündlich aufgelockert, mit eiteriger Absonderungsflüssigkeit bedeckt und mit entzündlichen Auflockerungen und Geschwüren versehen, dabei leicht blutend.
Bei älteren Patientinnen ist der Muttermund häufig sehr verengt oder fast

vollkommen verklebt und annähernd ebenso, durch die Rückwärtsknickung der Gebärmutter, der innere Muttermund. — Die Wand des Gebärmutterkörpers weist dieselben anatomischen Abweichungen auf, die wir bei der Gebärmutterwandentzündung geschildert haben, also Verdickung der Muskelschicht, Verdichtung ihres Bindegewebes und oft wassersüchtigteigige Consistenz. Diese Veränderungen der Wand des Gebärmutterkörpers sind nicht an allen ihren Theilen gleichmässig entwickelt und nicht stets die unmittelbare Folge des Vorfalles, sondern häufig schon vor dessen Eintritt vorhanden. Die Schleimhaut der Gebärmutterhöhle zeigt oft jene Abweichungen, die wir bei der chronischen Gebärmutterinnenwandentzündung geschildert haben. — Die Harnblase erleidet wesent-

Figur 100.

Vorfall der Gebärmutter mit stark entzündlich verdicktem Scheidentheile.

liche Abweichungen in Form und Grösse, indem sie der vorderen vorfallenden Scheidenwand folgt, da sie oben keine Befestigungsbänder besitzt. Die Harnröhre dagegen, welche an ihrer unteren Hälfte am Schambogen angeheftet ist, kann sich am Vorfalle nicht betheiligen, wodurch die Harnblase und obere Hälfte der Harnröhre sich in den Vorfall hinunterbiegen. Die Blasenschleimhaut und -musculatur bieten, abgesehen von zufälligen Veränderungen, keine bemerkenswerthen Abweichungen. — Der Mastdarm ist oft trotz vollkommenen Vorfalles richtig gelagert und der vorgefallene Theil der Scheide gleichsam vom Mastdarme losgelöst. Ist letzterer dagegen, sich am Vorfalle der hinteren Scheidenwand betheiligend, vor die äussere Scham getreten, so kommt ein Theil des Mastdarmes unterhalb des Afters zu liegen, und man findet ihn alsdann mit festen Kothballen gefüllt, entzündlich geschwellt und mit Blutaderknoten versehen. — Das Bauchfell, das ja sehr dehnbar ist, wird durch die vorgefallene Gebärmutter mit vorgezogen; sowohl zwischen Harnblase und Gebärmutterkörper als auch zwischen Gebärmutter und Mastdarm ist das Bauchfell trichterförmig ausgestülpt, und man findet die Eileiter und Eierstöcke dem Beckenboden genähert.

Krankheitsbild. Entsteht das Leiden plötzlich, so empfinden die Patientinnen meist ein lebhaftes Drängen nach unten, zerrende, oft überwältigende Schmerzen, so dass Schwäche, Ohnmachten und vollkommener Zusammenbruch oder Erscheinungen eintreten können, die lebhaft an das Krankheitsbild der Bauchfellentzündung oder des Darmverschlusses erinnern. Die Beschwerden gehen in der Regel bald zurück, und man hat sogar Fälle plötzlichen Eintrittes des Gebärmuttervorfalles beobachtet, bei denen Störungen vollkommen fehlten.

Tritt, wie in der überwiegenden Mehrzahl der Fälle, das Leiden allmählich auf, so klagen die Kranken schon frühzeitig über einen lästigen Drang nach unten, über ein Gefühl, als ob etwas aus dem Becken heraus wolle, sowie über zerrende Schmerzen im Leibe, besonders bei Gebrauch der Bauchpresse zur Stuhl- und Harnentleerung. Bei vielen Kranken sind diese Beschwerden nur unbedeutend vorhanden und können, ebenso wie die durch Nervenübertragung entstandenen Beschwerden, z. B. Uebelkeit, Migräne usw., lange Zeit falsch gedeutet werden. Bei horizontaler Lage und Nachts treten etwa vorhandene Belästigungen meist zurück. Zuweilen rasch, mitunter erst nach Jahren, steigern sich die lästigen Empfindungen, und schliesslich liegt das Organ sichtbar zu Tage (Fig. 101). Die Patientinnen können nicht mehr gehen und arbeiten und haben, falls durch Unreinlichkeit und mechanische Verletzungen Scheiden- und Gebärmutterentzündung hinzutritt, die hierbei vorkommenden Beschwerden. Anfänglich, besonders im Liegen, kann der Vorfall von der Kranken selbst noch leicht zurückgebracht werden. Zuweilen jedoch, durch Blutstauung und bedeutende wassersüchtige Anschwellung, nimmt die vorgefallene Gebärmutter einen solchen Umfang an, dass die Patientin sie nicht mehr hinter die äussere Scham zurückdrängen kann und unter Umständen brandiger Zerfall und hierdurch der Tod eintritt. Diese Gefahr droht besonders dann, wenn aus falscher

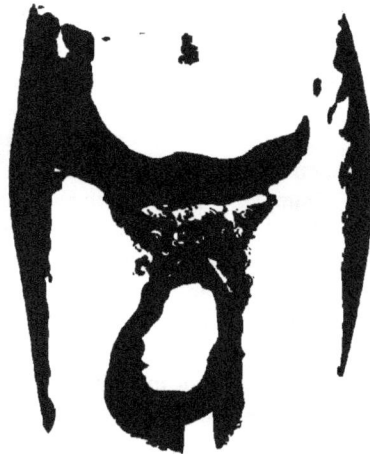

Figur 101.

Vollkommener Vorfall der Gebärmutter. Nach *Beigel.*

Scham ärztliche Hülfe zu spät verlangt wird oder durch Rücksichten des Erwerbes hinreichende Pflege und Schonung unmöglich ist.

Der Monatsfluss erleidet durch den Vorfall der Gebärmutter keine besondere Abweichung; in der Regel ist er nach *Winckel* eher geringer als reichlicher. – Schwangerschaft ist möglich, wenn der vorgefallene Theil vor dem Beischlafe zurückgebracht wird; alsdann zieht sich die geschwängerte und wachsende Gebärmutter in das Becken zurück und bleibt daselbst liegen.

Störungen seitens der Blase kommen in Form vermehrten Harndranges vor, wobei die jedesmalig entleerte Urinmenge gering ist. Bei hochgradigem Vorfalle kann unwillkürlicher Urinabgang oder Harnverhaltung eintreten, so dass ein Katheter benutzt werden muss.

Störungen des Stuhlganges sind nicht immer vorhanden. Ist freilich der Mastdarm mit vorgefallen, so dass er tiefer zu liegen kommt als der After, so treten Verstopfung, Hämorrhoidalbeschwerden und Bildung von Kothsteinen auf.

Der Verlauf des Leidens ist ein langwieriger, und es kann sich, durch eingeleitete Behandlung vorübergehend gebessert, auf viele Jahre erstrecken.

Erkennung. Der Nachweis des Scheiden- und Gebärmuttervorfalles gelingt fast immer leicht durch Besichtigung, Betastung und innere Untersuchung. Die Feststellung hat sich auch auf Form und Grad des Vorfalles zu erstrecken. Man untersucht die Patientin zunächst im Liegen und ermittelt hierdurch die Verhältnisse der Scheide und der Beweglichkeit der Gebärmutter. Ist der Vorfall schon vor der Untersuchung seitens der Patientin zurückgebracht, dann untersuche man die Kranke auch im Stehen und lasse sie etwas husten und pressen, bis der Vorfall allmählich wieder eintritt. Hierauf kann man durch einen leichten Zug am Scheidentheile der Gebärmutter, der bei der geringsten Schmerzensäusserung unterlassen wird, feststellen, wie weit überhaupt die Gebärmutter herabtritt. Hat die Patientin den Vorfall nicht selbst zurückgebracht, so muss dieses seitens des untersuchenden Arztes geschehen, um sich zu überzeugen, ob die Rückbringung vollkommen und leicht möglich ist und das einmal zurückgedrängte Organ in der richtigen Lage verbleibt.

Vorhersage. Die Aussichten für die Erhaltung des Lebens sind fast immer günstig. Lebensgefahren treten nur bei vernachlässigten Fällen durch Brand oder durch hinzutretende andersartige Erkrankungen ein. Auf Selbstheilung, die zuweilen durch begleitende Entzündungsprocesse und dadurch bedingte Bettruhe, dauernde Rückhaltung der Gebärmutter im Becken und entzündliche Verwachsungen und Verletzungen des Organes eintritt, ist kaum zu rechnen. Bei nicht veralteten Fällen bietet frühzeitige Behandlung an sich günstige Aussichten.

Behandlung. In gewissem Sinne ist von einer Vorbeugung des Leidens zu sprechen. Sie beruht auf sorgfältiger Ueberwachung und

richtiger Leitung von Geburt und Wochenbett, besonders wenn schon
die Neigung zur Senkung vorhanden ist. Es muss hierzu während der
Schwangerschaft Heben starker Lasten — freilich für die arbeitenden
Frauen oft ein frommer Wunsch — sowie starkes Pressen bei der Stuhl-
und Harnentleerung vermieden werden. Unter der Geburt ist die Zange
mit grosser Vorsicht zu gebrauchen, andererseits vor einer allzu langen
Dauer der Austreibungszeit zu warnen. Jeder Dammriss, der sich nach
der Entbindung findet, ist möglichst bald zu vereinigen. Bildet sich nach
der Fruchtaustreibung die Gebärmutter nicht genügend zurück, so lasse
man Bettruhe einnehmen und gehe mit täglich 2 bis 3 mal zu gebrauchenden, kühlen Sitzbädern von je 1 bis 2 Minuten Dauer, Leibaufschlägen und 14 ^{0} R. Behalteklystieren von $^1/_2$ bis 1 Weinglas voll
Wasser vor. Tritt beim späteren Verlassen des Bettes trotzdem das
Gefühl des Abwärtsdrängens ein, und lässt sich bei der Untersuchung
eine Rückwärtssenkung der Gebärmutter ermitteln, so lasse man die
Patientin 3 bis 4 mal im Tage wechselwarme Scheidendouchen gebrauchen. Hierzu benutzt die Patientin eine Spülkanne mit Mutterrohr
und macht zunächst einen 28 ^{0} R. Scheideneinlauf von 1 Liter Wasser
und unmittelbar darauf einen solchen von 16 ^{0} R. Wasser. Neben dem
Gebrauche kühler Sitzbäder und der Sorge für leichten Stuhlgang, im
Nothfalle durch 20 ^{0} R. Entleerungsklystiere von $^1/_2$ bis 1 Liter Wasser
im Liegen, ist die tägliche Einführung eines mittelgrossen, mässig feuchten
Tampons von chemisch reiner Verbandwatte in das Scheidengewölbe
sehr vortheilhaft. Dieses Verfahren, das sowohl die Entzündung bekämpft
und damit zugleich der fortschreitenden Bindegewebsauflockerung vor-
beugt, sowie auch mechanisch günstig wirkt, ist 3 bis 4 Wochen hindurch fortzusetzen. Oft wird die doch wahrlich nicht allzu grosse Mühe
durch positiven Erfolg hinreichend belohnt, und solche Patientinnen, die
für diese Behandlung nicht genügend Zeit zu haben behaupten, kann
man dazu bestimmen durch den Hinweis darauf, welche Beschwerden
und welcher Zeitverlust ihrer bei ausgesprochenem Vorfalle harre. In
frischen Fällen kann man sich unterstützend, wie wohl alle Beobachter *Ziegenspeck, Fritsch, Profanter* u. A. zugeben, der *Thure-
Braudt*'schen Massage bedienen, die durch Erhebung der Gebärmutter
und Stärkung des Beckenbodens ohne Stützapparate und chirurgische
Eingriffe die normale Lage der Gebärmutter wieder herzustellen sucht.
Keineswegs darf die *Thure-Braudt*'sche Massage allzu oft und allzu lange
Zeit hindurch ausgeführt werden, und falls man etwa nach vier Wochen
kein greifbares Resultat durch sie herbeigeführt hat, muss man anderweitige Maassnahmen zur Hebung des Gebärmuttervorfalles anwenden.
Bei den fertigen und bedeutenderen Formen der Lageabweichung der
Gebärmutter ist von der *Thure-Braudt*'schen Massage nur selten Erfolg
zu erwarten, und müssen wir *Ziegenspeck* beistimmen, der diesen Heilfactor
gerade bei dem Gebärmuttervorfalle als wenig helfend erklärt. Am ehesten

könnte man alsdann noch nach *Thure-Brandt* einen Heilversuch machen, wenn der Gebärmutternacken vorn durch entzündliche Verwachsungen befestigt, der Gebärmutterkörper dadurch nach hinten abgeknickt ist, und so das Organ mit seiner Längsachse über der Oeffnung des durch den Afterhebemuskel gebildeten Beckenbodens zu liegen kommt. Ganz ungeeignet ist die Methode, wenn bereits die Musculatur des Beckenbodens dem Schwunde anheimgefallen ist, ferner bei allzu dicken und straffen Bauchdecken, bei altersschwachen Personen, bei Anwesenheit von Dammrissen, Schwangerschaft, Entzündungen der Beckenorgane und inneren Geschwülsten. Auch bei Personen, die veranlasst sind, schwere körperliche Arbeiten auszuführen, wird man in der Regel nicht zur Massagebehandlung des Gebärmuttervorfalles rathen; denn selbst bei vorläufig erreichtem Erfolge ist auf dessen Dauer kaum zu rechnen. Auch sind wir nicht dafür, das immerhin doch etwas belästigende Verfahren, wie es einzelne Massageärzte empfohlen haben, zunächst bei jedem Vorfalle vor der später auszuführenden operativen Behandlung, behufs Beseitigung von Entzündungen oder Beschwerden anzuwenden, ebensowenig wie wir dem Gebrauche der Frauenmassage n a c h ausgeführter Operation behufs Befestigung des erzielten Resultates das Wort reden können. Hierzu reichen die übrigen, die Frauen minder angreifenden Naturheilfactoren aus, obwohl *Ziegenspeck* u. A. bei solchen Fällen den Gebrauch der Massage befürworten.

Die in Betracht kommende Art der Methode besteht darin, dass die vorgefallene Gebärmutter zunächst zurückgebracht und von einem Gehülfen durch den in der Scheide ruhenden Zeigefinger in der regelrechten Lage festgehalten wird, während der zweite Arzt zur rechten Seite der auf einem niedrigen Sopha mit steiler Rückenlehne liegenden Frau stehend, den Gebärmuttergrund von aussen durch die Bauchdecken hindurch, an den Eileiter ansetzend, mit beiden Händen erfasst und die Gebärmutter langsam in der verlängerten Beckenachse soweit als möglich über die Schambeinverwachsung heraufzieht, um sie dann ebenso langsam wieder in das kleine Becken hinabzulassen. Diese sogenannten Lüftungen werden in kurzen Pausen 3 mal hintereinander wiederholt, und an sie eine Art Gymnastik des Afterhebemuskels und die sogenannte Knietheilung angeschlossen. Die letztere wird so ausgeführt, dass die Patientin mit geschlossenen und angezogenen Knieen und bei durch eine Unterlage erhobenem Gesässe, das Knie an die Brust gedrückt, auf der Massagebank oder dem Sopha liegt, alsdann der Arzt die Kniee an der Innenseite erfasst und unter mässigem Widerstande seitens der Frau auseinander zieht, worauf die Patientin unter mässiger Widerstandsleistung seitens des Arztes die Kniee wieder zu schliessen hat. Diese Uebung wird 3 bis 6 mal vorgenommen, worauf die Frau unter Vermeidung von Anspannung der Bauchdecken, daher am besten mit Hülfe des Arztes, sich erhebt und eine halbe Stunde lang Bauchlage einnimmt.

Ausserdem muss die Patientin täglich früh und Abends zur methodischen Gymnastik des Afterhebemuskels je 15 bis 20 mal bei angezogenen und fest aneinandergepressten Oberschenkeln dieselben Bewegungen ausführen, wie beim Zurückhalten des Stuhlganges oder Abträufeln des Urines. Findet man sichtbare Verwachsungsstränge, durch welche die Gebärmutter dauernd in einer falschen, den Vorfall begünstigenden Lage gehalten wird, so muss man dieselben allmählich und vorsichtig dehnen, beziehentlich durchtrennen. Hieraus ersieht man, dass zur zweckmässigen Ausführung der sogenannten Frauenmassage eingehende Kenntnisse nothwendig sind, und unter Umständen durch zweckwidriges Vorgehen Schaden angerichtet werden kann. Daher sind wir entschieden dagegen, dass, falls die Massage als zweckentsprechend anerkannt ist, sie von Laien, vielleicht der Hebamme oder dem Ehemanne, ausgeführt wird.

Ein ferneres mechanisches Mittel, welches bei der Behandlung des Gebärmuttervorfalles eine wichtige Rolle spielt, sind die Apparate, welche in das Scheidengewölbe eingelegt, den Zweck haben, die Gebärmutter im Becken zurückzuhalten. So viele Unannehmlichkeiten auch die hier in Betracht kommenden Dinge haben, so wird man sie doch in gewissen Fällen nicht entbehren können, besonders dann, wenn Patientinnen eine Operation nicht ausführen lassen wollen oder dazu zu schwach und zu alt sind, oder man wegen Herzfehler, Kropf usw. nicht zu operiren wagt. Die Einlegung der zur Zurückhaltung der vorfallenden Gebärmutter dienenden Ringe und Scheidenhebel (Pessarien) ist keineswegs immer einfach und leicht und sollte stets nur von der geübten Hand des Arztes ausgeführt werden. Am gebräuchlichsten sind die *Mayer*'schen runden, aus Kautschuk, reinem oder Hartgummi gefertigten Ringe, die durch Einlegen in warmes Wasser zur Körpertemperatur erwärmt, bei Rückenlage der Patientin eingeführt werden. Der Ring soll, den Scheidentheil der Gebärmutter umgebend, dem Scheidengewölbe überall gleichmässig aufliegen und nicht gegen Knochen drücken oder besondere Schmerzen bereiten. Am Tage seiner Einführung, sowie am nächsten und übernächsten Tage muss sich der Arzt überzeugen, ob der Ring gut liegt, keine Schmerzen bereitet und im Stehen der Patientin, auch bei Pressbewegungen, der Vorfall zurückgehalten wird. Neben diesen Ringen sind die von *Schultze* angegebenen schlittenförmigen Hebel in Gebrauch, denen man mit Leichtigkeit eine verschiedene Gestalt beibringen kann. Der sogenannte achterförmige Schlittenhebel ist nur dann anwendbar, wenn der Beckenboden fest genug ist, um die Gebärmutter und das Instrument selbst genügend zu stützen, was nicht gerade oft der Fall ist. *Schultze* glaubt, dass bei nicht zu alten Vorfällen jugendlicher Personen, wenn jede Schädlichkeit ferngehalten und örtlich zweckmässig behandelt wird, während gleichzeitig durch einen passenden Scheidenhebel die Gebärmutter in der regelrechten Lage erhalten wird, es oft gelingt, die verloren gegangene Festigkeit der Gebärmutterstützen wieder herzustellen und dem Organe wieder dauernd die richtige Lage zu geben.

Wir betonen ausdrücklich, dass nur unter gewissen Umständen beim fertigen Gebärmuttervorfalle diese Stützapparate Anwendung finden dürfen, dagegen bei beginnendem Leiden, dem Herabsteigen, alle diese Scheidenhebel zu meiden sind.

In Fällen, wo alle Ringe und Scheidenhebel im Stiche lassen, und aus bestimmten Rücksichten operatives Vorgehen auszuschliessen ist, muss man als letzte Zuflucht eine besondere Bandage, den sogenannten Gebärmutterträger gebrauchen lassen. Er besteht durchschnittlich aus einem Leibgurte, an dem durch Federn bruchbandartige Arme befestigt sind, vermittelst deren ein Stempel dauernd in die Scheide gedrückt wird, so dass die Gebärmutter durch den Druck des Stempels im Becken zurückgehalten wird. Der Gebärmutterträger wird von den Patientinnen in der Regel nur im Stehen oder Gehen gebraucht.

Leider haben die meisten dieser Apparate, selbst wenn sie richtig ausgewählt und gut eingeführt sind, Unannehmlichkeiten im Gefolge; wenn sich die Patientinnen nicht streng sauber halten, oder das Instrument eine Stelle der Schleimhaut stark reizt, können Entzündung, Eiterung, Brand, Verwachsung und Durchbruch mit anderen Organen, Fisteln, Verengerungen usw. eintreten. Es darf daher eine tägliche Scheiden ausspülung von 22° R., abgesehen von der Zeit des Monatsflusses, nicht unterlassen werden, und muss die Patientin bei der geringsten auffälligen Erscheinung den Rath des Arztes in Anspruch nehmen.

Da für viele Frauen alle diese Anforderungen schliesslich sehr belästigend sind, so ist es kein Wunder, dass ein grosser Theil nach einer sicheren Hülfe verlangt, die in der Regel durch eine dem jeweiligen Falle entsprechende Operation geboten werden kann. Auf die Technik der einzelnen zur Heilung des Gebärmuttervorfalles gebrauchten Operationsmethoden einzugehen, würde zu weit führen, und wir müssen uns darauf beschränken, da die Ausführung der Operation doch immer nur dem Specialisten überlassen werden muss, die leitenden Gesichtspuncte anzuführen. Bei einem Theile der Fälle handelt es sich darum, durch Herausschneidung eines keilförmigen Stückes aus der Scheidenwand und sich anschliessende Vernähung der Wundränder die Scheide zu verengern, so dass die umfangreichere Gebärmutter durch die verengerte Scheide nicht mehr vortreten kann. Gleichzeitig damit wird von einzelnen Operateuren durch eine ähnliche Operation der Damm zusammengezogen, und die Scheide auf diese Weise verengert. In schwereren Fällen des Leidens wird der Bauchschnitt ausgeführt, und die vorgefallene Gebärmutter in die Bauchwunde eingenäht. In besonders schweren Fällen, namentlich bei Geschwulstbildungen der Gebärmutter, hat man Theile oder das Organ insgesammt auf operativem Wege durch die Scheide entfernt, und diese im Anschlusse verengert. Jedoch wird man, wenn nicht unbedingt erforderlich, eine Organentfernung lieber unterlassen, und meist die Annähung der Gebärmutter in die Bauchschnittwunde mit gleichzeitiger operativer Verengerung der Scheide wählen.

G) Die Ein- und Umstülpung der Gebärmutter.

Ursachen. Unter Ein- und Umstülpung der Gebärmutter versteht man jene Lageabweichung dieses Organes, bei welcher durch einen mechanisch wirkenden Zug der Gebärmuttergrund zunächst in die Gebärmutterhöhle hineintritt (Fig. 102), im weiteren Verlaufe, bei Fortdauer der mechanisch wirkenden Kraft, schliesslich der Gebärmuttergrund, immer mehr und mehr von der Wand des Gebärmutterkörpers mit sich ziehend, bis zum inneren und später äusseren Muttermunde durchtritt, in die Scheide gelangt und sichtbar zu Tage tritt (Fig. 103). Es ist also

Figur 102.

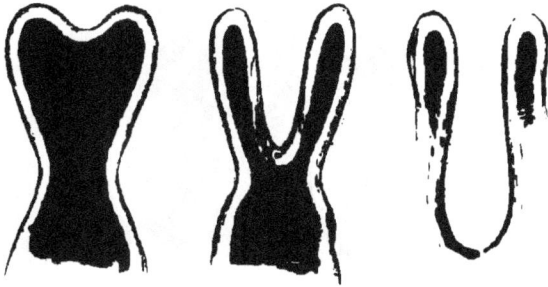

Umstülpung der Gebärmutter in den verschiedenen Stadien.

durch diese trichterförmige Umstülpung bei fortgeschrittenen Fällen der Lageabweichung die äussere Fläche der Gebärmutter zur inneren umgewandelt und umgekehrt, so dass, wenn das umgestülpte Organ, wie vielfach, noch vorfällt, also vor die äussere Scham zu liegen kommt, die Schleimhaut der Gebärmutterhöhle als Umrahmung des Organes zu sehen ist.

Unter den näheren Ursachen des Leidens, das bald plötzlich, bald allmählich auftritt, erwähnen wir:

1. Geburt und Wochenbett. Hierbei spielen als unterstützende Umstände zwei Momente eine wichtige Rolle: a) die Erweiterung der Gebärmutterhöhle und b) die Verdünnung und die Verminderung der Widerstandsfähigkeit der Wand des Organes an verschiedenen Stellen, auf Grund deren eine von aussen oder innen, von oben oder unten wirkende mechanische Gewalt je nach ihrer Stärke und Dauer entweder eine Ein- oder Umstülpung bewirken kann. An dieser Stelle wollen wir jedoch von den plötzlich unter der Geburt oder im Wochenbette ein-

tretenden Fällen des Leidens absehen, nur die allmählich im Anschlusse daran sich einstellenden Umstülpungen in Betracht ziehen, soweit sie eben den Frauenarzt als solchen angehen.

2. Geschwülste. Unter den unter 1 angegebenen begünstigenden Verhältnissen können besonders breit auf dem Gebärmuttergrunde sitzende Geschwülste durch den dauernden Zug oder Druck, den sie ausüben, die Umstülpung der Gebärmutter bewirken (Fig. 104). Hier kommen besonders die Muskelgeschwülste (Myome) der Gebärmutter in Betracht,

Figur 103.

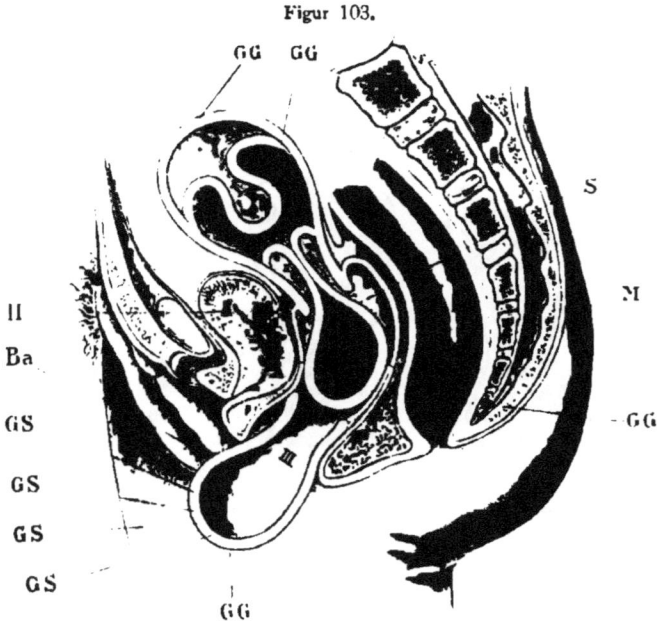

Umstülpung der Gebärmutter in ihren verschiedenen Stadien. Halbschematisch. Nach *Beigel.*
GG Gebärmuttergrund, GS Gebärmutterhöhlenschleimhaut, H Harnblase, Ba Bauchfell, M Mastdarm.
I   1. Grad, wobei der Gebärmuttergrund grubenförmig eingestülpt ist, jedoch noch vor dem inneren Muttermunde liegt.
II   2. Grad, wobei der Gebärmuttergrund bereits durch den äusseren Muttermund ausgetreten ist.
III   3. Grad, wobei der Gebärmuttergrund bereits vor die äussere Scham getreten ist.

jedoch auch die bösartigen Geschwülste können in gleicher Weise einwirken, so dass mitunter eine Geschwulst in die Scheide oder vor die äussere Scham zu liegen kommt, oder auch in den von der umgestülpten Gebärmutter gebildeten trichterartigen Raum hineingelangt.

3. Abseits von Geburt und Geschwülsten kommt die Lageabweichung zuweilen zur Beobachtung, ohne dass eine Erklärung hierfür zu geben wäre.

Anatomische Veränderungen. Besser als durch die Leichenschau kann man bei Lebzeiten die durch die Lageabweichung bewirkten anatomischen Veränderungen beobachten. Diese sind in ihrem Grade besonders davon abhängig, wieviel von der Gebärmutterwand sich eingestülpt hat, und ob der Gebärmutternackencanal einen starken Umschnürungsdruck ausübt. Je bedeutender letzterer ist, desto geschwellter, wassersüchtiger und leichter blutend ist die nach aussen getretene Gebärmutterhöhlenschleimhaut. Bei lebhafter Einschnürung kann sogar Brand und dadurch von selbst auftretende Abstossung der Gebärmutter sich einstellen. Aber auch in günstiger liegenden Fällen kommt es oft zu Geschwürsbildung an den umgestülpten Theilen und zu nachfolgenden Verwachsungen derselben mit dem Gebärmutternacken oder den umliegenden Organen, besonders dem Scheidengrunde, seltener einer Darmschlinge. — Die Eileiter und Eierstöcke nehmen durch Blutstauung und wohl auch durch fortgepflanzte Entzündung oft an der Blütüberfüllung und Schwellung Antheil; zuweilen kann man die Gebärmuttermündung der Eileiter deutlich sehen. — Die Harnblase hat ihre Lage nicht verändert. — Die anderen anatomischen Abweichungen erstrecken sich mehr auf das Grundleiden, so dass wir von ihrer Schilderung an dieser Stelle absehen können.

Figur 104.

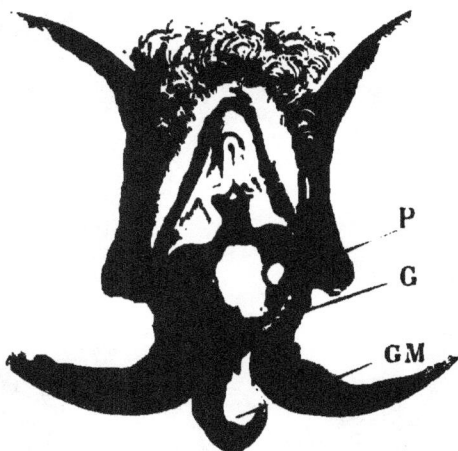

Gebärmutterumstülpung durch eine dem Grunde des Organes aufsitzende Muskelgeschwulst (Myom).

G Grund der umgestülpten und vorgefallenen Gebärmutter, GM Gebärmuttermuskelgeschwulst, P ein unter der Gebärmutterschleimhaut hervortretender Polyp.

Krankheitsbild. Von den Erscheinungen, welche durch die plötzlich unter der Geburt auftretenden Fälle hervorgerufen werden, sehen wir an dieser Stelle ab und verweisen diesbezüglich auf die Lehrbücher der Geburtshülfe. — Bei den im Anschlusse an ein Wochenbett oder durch eine Geschwulst allmählich auftretenden Fällen können wesentliche Erscheinungen dauernd fehlen, oder, wenn leichtere Beschwerden, die von den Patientinnen geduldig ertragen werden, vorhanden sind, muss man sie eher auf den veranlassenden Umstand, als auf die Lageabweichung zurückführen. So schleppen sich Frauen drei oder vier Jahrzehnte abseits jeder Lebensgefahr mit der umgestülpten Gebärmutter hin, und nur gelegentlich wird der Zustand entdeckt. — In anderen Fällen führen verstärkte Monats- oder leicht eintretende anderweitige Gebärmutterblutungen, z. B. durch den Beischlaf hervorgebracht, sowie Abgang von Schleim, Eiter und Fetzen die Kranke zum Arzte. Fällt die umgestülpte Gebärmutter zugleich vor, so haben die Patientinnen das Gefühl des Abwärtsdrängens derselben, häufigen Harndrang, ziehende Schmerzen — kurz, die bereits geschilderten Beschwerden des Gebärmuttervorfalles. Bedrohlich wird die Lageabweichung freilich dann, wenn die Blutungen oft und langdauernd sind und sogar die Patientinnen ständig an das Bett fesseln, weil jede Bewegung diese Erscheinung verstärkt.

Zuweilen tritt eine Selbstheilung ein, in anderen Fällen jedoch können Entzündung und Brand hinzutreten und das Leben beenden.

Figur 105.

Vollkommene Umstülpung der Gebärmutter, mit deren Vorfall verknüpft, durch eine am Gebärmuttergrunde entspringende Geschwulst veranlasst. Das Organ ist stark angeschwellt und zeigt grössere Geschwürsbildung. Nach *Küstner*.

Erkennung. Die Feststellung des Leidens ist nicht immer leicht, besonders wenn es nicht im Wochenbette plötzlich, unter bedrohlichen Erscheinungen, sondern allmählich eingetreten ist. Zunächst muss man nachweisen, dass der im Scheidengewölbe befindliche, abweichend gestaltete Körper keine Geschwulst, sondern wirklich die Gebärmutter ist. In der Regel gelingt bei der zusammengesetzten, also zweihändigen Untersuchungsmethode dieser Nachweis, besonders bei mageren, herabgekommenen Patientinnen, deren Geschlechtstheile leichter durch- und abzutasten sind. Ist die umgestülpte Gebärmutter gleichzeitig vorgefallen, dem Auge und der Betastung also zugänglicher, so ist die Feststellung freilich leichter. Noch schwieriger gestaltet sich der sichere Nachweis bei ursächlicher Gebärmuttergeschwulst, und muss man, falls eine solche festgestellt ist, stets an die Möglichkeit einer Gebärmuttereinstülpung denken, um nicht durch eine falsche Operation verhängnissvoll einzuwirken. Von der Sondenuntersuchung sollte man bei der geringen Widerstandsfähigkeit und oft übergrossen Weichheit der Gebärmutterwand absehen, um einer Durchbohrung derselben aus dem Wege zu gehen.

Vorhersage. Die Aussichten auf Erhaltung des Lebens sowie Beseitigung des Leidens sind durchschnittlich günstig. Selbst bei negativem Verhalten können die Patientinnen Jahre und Jahrzehnte hindurch ohne wesentliche Beschwerden am Leben bleiben. Zuweilen ist ein von selbst erfolgender Rückgang der Lageabweichung beobachtet worden. Trotz alledem ist die Umstülpung der Gebärmutter wegen des möglichen Eintrittes von Entzündung und Brand kein belangloses Leiden und muss unter allen Umständen einer zweckmässigen Behandlung unterworfen werden.

Behandlung. Ist eine Geschwulst als Veranlassung des Leidens festgestellt worden, so ist sie zunächst vorsichtig operativ zu entfernen. -- Hat man es mit den fertigen Spätformen des Leidens zu thun, bei denen die eigentliche Ursache längst nicht mehr vorhanden ist, so muss man sich an die Rückbringung des Organes zum früheren Zustande machen, d. h. den aus dem Gebärmutternackencanale herausgetretenen Theil der Gebärmutterwand durch den äusseren und inneren Muttermund zurückdrängen. Da man mit der Zurückbringung, falls keine dringende Veranlassung vorliegt, stets einige Zeit warten kann, so hat man sich gegen bestehende Entzündung und wassersüchtige Anschwellung der umgestülpten Gebärmutterwand jener Maassnahmen zu bedienen, die wir bei der Gebärmutterwand- und Gebärmutterschleimhautentzündung ausführlich besprochen haben. Nach dieser sich auf 3 bis 6 Wochen etwa erstreckenden Vorbereitungscur gelingt die Rückbringung rascher und oft unter Vermeidung der Betäubung der Patientin. Man bedient sich zu dieser Ausführung beider Hände. Die eine betastet von den Bauchdecken aus die Einsenkungsstelle der Gebärmutter, schon damit man eine Controle darüber hat, dass das hochgedrängte Organ nicht etwa von der Scheide abreisst. Die äussere Hand versucht gleichzeitig den eingestülpten Trichter zu erfassen und etwas zu dehnen. Mit der anderen Hand, deren Finger gespreizt sind, umfasst man die Gebärmutter und bohrt sich vorsichtig, den Muttermundsrand auseinanderdrängend, die umgestülpte Gebärmutterwand durchzuschieben trachtend, durch den Gebärmutternackencanal vor. Allzu kräftige Rückbringungsversuche müssen vermieden werden, um keine Zerreissung der Scheide und des Gebärmutternackens oder keine Durchbohrung der Gebärmutter selbst herbeizuführen. Bei starken Bauchdecken, die für die äussere Hand die

Controlle darüber verhindern, dass der umschnürende Gebärmutternacken nicht zu hoch in die Höhe gezerrt wird, haben einzelne Autoren angerathen, den Scheidentheil der Gebärmutter mit Haken, Hakenzangen oder durchgezogenen Seidenbändern festzuhalten. Wir stimmen jedoch *Fritsch* bei, der hiervon abräth, da bei der oft nothwendigen grösseren Kraft der Scheidentheil der Gebärmutter zerfetzt, und durch Schaffung mehrerer Wunden Gefahr bewirkt wird. Ist die Rückbringung nach den ersten oder einer grösseren Anzahl von in angemessenen Zwischenräumen ausgeführten Versuchen geglückt, so tamponire man einige Tage lang das Scheidengewölbe mit mehreren nassen Wattebäuschen aus, wodurch sich in der Regel der äussere Muttermund, der durch die Manipulationen doch stark erweitert wird, wieder zusammenzieht.

Kommt man mit dem angeführten Verfahren, das man mit Geduld sehr lange fortsetzen sollte, nicht zum Ziele, so empfiehlt es sich, eine Kautschukblase, die mit Wasser gefüllt ist, und deren Inhalt allmählich vermehrt wird, hoch hinauf in die Scheide zu führen und liegen zu lassen. Durch den gleichmässigen, andauernden Druck wird die umgestülpte Gebärmutter weicher, kleiner und über den Muttermund zurückgedrängt. Die hierfür nöthige Zeit schwankt zwischen einem Tage und mehreren Wochen, führt jedoch zuweilen in solchen Fällen zum Ziele, bei denen mit den Händen unternommene Rückbringungsversuche erfolglos blieben. Ist erst einmal der umgestülpte Gebärmuttertheil jenseits des äusseren Muttermundes, so erfolgt der vollständige Rückgang zur normalen Lage allmählich von selbst. Diese Maassnahmen sind stets unter Berücksichtigung peinlichster Sauberkeit sowie unter genauer Beobachtung von Körpertemperatur und Pulsgang auszuführen.

Bei Dringlichkeit im Handeln bleibt zuweilen nur die operative Entfernung der vorgestülpten Gebärmutter übrig und zwar auf dem Wege der Scheide. Einzelne Frauenärzte versuchten Heilung zu bringen, indem sie durch Eröffnung der Leibeshöhle den Gebärmuttertrichter direct erfassten und von der Scheide aus den umgestülpten Theil zurückdrängten. Jedoch waren die Resultate keine günstigen, so dass *Fehling* bei der Umstülpung der Gebärmutter den Bauchschnitt verwirft. Besonders beherzigenswerth, zumal für die operative Entfernung der umgestülpten Gebärmutter, und für uns maassgebend ist *Winckel*'s Ausspruch: »Ich glaube, dass man selbst nach jahrelangen fruchtlosen Rückbringungsversuchen eine Gebärmutterumstülpung nicht sicher als nicht zurückbringbar bezeichnen kann; dass es daher schliesslich nur in das subjective Ermessen des Frauenarztes gestellt ist, ob er diese Versuche als vollkommen aussichtslos ansehen und den Zustand der Patientin für so gefährlich halten will, dass er die Entfernung der Gebärmutter als unvermeidlich betrachtet«.

CAPITEL VIII.

Geschwülste der Gebärmutter.

A) Gutartige Neubildungen der Gebärmutter.

Die Muskelgeschwulst der Gebärmutter (Myom).

Ursachen. Die häufigsten Neubildungen, welche die weiblichen Geschlechtsorgane betreffen, stellen die Muskelgeschwülste der Gebärmutter dar. Man versteht hierunter eine Geschwulstart, in deren Gewebe sich gewucherte Muskelmassen befinden, die also eine theilweise Ueberwucherung des Gebärmuttergewebes vorstellt. Ueber die eigentlichen Ursachen dieser Neubildung weiss man nur wenig, und man ist für die Erklärung ihres Entstehens nur auf einige Gesichtspuncte beschränkt. Dass ein Organ, welches alle Monate blutüberfüllt ist, bei Anwesenheit gewisser Reize unter der verstärkten Nahrungszufuhr leicht ein vermehrtes Wachsthum seiner einzelnen Gewebsbestandtheile erlangen kann, ist begreiflich. Begünstigend wirken villeicht Fruchtabgänge mit ihren Ursachen und Folgen ein, ferner Verletzung der Bauchwand durch Schlag, Stoss oder Fall, Entzündung der Gebärmutter oder ihrer Umgebung, allzu starkes Schnüren, gewohnheitsmässige Verstopfung und Onanie *(Winckel)*. Freilich, wieso im gegebenen Falle eine Gebärmuttermuskelgeschwulst sich entwickelt hat, sie dagegen bei einem anderen Individuum bei gleichen Anlässen ausgeblieben ist, lässt sich nicht beantworten. — Auch die Frage der Erblichkeit ist eine offene, und wir selbst theilen nicht die Anschauungen von *Veit,* der auf dieses ursächliche Moment sehr hinweist.

Unter den Lebensaltern kommt besonders das dritte bis fünfte Jahrzehnt in Betracht, denen etwa $3/_4$ aller Fälle angehören; es lässt sich jedoch hierbei kaum je ermessen, ob die Neubildung nicht schon unbemerkt viele Jahre vorher bestanden hat. Vor dem 20. Lebensjahre beobachtete man das Leiden nur selten. Was die Frage anbetrifft, ob sich unter den Erkrankten mehr Ledige oder Verheirathete befinden, so ist sie von verschiedenen Autoren abweichend beantwortet worden. Wir selbst stimmen *Fehling* bei, der keine wesentlichen Unterschiede in dieser Hinsicht annimmt.

Anatomische Veränderungen. Je nachdem ob in der Neubildung mehr die eigentlichen Muskelfasern oder das Zwischenbindegewebe überwuchert war, unterscheidet man auch noch heute, eigentlich vorwiegend theoretisch, die Gebärmuttermuskelgeschwulst (Myom) von der Gebärmutterbindegewebsgeschwulst (Fibromyom). In der Regel beginnt die Neubildung als kleiner, hirsekorngrosser, derber, umschriebener Knoten in der Musculatur der Gebärmutter und beschränkt sich bei ihrer Vergrösserung entweder auf die Wand des Organes, oder wächst mehr gegen die Gebärmutterhöhle oder ihren Bauchfellüberzug hin. In einer einzigen erkrankten Gebärmutter können sich eine grössere Anzahl verschieden umfangreicher

Geschwülste bilden, die sich beim Wachsthume gegenseitig drücken, ab-platten und unregelmässig geformt gestalten (Fig. 107), oder eine einzelne Ge-schwulst kann einen ungeheuren Umfang erreichen (Fig. 106).

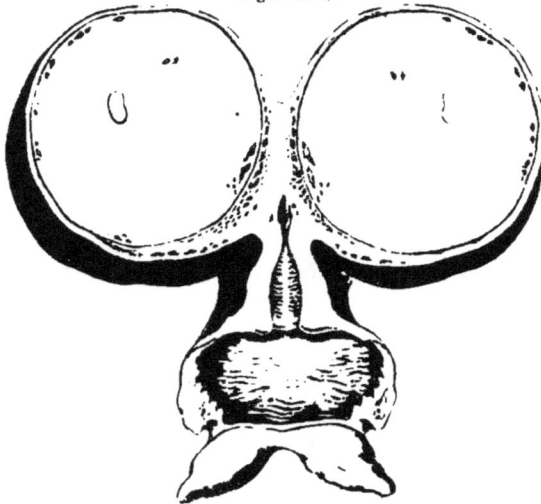

Figur 106.

Grosse Gebärmutterfasergeschwulst. Nach *Bergel.*

Auf dem Durch-schnitte eines Ge-schwulstknotens er-kennt man in der Regel schon mit un-bewaffnetem Auge einen welligen, theil-weise übereinander geschichteten Bau der gewucherten Muskel- und Binde-gewebsfasern, die sparsame Lücken für Gefässe zwischen sich lassen. Beim Durchschnitte hat man die Empfin-dung einer gewissen Derbheit, und das Messer knirscht. Der Lieblings-sitz für die Neubildung ist die Wand des Gebärmutterkörpers, sehr selten des Gebärmutternackens. Der Art des Wachsthumes entsprechend, unterscheidet man mehr theoretisch drei Arten der Gebärmuttermuskel-geschwulst:

1. Die am Bauchfelle ge-legene Art (subseröses Myom). Hierbei wächst die Neubildung, die vom Umkreise des Gebärmutterkörpers ausgeht, nicht in der Richtung nach der Gebärmutterhöhle, sondern des freien Bauchraumes hin, so dass sie, immer mehr und mehr aus der Muskel-wand des Gebärmutterkörpers hervor-tretend, schliesslich nur von einer dünnen Schicht Gebärmuttergewebes überzogen wird und dicht unter das Bauchfell zu liegen kommt. Kleine Geschwülste dieser Art können als nussgrosse, harte Körper der Gebär-

Figur 107.

Fasergeschwülste (Fibromyome) der Gebär-mutter. Nach *Bergel.* Senkrechter Durchschn. Gc die verlängerte, verengte und verzerrte Gebär-mutterhöhle, ff vereinzelte, kleine Fasergeschwülste im Zwischenbindegewebe des Scheidentheiles der Gebärmutter.

mutter aufsitzen. Wachsen sie jedoch, so treten sie aus dem Gebärmuttergewebe heraus, bilden einen Stiel, senken sich, dabei gleichzeitig den Gebärmuttergrund herabziehend, nach unten oder fallen auch nach vorn und kommen, die Gebärmutter verlegend und verzerrend, in den Hängebauch zu liegen. In einem Theile der Fälle dreht sich der Stiel dieser auch Bauchfellpolyp genannten Geschwulst, welcher die zu- und abführenden Gefässe enthält, um seine Achse, so dass die Neubildung ausser Ernährung gesetzt wird und abstirbt. In anderen Fällen verwächst diese Neubildung durch entzündlichen Druck mit den Därmen und dem Netze, durch deren Gefässe alsdann ernährt. Zuweilen ist ein solcher Bauchfellpolyp in verschiedenen Lappen zwischen die Gedärme hineingewuchert und mit ihnen verwachsen.

2. Die inmitten des Gebärmuttergewebes gelegene Art (interstitielles Myom). Hierbei kommt es zu meist nicht übermässig grosser Ausdehnung der Geschwulst, die innerhalb der Gebärmutterwandmusculatur verbleibt und von ihr durch eine lose Bindegewebskapsel getrennt ist, aus welcher man die Geschwulst herausschälen kann (Fig. 108). Nur selten haftet diese Form der Neubildung so fest an dem umliegenden Gebärmuttergewebe, dass sie nur unter Zerreissung des letzteren los

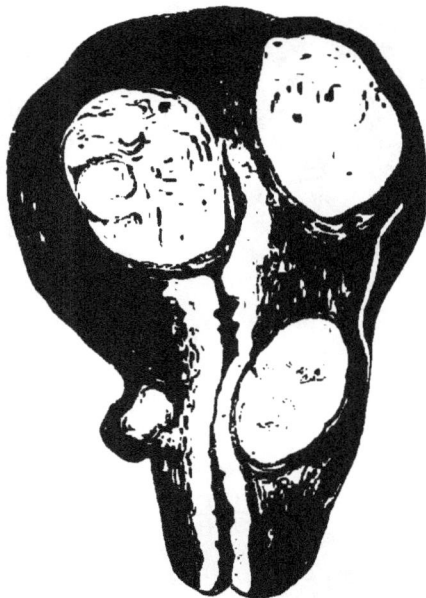

Figur 108.

In der Wand des Gebärmutterkörpers entstandene Muskelgeschwülste, die nach der Gebärmutterhöhle und zugleich gegen den Bauchraum hin wachsen. Auch in der Wand des Gebärmutterhalses sind ähnliche Neubildungen. Die Schleimhaut der Gebärmutterhöhle und des -halscanales ist entzündlich verdickt.

Nach Schaeffer.

gelöst werden kann. Die Gebärmutterhöhle ist bei kleinen und mittelgrossen Geschwülsten dieser Art meist erhalten. Wachsen sie jedoch stärker, so wird die Gebärmutterhöhle verzerrt, verlängert und verengert (Fig. 107).

3. Die an der Gebärmutterhöhlenschleimhaut gelegene Art (submucöses Myom). Hierbei handelt es sich um solche Geschwülste in der Gebärmutterwand, die dicht unter der Gebärmutterhöhlenschleimhaut entstanden sind (Fig. 109) und in die Gebärmutterhöhle hineinwachsen, oder die Geschwulst liegt direct in der Gebärmutterhöhle, ihr

mit breiter Fläche als Polyp aufsitzend (Fig. 110). Nicht selten zieht eine derartige Geschwulst sich an einem Stiele aus (Fig. 111), um alsdann in der Gebärmutterhöhle liegen zu bleiben oder in die Scheide hinein geboren zu werden (Fig. 113), mit deren Schleimhaut sie unter entzündlichem Druckreize verwächst. Im Stiele eines solchen Polypen verlaufen starke Gefässe.

Mitunter findet man in derselben erkrankten Gebärmutter mehrere der erwähnten Arten von Muskelgeschwülsten gleichzeitig nebeneinander (Fig. 112).

Die Muskelgeschwülste des Gebärmutternackens entstehen gleichfalls in der Regel im Muskelgewebe selbst, erreichen jedoch seltener den Umfang der Muskelgeschwülste des Gebärmutterkörpers. Die Gebärmutter wird unter Umständen durch sie in die Höhe geschoben und sitzt gleichsam als Anhängsel der Neubildung auf.

Auch in das zwischen den beiden Blättern der breiten Mutterbänder gelegene Gewebe können Muskelgeschwülste, die in der Regel von der Wand des Gebärmutterkörpers, seltener des -nackens ausgehen, hineinwachsen, und meist kann man diesen näheren Zusammenhang erkennen. Zuweilen jedoch, besonders bei Stielbildung, ist das Gebärmuttergewebe als Ausgangspunct nicht mehr zu erkennen, zumal die Annahme nicht auszuschliessen ist, dass einzelne Stielbildungen auch ursprünglich zwischen den beiden Blättern des breiten Mutterbandes gewuchert sind.

Mitunter liegen diese Geschwülste so locker in ihrem Bette, dass man sie leicht herausschälen kann. In anderen Fällen wachsen sie in das grosse oder kleine Becken hinein und kommen in letzterem Falle im *Douglas*'schen Raume oder zwischen Blase und

Figur 109.

Grosse, mit breiter Basis der Gebärmutterschleimhaut aufsitzende Muskelgeschwulst.

Figur 110.

Grosse Fasergeschwulst, polypenartig an der Innenwand der Gebärmutter sitzend.

Gebärmutter zu liegen, durch ihre Ausdehnung und ihren Druck Lageveränderungen und sonstige anatomische Abweichungen bedingend.
Die Gebärmutter weist durch die Grösse, Lage und sonstigen Verhältnisse
der verschiedenen Arten ihrer Muskelgeschwülste wechselnde anatomische
Veränderungen

auf. In der Regel
ist die Schleim-
haut der Gebär-
mutterhöhle mehr
oder minder stark
entzündet und
bald überwuchert,
bald stark ver-
dünnt. — Auch
die Anhängsel der
Gebärmutter, be-
sonders die brei-
ten Mutterbänder

Figur 111.

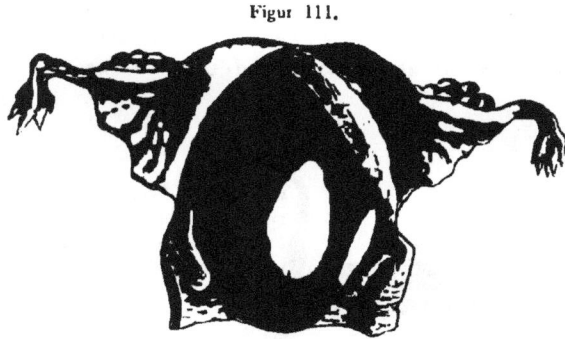

Gestielter Schleimpolyp, vom Grunde der Gebärmutterhöhle ausgehend.

und Eierstöcke, erleiden die verschiedensten Lageabweichungen, entzündliche Vergrösserung und sonstige anatomische Veränderungen wechselnder
Art. — Dass Verwachsungen mit den Gedärmen
und dem Netze, jedoch keineswegs allzu oft,
vorkommen, haben wir bereits erwähnt.

Wichtig sind endlich die anatomischen
Veränderungen, welche die Gebärmuttermuskelgeschwülste bei längerem Bestehen
theils durch Ernährungsstörungen, theils durch
rückläufige Umwandelung, theils durch begleitende, beziehentlich fortgepflanzte Entzündung durchmachen können. Zunächst erwähnen wir hier jenen Vorgang, bei welchem
durch besondere Entwickelung der Blut- und
Lymphgefässe, besonders dem Monatsflusse
entsprechend, die Neubildung eine wesentliche
An- und Abschwellung erfährt und oft dabei
den Eindruck einer Blut- oder Lymphgefäss-
geschwulst von höhlenartigem Baue hervorruft.
Nicht selten entwickeln sich im Inneren grosser
Gebärmuttergeschwülste buchtige, grosse
Höhlen, die mit einander in schwacher Verbindung stehen und mit einer gallertartigen
Substanz angefüllt sind. Jedenfalls handelt es sich hierbei um eine
Erweichung einzelner Geschwulstgebiete durch mangelhafte Ernährung
und sich anschliessenden Gewebstod. Andere Neubildungen werden

Figur 112.

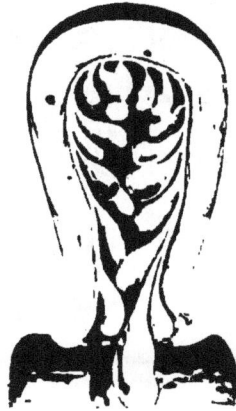

Schleimpolypen der Gebärmutter,
die Höhle ihres Körpers und
Nackens fast vollkommen ausfüllend und in die Scheide gelangend.

durch die verschiedensten anatomischen Processe wassersüchtig durchtränkt und weich, und unter Umständen kann sich durch hinzutretende
Eiterung die ganze Geschwulst abstossen. In anderen Fällen lagern
sich sowohl im Mantel der Geschwulst als auch im Inneren, besonders
in der Zeit der Wechseljahre, Kalksalze ab, wodurch das fernere
Wachsthum ausbleibt. Zuweilen werden solche Kalkgebilde in die Gebärmutterhöhle abgestossen und unter Wehen als sogenannte Gebär-
muttersteine ge-
boren. Sogar sehr
grosse Geschwülste
können einer mehr
oder minder aus-
gesprochenen Ver-
kalkung anheim-
fallen (Fig. 114). Ein
anderer Vorgang der
rückläufigen Um-
wandelung ist die
Verfettung der Ge-
bärmuttermuskel-
geschwulst, wie sie
zuweilen nach einem
Wochenbette vor-
kommen soll. Es ist
gewiss die Möglich-
keit vorhanden,
dass, ebenso wie die
unter der Schwanger-
schaft vermehrte Ge-
bärmuttermusculatur
nach der Entbindung
sich fettig umwan-
delt, ein ähnlicher
Vorgang gleichzeitig
das Gewebe der
Gebärmuttermuskel-

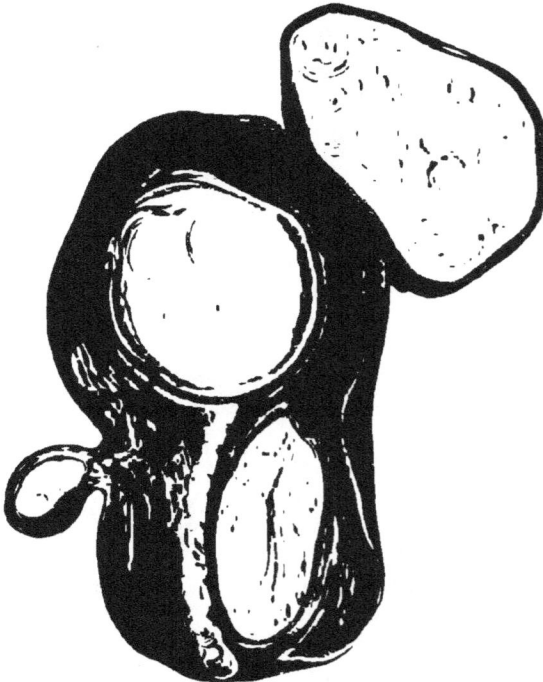

Figur 113.

Unter der Gebärmutterschleimhaut sitzende, sich zu stielen beginnende Muskelgeschwulst. Eine ebensolche im Gebärmutterhalse,
die sich anschickt, aus ihrer Hülle auszuschälen und in die Scheide
geboren zu werden. Nach *Schaeffer.*

geschwulst befällt, so dass diese spurlos verschwindet. — Dass unter
Umständen durch Stieldrehung und dadurch bedingte Gefässabdrehung
die Neubildung brandig werden und absterben kann, haben wir bereits
erwähnt. Wichtig ist auch die Beantwortung der Frage, ob nicht zuweilen die Gebärmuttermuskelgeschwulst unter Umständen sich zu einer
bösartigen Neubildung umwandeln kann. Unstreitig ist die Beobachtung
richtig, dass bei einzelnen Patientinnen, bei denen eine Gebärmuttermuskelgeschwulst festgestellt war, sich späterhin eine bösartige Neu-

bildung entwickelte, wie wir es selbst erlebt haben; freilich ist es hierbei sehr fraglich, ob es sich nicht um ein Nebeneinander zweier verschiedener Geschwulstformen handelt.

Krankheitsbild. Die klinischen Erscheinungen, welche die Muskelgeschwülste der Gebärmutter hervorrufen, sind sehr wechselnd und hängen mehr vom Sitze und sonstigen Umständen als von der Grösse der Neubildungen ab. So kann es vorkommen, dass kleine Geschwülste lebhafte Qualen bewirken, wegen derer die Patientin ärztliche Hülfe sucht, während kindskopfgrosse erst nach jahrelangem Bestehen, ohne je Beschwerden hervorgerufen zu haben, mehr zu-

Figur 114.

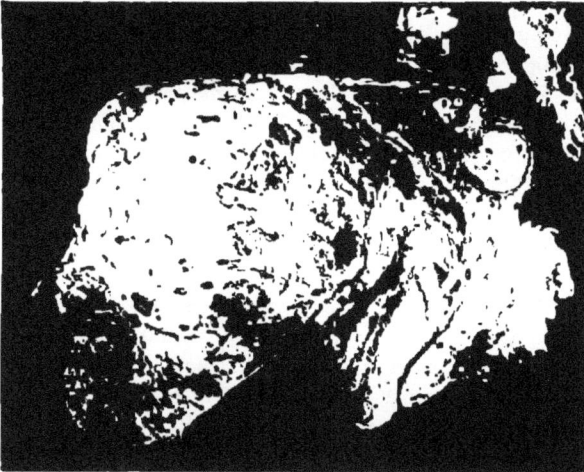

Am Bauchfelle gelegene verkalkte Gebärmuttermuskelgeschwulst. Nach *Gebhard*.

fällig entdeckt werden, wie ja auch die in der Schwangerschaft wachsende Gebärmutter in der Regel subjective Erscheinungen nicht zeitigt. In anderen Fällen entstehen merkliche Krankheitsäusserungen weniger durch die Neubildung unmittelbar, als durch Druck und Verzerrung von Nachbarorganen, also keine für die Muskelgeschwulst charakteristischen Erscheinungen, sondern nur jene Beschwerden, wie sie bei allen anderen Geschwülsten der Bauchhöhlenorgane beobachtet werden, als: Gefühl der Völle im Leibe, Beschwerden der Stuhl- und Harnentleerung, Gefühl des Abwärtsdrängens usw. Unter Umständen rufen aber auch kleine Neubildungen, selbst wenn sie objectiv merkliche Veränderungen nicht bewirkt haben, bedeutende Schmerzen hervor, die von den Patientinnen in die Gebärmutter verlegt werden. Da man bei der Untersuchung nichts vorfindet, und ausser örtlichen Beschwerden durch Nervenübertragung auch Kopfweh, Magenschmerz usw. vorhanden sind, so ist man oft geneigt, solche Patientinnen für hysterisch zu halten, besonders wenn mangels starken Monatsflusses die Kranken frisch und blühend aussehen. Wächst die Geschwulst nach aussen, so verschwinden oft alle erwähnten Erscheinungen, da die ursächliche Spannung in der Gebärmutterwand nachlässt. Erreicht die Neubildung im weiteren Verlaufe eine grössere Ausdehnung, und bilden sich gar Verwachsungen mit der Nachbarschaft aus, so können die bereits geschwundenen Beschwerden noch heftiger wiederkehren, zumal wenn Bauchfellreizung, Entzündung der Gebärmutteroberfläche oder -innenwand und sonstige Processe sich hinzugesellen. Alsdann trifft man hartnäckige Nervenschmerzen, Wassersucht der unteren Gliedmaassen, Fieber und sonstige schwere Störungen an.

Abweichungen des Monatsflusses sind häufig vorhanden. Schon frühzeitig pflegt die Regel mit Schmerz verknüpft zu sein, selbst wenn keine Lageveränderung der Gebärmutter bewirkt wurde, zum Theile durch Blutstauung, zum Theile dadurch bedingt, dass sich die Gebärmutter nicht genügend ausdehnen kann, wodurch der Blutabgang verhindert ist. Oft hören die schmerzhaften Regeln im Laufe der Zeit auch ohne jedes Zuthun auf. Grössere weiche, im Gebärmutterwandgewebe verbliebene Neubildungen rufen oft keine Schmerzen bei der Periode hervor, schwellen jedoch während dieser Zeit stark an. Vielfach wird auch die Menge des monatlich abgehenden Blutes sowie seine Dauer wesentlich gesteigert, wenn die Gebärmutterhöhle erweitert und ihre Schleimhaut entzündet ist. Eine Dauer der Regeln von 8 bis 14 Tagen ist alsdann keine Seltenheit, und hört die Blutung auch in ihrer Stärke zuweilen früher auf, so geht noch einige Zeit hindurch eine fleischfarbene Flüssigkeit ab. Späterhin sind auch Blutungen von wechselnder Dauer und Stärke ausser der Zeit des Monatsflusses vorhanden, oder sie treten bei geringen Anlässen, z. B. Beischlaf, körperlichen oder seelischen Erregungen, Pressen beim Stuhlgange u. dergl., rasch ein. Hierdurch werden die Patientinnen mit der Zeit sehr blutarm und schwach und zu anhaltender Bettruhe veranlasst.

Die Empfängniss und Schwangerschaft werden durch die Muskelgeschwulst der Gebärmutter unmittelbar nicht wesentlich beeinflusst, und wenn grosse Statistiker das Gegentheil erwiesen zu haben glauben, so muss dagegen gehalten werden, dass es nur die Folgezustände oder die die Neubildung an sich hervorrufenden Reize sind, welche vielfach die Empfängniss nicht zu Stande kommen lassen. Die männlichen Samenzellen haben durch die Veränderungen in der Ausdehnung der Gebärmutterhöhle einen weiten, gewundenen Weg und gelangen hierdurch nicht in den Eileiter, oder letzterer ist verlegt und verlagert. Ausserdem handelt es sich oft um Patientinnen, die schon viele Jahre, bevor die Gebärmuttermuskelgeschwulst festgestellt wurde, wegen Unfruchtbarkeit behandelt waren, oder die Neubildung trat jenseits des befruchtungsfähigen Alters der Kranken auf. *Hofmeier* hat vielfach beobachtet, dass bei Anwesenheit selbst grösserer Muskelgeschwülste der Gebärmutter, wenn nur sonst die Bedingungen für eine Empfängniss vorhanden waren, Schwangerschaft und normale Fruchtentwickelung sich einstellten. Auch *Weberstedt* sah bei drei Fällen der *Gusserow*'schen Klinik Schwangerschaft und normale Geburt eintreten. Umgekehrt ist der Einfluss der Schwangerschaft auf die Neubildung der Gebärmutter nach *Löhlein, Hofmeier* u. A. auch kein sehr bedeutender. Die erste Schwangerschaft scheint das Wachsthum der Gebärmuttermuskelgeschwulst zu beschleunigen, weniger die wiederholte Schwangerschaft. Andererseits ist nicht ganz in Abrede zu stellen, dass zuweilen Nachblutungen, durch die Neubildung bewirkt, im Wochenbette das Leben der Mutter gefährden können.

Durch grössere, unter der Schleimhaut sitzende, mit einem Stiele versehene, polypenartige Geschwülste wird die Gebärmutterschleimhaut dauernd in einem Entzündungszustande erhalten und der Monatsfluss wesentlich verstärkt. Zuweilen bildet sich allmählich eine Gebärmutterumstülpung aus, und diese Art von polypöser Neubildung kann sichtbar in oder vor der Scheide liegen. In anderen Fällen bleibt die Gebärmutterumstülpung aus. Die Geschwulst tritt aber unter der Periode aus dem Muttermunde hervor, um sich später wieder in die Gebärmutterhöhle zurückzuziehen. Ist der Polyp durch den umschnürenden Muttermund angeschwollen, so kann er zuweilen nicht mehr zurückschlüpfen und verbleibt in der Scheide. Durch Entzündungsvorgänge oder starken Druck auf die ernährenden Gefässe zerfällt die Wucherung allmählich brandig. Mitunter jedoch gewöhnt sie sich, falls die Ernährung hinreichend ist, an die neuen Verhältnisse und wächst weiter. Es kann alsdann im ferneren Verlaufe die Scheide und der ganze Beckenraum durch die Neubildung ausgefüllt sein, ohne dass man weiss, was sich jenseits der Gebärmuttergeschwulst befindet, besonders ob letztere gestielt ist. Auch kann die Neubildung mit oder ohne gleichzeitige Gebärmutterumstülpung als eine pendelnde Masse an der äusseren Scham herabhängen.

Erkennung. Zunächst hat man die Anwesenheit einer Muskelgeschwulst nachzuweisen, wenn die Gebärmutter vergrössert gefunden wird, und weiterhin bei grösseren Neubildungen, wenn die Erkennung gelungen ist, ihren Sitz, Zusammenhang mit Nachbarorganen und ihre Ausbreitung zu ermitteln. Die am Bauchfelle gelegenen Gebärmuttermuskelgeschwülste sind besonders bei dünnen Bauchdecken durch die zusammengesetzte Untersuchungsmethode leicht zu erkennen, indem sie als derbe, rundliche, über die sonst ebene Oberfläche der Gebärmutter hervorragende Knollen gefühlt werden. Ist die Gebärmutter wenig vergrössert, und werden Knollen nicht gefühlt, so ist zunächst eine sichere Feststellung nicht möglich, da auch die Gebärmutterwandentzündung gleiche

anatomische und klinische Erscheinungen bewirkt. Bei dicken Bauchdecken kann man zuweilen durch einen schwachen Druck von oben eine
Vergrösserung der Gebärmutter feststellen, wenn sich der Scheidentheil
des Organes hierbei schon bewegt, während bei gleich schwachem Drucke
bei normaler Gebärmutter ihr Scheidentheil fest bliebe. Verwechselung
mit Schwangerschaft, bei der ja auch die Gebärmutter vergrössert ist
und sich derber anfühlt, kann bei Berücksichtigung aller Umstände nur
dann möglich sein, wenn unregelmässige Blutungen in ihrem Verlaufe vorkommen und bei abgestorbener Frucht das Organ vergrössert und härter
gefühlt wird. Auch abgekapselte Eiterungen zwischen den beiden
Blättern der breiten Mutterbänder werden oft mit seitlicher Gebärmuttermuskelgeschwulst verwechselt, worauf, wie *Fritsch* richtig bemerkt, der
angebliche Erfolg von Soolbadecuren gegen diese Neubildungen zurückzuführen ist. Eine genaue Berücksichtigung der Krankengeschichte, besonders die Angabe früher vorhandenen Wochenbettfiebers, helfen hier
vor Irrthümern schützen. Auch behalte man im Auge, dass eine seitlich
aufsitzende Gebärmuttergeschwulst alle Bewegungen des Organes mit-
macht, besonders dass der Scheidentheil der Gebärmutter auch seinerseits an den geringsten Bewegungen der Neubildung sich betheiligt.
Freilich darf man nicht übersehen, dass auch abgekapselte Eiterungen
der breiten Mutterbänder, wenn sie nicht prall gefüllt sind, zuweilen
eine mässige Beweglichkeit vortäuschen und mit der Gebärmutter beweglich sein können. Endlich darf nicht übersehen werden, dass eine
Muskelgeschwulst des Gebärmutternackens im *Douglas*'schen Raume oder
kleinen Becken durch genaue Anpassung so festsitzen kann, dass sie
unbeweglich bleibt und für eine umschriebene Eiterung angesehen werden
kann. Kleinere, zwischen den breiten Mutterbändern seitlich liegende
Muskelgeschwülste können mit Neubildungen der Eierstöcke verwechselt werden, doch ist bei letzteren fast immer ein gesunder Zwischen-
raum zwischen Gebärmutter und Neubildung vorhanden. — Auch dann
entstehen für die Erkennung der Sachlage grosse Schwierigkeiten, wenn
eine Muskelgeschwulst in das Beckenbindegewebe hineingewuchert ist.
Es ist alsdann zuweilen nicht möglich, durch die Untersuchung allein
einen sicheren Nachweis des Leidens zu geben, und Irrthümer kommen
hierbei vielfach vor. — Um erweichte Myome von ähnlichen Eierstocksgeschwülsten zu unterscheiden, haben einige Autoren empfohlen, mit
einer *Pravaz*'schen Spritze einzustechen, etwas von dem Inhalte anzu-
saugen und durch dessen chemische und mikroskopische Untersuchung
Anhaltspunkte für die Unterscheidung zu gewinnen. *Fehling* warnt jedoch
vor diesem höchst unsicheren und nicht ungefährlichen Verfahren. In
einer Reihe solcher zweifelhafter Fälle giebt die Behorchung einer Geschwulst durch die Bauchdecken Aufschluss, indem die Gebärmuttermuskelgeschwülste oft ein von den Blutgefässen ausgehendes Geräusch
wahrnehmen lassen. Ist eine Muskelgeschwulst der Gebärmutter ver-

jaucht, so kann man anfänglich wegen der Uebereinstimmung mehrerer klinischer Erscheinungen an Gebärmutterkrebs denken. Abgesehen von der alsdann nothwendigen mikroskopischen Untersuchung losgelöster Geschwulsttheile giebt der Zustand der Scheide schon einigen Anhalt für die Unterscheidung. Bei einer grösseren Gebärmuttermuskelgeschwulst verbleibt sie platt, bei Krebs jedoch von gleicher Ausdehnung ist sie mit Krebsmassen durchsetzt und daher hart anzufühlen. Auch die Consistenz der Geschwulst selbst und ihre Farbe geben einigen Anhalt, indem die brandige Gebärmuttermuskelgeschwulst braun oder rosaroth aussieht und zäh zusammenhängend von gleichmässiger Consistenz ist, während eine verjauchende Krebsgeschwulst ein missfarbiges Aussehen hat, bröckelig, bei Abreissen von Fetzen leicht blutend und an den verschiedenen Theilen bald härter, bald weicher und bröckeliger ist.

In der Regel leichter festzustellen sind die polypenartigen Gebärmuttermuskelgeschwülste, da sie theilweise dem untersuchenden Finger zugänglicher sind und die Gestalt der Gebärmutter oft eigenthümlich verändern: Während der Gebärmutternacken schlank und dünn gefühlt wird, kann man den Körper als eine oben aufsitzende, runde, glatte Kugel bei der Betastung wahrnehmen, ein Beweis, dass in ihm eine runde Geschwulst liegt, die seine Wand gleichmässig auseinanderdrängt. Unter Umständen empfiehlt es sich, die Untersuchung während des Monatsflusses vorzunehmen, weil sich zu dieser Zeit der Muttermund mehr öffnet. Freilich muss man sich vor dem Irrthume hüten, jede Geschwulst, die man mit dem tastenden Finger in der Gebärmutterhöhle angetroffen hat, für eine von den Muskeln ausgehende zu halten.

Aus diesen Angaben ist es leicht ersichtlich, dass in einem Theile der Fälle die Feststellung einer Gebärmuttermuskelgeschwulst oft schwierig und zunächst unmöglich ist, dass der sichere Nachweis, wenn überhaupt, erst nach längerer Beobachtung und wiederholter Untersuchung gelingt.

Hat man die Anwesenheit der Neubildung unzweifelhaft festgestellt, so verbleibt es als weitere Aufgabe, die anderen Verhältnisse, Sitz, Grösse, Verwachsungen mit der Umgebung usw., zu ermitteln, worüber gleichfalls die zusammengesetzte Methode durch Benutzung beider Hände soweit als möglich Aufschluss giebt.

Vorhersage. Wiewohl in gewissem Sinne die Muskelgeschwulst der Gebärmutter den gutartigen Neubildungen zugerechnet werden muss, so sind doch bei einem Theile der Fälle die Aussichten auf Heilung des Leidens keineswegs so günstig, wie man früher anzunehmen geneigt war. Unzweifelhaft kann man bei der polypösen Form und bei kleineren harten, besonders im vierten Jahrzehnte des Lebens entstehenden Geschwülsten die Vorhersage günstig stellen: im ersteren Falle schafft die Operation sichere Heilung, in letzterem tritt nach den Wechseljahren meist Stillstand und Rückbildung ein. Durchschnittlich lässt sich eine allgemeine Angabe darüber nicht machen, ob eine festgestellte Gebärmuttermuskelgeschwulst rasch und mächtig heranwachsen oder Stillstand und Rückbildung einhalten wird. Gewöhnlich ist das Wachsthum der Neubildung desto eher anzunehmen, je früher sie entstanden ist. In der Regel jedoch wachsen selbst langsam zunehmende Geschwülste noch bis zu den Wechseljahren. Die Hoffnungen also, welche in der unstreitig richtigen Beobachtung liegen, dass mehr als die Hälfte aller Gebärmuttermuskelgeschwülste, ohne wesentliche Beschwerden hervorgerufen zu haben, nach den Wechseljahren zurückgehen, werden dadurch etwas herabgedämpft, dass man das Schicksal der verbleibenden, immerhin genügend zahlreichen anderen Fälle kaum annähernd voraussagen kann. Berücksichtigt man für die minder günstigen Fälle die durch starke Blutungen, Schmerzen, Verjauchung, Entzündung und andere Umstände gegebenen Gefahren, so wird man die Vorhersage, wenn auch nicht durchschnittlich als ernst, immerhin doch als zweifelhaft angeben und in Rücksicht hierauf bei jeder festgestellten Gebärmuttermuskelgeschwulst auf eine Behandlung derselben drängen.

Behandlung. Da wir die besonderen Reize nicht kennen, welche im gegebenen Falle die Neubildung herbeiführen, so kann von einer Vorbeugung nur in gewissem Sinne die Rede sein. Jede Erkrankung der weiblichen Organe muss frühzeitig und naturgemäss behandelt werden. Sowohl unverheirathete als auch verheirathete Personen mögen sich zur Zeit des Monatsflusses hygieinisch verhalten. Ebenso muss jede rechtzeitige oder Frühgeburt zweckmässig geleitet sein. Wir können ferner mit *Fehling* für Vermeidung allzu vieler directer Behandlung der Gebärmutterhöhle bei deren Erkrankung eintreten, wiewohl wir nicht soweit wie dieser Frauenarzt gehen, der die Möglichkeit zugiebt, dass die heutige Zunahme der Gebärmuttermuskelgeschwülste verhältnissmässig mit der grossen Zunahme dieser unmittelbaren Eingriffe in die Gebärmutterhöhle einhergeht.

Bei solchen Neubildungen, die noch keine wesentlichen Beschwerden bewirken, muss man durch entsprechende Maassnahmen eine übermässige Blutzufuhr, die das Wachsthum begünstigen könnte, oder Entzündungsreize bei Seite schaffen. Hierzu genügen leichte und ohne grosse Unbequemlichkeiten auszuführende Anwendungsformen der Naturheilmethode. Die Patientin soll so oft als möglich 26 ⁰ bis 24 ⁰ R. Sitzbäder (Fig. 33) von 5 bis 8 Minuten Dauer gebrauchen, mehrere Wochen hindurch, wenn auch nicht allnächtlich, einen 18 ⁰ R. Leibaufschlag (Fig. 39) anwenden und einige Wochen hindurch täglich, später 2 bis 3 mal wöchentlich, eine 22 ⁰ R. Scheidenausspülung (Fig. 31 u. 32) ausführen. Dauernd soll für offenen Leib Sorge getragen werden, im Bedarfsfalle durch 20 ⁰ R. Darmeinläufe von $1/_2$ bis 1 Liter. Zur Zeit der Periode sind diese Proceduren auszusetzen, höchstens bei damit verknüpften Schmerzen die Leibaufschläge zu benutzen. Mässige Bewegung ist stets gestattet, nur in den ersten zwei Tagen der Periode mehr Ruhe zu bevorzugen. Die

Kost muss mild und vorwiegend reizlos sein, und es sollten besonders Wein, starker Kaffee und Thee vermieden werden. Die leichte Cur kann einige Wochen hindurch, am besten alljährlich in einer Naturheilanstalt, durchgeführt werden. Wir haben auf diesem Wege einer grösseren Anzahl von Patientinnen Wohlthaten verschafft und unter der Behandlung ein Abschwellen der Gebärmutter beobachten können.

Sind durch eine Gebärmuttermuskelgeschwulst Beschwerden hervorgerufen, so ist natürlich eine eingehendere Behandlung erforderlich. Ganz besonders müssen starke Blutungen berücksichtigt werden, um einer Entkräftung der Patientin vorzubeugen. Man hat hierzu bald eiskalte, bald heisse, 40 ° R. Scheidenausspülungen angewendet und unstreitig hierdurch den gewünschten Erfolg erzielt. Allerdings versagen diese Hülfsmittel mit der Zeit, und besonders die heissen Scheidenausspülungen führen allmählich eine Erschlaffung der Gebärmuttergefässe herbei. Auch kurzdauernde sehr kalte Sitzbäder hat man zur Beseitigung allzu reichlicher Monatsblutungen mit mehr oder weniger günstigem Erfolge angewendet. Wir glauben jedoch, dass man auch mit milderen Anwendungsformen und sicherer zum Ziele gelangen kann. Einzelne Frauenärzte haben die *Thure-Brandt*'sche Massage als Mittel zur Blutstillung empfohlen, indem sie durch dieses Verfahren Blutstauungen beseitigen und das Blut ableiten wollten. Wir selbst haben davon stets Abstand genommen. Denn durch den mit der Massage verknüpften mechanischen Reiz kann ebenso gut mehr Blut zugeleitet werden, so dass das Mittel unsicher, wenn nicht gar schädlich ist. Von *Snigirof* ist die directe Zuleitung heisser Wasserdämpfe in die Gebärmutterhöhle behufs Blutstillung empfohlen worden, indem hierbei rasch Blutgerinnung und Verschluss der blutenden Gefässe bewirkt wird. Dieses Verfahren ist wohl nur in einer Klinik oder Naturheilanstalt durchzuführen, wo zweckentsprechende Vorrichtungen vorhanden sind und der Arzt selbst die Patientin ständig beobachten kann. Wiewohl wir selbst von der Einführung heisser Dämpfe in diesen Fällen noch keinen Gebrauch machen liessen, so sprechen wir doch dem Verfahren eine Zukunft zu, und wir gehen sogar noch weiter, indem wir die Möglichkeit annehmen, dass das directe Gebärmutterdampfbad mit nachfolgender abkühlender Scheidenausspülung dazu berufen sein dürfte, in der Behandlung der Gebärmuttermuskelgeschwülste eine grosse Rolle zu spielen, da hierdurch vielleicht fettiger Zerfall und Rückbildung derselben bewirkt werden kann. Da nur ein kleiner Theil der betreffenden Patientinnen in der Lage ist, sich ein Gebärmutterdampfbad behufs Stillung starker Blutungen zu verschaffen, so rathen wir selbst, neben 2 mal zu gebrauchenden wechselwarmen Scheidenausspülungen, kühlen Leibaufschlägen, kühlen Behalteklystieren, täglich 1 bis 2 maligem 18 ° R. Sitzbade von 1 bis 2 Minuten Dauer, zur systematischen Tamponade des Scheidengewölbes mit mehreren festgedrehten Bäuschen chemisch reiner, keimfreier (steriler oder aseptischer) Verbandwatte. Hierin besitzen wir ein nur selten versagendes Mittel zur Blutstillung. Weiss man, dass sich die starken Blutungen bei jedem Monatsflusse wiederholen, so dringe man auf eine systematische Behandlung in der Zwischenzeit. Besonders wenn neben der Gebärmuttermuskelgeschwulst Gebärmutterwand- oder -schleimhautentzündung vorhanden ist, gehe man in der bei diesen Erkrankungen beschriebenen Art und Weise behandelnd vor. In einem grossen Theile leichterer und schwererer Fälle des Leidens erreicht man auf diesem Wege Beseitigung von Beschwerden und Stillstand oder doch nur sehr langsames Wachsthum der Neubildung, so dass man die Patientin ungefährdet über die Wechseljahre bringt. Selbstverständlich handelt es sich keineswegs darum, dass die Patientin viele Jahre hindurch ständig Cur gebraucht, sondern man hört damit auf, sobald die Erscheinungen und Gefahren beseitigt sind, und beginnt wieder, wenn es die Umstände erfordern.

Fragen wir demgegenüber, welche Mittel sonst zur Beseitigung der durch die Neubildung bewirkten Erscheinungen angewendet wurden, so kommen behufs kritischer Besprechung in Betracht: Soolbäder, das Mutterkornpräparat Ergotin, die Einspritzung· blutstillender Chemikalien, die Elektricität und die operativen Eingriffe.

Was zunächst die Soolbäder anbetrifft, so haben wir bereits oben erwähnt, dass ihre angebliche Heilwirkung bei Gebärmuttermuskelgeschwülsten nur auf deren Verwechselung mit umschriebenen Eiterungen im Becken beruht. Andererseits können diese Bäder in der That günstig bei der Gebärmuttermuskelgeschwulst einwirken, jedoch nicht durch ihren Gehalt an Soole, sondern durch den Umstand, dass überhaupt gebadet wird, indem hierdurch eine chronische Bauchfellentzündung gemildert oder beseitigt wird, begleitende Entzündungen der Gebärmutterwand und -schleimhaut herabgesetzt werden, und durch Nervenübertragung die heftigen Blutungen aufhören.

Bezüglich des Mutterkornpräparates Ergotin, dem die Fähigkeit zugesprochen wurde, Gebärmuttermuskelgeschwülste zum Schwinden bringen zu können, stehen wir auf dem Standpunkte *Zweifel*'s. So wenig wie dieser Autor an die früher ausposaunte Heilung von krankhaften Aortenaubuchtungen durch Mutterkorneinspritzung glaubt, so wenig hält er die Möglichkeit des Schwindens einer Gebärmuttergeschwulst durch Ergotin für wahrscheinlich, er sieht die Annahme dieser Möglichkeit für einen Irrthum an. Es lässt sich nicht leugnen, dass das Mutterkorn und seine Präparate auf die Muskeln der Gebärmutter und ihrer Gefässe zusammenziehend wirken, und *Zweifel* gesteht zu, dass sich in manchen Fällen von Gebärmutterblutungen durch den Gebrauch dieses Mittels Besserung einstellt, doch wird nach ihm dieser relative Erfolg theuer genug erkauft. Ein grosser Theil der Kranken hält diese monatelang fortgesetzten Einspritzungen des Giftes unter die Haut, von denen man an einer einzelnen Patientin bis zu 1100 ausgeführt hat, einfach nicht aus und bekommt, selbst wenn man sich reiner Präparate bediente, Vergiftungserscheinungen, der andere Theil der Kranken bedankt sich meist zeitig genug wegen damit verknüpfter Schmerzhaftigkeit für diese Behandlung, zumal wenn eine Hemmung des Wachsthums oder gar ein Schwinden der Geschwulst, die in Aussicht gestellt waren, nicht eintritt. Aehnlich verhält es sich mit dem Auszuge von canadischer Hanfwurzel. Er erfüllt nach *Zweifel* schon die bescheidene Aufgabe der Blutstillung wenig befriedigend. Gegen das Wachsthum oder für die Verkleinerung einer Gebärmutter-muskelgeschwulst ist von diesem Mittel erst recht nichts zu erwarten. Selbst wenn aber beide Mittel einmal blutstillend wirken, so kehrt nach ihrem Aussetzen sehr bald der überstarke Monatsfluss wieder.

Die directe Einspritzung angeblich blutstillender Chemi-kalien in die Gebärmutterhöhle oder die Neubildung selbst betreffend, schliessen wir uns gleichfalls folgendem Ausspruche *Zweifel*'s an: »Der Arzneienthusiasmus hat schon eine grosse Zahl von Mitteln gegen die über-mässigen Gebärmutterblutungen an die Oeffentlichkeit gebracht, die den genossenen Ruhm nicht verdienten und bald wieder in der Fluth nutz-loser Arzneimittel verschwanden«. Man hat z. B. Jodtinctur sowohl in die Gebärmutter als auch in die Neubildung selbst gespritzt. Ersteres ist nach *Fritsch* leider gerade in schlimmen Fällen erfolglos und bei Ver-lagerung der Gebärmutterhöhle nicht ausführbar, von letzterem Eingriffe hat derselbe Autor nie einen Erfolg gesehen. Aehnlich verhält es sich mit den Einspritzungen von wässeriger Eisenchloridlösung. Abgesehen davon, dass sich hierfür nur ein Theil der Fälle eignet, der ohne be-gleitende Entzündungen einhergeht, sind die Einspritzungen dieser Sub-stanz durchaus nicht harmlos und, besonders für den Arzt, der nicht eine Klinik selbst besitzt   und die Mehrzahl der einer Blutstillung benöthigenden Fälle kommt doch gerade an solche Aerzte — nur schwer ausführbar. Bedenkt man weiter, dass ein so erfahrener Frauenarzt wie *Fritsch* sich dahin äussert, dass die Einspritzungen von Eisenchloridlösung oft nicht den geringsten Erfolg haben, weil die blutende Fläche viel zu gross, zu buchtig, zu wenig zugänglich ist, als dass ein eingespritztes Mittel überall auf die Schleimhaut einwirken könnte, so wird man von der Behandlung mit dieser chemischen Substanz absehen. Von den anderen Chemikalien, welche sonst noch zum Schwunde von Gebärmutter-muskelgeschwülsten empfohlen worden sind, Arsenik, Phosphor, Chlor-calcium usw. ist in neuester Zeit überhaupt nichts mehr berichtet worden, da man wohl deren vollkommene Wirkungslosigkeit erkannt hat.

In den letzten Jahren ist besonders von *Apostoli* die elektrische Be-handlung sowohl durch den constanten wie den unterbrochenen Strom von ganz bedeutender Stärke zur Blutstillung bei Gebärmuttermuskel-geschwülsten als auch zu deren vollkommener Beseitigung empfohlen worden. Dass unter Umständen eine Blutstillung bewirkt wird, und zwar durch eine eigenartige Aetzwirkung auf die Gebärmutterschleimhaut, ist nicht in Abrede zu stellen. Leider aber ist der Erfolg kein dauernder, und in anderen Fällen wird die Blutung nur stärker. Noch mehr aber spricht gegen eine wesentliche Verwendung dieses Verfahrens die mit ihm verknüpfte grosse Schmerzhaftigkeit, welche mit elektrischen Strömen von so bedeutender Stärke, wie sie das *Apostoli*'sche Verfahren erheischt, stets bewirkt wird. Vollständig abzurathen, weil sehr gefährlich und von zweifelhaftem Erfolge begleitet, ist der Versuch, vermittelst in die Neubildung eingestochener Nadeln, durch welche der elektrische Strom hindurch geht, die Gebärmuttermuskelgeschwulst gleichsam auflösen zu wollen. Wirkliche Heilungen durch dieses Verfahren sind noch zu beweisen, dagegen entstehen durch die gesetzten Schorfcanäle Eingangspforten für vergiftende Keime, so dass entzündliche Eiterung, Jauchungen und Tod eintreten. Selbst wenn aber hierbei vorübergehend eine Verkleinerung der Geschwulst eintritt, so wächst diese nach Aufhören der Behandlung in alter Weise weiter. Demnach haben sich von den grossen Hoffnungen, die einzelne Aerzte Anfangs an die elektrische Behandlung der Gebärmuttermuskelgeschwülste knüpften, nur wenige erfüllt.

Nach allen diesen Ausführungen verbleibt die einzige Möglichkeit, entweder die Gebärmuttermuskelgeschwülste und ihre einzelnen Erscheinungen nach der Naturheilmethode zu behandeln oder, falls es die Umstände erfordern, operativ vorzugehen. Die sich hierbei ergebende Hauptfrage: Unter welchen Umständen ist zur Operation zu rathen, lässt sich unschwer beantworten:

1. Bei den polypösen Formen der Neubildung, bei denen die Operation nicht besonders schwer und gefährlich ist, so dass die Patientin voraussichtlich rasch geheilt wird, während eine lang dauernde, doch nicht radical heilende Behandlung durch die Naturheilfactoren im Gegensatze zu dem operativen Eingriffe zu umständlich wäre.

2. Neubildungen, bei denen durch irgend welche Umstände Eiterung oder Verjauchung eingetreten ist, so dass infolge Aufsaugung von Selbstgiften Gefahr für den Bestand des Organismus vorhanden ist, erheischen sofortiges operatives Vorgehen.

3. Bei solchen Geschwülsten, die mit fortgesetzten Blutungen, welche den längere Zeit angewendeten Naturheilfactoren nicht weichen, verknüpft sind, da andernfalls der Organismus durch Blutleere gefährdet ist.

4. Bei grösseren Neubildungen, die durch ihre Lage einen Druck auf die Nachbarschaft ausüben, Entzündung hervorrufen und hierdurch unmittelbar oder allmählich äusserst lästig oder lebensgefährdend wirken. Besonders ist eine Operation dann erforderlich, wenn durch Druck auf Nerven unaufhörliche, durch nichts zu beseitigende Schmerzen aufgetreten sind, oder wenn durch Druck auf die Harnblase oder die Harnleiter der Urinabgang stockt und hierdurch der Körper gefährdet wird, oder wenn durch Zusammendrückung von Blutgefässen wassersüchtige Anschwellungen der unteren Gliedmaassen hervorgerufen werden.

5. Bei unaufhaltsam raschem Wachsthume der Geschwulst, besonders bei Kranken, die noch viele Jahre vor dem Eintritte des Wechsels stehen, da alsdann wenig Hoffnung auf Stillstand der Wucherung vorhanden ist, die Gefahr dagegen vorliegt, dass die Geschwulst innig mit vielen Darmschlingen verwächst und im späteren Verlaufe nur schwer, mit grossen Gefahren oder überhaupt nicht entfernt werden kann.

So klar anscheinend diese Anzeigen (Indicationen) zu operativem Vorgehen vorgezeichnet sind, so wird man sich doch in Wirklichkeit im Einzelfalle genau alle Umstände vor Augen halten müssen und z. B. einer schwer arbeitenden Patientin viel eher die Operation empfehlen, als einer wohlhabenderen, die sich besser pflegen kann und die mehr Zeit hat, die Naturheilfactoren durchzuprobiren.

Es kommen sowohl für die Beseitigung einzelner Krankheitserscheinungen als auch der gesammten Neubildung verschiedene chirurgische Eingriffe in Betracht, die wir einer kritischen Besprechung unterziehen müssen. Auf die genaue technische Darstellung der einzelnen zu berücksichtigenden Operationsmethoden, deren Auswahl und Ausführung doch immer, dem Einzelfalle entsprechend, Sache des Operateurs bleiben wird, können wir, als ausserhalb des Zweckes vorliegenden Lehrbuches stehend, selbstverständlich nicht eingehen.

Zur Stillung der Blutungen, früher mehr als in der Gegenwart benutzt, waren die Ausschabungen der Gebärmutterhöhle, beziehentlich die Abkratzung ihrer Schleimhaut vermittelst scharfer Löffel in Uebung. Gleich anderen Beobachtern konnten wir vielfach von Patientinnen, bei denen wiederholt solche Auskratzungen vorgenommen worden waren, erfahren, dass diese nur vorübergehend nutzten, später aber dafür die Blutungen oft noch viel stärker sich einstellten. Bedenken wir, dass mit den Naturheilfactoren die Blutstillung, wenn überhaupt, sicherer, rascher und gefahrloser erfolgt, so kann man vor diesem Eingriffe nur warnen. Trotz sehr vorsichtigen Vorgehens kann die Gebärmutterwand durchbohrt oder entzündliche Eiterung und Brand der Gebärmuttermuskelgeschwulst herbeigeführt werden.

An der Grenze derjenigen Operationen, welche einerseits der Beseitigung einer gefährlichen Krankheitserscheinung, nämlich der Blutungen, dienen, andererseits aber auch dem Stillstande des Wachsthumes, wenn nicht gar dem Rückgange der Geschwulst zu Gute kommen sollen, steht die Entfernung der Eierstöcke. Man sucht durch diese Operation denselben Zustand der weiblichen Organe und seine Folgen herbeizuführen, der bei jedem Weibe in vorgerückteren Jahren nach der Wechselzeit naturgemäss und physiologisch auftritt, man will also künstlich ein frühzeitiges Aufhören des weiblichen Geschlechtslebens, besonders der Regeln bewirken. Auf die Gebärmuttermuskelgeschwulst angewendet will man also durch die Entfernung der Eierstöcke rasche Beseitigung des Monatsflusses, also auch des übermässig starken, sowie greisenhafte

Rückbildung der Gebärmutter nebst deren Muskelgeschwulst bewirken. Erfahrungsgemäss stellt sich, wenn auch nicht immer, namentlich nicht bei den sehr grossen Neubildungen, so doch häufig dieser erstrebte Erfolg ein, wobei freilich die Muskelgeschwulst nicht vollständig schwindet, sondern nur sich verkleinert. Bedenkt man allerdings, dass gerade die Herausnahme der Eierstöcke — und die Entfernung nur des einen entbehrt der erstrebten Wirkung — die Frauen vorzeitig der geschlechtlichen Fähigkeiten beraubt, was besonders auf junge, verheirathete Patientinnen sehr niederdrückend und tief verstimmend wirkt, so wird man dieser Operation nicht ohne Weiteres das Wort reden können. Berücksichtigt man ferner, dass nach Entfernung der Eierstöcke, wenn die Gebärmutter nebst ihrer Neubildung im Körper verbleiben, die Blutungen, besonders bei gleichzeitig vorhandener Gebärmutterschleimhautentzündung, bestehen bleiben, und dass schliesslich zuweilen trotz ausgeführter Eierstocksentfernung die operative Beseitigung der Geschwulst sich als nothwendig erwies, so kann man diese Operation nur unter bestimmten Bedingungen gut heissen. Zudem ist die Entfernung der Eierstöcke oft kein kleinerer Eingriff, als die directe operative Beseitigung besonders kleinerer oder mittelgrosser Muskelgeschwülste. Man wird demnach der Entfernung der Eierstöcke, besonders bei jüngeren Frauen, zustimmen, wenn es sich um Patientinnen handelt, bei denen man wegen vorangegangenen grossen Blutverlustes die vielleicht grössere Operation der gesammten Geschwulst nicht wagen kann, oder wenn es sich ergeben hat, dass eine Ablösung massenhafter und fester Verwachsungen mit den Därmen nur unter grosser Gefahr oder überhaupt nicht ausführbar ist. Bedingungsweise, wenn überhaupt eine Operation erforderlich ist, kann die Entfernung der Eierstöcke dann angezeigt erscheinen, wenn die Entfernung mittelgrosser Geschwülste infolge ihrer Lage und sonstiger Verhältnisse gefährlicher erscheint, als die einfache Entfernung der Eierstöcke.

Für die Mehrzahl der zur Operation drängenden Gebärmuttermuskelgeschwülste kommt ihre vollkommene Entfernung einschliesslich eines Theiles oder der ganzen Gebärmutter in Betracht. Bei polypenartigen Geschwülsten des Gebärmutterhalses kommt man von der Scheide aus durch Abdrehung vermittelst einer den Stiel umschliessenden Polypenzange oder Durchschneidung des Stieles mit einer Polypenscheere zum Ziele. Auch mittelgrosse, selbst sogar umfangreichere Muskelgeschwülste lassen sich, einschliesslich der Gebärmutter, wenn es erforderlich ist, auf dem Wege der Scheide entfernen. Die Bauchhöhle eröffne man zur Beseitigung von Neubildungen vorwiegend nur dann, wenn es sich um besonders grosse Geschwülste handelt, die auf dem Wege der Scheide nicht zu entfernen sind, oder bei denen eine vorhergehende genaue Untersuchung Verwachsungen mit der Umgebung feststellen liess. In solchen Fällen kann man durch Eröffnung der Leibeshöhle die

Geschwulstausdehnung sowie das Operationsfeld besser übersehen und sich besser vor gefährlichen Verletzungen der Nachbarschaft schützen. Bei den Fortschritten in der Technik solcher Operationen und der hierbei angewendeten peinlichsten Sauberkeit ist die Sterblichkeit keine besonders hohe. Ist nach allen Versuchen mit den Naturheilfactoren und unter Berücksichtigung aller Verhältnisse des Einzelfalles der Naturarzt von der Nothwendigkeit operativen Vorgehens überzeugt, so rathe er es deshalb der Patientin unbedingt an und überweise sie einem Operateur, an dessen Fertigkeit auch nicht der geringste Zweifel zu hegen ist.

B) Bösartige Neubildungen der Gebärmutter.

1. Gebärmutterkrebs.

Ursachen. Ueber die eigentlichen Ursachen des Krebses der Gebärmutter weiss man ebenso wenig wie über die gleiche Neubildung bei anderen Organen. Die Gebärmutter wird nächst dem Magen am häufigsten vom Krebs befallen, und etwa 25 Procent aller durch diese bösartige Geschwulst Gestorbenen sind durch den Gebärmutterkrebs hinweggerafft worden. Alle Verhältnisse: Erblichkeit, Geburten, Gesammtfruchtbarkeit, Trripperansteckung,

Figur 115.

Kleiner Krebsknoten unter der Schleimhaut des Scheidentheiles der Gebärmutter. Nach *Schroeder*.

Figur 116.

Beginnender Krebs der oberen Muttermundslippe.

Syphilis, dauernde Gemüthserregungen, Verletzungen, Geschwüre, Narben und gutartige Geschwülste sind in ihren Beziehungen zum Gebärmutterkrebse wiederholt von bedeutenden Autoren auf Grundlage grösserer Statistiken berücksichtigt worden, aber kaum in einem Puncte konnte eine allgemeine Uebereinstimmung erlangt werden. Es besteht demnach auch heute noch hierin ebenso grosse Unklarheit wie früher. In der letzten Zeit ist vielfach darauf hingewiesen worden, dass besonders in England und Amerika die Sterblichkeitsziffer sowohl für den Krebs anderer Organe als auch für den der Gebärmutter in erschreckender Weise in den letzten drei Jahrzehnten zugenommen habe,

Figur 117.

Blumenkohlartige Krebsgeschwulst am Gebärmutterhalse.

ein Umstand, der von einigen Aerzten auf den gesteigerten Fleischgenuss in jenen Gebieten zurückgeführt wird.

Unter den Lebensaltern wird vorzugsweise die Zeit zwischen dem 35. und 50. Jahre befallen. Vor dem 20. Lebensjahre entwickelt sich die Neubildung nur ausnahmsweise, und auch Greisinnen jenseits des 65. Lebensjahres werden weniger ergriffen.

Anatomische Veränderungen. Mehr aus theoretischen und practischen Gründen als den anatomischen Vorgängen entsprechend, hat man den Krebs der Gebärmutter eingetheilt: 1. in einen solchen des Scheidentheiles, 2. in einen solchen des Gebärmutternackens und 3. in einen

Figur 118.

Beginnender Krebsknoten am Scheidentheile der Gebärmutter.
Es haben sich kleine, rundliche Knoten am äusseren Muttermunde unter der Schleimhaut entwickelt.
Spiegelbild nach *Schaeffer*.

Gebärmutterkörperkrebs. Der Ausgangspunct der Neubildung ist wohl, wie die meisten Autoren annehmen, in den Deckzellen zu suchen.

Beim Krebse des Scheidentheiles der Gebärmutter entsteht häufig an der unteren Fläche dieses Organabschnittes ein Knoten (Fig. 115), der wächst und sich schliesslich durch Zerfall und Verlust der ihn bedeckenden Deckzellen zu einem nicht sehr tief greifenden Geschwüre umwandelt. Oft ist hierbei die innere und äussere Fläche des Scheidentheiles der Gebärmutter annähernd unverändert, während das Krebsgeschwür sich nach oben frisst. In anderen Fällen bleibt der geschwürige Zerfall des Knotens aus, oder es entwickeln sich schon vorher andere Knoten neben dem ersten (Fig. 118), so dass durch eine weit verbreitete krebsige Durchsetzung (Fig. 119) der Scheidentheil in seinem ganzen Umfange aufgetrieben und unregelmässig gestaltet ist. In anderen Fällen findet man nur eine Muttermundslippe in dieser Weise krebsig durchsetzt (Fig. 116), während die andere als dünnes, scharfrandiges Gebilde dem gewucherten Theile aufliegt. Endlich kann man einen ziemlich gleichmässig angeschwollenen Scheidentheil finden, der an seinem Umkreise mit Krebsmassen durchsetzt ist. Ragen die Wucherungen höckerig hervor, und sitzen sie zerklüftet einer oder beiden Muttermundslippen auf, so gewinnt das Gewächs eine blumenkohlartige Oberfläche (Fig. 117). In seltenen Fällen, wenn ein solches Blumenkohlgewächs ohne wesentliche Veränderung des Scheidentheiles der Gebärmutter mit einer Art dünnen Stieles versehen nach der Scheide hin wächst,

Figur 119.

Grössere Krebsknoten unter der Schleimhaut des Scheidentheiles der Gebärmutter. Daneben sind eine leichte entzündliche Auflockerung (Erosion) des Muttermundes und eine geschwürig zerfallene Stelle an der oberen Muttermundslippe sichtbar.
Spiegelbild nach *Schaeffer.*

hat man den Anblick eines krebsigen Polypen. Der Krebs des Scheidentheiles der Gebärmutter wuchert sowohl in der Scheidenwand als auch im umliegenden Bindegewebe weiter, so dass sich in der Scheide massenhafte Knollen entwickeln und die Geschwulstmasse bis an die äussere Scham heranwächst. Die Scheide stellt alsdann einen starrwandigen Canal vor, und die Durchführung des Fingers ist unmöglich. Der Krebs des Scheidentheiles der Gebärmutter hat weniger Neigung, nach oben zu wachsen. Jedoch findet man ihn keineswegs selten, selbst wenn nur ziemlich geringe krebsige Entartung vorhanden ist, in der Musculatur des Gebärmutternackens und jenseits des inneren Muttermundes in der Musculatur des Gebärmutterkörpers weiter, diese mit neugebildeten Massen durchsetzend, wobei gleichzeitig die Gebärmutternacken- und -höhlenschleimhaut verschont sein kann. Das ganze Organ erreicht dabei ungefähr den Umfang eines Fruchthalters in den ersten Monaten der Schwangerschaft. Durch den geschwürigen Zerfall der Krebsknoten und sich anschliessende Veränderungen findet man Geschwürsbildung und bald mehr blutige, bald mehr eiterige und jauchende, mit Gewebstrümmern durchsetzte Flüssigkeit.

Der Krebs des Gebärmutterhalses geht in der Regel von den Schleimhautdrüsen aus, seltener von den Deckzellen der Oberfläche. An dieser Stelle tritt die Neubildung noch öfter auf als am Scheidentheile der Gebärmutter. Bei frühzeitig untersuchten Fällen sieht man zuweilen aus dem anscheinend gesunden Scheidentheile eine kleine, himbeerartige Geschwulst hervorragen. In anderen Fällen entsteht auf der Innenfläche des Gebärmutternackens durch zerfallende Krebsmassen ein mehr oder minder grosses, buchtiges, unregelmässiges Geschwür. Alsdann wird der Gebärmutternacken in einen weiten Krater umgewandelt, in dem man Geschwulstknoten nicht mehr fühlt. Schon frühzeitig, selbst ehe geschwüriger Zerfall eingetreten ist, greift gerade bei diesem Sitze des Krebses die Neubildung auf die Umgebung über. Bald frisst sie den Gebärmutternacken durch und schiebt sich auf das benachbarte seitliche Beckenbindegewebe weiter, fast bis an die Seitentheile der Beckenknochen heran, so dass man einen tiefen, von weichen Massen ausgefüllten Raum rechts und links von dem Gebärmutternacken abtasten kann. In anderen Fällen ist die Wucherung im Beckenbindegewebe nach hinten, dem *Douglas*'schen Raume zu, fortgeschritten, so dass der Mastdarm ringsum von Krebsmassen stark durchsetzt ist. Hierdurch wird dieser Darmtheil verlagert, abgeknickt, von Eiterherden durchbrochen, mit Fisteln versehen, so dass Koth und Darmgase in die zerfallenden Krebsmassen eindringen und diese zur Verjauchung bringen. Hat sich die krebsige Durchsetzung von der vorderen Wand des Gebärmutternackens durch das zwischenliegende Bindegewebe auf die Harnblase fortgesetzt, so wird dieses Organ in ähnlicher Weise wie der Mastdarm in Mitleidenschaft gezogen, also angefressen, mit Fisteln behaftet und zu eiteriger Entzündung geführt. Gleichzeitig werden bei solcher Ausbreitung der Krebswucherung die Blutgefässe theils zusammengedrückt, theils wachsen die Massen in die Blutadern und Lymphgefässe hinein, oder Nerven werden gedrückt und zum Entartungsschwunde geführt. Ist die Wucherung bis an die knöcherne Beckenwand herangedrungen, so werden die Harnleiter verlagert, zusammengedrückt und verlegt, so dass die Erscheinungen der Nierenbeckenerweiterung sich vorfinden. Auch gegen das Bauchfell zu wachsen Krebsknollen und rufen entzündliche Reizung und Verwachsungen mit der Nachbarschaft hervor. So findet man die Gebärmutter zuweilen an ihrer Oberfläche mit vielfachen Verwachsungssträngen versehen oder in Krebsmassen eingebettet. Seltener entwickeln sich im Bauchfelle selbst Krebsknoten. — Nach dem Gebärmutterkörper selbst hin wächst der Krebs des Gebärmutternackens entweder gar nicht oder erst sehr spät. Fast immer jedoch trifft man die anatomischen Veränderungen von Gebärmutterschleimhautentzündung und daneben eine entzündlich verdickte Gebärmutterkörperwand. Ist durch Verlegung des inneren Muttermundes für die entzündlichen Absonderungen kein freier Abzug möglich, so findet man Blut- oder Jauchegeschwülste der Gebärmutterhöhle mit entsprechendem Inhalte.

Bei weit fortgeschrittenen Fällen des Leidens entsteht ein so verwischtes anatomisches Bild, dass man den Ausgangspunct nicht mehr ermessen kann.

Krebsige Verschleppungen in andere Organe, wie sie z. B. beim Magenkrebse so oft angetroffen werden, z. B. in Leber, Nieren, Lungen usw., trifft man beim Krebse des Scheidentheiles der Gebärmutter, weil er meist ziemlich rasch zum Tode führt, nicht häufig an.

Der Krebs des Gebärmutterkörpers ist die seltenste Form von Gebärmutterkrebs. Er entsteht entweder als sich anschliessende Erkrankung durch Fortpflanzung eines Mastdarm- oder Harnblasenkrebses oder durch Fortschreiten des Krebses der unteren Theile der Gebärmutter. Der ursprüngliche Gebärmutterkörperkrebs geht entweder von den Drüsen- oder Oberflächendeckzellen der Gebärmutterhöhlenschleimhaut aus. Bald wuchern die krebsig entarteten Drüsen nach der Tiefe hin in die Musculatur hinein, bald wächst die Neubildung mehr flächenhaft, oder es bilden sich umschriebene Krebsknoten, die in die Gebärmutterhöhle hineinragen. Oft gehen die beschriebenen Formen der Wucherung gleichzeitig nebeneinander her. Geschwüriger Zerfall mit seinen Folgen ist auch bei diesem Sitze von Gebärmutterkrebs oft vorhanden. Durch Uebergreifen auf die Nachbarorgane tritt die Höhle des Gebärmutterkörpers zuweilen in eine regelwidrige Verbindung mit Harnblase und Mastdarm. Da der Gebärmutterkörperkrebs, sich selbst überlassen, ziemlich lange bestehen kann, ehe das Leben beendet ist, so trifft man hierbei krebsige Zersetzungen in anderen Organen ziemlich häufig an.

Krankheitsbild. Leider bewirkt der Krebs der verschiedenen Gebärmutterabschnitte in der Regel erst ziemlich spät klinische Erscheinungen, und alsdann oft so unbestimmter Art, dass die Kranken erst spät ärztliche Hülfe aufsuchen. Noch unsicherer ist das Krankheitsbild, wenn der Krebs zu einer Zeit auftritt, wo bei einer Frau die regelmässigen Monatsblutungen noch vorhanden sind.

Unter den objectiven Aeusserungen treten Ausflüsse aus der Scheide, weniger eiterartige, als blutige und jauchige, zunächst in den Vordergrund. Wird hierdurch eine Patientin zum Arzte geführt, so bringt sie vor, dass entweder die sonstige Regelmässigkeit der Periode vollständig verloren gegangen ist, oder dass der Monatsfluss auffallend langdauernd und stark war, oder auch, dass ausserhalb der Regeln wiederholt Blut aus der Scheide abgegangen ist. Da diese Störungen um die Zeit der Wechseljahre, in denen ja der Krebs besonders oft sich entwickelt, auch sonst bei gesunden Personen vorkommen, so haben die Kranken bisher keinen Werth darauf gelegt. Von älteren Patientinnen erfährt man, dass der Monatsfluss schon mehrere Jahre ausgeblieben sei, sich aber dann verstärkt, in ganz unregelmässigen Zeitabschnitten und unter schwächendem Einflusse eingestellt habe. Andere Frauen bringen vor, dass diese Abweichungen schon durch leichte Anlässe, z. B. den Geschlechtsverkehr und Pressen beim Stuhlgange bei ihnen bewirkt würden. Blutungen dieser Art, besonders bei Frauen in vorgerückteren Jahren oder noch mehr nach Ablauf der Wechseljahre, sind stets verdächtig, wenn auch für Gebärmutterkrebs nicht charakteristisch. Anderweitiger Ausfluss wird besonders bei sich sauber haltenden Frauen im Anfange vermisst und erst späterhin bemerkt, wenn Krebswucherungen zerfallen sind oder die Gebärmutterhöhlenschleimhaut entzündet ist. — Nicht selten kommt neben dem Blutabgange eine fleischwasserähnliche Flüssigkeit aus der Scheide hervor, besonders beim ersten Auftreten blumenkohlartiger Wucherungen am Scheidentheile der Gebärmutter. — In einem Theile der Fälle, wenn sich nämlich Geschwulstmassen mehr in der Musculatur entwickeln, kann jede Blutung und jeder Ausfluss fehlen, nur ist hierbei der Monatsfluss stärker.

Im weiteren Verlaufe der Erkrankung besitzen alle Scheidenabgänge durch hinzutretende Verjauchung einen unangenehmen, stechenden Geruch. Bei sauberen Frauen kann er lange ausbleiben, hat sich jedoch erst einmal durch Fäulnissvorgänge stinkender Ausfluss eingestellt, so ist er kaum noch zu beseitigen. Durch unsauberes Verhalten beim Monatsflusse, ärztliches Vorgehen zur Beseitigung des Ausflusses, Manipulationen der Kranken selbst und ihrer Umgebung wird der Fäulnissprocess eingeleitet und unterhalten. Durch die Aetzwirkung der abfliessenden Jauche wird die Scheide, die äussere Scham, die Gegend des Mastdarmes und die innere Fläche der Oberschenkel, besonders bei mangelhaft gepflegten Patientinnen, in mehr oder minder starke Entzündung versetzt.

Andere Erscheinungen sind von dem Sitze und der Ausbreitung der Wucherung abhängig.

Ist durch krebsige Neubildung der Mastdarm verengt, so ist die Stuhlentleerung mehr oder minder erschwert. In anderen Fällen besteht durch sich anschliessende Entzündung oder speckige Entartung der Mastdarmschleimhaut blutiger, eiteriger oder jauchiger Durchfall. — Ist der Krebs auf die Blase übergegangen, so findet man je nach den hierdurch bewirkten Veränderungen vermehrten Harndrang, schmerzhafte Urinentleerung, eiterigen, blutigen oder jauchigen Urin mit entsprechendem Bodensatze. Hat sich eine Blasenfistel gebildet, so entquillt aus ihr regelwidrig der Harn und ruft durch Zersetzung Entzündungen in der

Umgebung hervor. Werden die Harnleiter verengt, so stellen sich die Erscheinungen der Nierenbeckenerweiterung und später der Blutverharnung ein. — Durch Druck auf die grossen Blutgefässe oder Hineinwachsen der Krebsmassen in die Blutadern und Lymphgefässe stellen sich wassersüchtige Anschwellungen der unteren Gliedmaassen, äusseren weiblichen Geschlechtstheile und Unterbauchgegend ein. Aber auch auf andere Weise, durch Mitbetheiligung der Nieren und harnleitenden Wege, kann es zu allgemeiner Wassersucht kommen.

Unter den subjectiven Erscheinungen tritt der Schmerz in den Vordergrund. Im Anfange des Leidens fehlt er häufig, und namentlich Krebs des Scheidentheiles der Gebärmutter verläuft lange Zeit hindurch schmerzlos. Die Qualen treten in der Regel erst dann auf, wenn die Neubildungen auf den Gebärmutterkörper, diesen stark spannend und auftreibend, oder auf das Bauchfell übergreifen, oder einen Nerven entzündlich reizen. Die Schmerzen können die höchsten Grade erreichen und werden als wühlend, bohrend, wehen- und kolikartig geschildert. Bald werden sie im Unterleibe verbreitet empfunden, bald direct in die Gebärmutter und ihre Umgebung verlegt, bald strahlen sie nach dem Rücken, dem Mittelfleische, den äusseren Geschlechtstheilen und den Beinen hinaus. Die Betastung des Unterleibes oder Bewegung der Gebärmutter mit dem durch die Scheide geführten Finger pflegt in der Regel die Schmerzen zu verstärken. Vielfach werden die Qualen bei Nacht mehr gespürt als am Tage, besonders wenn die Patientinnen sich noch etwas bewegen können und nicht dauernd zu Bettruhe verdammt sind, weil hierdurch wahrscheinlich die Blutkreislaufsverhältnisse sich etwas ändern. Zuweilen nehmen die Schmerzen nach stärkeren Blutungen ab, ganz besonders, wenn bei engem Muttermunde Blutverhaltung in der Gebärmutterhöhle vorlag und diese durch einen günstigen Umstand weicht.

Das Allgemeinbefinden der Kranken leidet oft schon frühzeitig, sie sehen bald fahl, runzelig und rasch gealtert aus, sind, besonders bei starken Blutungen sowie gleichzeitig bestehender Appetitlosigkeit sehr schwach, in der Regel jedoch frei von Fieber. Merkwürdiger Weise tritt selbst bei vorhandener Jauchung nur selten allgemeine Blutvergiftung ein, einerseits weil die Jauche gut abfliessen kann, andererseits weil die Geschwulst gesunde, zur Aufsaugung befähigte Lymphgefässe nicht besitzt, und endlich dadurch, dass durch die starre Anschoppung des Beckenbindegewebes und sich anschliessende Entzündung in der Umgebung der ganze Process gleichsam abgekapselt ist.

Die Dauer des Leidens ist, da man seinen Beginn nur ausnahmsweise beobachtet, nicht vollkommen genau zu ermessen. Im Allgemeinen nimmt man 2 Jahre als Durchschnitt an, jedoch sind Fälle von 4- und 5 jähriger Dauer unzweifelhaft beobachtet worden. Andererseits nimmt die Krankheit einen sehr schnellen Verlauf und beendet schon nach wenigen Monaten das Leben. — Der tödtliche Ausgang erfolgt auf verschiedene Weise. Die häufigste klinische Erscheinung, nämlich die Blutung und ebenso die Bauchfellentzündung, führen verhältnissmässig nur selten das Lebensende herbei. In der Regel wird dieses durch allgemeine Entkräftung bewirkt; das ist bei gleichzeitiger Anwesenheit von Blutungen, anderweitigen Säfteverlusten, Schmerzen, schlaflosen Nächten und sehr mangelhafter Nahrungsaufnahme leicht erklärlich. Die meisten Patientinnen sterben an Blutverharnung, die bei sonst geschwächtem Organismus oft ziemlich rasch ihr Vernichtungswerk vollendet. Zuweilen wird das qualvolle Leiden durch Blutvergiftung und -zersetzung abgeschlossen, die sich gelegentlich zu einer ausgeführten Operation hinzugesellen.

Erkennung. Aus den angeführten Erscheinungen lässt sich die Mehrzahl der Fälle deswegen nur zu leicht feststellen, weil man zu spät zum Arzte kommt, und oft schon aus der Krankengeschichte kann man selbst ohne weitere Untersuchung das Leiden mit grosser Wahrscheinlichkeit vermuthen. Eine vorsichtig ausgeführte zweihändige Untersuchung, bei welcher man ohne Schwierigkeiten die Folgen der oben beschriebenen anatomischen Veränderungen fühlen kann, verscheucht bald jeden Zweifel. Die schwierigste, aber dankbarste Aufgabe, welche zuweilen dem Arzte erwächst, ist es, die Anwesenheit des Gebärmutterkrebses im Frühstadium zu ermitteln. Bei Vermuthung auf Krebs des Gebärmutterscheidentheiles ist eine Besichtigung desselben vermittelst des Mutterspiegels unerlässlich, und besonders bei verheiratheten Kranken sei man in der Benutzung dieses Hülfsmittels der Untersuchung auch als Naturarzt nicht zurückhaltend. Eine Verwechselung mit entzündlichen Aufschilferungen und *Naboth*'s-Eiern ist zunächst denkbar. Von vornherein wird man bei jüngeren Frauen, die sonst kräftig erscheinen, eher an die ziemlich belanglosen gutartigen entzündlichen Auflockerungen am Scheidentheile der Gebärmutter denken. Dieses ist um so berechtigter, wenn die Form des letzteren durchschnittlich erhalten und bei einem Einstiche der Grund gleichmässig hart und widerstandsfähig ist. Der Krebs des Scheidentheiles der Gebärmutter bildet anfänglich eine kleine, umschriebene Geschwulst, welche die anderen umgebenden Theile zunächst unversehrt und in der Form unverändert lässt, beim Anstechen in der Mitte weich, beim Anfassen mit der Hakenzange leicht zerreisslich, weich und welk ist. Ist ein Geschwulstknoten vorhanden und zerfallen, so sieht man ein tiefes, in die Gebärmutternackenwand eingefressenes, trichterförmiges Geschwür. Haben sich im Gebärmutternacken mehrere Geschwulstknoten entwickelt, so sieht und fühlt man die knolligen Hervorragungen und bei Zerfall einzelner das wechselnde Verhalten benachbarter Partieen.

In allen zweifelhaften Fällen sind auch wir für die mikroskopische Untersuchung herausgeschnittener, gesundes und krankes Gewebe enthaltender Stücke, die oft von entscheidendem Werthe ist. Bröckeln sich Stücke schon mit dem Finger leicht ab, so kann das Mikroskop nur zur Stütze der schon erlangten klinischen Feststellung des Krebses dienen.

Auch beim Krebse des Gebärmutternackens ist man selten lange im Zweifel. Dringt der untersuchende Finger in eine grosse, buchtige, unregelmässige Gebärmutternackenhöhle mit leicht blutender und abbröckelnder Wand, aus der sich eine stinkende Absonderung ergiesst, so ist der Nachweis sicher. Vor dem Eintritte des Zerfalles freilich oder bei den tief unter der Schleimhaut des Gebärmutternackens sitzenden Krebsknoten ist die Feststellung schwierig oder zunächst unmöglich. Auch hierbei kann es sich zur Sicherung des Nachweises um mikroskopische Untersuchung herausgeschnittener Stücke handeln.

Auch der Krebs des Gebärmutterkörpers ist, wenn ärztliche Hülfe nachgesucht wird, leicht zu erkennen. Hierfür sind Blutungen, Ausfluss, Gebärmutterschmerzen, Alter und Allgemeinbefinden der Patientin und unbemerkter Beginn des Leidens stets verdächtig, so dass es oft nur noch des Nachweises der Gebärmuttervergrösserung durch die zweihändige Untersuchung bedarf, um jeden Zweifel zu beseitigen. Das Verhalten der Gebärmutter und ihres Nackens ist dabei abwechselnd, bald sind sie weich, bald hart, bald ist der äussere und innere Muttermund vorhanden, bald verlegt. Die Gebärmutter ist in der Regel schwer beweglich, da ihre Bänder durch krebsige Anschoppung straff sind. Im Anfange des Krebses des Gebärmutterkörpers ist freilich die Feststellung des Leidens schwierig; in der Regel handelt es sich bei zweifelhaften Fällen nach *Hofmeier* und *Fehling* nicht um Krebs. Die Untersuchung mit der Sonde ist unsicher und wegen der Möglichkeit der Durchbohrung der Gebärmutterwand mit sich anschliessenden Folgen nicht ungefährlich. Dagegen kann man zuweilen vor der Nothwendigkeit stehen, mit dem Finger die Gebärmutterhöhle auszutasten, wobei man rauhe, höckerige, leicht blutende Massen fühlt; auch kann man durch die Fingeraustastung zuweilen eine Unterscheidungsfeststellung gegenüber einer zerfallenen, jauchigen, polypenartigen Gebärmuttermuskelgeschwulst treffen, die in der Gebärmutterhöhle sich befindet und unter Umständen ähnliche klinische Erscheinungen wie der Krebs bewirkt. Selbstverständlich müssen zur Verhütung einer solchen Verwechselung auch die anderen klinischen Erscheinungen eingehend berücksichtigt werden. — Auch die mikroskopische Untersuchung von herausgebrachten Stückchen kann neben der klinischen Feststellung in Betracht gezogen werden; sie ist freilich oft schwer und unsicher, so dass allein von dieser bespöttelten Stückchenuntersuchung vielfach kein bestimmter Anhalt zu erwarten ist.

Ist Krebs der Gebärmutter sicher nachgewiesen, so muss durch die zweihändige Untersuchung weiterhin seine Ausbreitung ermittelt werden, was für die einzuschlagende Behandlung sehr belangreich ist.

Vorhersage. Die Aussichten für die Erhaltung des Lebens sind durchschnittlich gering. Schuld daran ist besonders der Umstand, dass die meisten mit diesem Leiden behafteten Patientinnen erst dann zum Arzte kommen, wenn es zur Operation zu spät ist. Demgegenüber gewährt der Ausspruch von *Fritsch,* dass die Krebse der Gebärmutter durch zeitige operative Entfernung ausheilen, nur einige Lichtblicke. Derselbe gereifte Autor sagt: Bei keinem Krebse ist die Vorhersage bei der Operation so günstig als bei demjenigen der Gebärmutter! Es sind 10 bis 15 Procent der Operirten noch nach 8 bis 9 Jahren gesund geblieben; diese Thatsache ist im höchsten Grade ermuthigend. Aehnlich urtheilen *Fehling* und andere bedeutende Operateure.

Behandlung. Selbstverständlich hat man gegen ein so schweres und verhängnissvolles Leiden die verschiedensten Mittel innerlich und äusserlich angewendet — ohne Erfolg. Man hat alkoholische Bromlösung, Chlorzinkätzung, in neuerer Zeit Methylviolett (Pyoctanin), Krebssaft *(Adamkiewicz, Emmerich* und *Scholl)* usw. in verschiedener Form benutzt und damit — die Kranken nur hingehalten und den richtigen Zeitpunct der Operation vorübergehen lassen. — Ob durch die Naturheilfactoren Erfolge erreicht werden können, ist noch nicht an grösserem diesbezüglichen Krankenmateriale entschieden, jedoch — offen gestanden — sehr unwahrscheinlich. Wirklich kritische Naturärzte werden das unumwunden eingestehen. Dieses ist aber sehr wichtig, um die Kranken nicht unnütz hinzuhalten und bei deren Angehörigen nicht Hoffnungen zu erwecken, die doch wohl nicht erfüllbar sind. Wir stehen deswegen nicht an, bei frühzeitig festgestelltem Gebärmutterkrebse stets die möglichst baldige operative Entfernung anzuempfehlen. Nach dem heutigen Stande der Naturheilmethode und der operativen Resultate darf ein Naturarzt hierbei nicht anders handeln, — ausgenommen, dass die Kranke nicht operirt werden will oder kann. »Wenn man nun auch nicht von jedem Arzte verlangen kann, dass er selbst die Operation ausführt, so muss er doch verstehen, die Fälle bezüglich der Operationsmöglichkeit zu beurtheilen. Es liegt eine grosse Unmenschlichkeit darin, wenn die Aerzte einer krebskranken Patientin die Art des Leidens mittheilen und sie zur Operation in die Klinik schicken, obwohl der Fall unoperirbar ist. Wird dann die Operation verweigert, so verlassen die Unglücklichen trostlos die Klinik, wo sie sichere Hülfe erwarteten.« *Fritsch.)*

Fragt man nun, in welchem Falle ist die Operation voraussichtlich auszuführen, so lautet die Antwort dahin: Wenn die ganze Gebärmutter leicht herabzuziehen ist, also nicht durch versetzte Krebsmassen in der Umgebung, besonders durch in den breiten Mutterbändern befindliche, schwer beweglich oder gar feststehend geworden ist.

Hat sich die Möglichkeit der Operation herausgestellt, so entsteht die weitere Frage, welche Methode soll gewählt werden. Hierbei stehen wir nicht an, wenn irgend möglich, die Entfernung der gesammten Gebärmutter, auch relativ gesunder Theile zu empfehlen, sich nicht mit einer geringeren Operation zu begnügen, die in der Regel kaum weniger technische Schwierigkeiten und kaum bessere Aussichten bietet. Eine theilweise Entfernung des erkrankten Organes kommt nur in Betracht, wenn die gesammte Ausrottung nicht mehr möglich ist. Letzteres ist vorwiegend der Fall, wenn die Wucherung auf Organe übergegangen ist, deren Verletzung Lebensgefahr in sich schliesst, wenn also die Wucherung auf Harnleiter und -blase und, wie oben erwähnt, auf die breiten Mutterbänder übergegangen ist, oder die Geschwulst und Geschwürsbildung auf die Scheide in weiter Ausdehnung übergegriffen haben. So weit als möglich geschehe die Entfernung der Gebärmutter auf dem Wege der Scheide, wobei die besondere Technik natürlich vollständig dem Operateur überlassen bleiben muss. Ist die Scheide stark verengert oder der krebsig erkrankte Gebärmutterkörper zu gross, so entfernt man das Organ entweder durch den Bauchschnitt oder von der hinteren Fläche des Beckens nach Entfernung des Steissbeines. Leider bleiben Rückfälle nach allen Operationen an der krebsigen Gebärmutter nicht aus, da man trotz aller Umsicht zumeist nicht alle Krebsstücke entdeckt und entfernt hat. Schon nach wenigen Wochen kann sich ein grosser Krebsknoten entwickelt haben und allmählich auf das umliegende Gewebe sowie Blase und Mastdarm übergehen. In anderen Fällen treten nach 2 bis 4 Jahren Rückfälle auf, so dass man vor Ablauf von 6 Jahren völlige Heilung kaum annehmen kann. Am ehesten scheint dieses Unglück bei den gut entfernten Gebärmutterkörperkrebsen auszubleiben.

Ist die vollkommene oder theilweise Ausrottung der krebsigen Gebärmutter nicht mehr möglich, die Krankheit also sicher unheilbar, so muss die Kranke wegen einzelner besonderer Beschwerden dennoch behandelt werden. In solchen Fällen, bei denen die Geschwulst nur langsam fortschreitet, ein mässiger, blutwässeriger, nicht übelriechender Ausfluss vorhanden ist, vielleicht nur leichte Blasen- und Stuhlbeschwerden bestehen, ist mit einer seelischen Behandlung der Kranken oft mehr genützt als mit jedwedem operativen Vorgehen. Man hat die Aufgabe, die Patientin über ihren Zustand in Unkenntniss zu halten, ihr die örtliche Erkrankung auszureden, die wahre Meinung über Art und Ausgang der Krankheit vorzuenthalten und ganz besonders das Wort »Krebs« zu vermeiden. Wiewohl man sich der Unfähigkeit, viel wirken zu können, bewusst ist, lasse man die Kranken niemals das Ohnmachtsgefühl gegenüber dem Zustande merken. Den Angehörigen freilich wird man in schonender Weise über die wahre Natur der Erkrankung Aufschluss ertheilen, und es wird auch hier des Arztes Aufgabe verbleiben, dem gewünschten Ansturme nach Vielthuerei oder Operation zu widersprechen.

Unter den einzelnen Erscheinungen, welche ärztliches Handeln erfordern, kommen in Betracht: Schmerzen, Blutung und Jauchung — ein schrecklicher Dreibund.

Gegen die Schmerzen empfiehlt es sich, zunächst mit den milderen Mitteln der Naturheilmethode vorzugehen und erst, wenn diese versagen, bedeutendere Proceduren ausführen zu lassen. Bei der ziemlich langen Dauer der Krankheit muss man mit den schmerzstillenden Naturheilfactoren möglichst haushälterisch umgehen und erst, wenn der eine versagt, zu einem anderen schreiten. Es ist auch Aufgabe des Naturarztes, damit die Kranke sieht, es wird für sie Alles gethan, die schmerzstillenden Mittel in der verschiedensten Ausführung anzuordnen. Zuweilen kommt man mit feuchtwarmen Leibaufschlägen (Fig. 39), die 2- bis 3 stündlich gewechselt werden, zum Ziele; mitunter bannen lauere oder kühlere Rumpfbäder (Fig. 34), die innerhalb weiter Temperaturgrenzen schwanken, von $^1/_4$- bis $^1/_2$ stündlicher Dauer die Schmerzen. Kommt man hiermit nicht zum Ziele, so lege man bei 10 minutlicher Erneuerung 4 bis 6 mal hintereinander Dampfcompressen auf Leib und Kreuz. Hierzu bedient man sich eines vier- bis achtfach gefalteten Leinenstückes, das an einem Zipfel gehalten, in siedendes Wasser getaucht und nach flüchtiger Abtropfung in ein Stück Flanell gehüllt wird, wie man etwa einen Brief in ein Couvert steckt. Man kann diese Anwendungsformen mehrere Male täglich ausführen lassen, wobei man jedesmal hinterher die mit Dampfcompressen bedeckt gewesene Gegend mit 20 ⁰ R. Wasser gehörig wäscht. In ähnlicher Weise kann man so vorgehen, dass der Patientin ein nasses Tuch auf den Leib gelegt und darüber eine mit heissem Wasser gefüllte, aus Blech gefertigte Leibflasche, um die zur dauernden Festhaltung der Wärme Flanell gebracht wird. Dieser schmerzstillende Verband kann viele Stunden hindurch liegen bleiben und wirkt durch die langanhaltende, zwar milde, aber gleichmässig verbleibende Wärme oft vorzüglich. Wenn die Umstände es gestatten, lasse man bei jedem Schmerzanfalle ein aufsteigendes Rumpfbad bis zu $^1/_2$ stündlicher Dauer gebrauchen, das mit 28 ⁰ R. beginnt und durch vorsichtiges Nachgiessen heissen Wassers allmählich auf 32 ⁰ R. gesteigert und auf dieser Temperaturhöhe erhalten wird. Bisweilen, besonders bei Krebs des Scheidentheiles und Nackens der Gebärmutter wird der Schmerz durch 35 ⁰ R. mehrfach wiederholte Scheidenausspülungen (Fig. 31 u. 32) gestillt. Nützen alle diese Mittel nichts, oder sind sie unter Umständen nicht ausführbar, so würden auch wir nicht anstehen, eine Schmerzbetäubung durch Morphium herbeizuführen. Trotz aller schädlichen Nebenwirkungen dieses. Giftes, besonders auf den Appetit und Stuhlgang, erlöst es doch die Kranken wenigstens von den wahnsinnigen Schmerzen. Wo mit Sicherheit nichts mehr zu retten ist, kann man, ohne gegen sein Princip zu verstossen, um den Preis der Schmerzstillung von einem hierzu dienlichen chemischen Mittel Gebrauch machen.

Gegen die Blutung und Jauchung dienen verschiedene Anwendungsformen der Naturheilmethode, die man gleichfalls nur nach und nach und in einem gewissen Wechsel anwenden soll. Zunächst kommen Scheidenausspülungen von 22 ⁰ R. in Betracht, die man 1 bis 2 mal täglich ausführen lässt. Bei Abwesenheit von Schmerzen wirken kalte, alle 3 bis 5 Minuten zu wechselnde Leibcompressen vortheilhaft, ebenso mehrfach wiederholte 15 ⁰ R. Sitzbäder (Fig. 33) von einer Minute. Den wesentlichsten Nutzen aber hat man von einer systematischen Tamponade des Scheidengewölbes mit mehreren Bäuschen in vorher gesiedetem, nachher auf 18 ⁰ R. abgekältetem Wasser getauchter, chemisch-reiner Verbandwatte, die Anfangs 2 bis 3 mal täglich, später nur einmal im Tage zu wechseln sind, zu erhoffen. Sollte durch diese Mittel Blutung und Jauchung, welche die Patientin belästigen und ängstlich machen, nicht stillstehen, so schabe man das zerbröckelte Gewebe gehörig ab und schreite darauf zur systematischen Tamponbehandlung, wobei die Bäusche wenigstens an saubere Wundflächen gelangen. Bleibt der Geruch der Absonderungen trotzdem belästigend, so dass die Patientin und ihre Pfleger dringlichst Abhülfe erbitten, so tauche man die Tampons in verdünnten Citronensaft oder in etwas Perubalsam.

Bei Fällen, in denen die Operation unmöglich, der tödtliche Ausgang also sicher ist, rathen wir, die Patientinnen auf keine besondere Art der Beköstigung zu setzen, ihnen vielmehr alle Speisen zu geben, die sie wünschen und gern geniessen.

2. **Die Fleischgeschwulst der Gebärmutter. — Sarcom des Uterus.**

Ursachen. Unter Fleischgeschwulst versteht man eine selten vorkommende, der Bindegewebsreihe angehörige, bösartige Geschwulst, über deren Ursachen wir nichts wissen. Zuweilen findet man sie in einer solchen Gebärmutter, an der vorher lange Zeit hindurch eine Muskelgeschwulst vorhanden war. Von besonderem Interesse ist das Vorkommen der Fleischgeschwulst an dem Mutterkuchen nach vorausgegangener Fehlgeburt. Unter den Lebensaltern kommt besonders das 4. bis 6. Jahrzehnt in Betracht. Jedoch hat man diese bösartige Wucherung auch schon in früher Jugend auftreten sehen.

Anatomische Veränderungen. Je nach dem Sitze oder dem Ausgangspuncte der Neubildung unterscheidet man, eigentlich mehr theoretisch, mehrere Formen. Die erste entwickelt sich mehr im Bindegewebe der Gebärmutterschleimhaut. Sie wächst nach Art weicher, erbsen- bis bohnengrosser Beeren in die Gebärmutterhöhle hinein und ragt als traubenförmiges Gebilde hervor. Meist glaubt man, einen Schleimhautpolypen vor sich zu haben. Die Neigung zum Zerfalle ist in der Regel nur gering, dagegen entwickeln sich bei längerem Bestehen der Neubildung ähnliche Wucherungen in den Nachbar- und entfernteren Organen. Von der Schleimhaut des Gebärmutterhalses geht die eben geschilderte Art der

Fleischgeschwulst seltener aus. Die zweite Form, die Fleischgeschwülste des Bindegewebes der Gebärmuttermusculatur, wölbt die Gebärmutter nach innen oder aussen hervor und ist in der Regel von einer derben Bindegewebskapsel umzogen. Ist die Umhüllung von der Geschwulst durchbrochen, so kommt es zu Verschleppungen auf dem Wege der Lymphgefässe und Blutadern in die verschiedensten Organe. Zuweilen entstehen die Wucherungen unmittelbar in der Gebärmuttermusculatur in verschiedenen zerstreuten Knollen, die nicht von einer Bindegewebskapsel umgeben sind, sondern das Gewebe verdrängen. — Der Ausgangspunct der auf der Aussenseite der Gebärmutter sitzenden Fleischgeschwülste ist entweder ihr Bauchfellüberzug oder das anliegende Gebärmuttergewebe selbst.

Auch die Fleischgeschwülste der Gebärmutter können durch hinzutretende Ernährungsstörungen verschiedene Umwandelungen durchmachen.

Die von den Eihäuten ausgehende Form zeichnet sich besonders dadurch aus, dass sie eine grosse Neigung zur Verschleppung aufweist.

Krankheitsbild. Da die klinischen Erscheinungen der Fleischgeschwulst der Gebärmutter fast vollständig mit dem durch den Krebs dieses Organes bewirkten Krankheitsbilde übereinstimmen, so wollen wir, um Wiederholungen zu vermeiden, nur soviel anführen, dass die Schmerzen hierbei oft fehlen, jauchiger Ausfluss und allgemeiner Körperverfall durchschnittlich erst später eintreten als beim Gebärmutterkrebse.

Erkennung. Die Feststellung des Leidens gelingt unter Berücksichtigung der klinischen Erscheinungen, besonders wenn vermeintliche Schleimpolypen nach ihrer operativen Entfernung oft wiederkehren, mit Hülfe des Mikroskopes.

Vorhersage. Die Aussichten sind ungünstig, nur bei frühzeitiger Feststellung des Leidens und sich anschliessender sofortiger Operation etwas besser.

Behandlung. Die vollkommene Entfernung der Gebärmutter, wie bei Gebärmutterkrebs, falls die Operation ausführbar, ist der einzige Ausweg. Auch die Behandlung der einzelnen Krankheitserscheinungen ist dieselbe wie beim Krebse.

CAPITEL IX.

Fremdkörper in der Gebärmutter.[*]

Ursachen. Oefter als man den Veröffentlichungen entsprechend glauben könnte, sind im Gebärmutterhalscanale und in der Höhle des Gebärmutterkörpers selbst die verschiedensten Fremdkörper gefunden worden. — In der Mehrzahl der Fälle sind dieselben von den Patientinnen selbst oder von Hebammen zur Einleitung eines ungesetzlichen,

---

[*] Einer Anregung Dr. *Oldag's*, Meissen a. E., folgend, ist im vorliegenden Lehrbuche überhaupt zum ersten Male obiges Capitel selbstständig und ausführlich behandelt.

vorzeitigen Fruchtabganges theils durch den Blasenstich, theils durch anderweitige Bewirkung von Wehen eingeführt worden. Mit Vorliebe werden hierzu Haar- oder Stricknadeln benutzt, zuweilen auch andere spitze Gegenstände. Ferner gelangten nicht selten allmählich Scheidenhebel, die bald von Aerzten, bald von den Patientinnen selbst gegen Vorfall in das Scheidengewölbe gelegt worden waren, allmählich in die Gebärmutterhöhle. Besonders handelt es sich hierbei um runde oder eiförmige weichere Scheidenhebel, die von den Frauen aus Wachs geformt waren, oder in einzelnen Fällen um Aepfel und Citronen, welche zur Zurückhaltung eines Scheiden- oder Gebärmuttervorfalles dienen sollten. — Weiterhin sind Fälle bekannt, bei welchen Theile von Instrumenten, Bougies, Sonden, Spritzen u. dergl. in der Gebärmutterhöhle vorgefunden wurden. Diese Dinge waren zum Theile vom Arzte zum Zwecke der Untersuchung der Gebärmutterhöhle oder zur Vollführung von Heilmaassnahmen benutzt worden und aus Versehen abgebrochen oder von Frauen selbst eingeführt, um Manipulationen, welche Empfängniss verhüten sollten, vorzunehmen. So hatte z. B. in einem Falle von *Schauta* eine Patientin sich regelmässig nach dem Beischlafe zur Verhütung der Empfängniss die Gebärmutter mit einem um eine beinerne Häkelnadel gewickelten Wattetupfer ausgewischt; hierbei war ihr ein 6 Centimeter langes Stück der Nadel abgebrochen, das natürlich entfernt werden musste. Auch zu Zwecken der Selbstbefleckung (Onanie) in die Scheide eingeführte Gegenstände können gelegentlich in die Gebärmutterhöhle gelangen, jedoch ist dieses Vorkommniss ziemlich selten, da der Umfang der hierbei in Betracht kommenden Dinge ein zu grosser zu sein pflegt, als dass sie leicht in die Gebärmutterhöhle eindringen könnten. Die meisten der auf diesem Wege verunglückten Patientinnen waren verheirathet oder hatten wenigstens vorher schon den regelrechten Beischlaf ausgeführt, da sonst die weibliche Onanie durchschnittlich mehr durch Reizung der äusseren Geschlechtstheile, weniger durch Einführung von Gegenständen in die Scheide ausgeführt wird. — Hierzu kommen jene Fälle, bei denen Reste von Kindestheilen in der Gebärmutterhöhle verblieben waren, z. B. ein Schädelknochen, der $2^1{}_2$ Jahre nach vorangegangener Durchbohrung des Kindeshauptes entfernt wurde.

Schliesslich müssen noch jene seltenen Fälle erwähnt werden, bei welchen der Fremdkörper nach vorheriger entzündlicher Verlöthung mit Nachbarorganen aus diesen in die Gebärmutterhöhle gelangte.

Krankheitsbild. Es sind Beobachtungen bekannt, die meist alte Patientinnen jenseits der Wechseljahre betreffen, bei denen ein Fremdkörper, ohne besondere Erscheinungen zu bewirken, in der Gebärmutterhöhle verblieb. In anderen Fällen stellen sich nach kürzerer oder längerer Zeit, je nach der wechselnden Empfindlichkeit der Gebärmutter, bald mit Schmerzen verknüpft, bald ohne dieselben, Zusammenziehungen der Gebärmutter ein, durch welche zuweilen bei passender Form und Lage des Fremdkörpers dieser ausgestossen wird. Besonders die nicht schwangere Gebärmutter zeigt sich gegenüber in ihr verbleibenden Fremdkörpern sehr tolerant, und nur selten tritt hierbei eine stärkere Entzündung auf. Ist freilich das abgebrochene Instrument unsauber und mit Giftkeimen versehen, so kann sich, wenn durch überdies spitze Gegenstände die Gebärmutterschleimhaut verletzt wurde, eine infectiöse Erkrankung anschliessen. Noch mehr ist diese Gefahr selbstverständlich dann vorhanden, wenn es sich um Fremdkörper in der schwangeren oder kurz nach der Geburt befindlichen Gebärmutter mit mächtig entwickelten Gefässen und Lymphspalten handelt. Eine dabei bewirkte Entzündung kann auf die Schleimhaut der Gebärmutterhöhle beschränkt bleiben oder durch Fortpflanzung in die Eileiter zu einem Eitersacke der Muttertrompeten, zu eiteriger Gebärmutterwandentzündung, zu eiteriger Entzündung des die Gebärmutter umgebenden Bindegewebes, zu Bauchfellentzündung und allgemeiner Blutvereiterung mit Ausgang in den Tod führen.

Erkennung. In der Regel gelingt es leicht, die Anwesenheit eines Fremdkörpers in der Gebärmutter festzustellen, da ja die Angaben der Patientin meist darauf hinweisen. Diesen darf man freilich nicht immer Glauben schenken, und man muss mit einer Untersuchung, besonders durch die Sonde, sehr vorsichtig sein. Raffinirte Frauen wollen durch falsche Angaben und darauf ergangene Untersuchung seitens eines Arztes zuweilen ein befruchtetes Ei vernichten lassen. Hat man keinen Grund, den Angaben der Patientin zu misstrauen, so schreite man zur objectiven Untersuchung. Dicht am äusseren Muttermunde liegende Fremdkörper kann man zuweilen bei der inneren Untersuchung mit der Fingerspitze fühlen. Liegt ein Fremdkörper jenseits des Gebärmutterhalscanales und ist letzterer eng, so erweitere man ihn zunächst durch Quellmeissel und taste die Gebärmutterhöhle vorsichtig mit dem Finger aus. Ist der Gebärmutterhalscanal für eine Sonde durchgängig, so versuche man, die Anwesenheit eines Fremdkörpers in der Gebärmutterhöhle mit diesem Instrumente zu ermitteln.

Vorhersage. Die Aussichten, einen Fremdkörper aus der Gebärmutter zu entfernen, sind günstig.

Behandlung. Ist einem Arzte selbst das kleine Unglück passirt, einen Fremdkörper in die Gebärmutter verbracht zu haben, so hat er möglichst umgehend vorsichtig den Versuch zu machen, den Gegenstand zu erfassen und herauszubringen. Man wird es hierbei nicht immer umgehen können, die Gebärmutter unter Anwendung einer *Muzeux*'schen Zange vorzuziehen, also vorübergehend einen künstlichen Gebärmuttervorfall herbeizuführen, um den Gegenstand mit einer Kornzange zu fassen und behutsam herauszuziehen. Ist dieses gelungen, so schliesse man unmittelbar eine Ausspülung der Gebärmutterhöhle mit vorher gesiedetem, auf 30⁰ R. erkaltetem Wasser an. Ist der Fremdkörper ziemlich gross oder liegt er ungünstig und ist der Gebärmutterhalscanal noch dazu eng, so erweitere man diesen zunächst, was ja schon für die genaue Feststellung als nützlich angegeben wurde, durch Quellmeissel und schliesse unmittelbar der Untersuchung die Entfernung des Fremdkörpers an. — Ist letzterer gross und weich, so empfiehlt es sich mitunter, ihn zu zerkleinern und in kleineren Partieen herauszuholen.

Ist ein Fremdkörper durch Manipulationen einer Patientin selbst oder einer Hebamme in die Gebärmutter gelangt, so wird aus Furcht oder Scham ärztliche Hülfe oft erst spät in Anspruch genommen. Einzelne Fremdkörper sind alsdann mit einer Kruste versehen und mit der Gebärmutterschleimhaut eng verknüpft und von ihr umwachsen. In solchen veralteten Fällen lässt sich nicht immer operatives Vorgehen vermeiden.

Die durch einen Fremdkörper etwa hervorgerufenen Folgen, insbesondere Entzündungen, sind selbstverständlich mit den entsprechenden Mitteln zu behandeln, die in den betreffenden Capiteln einzusehen sind.

Sechster Abschnitt.
Störungen des Monatsflusses.

CAPITEL I.
Ausbleiben des Monatsflusses. — Amenorrhoe.

Ursachen. Das Ausbleiben des Monatsflusses ist eine bei verschiedenen Störungen vorkommende Abweichung. Bald liegt ihr eine nachweisbare mangelhafte Ausbildung der weiblichen Geschlechtsorgane oder directe Erkrankung derselben zu Grunde, bald findet man dauerndes Ausbleiben der Regeln bei anscheinend gesunden Frauenorganen und sonstigem guten Allgemeinbefinden. In anderen Fällen sind ermittelbare Anlässe vorhanden, bald in Form constitutioneller Veranlagungen, z. B. bei Bleichsucht, Fettsucht, Schwindsucht, bald durch erworbene Schwächezustände und Säfteverluste, z. B. bei langem Stillen, schlechter Ernährung, Selbstbefleckung, Durchfällen, langen Erkrankungen usw. In ähnlicher Weise bleibt nach Geburten, die mit grossem Blutverluste einhergingen, zuweilen die Periode monatelang aus. Die Ablösung reifer Eier und die Empfängniss kann trotzdem vorhanden sein; es kommt vor, dass trotz ausbleibenden Monatsflusses eine solche Frau in andere Umstände kommt. Auch aus seelischen Anlässen, z. B. starker geistiger Anstrengung ohne entsprechende Ruhe und Erholung, reizbarer Nervenschwäche und Hysterie kann der Monatsfluss ausbleiben.

Merkwürdig und in ihrer eigentlichen Ursache nicht deutbar sind jene Fälle, bei denen bisher regelmässig bestehender Monatsfluss schon in den dreissiger Jahren dauernd schwindet.

Unter den Lebensaltern können demnach alle Zeitabschnitte gleichmässig in Betracht kommen, bei denen überhaupt Monatsfluss vorhanden ist. Ebenso können Verheirathete und Unverheirathete in gleichem Maasse betroffen sein.

Krankheitsbild. Das Ausbleiben des Monatsflusses bei solchen Personen, die ihn bisher überhaupt noch nicht gehabt hatten, kann ohne jede Beschwerde vorhanden sein. In anderen Fällen sind von Zeit zu Zeit kleine Belästigungen in Form von Blutandrang nach anderen Organen anwesend, oder es wird ein allgemeines Unbehagen empfunden, das weniger auf den ausbleibenden Monatsfluss selbst, als vielmehr auf die ihn bewirkende Ursache zurückzuführen ist. Bei anderen Patientinnen, die unter dem bisher vorhandenen Monatsflusse stets Beschwerden hatten, können diese durch das Aufhören der Periode wegfallen, so dass man sogar im gewissen Sinne von einer Wohlthat sprechen kann. Das Auftreten des ausbleibenden Monatsflusses erfolgt entweder plötzlich und dauernd oder ganz allmählich und vorübergehend. Besonders jugendliche Patientinnen, die von Freundinnen über den regelmässigen Monatsfluss unterrichtet sind, werden durch sein Wegbleiben ängstlich, nicht minder auch die Eltern, welche hierin ein Hinderniss für die Verheirathung erblicken.

Zuweilen tritt anstatt des ausbleibenden Monatsflusses in ähnlich gleichmässigen Zeitabschnitten eine Blutung aus anderen Organen, besonders Nase, Lungen, Magen und Darm auf, die man als wechselweise auftretende Periode bezeichnet. Diese Beobachtung ist unstreitig richtig, jedoch wird in solchen Fällen oft Ursache und Folge verwechselt. Wir selbst haben wiederholt Patientinnen, bei denen solche angeblich wechselweise auftretende Lungenblutungen vorhanden waren, an Schwindsucht sterben sehen.

Erkennung. In der Regel gelingt es aus den Angaben der Patientinnen leicht, die Abweichung festzustellen; schwieriger jedoch ist der Nachweis der Ursachen. Bei verheiratheten Frauen, unter Umständen auch bei Mädchen, muss man natürlich stets die Möglichkeit einer Schwangerschaft im Auge haben. Andere Patientinnen behaupten der Wahrheit entgegen, dass sie den Monatsfluss wiederholt oder eine Zeit lang regelmässig gehabt hätten, um eine Verheirathung durchzusetzen. Hierbei muss man stets eingehend prüfen. In anderen Fällen wird die genaue Untersuchung ermitteln lassen, dass die Periode zwar eintritt, aber das Blut durch Scheiden- oder Gebärmutterverschluss zurückgehalten wird.

Vorhersage. Die Aussichten für die Herbeischaffung des Monatsflusses hängen von den Ursachen ab. — Oft ist die Erscheinung als ein günstiger Vorgang aufzufassen, indem durch ihn stärkerer Blutarmuth vorgebeugt wird.

Behandlung. Es wäre verfehlt, jeden Fall ausbleibenden Monatsflusses einer eingehenden, womöglich hervorragend örtlichen Behandlung

zu unterziehen. Durchschnittlich wird man nur bei denjenigen Fällen einschreiten, welche allgemeine Erscheinungen hervorrufen. Ganz energisch
hat manchmal der Arzt dem Drängen mancher Mütter Widerstand zu
leisten, die unter allen Umständen bei ihrer erwachsenen und sonst
kräftigen Tochter die Regel herbeigeführt wissen wollen. Die Hauptsache
beim ärztlichen Vorgehen bleibt eine Allgemeinbehandlung durch Aufenthalt in frischer Luft, Bäder, richtiges Maass von Ruhe und Bewegung,
geistige Ausspannung, leichte Massage und Gymnastik im Bunde mit
einer kräftigen Kost im Sinne der Naturheilmethode. Besonders
empfehlenswerth ist es, diese allgemeine Behandlung in einer Naturheilanstalt durchzuführen, woselbst der Arzt unter Beobachtung des jeweiligen
Kräftezustandes die einzelnen Maassnahmen zweckmässig anordnen und
besser durchführen kann, als dieses in der Familie selbst der Fall ist.

Erst wenn durch die Kräftigung der gesammten Constitution der
Körper selbst in regelmässigen Abschnitten sich zur Monatsblutung an-
schickt, soll man, um ihren Durchbruch zu befördern und schmerzlos
zu gestalten, besondere, mehr örtlich wirkende Naturheilfactoren gebrauchen. Als solche kommen in Betracht: Leib- und Kreuzmassage,
öftere nächtliche Leibaufschläge und 2 bis 3 Tage hintereinanderfolgende
Fussdampfbäder oder als Ersatz hierfür wechselwarme Fussbäder. Zur
Ausführung der letzteren Procedur werden die Füsse abwechselnd mehrere
Male hintereinander je 2 bis 3 Minuten in 32 ° R. und hierauf in 18 ° R.
Wasser getaucht. Alle Badecuren wirken nur in ähnlichem Sinne, nicht
durch specifische Brunnenbestandtheile, sondern durch den Umstand,
dass überhaupt, und besonders heiss gebadet wird. Von chemischen
Mitteln, Eisen, Hämatogen, Aloe, Senna, Sabina usw. ist nichts zu er-
warten, und *Fehling* sagt von ihnen mit Recht, dass sie wohl nur als
Kanzleitrost dienen. Von den Anwendungsformen der Naturheilmethode
hingegen, besonders heissen Fussbädern und aufsteigenden Rumpfbädern,
haben *Winkel* u. A. gleich uns die besten Erfolge gesehen.

CAPITEL II.

Der übermässige Monatsfluss. — Menorrhagie. — Menstruatio profusa.

Ursachen. Der übermässige, also zu starke und zu langdauernde
Monatsfluss ist fast ausschliesslich nur eine Krankheitserscheinung verschiedener allgemeiner und örtlicher Leiden, deren wir schon mehrfach,
z. B. bei den Lageveränderungen, Entzündungen, gut- und bösartigen
Geschwülsten der Gebärmutter, Erwähnung gethan haben. Bezüglich
der normalen Menge und Dauer des Monatsflusses giebt es, wie bereits
früher erwähnt, ziemlich weite Grenzen, und wir sprechen in dieser Beziehung erst dann von einer Abweichung, wenn die Menge des abgehen-

den Blutes das Allgemeinbefinden wesentlich beeinträchtigt oder der Blutabgang länger als 5 Tage währt. Schon beim Eintritte der Periode besteht oft bei jungen Mädchen die Neigung zu diesem abweichenden Vorgange. Nicht immer sind es gerade elende, schwache und bleichsüchtige Mädchen. Freilich stellen sich, wenn die überstarken Monatsblutungen lange bestehen, als Folge Blutarmuth und -verwässerung ein. So wie auf der einen Seite die Schleimhäute der verschiedensten Organe bei Bleichsüchtigen zu ergiebigen Blutungen neigen, kann auch das Gegentheil der Fall sein — die Blutungen fehlen. Man hat also stets genau zu berücksichtigen, ob eine Ursache oder eine Folge vorliegt.

Bei Frauen, die in der Blüthe des Geschlechtslebens stehen, stellt sich überstarker Monatsfluss durch übermässigen Geschlechtsverkehr, rasche Geburten oder wiederholte Fruchtabgänge ein, selbst wenn begünstigende Gebärmuttererkrankungen nicht festzustellen sind. — Auch um die Zeit der Wechseljahre kann sowohl bei Verheiratheten als auch Unverheiratheten überstarker Monatsfluss vorhanden sein, so dass man den Verdacht auf ein Gebärmutterleiden hegt, das bei eingehender Untersuchung nicht vorhanden ist. Besonders bei fetten Personen ist übermässiger Monatsfluss vorhanden. Dabei tritt die Blutung, dem vorgerückten Lebensalter entsprechend, nicht mehr in ihrer bisherigen Regelmässigkeit, sondern alle 2 bis 3 Monate auf.

Allgemeinerkrankungen der verschiedensten Art vermögen den überstarken Monatsfluss herbeizuführen. Hierbei kommen besonders Fettsucht, allgemeine Nervenschwäche, Hysterie, mangelhafte Ernährung, körperliche und geistige Ueberanstrengung u. dergl. in Betracht.

Auch hitzige und chronische Erkrankungen, besonders wenn sie eine Durchseuchung des Organismus oder anhaltende Blutstauung bewirken, führen zu vorübergehender oder anhaltender überstarker Regel. Wir erwähnen hier Masern, Scharlach, Typhus, Influenza, Leber-, Herz- und Lungenleiden.

Bezüglich des Lebensalters herrscht kein wesentlicher Unterschied. Auch werden Verheirathete und Unverheirathete in gleicher Weise befallen.

Krankheitsbild. Selbst lange Zeitabschnitte hindurch auftretende überstarke Monatsblutungen werden von den meisten Patientinnen oft ohne auffallende sonstige Störungen ertragen. Erst bei heftigeren Graden treten allmählich durch den grossen Blutverlust die sichtbaren Zeichen der wirklichen Blutarmuth des Körpers mit den dadurch gebotenen Beschwerden ein: Lippen, Wangen, Augenbindehaut und Hände sind blass, die Gliedmaassen kühl, Kopfschmerzen, Ohnmachtsanwandelungen, Ohrensausen, Augenflimmern, Herzklopfen, Athemnoth, Muskelschwäche und leichte Anschwellungen, besonders an dem Fussgelenke, stellen sich in wechselnder Weise ein. Schmerzen in der Gebärmutter sind in der Regel nur bei einem zu Grunde liegenden Leiden des Organes selbst vorhanden, dagegen wird oft über ein dumpfes Gefühl, ein schmerzhaftes

Ziehen im Kreuze, im Leibe und an den Oberschenkeln geklagt. — Die Blutungen dauern oft eine Woche und darüber, in den höchsten Graden des Leidens ist die von Blutungen freie Zeit, welche zwischen zwei Menstruationsterminen liegt, oft nur sehr kurz, so dass sich die Patientinnen stets in Sorge um ihr eigenes Ich befinden und sehr niedergedrückt sind.

Erkennung. Die Feststellung ist aus den Angaben der Kranken stets zu erreichen; jedoch fahnde man auch nach der Ursache.

Vorhersage. Die Aussichten für Hebung der Abweichung hängen von der Ursache ab. — Lebensgefahr ist nur ausnahmsweise vorhanden.

Behandlung. Hat man das ursächliche Leiden, besonders eine Allgemeinerkrankung ermittelt, so ist hiergegen vorzugehen, wozu man sich, natürlich dem Falle entsprechend, verschiedener Naturheilfactoren bedienen wird. Ist eine allgemeine Kräftigung des Organismus erforderlich, so hilft oft eine Stärkungscur, die am bequemsten in einer Naturheilanstalt auszuführen ist.

Oft muss man gegen eine bestehende übermässige Blutung rasch vorgehen, wozu man sich der dagegen angepriesenen Chemikalien nicht bedienen wird. Von gutem Erfolge sind hierbei oft kalte Leibaufschläge begleitet, mit denen man natürlich nicht zu reichlich vorgehen darf. Bei Verheiratheten ordne man wechselwarme Scheidenausspülungen an, wozu, erst ein Scheideneinlauf von 32 ^{0} R., hinterher ein solcher von 22 ^{0} R., je 1 Liter vorher gesiedeten Wassers gebraucht wird. Warnen müssen wir dagegen vor den empfohlenen übermässig warmen oder zu kalten Scheidenausspülungen. — Von grossem Nutzen erweisen sich oft 14 ^{0} R. Behalteklystiere von $^1/_2$ bis 1 Weinglas Wasser, die man mehrere Male täglich gebrauchen lasse. — Einzelne Autoren der Naturheilmethode wollen von dem wiederholten längeren Eintauchen beider Arme in möglichst heisses Wasser bei leichteren Fällen der Abweichung Stillstand der Blutung gesehen haben. — Einen fast sicheren Erfolg bietet die systematische Tamponade des Scheidengewölbes mit keimfreier, chemisch reiner, mässig angefeuchteter Verbandwatte oder Gaze. Wenn man diese Procedur 2 bis 4 Tage hindurch 2 mal täglich, stets von einer Scheidenausspülung mit 28 ^{0} R. vorher gesiedetem Wasser gefolgt, ausführt, so kann man fast mit vollkommener Sicherheit auf Blutstillung rechnen, besonders, wenn man überdies noch alle 2 bis 3 Stunden unter Tags zu wechselnde, Nachts dauernd liegenbleibende Leibaufschläge anordnet. — Auch von milden Abreibungen hat man in leichteren Fällen günstige Einwirkungen beobachtet. — Zu kurzdauernden 16 ^{0} R. Sitzbädern rathen wir nur in dringenden Fällen, wenn alle anderen Naturheilfactoren vergeblich probirt wurden; dagegen kann man sie nach der Blutung täglich 1 bis 2 mal gebrauchen lassen, um deren erneutem überstarken Auftreten vorzubeugen. — Lässt man überdies die Kranke längere Zeit hindurch stark aufregende Getränke meiden, körperliche und geistige Ruhe wahren und sich auch sonst hygieinisch verhalten, so kommt man, wie wir dieses in eigener Praxis sehr viel erleben konnten, selbst in schweren Fällen zum Ziele. Warnen müssen wir vor der Abschabung der Gebärmutterhöhlenschleimhaut, und vielfach hatten wir es mit Patientinnen zu thun, bei denen diese nicht ungefährliche Operation wiederholt ausgeführt worden war — ohne jeden Nutzen! Einzelne Autoren wollen durch Suggestion mit Hypnose den überstarken Monatsfluss gestillt haben (*Bernheim*, *Berillon* u. A.), indem sie hindernd auf die Gebärmutterzusammenziehungen wirkten. Wir können hier nur unseren berechtigten Zweifel aussprechen.

CAPITEL III.

Schmerzhaftigkeit des Monatsflusses. — Dysmenorrhoe.

Ursachen. Der mit wesentlichen Schmerzen verknüpfte Monatsfluss stellt durchschnittlich nur eine Aeusserung anderweitiger Störungen dar. Bei jungen Mädchen handelt es sich meist um die Folgen eines mechanischen Vorganges, entweder durch eine Lageveränderung der Gebärmutter oder durch eine Verengerung des Muttermundes, indem hierbei der Abfluss des Blutes erschwert, dieses zurückgehalten wird, und so entweder durch übermässige Anspannung oder lebhafte Zusammenziehung der Gebärmuttermusculatur behufs Blutauspressung der Schmerz erzeugt wird. Aber auch bei unregelmässiger Durchblutung des Organes, durch verschiedene Umstände hervorgerufen, kann der eintretende Monatsfluss die Nervenfasern der Gebärmutter reizen und so Schmerz hervorrufen. Man findet deshalb diese Abweichung oft bei Personen, die eine sitzende Lebensweise führen, z. B. Nätherinnen und Musiklehrerinnen, bei Patientinnen, die an chronischer Verstopfung leiden, und unstreitig nach Durchkältungen im Anschlusse an Schlittschuhlaufen und Gebrauch kalter Bäder während der bisher normalen Periode. Ja, es ist uns in vielen Fällen berichtet worden, dass nach Benutzung eines zugigen Abortes oder durch kalte, unter die Kleidung dringende Windstösse bei ungenügender Bedeckung der weiblichen Schamtheile die Regeln schmerzhaft wurden. In ähnlicher Weise können Ueberanstrengungen wirken, die man sich während bestehenden Monatsflusses zu Schulden kommen lässt, z. B. Heben schwerer Lasten, Arbeiten mit der Nähmaschine, anhaltendes Tanzen usw.

Nicht unwahrscheinlich ist neben den hier in Betracht kommenden Kreislaufsstörungen eine Art angeborener oder erworbener Ueberempfindlichkeit der Gebärmutter vorhanden, so dass, selbst wenn das Organ nicht erkrankt ist, kleine, selbst seelische Ursachen Schmerzen unter der Periode bewirken können. Eine solche Ueberempfindlichkeit kann z. B. durch allgemeine Nervosität, fortgesetzte Selbstbefleckung oder anhaltend unterbrochenen Geschlechtsverkehr erworben sein, so dass selbst der regelrechte Vorgang der Eireifung und des vermehrten Blutzuflusses nach der Gebärmutter die Abweichung bewirken können.

Aus organischen Ursachen, deren einzelne Formen wir bereits an anderen Stellen besprochen haben, auf die wir daher hier nicht näher eingehen, entsteht der schmerzhafte Monatsfluss im Anschlusse an Erkrankungen der Gebärmutter selbst und ihrer Nachbarschaft. Hierbei kommen besonders Entzündung der Gebärmutterschleimhaut, die Gebärmuttermuskelgeschwulst, die Entzündung des Beckenbindegewebes, Eileiter- und Eierstocksentzündungen in Betracht.

Krankheitsbild. Nur selten ist die Periode von Anbeginn mit Schmerzen verknüpft, und auch weiterhin ist bei den einzelnen abweichenden Regeln der Schmerz nicht dauernd vorhanden, sondern entweder nur beim Durchbruche, nach demselben oder am Schlusse der einzelnen Periode vorhanden. Selbst bei schwereren Fällen des Leidens ist nicht jedesmal die Periode mit Schmerz verknüpft, oder andererseits vermögen die Patientinnen ihn durch geeignetes Verhalten abzukürzen oder vollkommen zu bannen. In einer weiteren Reihe der Fälle, besonders nach ungünstig verlaufenden Fruchtabgängen oder Wochenbettfieber, war die Periode bis dahin schmerzlos, gestaltete sich aber nach Eintritt dieser Ereignisse zu einem qualvollen Vorgange. Oft, besonders bei ungeeignetem Verhalten der Kranken oder nicht rechtzeitig eingeleiteter Behandlung, steigern sich im Laufe der Jahre die Schmerzen, welche anfänglich noch erträglich waren, immer mehr und mehr; auch ihre Dauer nimmt zu, und häufig tritt schon tagelang vor der Blutung die Schmerzhaftigkeit hervor. Die Schmerzen sind ziehend, krampfhaft, kolikartig, übermannend und werden bald in die Gebärmutter selbst und das Kreuz verlegt oder durch Ausstrahluug über den ganzen Leib und in den Beinen empfunden. Oft lassen die Qualen nach, sobald das Monatsblut schneller abgeht. Nach dem Anfalle verbleiben die Kranken noch einige Tage hindurch aufgeregt und abgespannt. Vielfach treten Begleiterscheinungen nicht auf, in anderen Fällen kommt es durch Nervenreizung zu Durchfällen, Kopfschmerzen, Erbrechen, Stuhlzwang, Blasenkrampf usw., so dass die Kranken schlaflos, erschöpft, arbeitsunfähig, mit Unterbrechungen bettlägerig, schliesslich sehr nervös und hysterisch werden und den Eindruck schwerer Patientinnen machen. Bei einem Theile der hier in Betracht kommenden Fälle tritt der Schmerz nicht an die Monatsblutung gebunden auf, sondern gerade in der Mitte zwischen zwei aufeinanderfolgenden Menstruationsterminen, als **Mittelschmerz** bekannt. Es bestehen alsdann ein bis zwei Tage lang meist nur mässige Schmerzen, und zuweilen geht dabei etwas Schleim oder etwas blutige Flüssigkeit ab.

Ueber jene besondere Form schmerzhaften Monatsflusses, bei welcher gleichzeitig eine Ab- und Ausstossung von Häuten aus der Gebärmutterhöhle stattfindet, haben wir bereits bei der Entzündung der Gebärmutterschleimhaut abgehandelt.

Erkennung. Die Feststellung der Erkrankung gelingt aus den An-

gaben der Patientin sowie durch etwa nothwendige zweihändige Untersuchung fast immer. Von besonderer Wichtigkeit ist die Ermittelung
eines etwa zu Grunde liegenden Organleidens. Verwechselungen könnten
zunächst mit Nieren- und Gallensteinkolik, wenn hierbei ausstrahlende
Schmerzen vorhanden sind, vorkommen; eine genaue Berücksichtigung
der bei diesen Erkrankungen sonst vorkommenden Erscheinungen ergiebt
bald sicheren Aufschluss.

Vorhersage. Die Aussichten für die Hebung des Schmerzes sind
bei den mehr ursprünglichen Formen der Abweichung günstig, bei zu
Grunde liegenden Organerkrankungen von der Möglichkeit der Beseitigung derselben abhängig.

Behandlung. Dem einzelnen Falle entsprechend wird man verschieden
vorgehen. Bei Mädchen, bei denen man durchschnittlich Organerkrankungen nicht annehmen kann, wird man selbstverständlich von einer örtlichen innerlichen Behandlung möglichst Abstand nehmen. Vielfach
kommt man mit der Anordnung, möglichst um die Zeit der Periode
und in den ersten 2 bis 3 Tagen nach deren Eintritt mehr Ruhe zu
halten, zu einer Linderung des Schmerzes. Andauernde Ruhe wird
meist weniger ertragen, als dazwischen gestattete vorübergehende
leichte Bewegung, da hierdurch Blutanschoppungen vermieden werden.
Alsdann gehe man stufenweise vor, d. h. man bedient sich zunächst der
milderen Mittel, und erst wenn diese ihre Wirkung versagen, gehe man
zu schwereren Proceduren über. Von den meisten Patientinnen wird
instinctiv der Wärmeanwendung der Vorzug gegeben. Sie hüllen sich
in wollene Tücher, erwärmen die meist kalten Hände und Füsse durch
Wärmflaschen, legen sich auf Leib und Kreuz heisse Kräuter- oder
Sandsäcke und erreichen damit in der That wesentliche Erleichterung.
Wir können vom Standpuncte der Naturheilmethode diesen instinctiv
gewählten Mitteln mehr das Wort reden, als dem sonst üblichen Gebrauche von chemischen Mitteln oder gar operativen Eingriffen. Auch
die Naturheilmethode lässt, falls durch eine organische Erkrankung keine
Gegenanzeige dargeboten wird, vorwiegend Wärmeproceduren zur Schmerzstillung verwenden. Entweder ordnet man den wiederholten Gebrauch
von auf Leib oder Kreuz gelegten Dampfcompressen an, oder man lässt
durch einen gewöhnlichen Inhalirapparat den nicht übermässig warmen
Dampf auf diese Theile strömen. Von meist sicherer Wirkung sind
auch aufsteigende Rumpf- oder Halbbäder, die man trotz bestehenden
Monatsflusses je $1/2$ bis 1 Stunde dauernd 2 bis 3 mal täglich gebrauchen
lässt. Ebenso günstig zur Linderung der Schmerzen wirken heisse Fuss-
oder Handbäder, so heiss als das Wasser vertragen wird, mehrere Male
im Tage wiederholt. Auch Fussdampfbäder haben eine rasch eintretende
Schmerzstillung im Gefolge und sind dazu leicht und kostenlos auszuführen. Eine mit heissem Wasser gefüllte Wanne, auf die man drei
Stäbe legt, wird an einen Stuhl gebracht, auf dem die entkleidete

Patientin Platz nimmt. Sie stellt ihre Füsse auf die drei Stäbe, so dass sie vor Verbrühung geschützt ist, und umhüllt sich nebst Wanne mit einem wollenen Tuche. Dieses Wannenbeindampfbad kann 2 bis 3 mal täglich ausgeführt werden in der Dauer von je ½ Stunde. Noch rascher wirken Gesässdampfbäder ein, die man gleichfalls kostenlos und in jeder Familie ausführen kann. Die Patientin setzt sich einfach auf einen Rohr- oder Lattenstuhl, der mit einem nassen Tuche bedeckt ist, und umhüllt sich nebst Stuhl mit einer wollenen Decke. Unter dem Stuhle befindet sich ein Schnellkocher. Hält man diese Procedur für umständlich oder bei ängstlichen Patientinnen für gefährlich wegen möglicher Feuersgefahr, so fülle man eine Wanne zur Hälfte mit siedendem Wasser, lege einige Stäbe, auf die sich die Patientin setzt, darüber und schlage die Kranke nebst Wanne in eine wollene Decke ein. Besitzt man eine blecherne Leibwärmflasche, so kann die Patientin dieselbe über eine auf ihren Leib gebrachte Compresse legen, Flanellbedeckung darüber thun und so durch ein Leibdampfbad Schmerzstillung erreichen. Bei ärmeren Patientinnen lasse man ein nasses Tuch um Leib und Kreuz legen und mit heissem Wasser gefüllte Flaschen an Leib und Kreuz bringen, so dass man unter allen Verhältnissen und in jeder Häuslichkeit Naturheilfactoren besitzt, die rasch, bequem und billig zu schaffen sind und vortrefflich wirken. In der Zwischenzeit hat die Patientin 2- bis 3 stündlich zu wechselnde 20⁰ R. Leibumschläge zu gebrauchen. Hat man auf diese Weise die Qualen der Kranken beseitigt, so darf man nicht müssig bleiben und muss durch eine zweckmässige Behandlung entweder gegen das Grundleiden vorgehen oder, falls eine Organerkrankung nicht vorliegt, erneuten Schmerzanfällen vorbeugen. In erster Reihe kommt hierzu eine systematische Behandlung in einer Naturheilanstalt in Betracht. Lässt sich diese nicht ermöglichen, was besonders bei ärmeren Patientinnen der Fall ist, so lange die Frauenkliniken der Naturheilmethode noch verschlossen sind, so gebrauche man einige Wochen hindurch nächtliche Leibaufschläge und öftere bald in der Temperatur aufsteigende, bald herabgehende Rumpf- und Halbbäder. — Von der *Thure-Brandt*'schen Massage wird man nur in besonderen Fällen Gebrauch machen, um mit diesem immerhin etwas peinlichen Verfahren die durch die Schmerzen bewirkte Aufregung der Patientin nicht unter Umständen noch mehr zu steigern. Wird ein operatives Vorgehen nicht durch ein etwaiges Grundleiden erforderlich, so stehe man davon ab. Ganz besonders müssen wir davor warnen, wegen allein bestehender Schmerzhaftigkeit des Monatsflusses die Ausschneidung der Eierstöcke vornehmen zu lassen. Auch *Fritsch* versichert, dass er manche glückliche Ehefrau und Mutter kennt, der er von der von anderer Seite gegen die vorliegende Abweichung empfohlenen Eierstocksentfernung energisch abgerathen hat. Bezüglich der schmerzbetäubenden Mittel, besonders des Morphiums, das oft im Stiche lässt, empfehlen wir, die warnenden Worte *Winckel's* zu beachten: »Es ist eine oft zu beobachtende Thatsache, dass jüngere Aerzte, wenn sie die Patientinnen über Schmerzen klagen hören, gar zu leicht mit dem Morphium, besonders aber mit den Einspritzungen desselben unter die Haut, bei der Hand sind. Bei dem schmerzhaften Monatsflusse junger Mädchen passt das den Eltern sehr, weil sie Untersuchungen natürlich nicht gern haben und ihr Kind auch nicht gern leiden sehen. Es wird aber gerade bei diesem Leiden sehr viel Missbrauch damit getrieben, und manche Patientin ist dadurch schon zur Morphinistin geworden.« Bedenken wir, dass das Morphium auf die den Schmerz bewirkenden Verhältnisse einflusslos ist, dass es bei der oft langen Dauer des schmerzhaften Monatsflusses lange Zeit hindurch verabreicht werden muss, dass das Gift häufig Erbrechen, Stuhlverstopfung und Appetitlosigkeit bewirkt, so können wir ihm durchaus nicht das Wort reden. Es ist gewiss für den Arzt ein schönes Bewusstsein seiner Kunst, starke Schmerzen oft rasch stillen zu können, und die von ihren Qualen oft unmittelbar nach der Morphiumeinspritzung befreiten Patientinnen sind dafür dankbar; aber wenn man bedenkt, dass bei der schmerzhaften Regel die Naturheilfactoren sicherer und ohne die Nachtheile des Morphiums wirken, so wird man ohne Weiteres von diesem Mittel absehen.

Dass sich natürlich auch Hypnotiseure und Magnetiseure an die unter Schmerzen leidenden Patientinnen machen, ist nicht wunderbar. Gewiss erzielen sie durch seelische Beeinflussung vorübergehend bei besonders wehleidigen Patientinnen eine Schmerzlinderung, aber man lasse sich auch hierdurch nicht irre führen, eine vollständige Beseitigung ist nur durch systematisches Vorgehen mit den verschiedensten Naturheilfactoren zu erreichen.

CAPITEL IV.

Beschwerden des aufhörenden Monatsflusses (Climacterium).

Während beim gesunden Weibe der Eintritt des Monatsflusses und seine spätere regelmässige Wiederkehr ohne besondere Beschwerden verläuft, sind solche vielfach beim Aufhören der bis dahin regelmässigen Periode vorhanden, und nicht minder oft stellen sich allgemeine und örtliche Erscheinungen nach dem dauernden Fortbleiben der Regel ein.

Was das Lebensalter anbetrifft, so wird die Periode oft schon im Beginne der vierziger Jahre unregelmässig, und unter mannigfachen Verlaufsschwankungen bleibt sie bei einem Theile der Frauen schon frühzeitig, etwa mit dem 45. Lebensjahre, dauernd aus; bei einem anderen Theile treten die Regeln bis zum 50. Lebensjahre und darüber auf, ja sogar Schwangerschaft hat man in diesem vorgerückten Lebensabschnitte noch beobachtet.

Anatomische Veränderungen. Schon bei Lebzeiten kann man die
mit dem aufhörenden Monatsflusse einhergehenden anatomischen Veränderungen an den weiblichen Geschlechtsorganen, die man unter dem
Gesammtbegriffe der greisenhaften Rückbildung zusammenfasst, beobachten. Die Wand der Scheide büsst ihre Falten und Runzeln ein,
die Schleimhaut ist blass und mattglänzend, der ganze Canal wird durch
Schrumpfung des Scheidengewölbes kürzer und enger, oft stehen die
gegenüberliegenden Wände klaffend auseinander, der Scheidentheil der
Gebärmutter wird kleiner, der äussere Muttermund enger, ebenso späterhin der innere, und bleiben erst die Regeln dauernd aus, so verkleinert
sich auch durch Muskelschwund gleichmässig der Gebärmutternacken
und -körper. Da auch das Beckenbindegewebe und die Bänder einem
ähnlichen Schrumpfungsprocesse anheimfallen, so trifft man die Gebärmutter in verschiedener Weise verlagert, besonders herabgestiegen
oder vorgefallen. Besonders bei unreinlichen Frauen entstehen gern,
durch den Luftzutritt und besonders durch Scheuern an den Kleidern
oder zersetzte Urintropfen begünstigt, leichte Schleimhautverluste oder
Entzündung mit Eiterung, so dass die Schleimhaut mit einer starken,
ranzig riechenden Absonderung bedeckt ist, oder unter Umständen Verwachsungen eintreten.

An dieser Rückbildung nehmen auch die Eileiter und Eierstöcke Antheil. Letztere werden kleiner und bekommen eine derbe, höckerige
Oberfläche. Hat man Gelegenheit, die Eierstöcke älterer Frauen mikroskopisch zu untersuchen, so findet man, dass auch die *Graaf*'schen
Eihüllen einer Verfettung anheimgefallen sind.

Gutartige Geschwülste der Gebärmutter, besonders ihre Muskelgeschwülste, machen glücklicherweise oft diese rückläufigen Umwandlungen
mit, sie schrumpfen durch die geringere Blutzufuhr und verfallen mitunter
der Verfettung und sich anschliessender Aufsaugung. Bösartige Neubildungen dagegen werden von dem greisenhaften Rückbildungsprocesse
nicht betroffen. Ganz besonders wachsen Eierstocksgeschwülste von
den aufhörenden Regeln unbeeinflusst weiter und nehmen nicht selten
bösartigen Charakter an.

Der übrige Organismus zeichnet sich demgegenüber vielfach durch
eine auffallende Zunahme des Fettpolsters aus, und ganz besonders
Brust- und Bauchdecken besitzen eine sehr starke Fettschicht.

Krankheitsbild. Keineswegs hat jede Frau durch das allmähliche
oder plötzliche Aufhören des Monatsflusses Beschwerden, vielmehr ist
ein Theil der Damenwelt damit sehr zufrieden, dass ihr endlich die bisher monatlich wiederkehrende Belästigung erspart bleibt. Bei anderen
Frauen bleibt der Monatsfluss nicht plötzlich aus, sondern zunächst
werden die regelmässigen Zeitabschnitte verwischt, die Blutung tritt bald
nach 5, nach 6 oder mehr Wochen ein, vielleicht auch nur zweimal
jährlich, schliesslich nur selten. Auch bei solchen Fällen können ander-

weitige Erscheinungen fehlen. Belästigend wird der Zustand erst dann, wenn die Periode nicht in so langen, sondern in kürzeren Abschnitten wiederkehrt, dabei mit verstärktem Blutverluste einhergeht oder auch nach Ablauf der eigentlich überstarken Regel ein Weitersickern von Blutwasser bestehen bleibt. Wenn nun auch diese unregelmässigen und starken Blutungen selten gefahrdrohend sind, so können sie doch bei häufigem Eintreten und langer Dauer schwächen. — Nebenher besteht oft mehr oder minder starker Weissfluss, der ein Hitze- oder Schmerzgefühl oder ein lästiges Jucken an den inneren und äusseren Schamtheilen sowie den umliegenden Körpertheilen hervorruft und daher zu hartnäckiger Schlaflosigkeit führt. — Die Geschlechtslust erfährt meist an sich schon eine Abnahme, die noch dadurch befestigt wird, dass bei der engen Scheide mit ihrer verdünnten Wandung jeder geschlechtliche Umgang Schmerz bewirkt. Indessen kann man nicht selten beobachten, dass der Geschlechtstrieb vorübergehend krankhaft gesteigert ist, und so kann man sich manche ›Dummheit‹ erklären, die ältere Frauen z. B. durch Eheschliessung mit einem jungen Manne begehen.

Unter den durch Nervenübertragung hervorgerufenen und allgemeinen Erscheinungen treten Blutwallungen nach Kopf und Unterleib, örtliches und allgemeines übermässiges Schwitzen, Herzklopfen und unregelmässiger Puls, verschiedene Formen des Kopfschmerzes, Angstzustände, leichte Erregbarkeit, vorübergehende Seelenstörungen in den Vordergrund. Jedoch kommt es zu dauernder Geistesgestörtheit nur ausnahmsweise.

Die Dauer des mit solchen Beschwerden verknüpften zurückgehenden Monatsflusses ist wechselnd. Bald sind die Belästigungen nach wenigen Monaten geschwunden, bald erstrecken sie sich auf Jahre, wobei dazwischen längere Zeiten des besten Wohlbefindens vorkommen können.

Erkennung. Der Nachweis der Veränderungen und Störungen, welche der Rückgang des Monatsflusses bewirkt, ist fast immer mit Sicherheit zu ermöglichen. Nie jedoch unterlasse man, wenn Blutungen bereits monate- oder jahrelang ausgeblieben sind und plötzlich wieder eintreten und längere Zeit anhalten, durch eingehende Untersuchung zu ermitteln, ob eine Organerkrankung, besonders eine Geschwulst vorhanden ist.

Vorhersage. Die Aussichten, sowohl die stärkeren Blutungen als auch die Beschwerden zu beseitigen, sind günstig, vorausgesetzt, dass durch genaue Untersuchung eine Organerkrankung ausgeschlossen ist.

Behandlung. An sich hat man es nicht nöthig, gegen einen natürlichen Vorgang vorzugehen, oft jedoch wird Hülfe gegen einzelne Beschwerden verlangt. Besonders starke Blutverluste erfordern ärztliches Handeln. Neben längerer Bettruhe und 22 ° R. Scheidenausspülungen genügt hierzu besonders die systematische Tamponade des Scheidengewölbes, und wir können mit *Fehling* nur abrathen, zu diesem Zwecke das Mutterkornpräparat Ergotin, Gebärmutterauskratzung oder örtliche Aetzungen anzuwenden. Der Weissfluss ist, wie wir es beim Scheidenkatarrhe ausführlich angeführt haben, durch laue Sitzbäder, 28 ⁰ R. Scheideneinläufe und durch eingeführte Tampons von chemisch reiner Watte zu beseitigen. Lästiges Hautjucken schaffe man durch peinlichste Reinhaltung fort, und gleich *Ruge* empfehlen wir hierbei tägliche Waschungen der äusseren Scham und Scheide vermittelst milder Seife und warmen Wassers mit nachfolgender guter Abtupfung durch Watte. Zur Beseitigung der allgemeinen Störungen empfiehlt es sich, die Patientinnen einer Naturheilanstalt zu überweisen. Hat sich unter den Altersvorgängen Gebärmuttervorfall eingestellt oder verschlimmert, so ist die in dem betreffenden Abschnitte ausgeführte Behandlungsweise angezeigt.

Anhang.

CAPITEL V.
Weibliche Unfruchtbarkeit. — Sterilität.

Ursachen. Unter weiblicher Unfruchtbarkeit versteht man das Nichtzustandekommen der Empfängniss trotz vorhandenen beiderseitigen Begattungsvermögens und fortgesetzten geschlechtlichen Umganges. Schon bei Abwesenheit jedweden Hindernisses der Empfängniss kann trotz regelrechter Begattung die Befruchtung ausbleiben, und man beobachtet oft, dass einer Ehe erst im zweiten oder dritten Jahre oder gar noch später Kindersegen entspriesst. Nach einer grösseren Statistik verbleiben ohne ersichtliche Ursache 12 bis 15 Procent aller Ehen an sich kinderlos. Hierzu kommt noch die grosse Zahl jener Fälle, die wir freilich an dieser Stelle keiner Berücksichtigung unterziehen, in denen zwar Befruchtung eintrat, aber durch vorzeitigen Fruchtabgang kein ausgetragenes Kind geboren wird. Eng hieran schliessen sich jene Fälle, die wir auch hier nur streifen, in denen eine Ehe mit nur einem Kinde gesegnet ist, und durch Veränderungen der weiblichen Organe im Wochenbette weitere Befruchtungen aus nicht immer ermittelbaren Ursachen ausbleiben. Verständlicher schon sind jene Fälle von durch die Empfängniss verhindernden Mitteln bewirkter freiwilliger Unfruchtbarkeit, wenn sich ein Ehepaar einigt, zwar nicht auf den ehelichen Umgang zu verzichten, diesen jedoch aus dem oder jenem Grunde seiner Folgen zu berauben.

Da zur Schaffung von Kindersegen zwei Parteien erforderlich sind, so kann jeder die Schuld am ausbleibenden Kindersegen zukommen, und man geht nicht zu weit, wenn man bei der Hälfte aller unfruchtbaren Ehen den Mann als schuldigen Theil annimmt. Ueber diesen Umstand wird man vorwiegend dadurch hinweggetäuscht, dass es vorwiegend die Frauen sind, die von der Unfruchtbarkeit der Ehe unbefriedigt, den ärztlichen Rath darüber vernehmen wollen. Bevor man

daher der Frau die Schuld einer kinderlosen Ehe zuschiebt, muss ihr
Mann genau auf alle hier in Frage kommenden Verhältnisse untersucht
sein. Unter den Ursachen der vom Weibe ausgehenden Unfruchtbarkeit
führen wir die hauptsächlichsten an:

1. Hindernisse an den weiblichen Zeugungsorganen, die
zwar den Beischlaf gestatten, jedoch den männlichen Samen nicht an
das rechte Ziel gelangen lassen. Wir führen hier unter den verschiedenen
Möglichkeiten nur die wichtigsten an: Verschluss und Verdickung des
Jungfernhäutchens, Mangel und blinde Endigung der Scheide, regelwidrige
Gestaltung des Scheidentheiles der Gebärmutter, Verlegung und Ver-
längerung des äusseren oder inneren Muttermundes, Verlagerungen der
Gebärmutter, Verschluss der Eileiter usw.

2. Krampfhafte, mit Schmerzen verbundene Zusammenziehungen der Scheidenmusculatur während oder nach dem Beischlafe, wodurch der männliche Samen, kaum in die Scheide ergossen,
wieder herausgepresst wird.

3. Entzündliche Processe der Scheide und inneren
Zeugungsorgane, deren Absonderungsproducte die Samenflüssigkeit
chemisch verändern und ihre physiologische Leistungsfähigkeit vernichten.

4. Erkrankungen der Gebärmutterinnenwand, durch welche
ein durch einen regelmässigen Beischlaf befruchtetes, gesundes Ei
keinen geeigneten Boden findet, auf dem es haften und zur normalen
Entwickelung gelangen kann. Auch durch Erkrankungen der Eileiter
und des Eierstockes kann die Befruchtungsfähigkeit eines reifen Eies
vernichtet werden.

5. Angeborener oder durch operative Eingriffe bewirkter
Mangel wichtiger Theile der weiblichen Geschlechtsorgane.

6. Erkrankungen des Gesammtorganismus und Säfteentmischung, z. B. Blutarmuth, Säfteverlust, Schwindsucht, Fettleibigkeit, Alkohol- und Morphiummissbrauch, Zustände, bei denen die
Schwängerung an sich sehr oft ausbleibt oder befruchtete Eier vorzeitig ausgestossen werden.

7. Seelische Einflüsse in Form von Hast, Abneigung, Wider-
willen, Sorge und andere schwere Gemüthserregungen. Die Beispiele, dass
gesunde Frauen, die sich bereits in anderen Umständen befanden, durch
Schreck einen Fruchtabgang hatten und darum dauernd unfruchtbar
blieben, sind keineswegs selten.

8. Tripperansteckung durch den Mann ist eine der hervor-
ragendsten Ursachen weiblicher Unfruchtbarkeit, indem hierdurch überaus
oft eine der bereits erwähnten Ursachen hervorgerufen wird.

9. Bei einzelnen Frauen kann man fast zu der Annahme einer angeborenen Neigung (Disposition) zur Unfruchtbarkeit gedrängt
werden, die sogar oft mehrere weibliche Angehörige derselben Familie,
wie wir verschiedentlich beobachteten, betreffen kann.

Bezüglich des Lebensalters besteht kein wesentlicher Unterschied. Wir kennen Frauen, die mit 18 Jahren die Ehe eingingen und nie der Mutterschaft entgegensahen, andere, die schon in dem vierten Jahrzehnte standen und reichlich mit Nachkommen gesegnet waren.

Krankheitsbild. Charakteristische Erscheinungen werden durch die Unfruchtbarkeit an sich nicht dargeboten, und alle von kinderlosen Frauen angegebenen Beschwerden sind entweder auf ein vorhandenes Grundleiden zurückzuführen oder entspringen in der Regel der Einbildung. Die Kinderlosigkeit in der Ehe schafft nämlich in der Regel aus den angenehmsten Mädchen und Jungverheiratheten die schwersten Fälle von Hysterie. Wenn man das Seelen- und Geschlechtsleben des Weibes aus vielfältiger Erfahrung und durch besonderes Zutrauen seitens der Frauen in seinen Tiefen kennt, so wird man wissen, dass die Frau im Anfange nur schwer und ungern auf Kindersegen verzichtet, und dass es einen langen inneren Kampf kostet, bis sie sich darein ruhig ergiebt. Selbst Frauen in vorgerücktem Alter kommen oft noch nach langjähriger Ehe ärztlichen Rath bezüglich zu erlangenden Kindersegens zu erbitten. Das instinctive Begehren des Weibes wenigstens nach einem eigenen Kinde ist durchschnittlich viel grösser, als sich der Laie oft vorstellt. Ist ein Weib erst einmal in die Ehe getreten, und hat es sich erst in die geschlechtliche Gemeinschaft hineingelebt, so ist sein geheimster Wunsch meist, wenigstens ein Kind hervorzubringen. Selbst die Scham vor äusserlich sichtbarer Schwangerschaft, die meist übertriebene Angst vor der Niederkunft können den instinctiven Drang nach Nachkommenschaft in der Regel nicht ersticken. Selbst wenn Frauen aus dem oder jenem Grunde am Geschlechtsverkehre selbst keinen Gefallen finden, so gewähren sie ihn oft nur als Mittel zum Zwecke, d. h. zur Erlangung eines Kindes. Bleibt die Erfüllung dieses Wunsches immer und immer wieder aus, tritt nun gar noch der Unwille des Mannes über die Kinderlosigkeit oder die Spöttelei kinderreicher Freundinnen hinzu, so ist es leicht erklärlich, dass viele Frauen diesen gegen ihr Gemüth prallenden Wogen unterliegen und hochgradig nervös werden. Verzweifelung im Inneren tragend ziehen sie von Arzt zu Arzt und möchten alle Maassnahmen, die zur Erlangung von Kindersegen führen könnten, ausführen lassen. Oft klagen sie über allerlei Beschwerden, woraus der Arzt schon entnehmen kann, dass sie hysterisch sind, vermag er jedoch nicht den eigentlichen Grund, der die Frau zu ihm geführt hat, durch diesbezügliche Fragen fast zu errathen, so zieht die Unfruchtbare von dannen — um ihr Glück bei einem ›besseren Arzte‹ zu versuchen. Routinirtere Frauen sind dem Arzte gegenüber in der Offenbarung ihres Wunsches minder zurückhaltend und besuchen gleichfalls eine grosse Anzahl von Aerzten, denkend, dass sie dadurch schliesslich doch einen neuen guten Rath bekommen könnten; denn in der Regel gestehen sie auf Befragen ein, dass sie schon alles Mögliche gethan haben. Erst mit

dem Eintritte der Wechseljahre oder nach dem Aufhören des Monatsflusses geben viele Frauen endgültig die Hoffnung auf Mutterschaft auf
und werden ruhiger.

Erkennung. Die wichtigste Aufgabe, welche dem Arzte erwächst,
nämlich die Ursache der Unfruchtbarkeit festzustellen, kann nicht immer
genügend gelöst werden. Findet man bei der Untersuchung der Frau
organische Veränderungen an den weiblichen Geschlechtstheilen, so hat
man immerhin einen Anhaltspunct. Freilich wird vielen Frauenleiden oft
ein übertriebener Antheil an der Unfruchtbarkeit zugeschrieben, z. B. den
Verengerungen des Muttermundes und den Lageabweichungen der Gebärmutter. Fehlen nach genauer Untersuchung irgend welche Fingerzeige seitens des weiblichen Theiles, so hat man den Ehemann zu einer
eingehenden Untersuchung zu bestellen, jedoch wird man sicheren Anhalt
oft nur dann gewinnen, wenn ›alle Sünden‹ eingestanden werden.

Vorhersage. Allgemeine Angaben über die Beseitigung der Unfruchtbarkeit lassen sich nicht geben. Liegt nur ein kleines Hinderniss
seitens der Frau vor, so kann man oft Erfolg in Aussicht stellen, wenn auch
nicht zusichern. Liegt die Ursache tiefer und ist sie einer Behandlung
nicht zugängig, so ist die Möglichkeit einer Empfängniss zwar nicht ausgeschlossen, jedoch sehr in die Ferne gerückt. Im Allgemeinen sei man
mit der Vorhersage stets vorsichtig. Es sind nicht selten Fälle beobachtet
worden, in denen ohne jedes ärztliche Zuthun nach vieljähriger bisher
unfruchtbarer Ehe Kindersegen sich einstellte, andere wo trotz frühzeitigen
ärztlichen Zuthuns solcher ausblieb. Lässt man einen Hoffnungsschimmer
und die Schwangerschaft bleibt aus, so macht die Patentin nach Jahren
noch dem Arzte ungerechtfertigte Vorwürfe; benimmt man jedoch, seiner
wissenschaftlichen Ueberzeugung und dem Ergebnisse der Untersuchung
beider Ehegatten entsprechend, jede Aussicht und schenkt reinen Wein
ein, so handelt man gleichfalls unklug, indem man die Frau seelisch
noch mehr verstimmt, oder unter Umständen eheliche Zwistigkeiten
Thür und Thor öffnet. Die ärztliche Diplomatie lässt es daher wünschenswerth erscheinen, bezüglich der Vorhersage sehr zurückhaltend zu sein.
Man versichere, dass man sich, der ärztlichen Kunst entsprechend, alle
Mühe geben werde, dass aber eine sichere Zusage eines Erfolges ausserhalb des Bereiches des ärztlichen Könnens liege. — Ist aller Wahrscheinlichkeit nach dem Manne die Schuld an der Unfruchtbarkeit zuzuschreiben,
so ist bezüglich der Vorhersage, welche die Frau erbittet, ein grosses Tact-
gefühl seitens des Arztes nöthig, und er behalte im Auge, dass er unter
Umständen durch das Strafgesetz zu Stillschweigen verpflichtet ist. Liegt
der Fall so, z. B. bei Syphilis, dass beide Theile Schuld an der Unfruchtbarkeit oder wenigstens dem vorzeitigen Fruchtabgange sind, so
ist die Vorhersage immerhin günstiger zu gestalten — ›mit Geduld und
Naturheilmethode‹.

Behandlung. Selbstverständlich haben wir an dieser Stelle nur die

Aufgabe, uus über die Mittel und Wege zur Beseitigung der weiblichen Unfruchtbarkeit mit ihren Ursachen und Folgezuständen zu ergehen.

Ist eine bestimmte Missbildung oder Erkrankung der weiblichen Geschlechtstheile ermittelt, so muss man hiergegen vorgehen, Scheiden- und Gebärmutterentzündungen, Scheidenkrampf, Verengerungen des Muttermundes usw. sind durch die in den betreffenden Capiteln bereits beschriebenen Maassnahmen zu beseitigen. Sind Lageveränderungen der Gebärmutter mit Wahrscheinlichkeit an der Unfruchtbarkeit schuld — sie sind kein unfehlbar sicheres Hinderniss für die Empfängniss — so kann ein in einer anderen Lage ausgeführter ehelicher Umgang Abhülfe schaffen. Freilich darf man nicht übersehen, dass hierbei oft der Zufall mitspielt, und wenn nach kurzer Zeit eine Empfängniss eintritt, so muss man sich stets ebenso, wie wenn nach kurzer Behandlung Schwängerung vorliegt, stets die Frage vorhalten, ob nicht auch ohne ärztliches Zuthun dieses Ereigniss eingetreten wäre.

Schlagen alle ärztlichen Versuche fehl, und lässt sich auch beim Manne die Ursache der Unfruchtbarkeit nicht fortschaffen, so erwächst dem Arzte die meist schwere und undankbare Aufgabe, die in ihrer Hoffnung getäuschte, ungeduldige und nervöse Patientin zu trösten. Wir haben in unserer eigenen, diesbezüglich überaus zahlreichen Praxis die unfruchtbaren Frauen zunächst darauf hingewiesen, dass der Besitz eines Kindes zwar mit Mutterfreuden verknüpft sei, andererseits aber auch mit vieler Arbeit und Aufregung einhergehe. Missrathe das Kind, oder stürbe es gar, so wäre das viel schwerer zu ertragen als Kinderlosigkeit. Wenn Frauen, besonders wohlhabender Stände, die sich durch ausfallende häusliche Bethätigung keine Gedankenablenkung verschaffen, dem instinctiven weiblichen Bedürfnisse, die Liebe auf ein Lebewesen zu übertragen, mangels des Besitzes eines eigenen Kindes ihre innigste Zuneigung auf einen Hund, eine Katze, einen Papageien u. dergl. zugewendet haben, so bestanden wir stets darauf, dass sie ein junges Kind an eigener Statt annehmen sollten. Wenn sich auch das Bewusstsein, dass ein angenommenes Kind kein leibliches ist, beim menschlichen Weibe nicht auslöschen lässt, so gewinnen doch viele unfruchtbare Frauen ihr Adoptivkind sehr lieb, fast wie ein eigenes, und auf ihren seelischen Zustand wird hierdurch besser eingewirkt, als wenn sie sich viele Jahre hindurch mit der Hoffnung auf ein solches durchringen. Niemals sollte der Arzt es verabsäumen, diesen edlen Nothbehelf dringend zu empfehlen, und oft wird man erleben, dass ein kinderloses Ehepaar auf halbem Wege entgegenkommt. Andererseits findet man oft willensstarke Ehepaare, die sich nach längeren Jahren in die Kinderlosigkeit gefunden haben und, gleichsam zum Selbsttroste, eine desto innigere Gemeinschaft führen. Sie halten sich die Gefahren einer Geburt, die durch die Kinder entstehenden Sorgen und Abhaltungen usw. vor Augen. Froh und humorvoll nehmen sie jedoch auch noch die zuweilen nach langer Ehe zufällig eintretende Einkehr des Storches in ihr Heim entgegen.

Viele Aerzte, welche die Ungeduld nervöser und dringender unfruchtbarer Frauen zeitweilig los sein wollen, schicken sie in die bekannten
Frauenbäder. Gewiss wird hierdurch mancher Fall der Unfruchtbarkeit
auch gehoben, indem dadurch chronische Entzündungen mehr oder
minder gebessert werden. Doch dazu kann man durch die Mittel der
Naturheilmethode billiger gelangen als durch theure Badecuren. Freilich
sollen letztere zuweilen die Unfruchtbarkeit indirect beseitigen, wenn, wie
der böse Volksmund meint, ein flotter, junger Badearzt vorhanden ist
oder ein anderer Stellvertreter, der die Pflichten des an der Unfruchtbarkeit schuldigen Ehemannes übernimmt.

Siebenter Abschnitt.
Bildungsfehler und Erkrankungen des Eileiters.

CAPITEL I.
Bildungsfehler der Eileiter.

Ursachen. Die Abweichungen in der Entwickelung der Eileiter spielen
besonders beim Zustandekommen der Eileiterschwangerschaft eine wichtige
Rolle, vielfach jedoch sind sie ziemlich belanglos und rufen keine merklichen Störungen hervor. Bei vollständig fehlender Gebärmutter pflegen
auch die Eileiter vollkommen zu fehlen oder nur dürftig entwickelt zu
sein. In anderen Fällen stellen sie keinen Canal, sondern einen ganz
oder theilweise soliden Strang vor. Bleiben die Geschlechtstheile, also
auch die Eileiter, auf kindlicher Entwickelungsstufe stehen, so verlaufen
sie nicht wie beim regelrecht gebauten Weibe geradlinig, sondern mehr
geschlängelt. In seltenen Fällen ist der Eileiter selbst normal, nur sein
Fransenende mangelhaft entwickelt. Hiermit wären die wichtigsten
Entwickelungsfehler gestreift, und wir können von der Aufführung der
selteneren Abweichungen absehen.

Erkennung. Der Nachweis einer Entwickelungsstörung der Eileiter
kann bei Lebzeiten meist nicht erbracht werden, da die Abweichung oft
nur einen zufälligen Leichenbefund darstellt. Vermuthen wird man eine
Entwickelungsstörung der Eileiter können, wenn an den übrigen Geschlechtstheilen ein Zurückbleiben ermittelt ist. Zuweilen ergiebt die
gegen Eileiterschwangerschaft ausgeführte Operation Aufschluss über
einen Entwickelungsfehler der Eileiter.

Vorhersage. Die Abweichung ist durchschnittlich belanglos, nur durch
die Begünstigung der Eileiterschwangerschaft sind Gefahren geboten.

Behandlung. Ein Vorgehen gegen den Entwickelungsfehler ist meist
überflüssig, nur wenn durch ihn Eileiter- oder Bauchhöhlenschwangerschaft bewirkt wurde, müsste man nach den Regeln operativer Geburtshülfe einschreiten.

CAPITEL II.

Die verschiedenen Formen der Eileiterentzündung (Salpingitis) und Flüssigkeitsansammlungen in den Eileitern.

Ursachen. Durch die verschiedensten Vorgänge stellen sich in den Eileitern entzündliche Vorgänge ein, die zu einer Ansammlung verschiedenartiger Flüssigkeit in diesen Canälen führen. Unter den näheren Ursachen erwähnen wir folgende:

Fortgepflanzte Entzündung aus der Nachbarschaft. Hierbei kommt besonders die Entzündung der Gebärmutterhöhlenschleimhaut in Betracht, da letztere mit der Schleimhaut der Eileiter in unmittelbarer Verbindung steht. In früherer Zeit, als man einer Vielthuerei mit nicht immer sauberen Instrumenten und Verbandstoffen huldigte, sind auf diese Weise viele Fälle von Eileiterentzündung entstanden. Auch durch Fortpflanzung einer Bauchfellentzündung durch das Fransenende des Eileiters kann letzterer in einen ähnlichen Krankheitszustand übergeführt werden.

In neuester Zeit hat man die meisten Fälle, besonders von eiteriger Eileiterentzündung, auf Tripperansteckung zurückgeführt. — Auch eine tuberculöse Form der Eileiterentzündung ist beschrieben worden, und man fand beide Eileiter zuweilen mit käsigem, eingedicktem, tuberculösem Eiter angefüllt und daneben rundliche, grauröthliche, noch nicht verkäste Tuberkelknötchen.

Eng an die Entzündungen, die zu einer Anfüllung der Eileiter mit Absonderungsproducten führen, schliessen sich wegen der Aehnlichkeit der bewirkten Krankheitserscheinungen die Blutergüsse in die Eileiter an. Diese kommen zunächst bei regelwidrigen Verschlüssen der weiblichen Geschlechtstheile zu Stande, wodurch sich besonders beim Monatsflusse das am Abflusse gehinderte Blut auch in den Eileitern anstauen kann; oder es stellen sich bei Allgemeinerkrankungen Blutaustritte auf der Eileiterschleimhaut ein. Ob lange Zeit bestehende Blutstauung und Lageveränderungen Blutergüsse in den Eileitern bewirken können, ist nicht mit Sicherheit nachgewiesen. Auch *Thure-Brandt*'sche Massage sowie Verletzungen, z. B. ein Stoss gegen die Bauchdecken, kommen wohl nur ausnahmsweise als Ursachen einer Blutansammlung in den Eileitern in Betracht. Die häufigste Veranlassung dieses Ereignisses, welche man jedoch früher meist ausser Acht gelassen hat, ist die Eileiterschwangerschaft.

Unter den Lebensaltern wird vorwiegend die Zeit nach dem Eintritte des Monatsflusses befallen.

Anatomische Veränderungen. Im Beginne jeder Art von Eileiterentzündung sieht man die anatomischen Veränderungen eines einfachen Katarrhes, bei denen es dauernd verbleiben kann: Blutüberfüllung, Schwellung und vermehrte Absonderung seitens der Eileiterschleimhaut. Allmählich gehen ihre Deckzellen zu Grunde. Verläuft die Erkrankung

chronisch, so wuchert die Schleimhaut, füllt sich mit Entzündungsproducten an und buchtet sich aus, so dass man einen einzelnen Knoten,
in der Regel an der Gebärmuttermündung des Eileiters, oder letzteren
vollständig rosenkranzartig durch mehrere nebeneinanderliegende Knoten
hervorgewölbt trifft (Fig. 120). Die Muskelschicht befindet sich dabei im Zustande entzündlicher Ueberwucherung. Hat der Katarrh eiterige Form,
so schmilzt das Schleimhautgewebe zum Theile noch durch Ernährungsstörung allmählich ein. Derselbe Vorgang kann die Muskelbündel befallen und auf das Bindegewebe des Bauchfelles übergehen. Oft wird
dabei eine Verwachsung mit Nachbarorganen bewirkt und das Fransen-

Figur 120.

Entzündung der Eileiter. Nach *Schroeder.*
Die Eileiter sind beiderseits in mehreren Knoten vorgetrieben und mit entzündlichen Ausschwitzungs-
producten angefüllt.

ende des Eileiters vollständig verlegt. Ist gleichzeitig die Gebärmuttermündung des Eileiters durch entzündliche Vorgänge verschlossen, so wird
der Eiter zurückgehalten, der ganze Eileiter zu einem grösseren Sacke
ausgedehnt (Fig. 121), der mit Eiter, Schleim, Blut und Blutwasser angefüllt
ist. Solche Säcke können die Grösse eines Kindskopfes erreichen, ihren
Inhalt zuweilen wiederholt in oder durch die Gebärmutterhöhle entleeren, um sich wiederum mit Entzündungsproducten anzufüllen. Zuweilen werden die flüssigen Bestandtheile des Inhaltes eines Eileitersackes
aufgesaugt, und hierdurch die Absonderung eingedickt, käsig und kalkig.
In günstigen Fällen verfetten käsige Massen und werden aufgesaugt.
Nicht übermässig oft platzen derartige Eileitersäcke und ergiessen ihren
Inhalt in die Bauchhöhle.

Aehnliche anatomische Abweichungen ruft die tuberculöse Entzündung der Eileiter hervor. Neben den Erscheinungen des Katarrhes findet man die Tuberkelknötchen in den verschiedenen Entwickelungsstadien. Im weiteren Verlaufe des Leidens findet man durch entzündliche Verklebungen hervorgerufen oft unentwirrbare knotige Geschwülste.

Bei der Blutansammlung im Eileiter ist der anatomische Befund wechselnd. Bei geringen Blutungen ist der Inhalt der Eileiter ziemlich flüssig, roth oder bräunlich; bei stärkeren Graden findet man dicke, theerartige Massen, daneben Blutgerinnungsstoff und im Zerfallen begriffene Blutkörperchen. Durch Verdünnung einer Stelle der Eileiterwand kann der Blutsack platzen und seinen Inhalt in die freie Bauchhöhle entleeren. Auf die sonstigen anatomischen Veränderungen, wie sie durch die Ursachen

Figur 121.

Eileiterentzündung. Nach *Hooker*.
A Gebärmutterkörper, B die gespaltenen, sackartigen Eileiter, deren Fransenenden verloren gegangen sind, C Innenfläche der Eileiter, mit einer trüben Ausschwitzungsmasse bedeckt, D die runden Mutterbänder.

oder Folgen aller dieser Zustände geboten werden, können wir hier nicht näher eingehen.

Krankheitsbild. Die klinischen Erscheinungen sind oft mehrdeutiger Natur, da die verschiedenen Formen der Eileiterentzündung selten abgegrenzt auftreten, vielmehr die durch Gebärmutterschleimhaut-, Bauchfellentzündung usw. gebotenen Aeusserungen dazwischen hineinspielen.

Schmerzen sind sowohl bei der acuten wie auch der chronischen Form des Leidens meist die hervorragendste Erscheinung. Sie werden in der Tiefe des Beckens, zu beiden Seiten der Gebärmutter empfunden und strahlen häufig in die Kreuzgegend und die Oberschenkel aus. Mitunter besitzen sie kolik- oder wehenartigen Charakter; theils sind die Schmerzen von selbst da, theils entstehen sie bei Gelegenheitsursachen, z. B. bestimmten Körperbewegungen, Anspannung der Bauchpresse, Beischlaf.

Der Monatsfluss ist oft gestört, ganz besonders stellt sich durch

ihn eine bedeutende Schmerzhaftigkeit sowie häufig vermehrter und verlängerter Blutabgang ein, seltener bleiben die Regeln vorübergehend aus.

Die Fruchtbarkeit ist schon bei einseitiger, fast ausnahmslos bei
beiderseitiger Eileiterentzündung geschwunden.

Unter den Allgemeinerscheinungen treten oft Fieber, allgemeine
Schwäche, Uebelkeit usw. auf, die vorübergehend schwinden, wenn ein
Eitersack seinen Inhalt entleert, um nach seiner Anfüllung sich erneut
einzustellen.

Auf die Erscheinungen, welche durch eine begleitende oder ver-
anlasste Bauchfellentzündung bedingt sind, gehen wir an dieser Stelle
nicht ein.

Bei der tuberculösen Eileiterentzündung sind im Anfange die
klinischen Aeusserungen oft sehr unwesentlich, so dass die Krankheit
vielfach versteckt verläuft. Ist eine Bauchfelltuberculose als Ursache
anzusprechen, so treten mehr ihre Erscheinungen in den Vordergrund.
Auch die Blutansammlungen in den Eileitern rufen an sich keine
anderen Erscheinungen als die Entzündungen dieses Canales hervor,
höchstens bei ursächlicher Eileiterschwangerschaft die darauf beruhen-
den Störungen.

Der Verlauf der hier in Betracht kommenden Eileiterkrankheiten
ist fast immer ein langwieriger, und wenn auch der einfache und eiterige
Katarrh der Eileiterschleimhaut bei rechtzeitiger und naturgemässer Behandlung ausheilen kann, so tritt doch mit Vorliebe der chronische Zustand ein; alsdann ist eine Heilung ohne Operation nur selten. Als
eine Art Naturheilung ist der Durchbruch eines mit Entzündungsproducten angefüllten Sackes nach vorheriger Verlöthung in ein Nachbar-
organ anzusehen. Freilich entstehen hierdurch Fisteln, die gleichfalls
operativer Behandlung bedürfen. Andererseits ist die Gefahr eines
Durchbruches in die freie Bauchhöhle und daran sich schliessender
Bauchfellentzündung vorhanden, wenn auch nicht so oft wie man früher
annahm. Bei der tuberculösen Form der Eileiterentzündung tritt meist
schon ziemlich frühzeitig zehrendes Fieber auf.

Erkennung. Die acuten Formen der Eileiterentzündung wird man
nur selten mit Sicherheit feststellen, da sie in der Regel durch das
Grundleiden verdeckt werden. Erst wenn entzündliche Verdickungen
der Eileiter neben den oben beschriebenen Schmerzen vorhanden sind,
hat man Anhaltspuncte für den Nachweis. Sehr wichtig ist in solchen
Fällen eine eingehende Berücksichtigung der Krankengeschichte, aus der
sich der Umstand ergiebt, dass die ermittelten subjectiven und objectiven
Abweichungen sich an einen Fruchtabgang, ein fieberhaftes Wochenbett
oder gar an einen Tripper des Mannes anschlossen. Die wichtigsten
Resultate für die Feststellung ergiebt die vorsichtig ausgeführte zweihändige Untersuchung auf dem Wege der Scheide. Hierzu müssen
Blase und Mastdarm entleert und die Bauchdecken entspannt sein. Der

eingeführte Finger sucht an der Seitenwand der Gebärmutter die Eintrittsfläche des Eileiters zu betasten und geht alsdann weiter nach hinten aussen zu, den Eileiter entlang, bis man die dickere Bauchhöhlenmündung fühlt. Bei entzündlichen Verdickungen fühlt man ganz besonders nahe an der Gebärmutter die knötchenartigen Verdickungen. Hat man bei der zweihändigen Untersuchung einen grösseren Sack ermittelt, so kann es zuweilen, wenn durch entzündliche Verwachsungen Verlagerungen herbeigeführt sind, schwer sein, diesen auf die Eileiter zurückzuführen, und besonders schwierig ist in solchen Fällen oft die sichere Unterscheidung von einer Eierstocksgeschwulst. Für einen Eileitersack spricht in der Regel die Doppelseitigkeit sowie die fast cylindrische, durch knollige Auftreibungen unterbrochene Form. Kann man annehmen, dass ein Flüssigkeit enthaltender Sack auf die Eileiter zurückzuführen ist, so hat man ferner über die Art des Inhaltes Ermittelungen anzustellen. Zuweilen giebt der klinische Verlauf Anhaltspuncte. Wiederholte Anfälle von Bauchfellentzündung und Fieber oder die Ermittelung vorangegangenen Trippers sprechen mehr für einen eiterigen Inhalt des Sackes. Für den tuberculösen Charakter spräche beim Fehlen sonstiger Ursachen die Anwesenheit schwindsüchtiger Processe auch in anderen Organen, die Form des Fiebers, zuweilen die Feststellung, dass Geschlechtsverkehr mit einem an Hodentuberculose erkrankten Manne stattgefunden hat. An einen blutigen Inhalt eines Eileitersackes wird man dann denken, wenn Unregelmässigkeiten des Monatsflusses im Krankheitsbilde hervorgetreten sind oder eine Grössenzunahme während der Menstruation festgestellt ist.

Vielfach lässt sich ein sicherer Nachweis nicht erbringen, und erst durch Eröffnung der Leibeshöhle kann alsdann volle Sicherheit erlangt werden.

Vorhersage. In Bezug auf Lebensgefahr sind die entzündlichen Erkrankungen der Eileiter durchschnittlich nicht übermässig zu fürchten; besonders bei der durch Tripper veranlassten Form herrscht die Neigung zur Abkapselung der Eiterung vor. Freilich ist die Gefahr eines von selbst eintretenden Durchbruches einer abgegrenzten Eileitereiterung in die Bauchhöhle mit sich anschliessender tödtlicher Bauchfellentzündung nicht immer ausgeschlossen. Zuweilen wird dieses ungünstige Ereigniss auch durch unvorsichtige Untersuchung, Sondiren, Herabziehen, Auskratzen und Massiren der Gebärmutter herbeigeführt. Auch die operative Entfernung der abgekapselten Eileitereiterungen ergiebt günstige Resultate und nur wenige Procente an Todesfällen. Auch die tuberculöse Eileiterentzündung, vorausgesetzt dass sie als ursprüngliches Leiden besteht, und Schwindsuchtsprocesse in anderen Organen gleichzeitig nicht vorhanden sind, lässt die Aussichten leidlich günstig gestalten, da die Möglichkeit der operativen Entfernung vorliegt und mit tuberculösen Producten gefüllte Eileitersäcke sich rückbilden und unter gleichzeitigem

Schwinden des wochenlang vorhandenen Fiebers in kleinere, harte Massen verwandeln können. Auch bei Blutsäcken der Eileiter ist die Vorhersage nicht ungünstig, zuweilen kommt von selbst vollständiger Rückgang zustande. Allerdings kann auch ein Blutsack platzen und, wenn sein Inhalt zersetzt ist, eine gefährliche Bauchfellentzündung anfachen. Gefahren treten besonders bei ursächlicher Eileiterschwangerschaft auf, da hier durch einen berstenden Sack eine mächtige innere, oft zum Tode führende Blutung auftreten kann.

Behandlung. Bei dem nahen Zusammenhange der Eileiter mit der Gebärmutter, bei den innigen Beziehungen der Erkrankungen dieser beiden Theile der weiblichen Geschlechtsorgane kann es nicht Wunder nehmen, dass die Behandlung der Entzündungen und Flüssigkeitsansammlungen in den Eileitern fast dieselbe ist wie bei den entsprechenden Processen der Gebärmutter. Wir werden also zunächst jeden Fall der angeführten Eileitererkrankung, mag er ein annähernd acuter oder chronischer sein, je nach den Umständen durch heisse oder absteigende Rumpfbäder (Fig. 34), durch Leibumschläge (Fig. 37 u. 38), wechselwarme Scheideneinläufe, auf den Leib gelegte Dampfcompressen, Gesässdampfbäder usw. behandeln. Ganz besonders, wie auch *Fehling* angiebt, hat man ärztliche Eingriffe, welche die Entzündung weiter treiben könnten, desinficirende Scheidenausspülungen, Reinigung des Gebärmutternackens im Scheidenspiegel und Eingriffe in die Gebärmutterhöhle zu vermeiden. Auch müssen wir vor Herabziehen der Gebärmutter und Sondirungsversuchen der Eileiter warnen. Es ist rathsam, die jedem Einzelfalle angepasste Behandlung nach der Naturheilmethode einige Wochen hindurch fortzusetzen, und der beobachtende Naturarzt wird alsdann ermessen, ob eine Abnahme des Entzündungsprocesses oder der Grösse etwa vorhandener Eileitersäcke stattfindet. Wer auf diesem Gebiete viel zu thun hat, wird gleich uns erlebt haben, dass vielfach ein günstiger Erfolg erreicht wird. Auch *Kézmarszky* giebt zu, selbst im chronischen Stadium der Eileiterentzündung durch eine abwartende Behandlung vielen Nutzen gesehen zu haben. Ganz besonders kleinere Blutgeschwülste und kleinere Entzündungsknoten gehen hierbei häufig zurück. Eine der wichtigsten Fragen in der naturgemässen Behandlung der Eileitersäcke erstreckt sich auf die Anwendbarkeit der *Thure-Brandt*'schen Massage. *Ziegenspeck* will durch vorsichtige Anwendung dieses Heilfactors bei kleineren Säcken den Inhalt derselben nach der Gebärmutterhöhle zu ausgestrichen haben, und auch *Kézmarszky* und *Tauffer* legen dieser Behandlungsweise grossen Werth bei. Wir selbst theilen freilich ebenso wie *Bumm* u. A. diesen Standpunct nicht. Die Gefahr des Platzens liegt vielleicht weniger vor, vielmehr ist die Möglichkeit geboten, dass der Inhalt von Eileitersäcken nach der Bauchhöhle zu gedrängt wird. Ueberdies gelingt es, kleinere mit Blut gefüllte Eileitersäcke meist ohne Massage fortzuschaffen, und grössere Säcke füllen sich, selbst wenn ihr Inhalt entleert, dabei aber der Grundprocess nicht beseitigt wird, bald wieder an. Wir stehen also auf dem Standpuncte, dass dem möglichen Nutzen der Massage-behandlung doch meist grössere Gefahren und Unsicherheit des Erfolges gegenüberstehen, abgesehen davon, dass, wie *Bumm* richtig bemerkt, nur Virtuosen unter den massirenden Aerzten die Ausdrückung des Eileitersackinhaltes in die Gebärmutterhöhle gelingt.

Nur wenn bei genauer Untersuchung sich die Möglichkeit des Platzens eines Eileitersackes als naheliegend ergeben hat oder nach mehrwöchentlichem Vorgehen die Naturheilfactoren erfolglos geblieben, die Patientinnen aber vor Schmerz und anderen Beschwerden arbeits-unfähig oder herabgekommen sind, könnte eine Operation in Betracht kommen. Freilich sind viele Frauenärzte nur allzu rasch, ohne strenge Anzeige hierzu zu operativem Vorgehen geschritten, und auch *Fehling* empfiehlt hierbei äusserste Zurückhaltung und kann nicht scharf genug das Vorgehen mancher Operateure verurtheilen, die oft in hunderten von Fällen ohne Weiteres zur Entfernung der Eileiter nebst Eierstöcken geschritten sind. Ebenso stellte *Tauffer* mit Vergnügen für Ungarn fest, dass sich dort die Operationswuth bei den Eileitersäcken nie einbürgerte, und wundert sich über manche ausländische Berichte, aus denen hervor-geht, dass hieran leidende Patientinnen operirt werden, ohne dass sie auch nur eine kurze Zeit über beobachtet worden wären. Es bleibt also die wichtigste Aufgabe für den Naturarzt, die Fälle festzustellen, in denen eine Operation nothwendig ist.

Kleinere Eingriffe, wie sie wiederholt empfohlen wurden, als An-stechung oder Anschneidung des Eileitersackes von der Scheide oder den Bauchdecken aus, sind meist nicht ausreichend, nicht ungefährlich, nicht immer leicht und entbehren oft des vollständigen Erfolges. Wir empfehlen daher, wenn sich einmal die Operation eben nicht vermeiden lässt, gleich die gründliche Entfernung der Säcke nach vorangegangenem Bauchschnitte. Der Eileitersack wird abgeschnürt und möglichst so herausgeschnitten, dass nichts von seinem Inhalte auf das Bauchfell gelangt. Auf die Einzel-heiten der Operation einzugehen, halten wir dem Zwecke des Lehrbuches zuwiderlaufend, da wir nur das nicht operative Heilverfahren beschreiben, die Erörterung der Operationen in den Lehrbüchern über operative Frauen-heilkunde abgehandelt ist.

Auch auf die nähere Behandlung der Eileiterschwangerschaft gehen wir an dieser Stelle nicht näher ein, da sie in das Gebiet der operativen Geburtshülfe gehört.

CAPITEL III.

Neubildungen der Eileiter.

Weit seltener als an der Gebärmutter beobachtet man an dem Ei-leiter gut- und bösartige Neubildungen. Nur ausnahmsweise rufen sie ein klinisches Interesse wach, zumal sie selten nur als Erst-, meist als Anschlusskrankheiten vorkommen und in der Regel erst bei der Leichenschau entdeckt werden.

Figur 122.

Rechte Eileitergeschwulst, Rundzellensarcom, in halber natürlicher Grösse. Operrt und beschrieben von *Zweifel*.

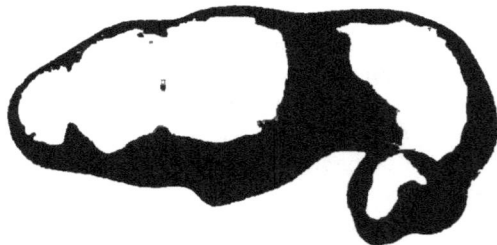

Figur 123.

Die linksseitige Eileitergeschwulst, Rundzellensarcom.

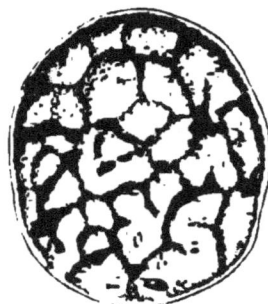

Figur 124.

Durchschnitt des Rundzellensarcoms, in natürlicher Grösse. Nach *Zweifel*.

Figur 125.

Zotten des Rundzellensarcoms, wie sie sich bei dreifacher Vergrösserung an einzelnen herausgerissenen Fetzen der Neubildung zeigen; jedes Zöttchen ist von einem Blutgefässe durchzogen. Nach *Zweifel*.

Die Muskelgeschwülste (Myom) der Eileiter sind auffallend selten und haben alsdann nie die Ausdehnung wie die gleichartige Neubildung der Gebärmutter. Zuweilen sind sie mit einer Art von Stiel versehen. Sie können zur Zeit des Monatsflusses Schmerzen und Erbrechen bewirken.

Die Fettgeschwülste (Lipom) der Eileiter sind bohnen- bis wallnussgross und rufen keine besonderen Beschwerden hervor.

Die Warzengeschwülste (Papillom) der Eileiter können diesen Canal erweitern oder verschliessen oder ihre Absonderung in die Bauchhöhle ergiessen und so zuweilen Gefahren bewirken. Diese Wucherung, von der es noch nicht bekannt ist, ob sie durch Tripper oder Syphilis bewirkt wird, hat zuweilen eine entschiedene Neigung, bösartigen Charakter anzunehmen.

Der Krebs (Carcinom) der Eileiter ist nur sehr selten eine an Ort und Stelle entstandene, sondern meist erst von Nachbarorganen ausgegangene

und versetzte Neubildung. Besonders an Gebärmutternacken- und -körperkrebs schliesst sich verhältnissmässig oft eine gleiche bösartige Geschwulst beider Eileiter an.

Die Fleischgeschwulst (Sarcom) der Eileiter wurde als ursprüngliche Erkrankung wiederholt bei der Leichenschau *(Sänger, Gottschalk)*
angetroffen und auch an der Lebenden operativ entfernt *(Landau, Zweifel)*
(Fig. 122, 123, 124, 125.)

Die **Erkennung** der meisten Eileitergeschwülste ist bei Lebzeiten
nicht möglich, oder sie werden über dem Grundleiden übersehen. Demnach kommt man auch nur ausnahmsweise in die Lage, eine Behandlung
dagegen einzuleiten, die nur in einem operativen Vorgehen bestehen kann.

Achter Abschnitt.
Bildungsfehler und Erkrankungen der Eierstöcke.

CAPITEL I.
Bildungsfehler und Lageabweichung der Eierstöcke.

Ist die Gebärmutter mangelhaft entwickelt, oder fehlt sie vollkommen,
so nehmen auch die Eierstöcke an dieser Missbildung mehr oder minder
theil. In der Regel sind sie verkümmert oder nur andeutungsweise vorhanden. Fehlt eine Gebärmutterhälfte, so ist an der betreffenden Stelle
weder der Eileiter noch der Eierstock vorhanden. Aber auch bei vollständig normalem Fruchthalter kann durch Abschnürung der Eileiter und
der Eierstock einer Körperseite geschwunden sein. In anderen Fällen
sind die Eileiter bezüglich ihrer Form und Grösse auf kindlicher Entwickelungsstufe stehen geblieben und enthalten entweder überhaupt keine
Graaf'schen Eikapseln oder nur Spuren davon. Man findet diese Entwickelungsstörung besonders bei schwer bleichsüchtigen oder sonst
zurückgebliebenen Personen. Nicht allzu selten ist übermässige Bildung
der Eierstöcke in Form meist hanfkorngrosser, rundlicher, nahe dem
Bauchfellüberzuge gelegener Auswüchse. Sehr selten findet man noch
einen dritten Eierstock.

Klinische und practische Bedeutung gewinnen diese Abweichungen
wohl nur ausnahmsweise, so dass die Frage ihrer Behandlung kaum in
Betracht zu ziehen ist.

Wichtiger als die Entwickelungsfehler sind die Lageabweichungen
der Eierstöcke. Der eine oder beide Eierstöcke können unter Umständen
nach jeder Richtung hin verlagert oder in die verschiedensten Bruchsäcke
hineingerathen sein.

Schon angeboren findet sich im Vereine mit anderen Bildungsfehlern, oft sogar doppelseitig, wahrscheinlich als Folge einer starken
Verkürzung des Leistenbandes neben der Gebärmutter auch ein Eileiter
nebst Eierstock neben dem anderen Inhalte in einem Leistenbruche vor.

Durch diese Verlagerung kommt es zu Kreislaufsstörungen in den
Eierstöcken, zu Blutüberfüllung, wassersüchtiger Anschwellung, Entzündung

und Verwachsung, wodurch ein wechselvolles Krankheitsbild entstehen kann. Bei jugendlichen Personen bewirkt diese Verlagerung in der Regel nur selten krankhafte Aeusserungen, letztere entstehen meist nach Eintritt des Monatsflusses durch die hierbei stattfindende Blutüberfüllung in Form von Schmerzen, die vorwiegend zur Zeit der Regeln im Bruchsacke und in seiner Nachbarschaft auftreten und durch Betastung heftiger werden. Entwickeln sich innerhalb eines in einem Bruchsacke liegenden Eierstockes Blasen- oder massive Geschwülste oder entzündliche Vorgänge und dadurch Einklemmungserscheinungen, so wird man, um die Lebensgefahr abzuwenden, zum Bruchschnitte schreiten müssen. Aber auch bei erworbenen Brüchen können zuweilen die Eierstöcke neben dem anderen Inhalte angetroffen werden, und es kommen hierbei besonders die Schenkelbrüche in Betracht. Meist waren in diesen Fällen vorher Netz und Darm mit dem Eierstocke entzündlich verwachsen, wodurch die Lageabweichung erklärlich ist.

Erkennung. Der Nachweis ist oft schwer, besonders vor eingetretenem Monatsflusse. Durch sorgfältige zusammengesetzte Untersuchung muss man zunächst feststellen, dass der Eierstock an der normalen Stelle fehlt und ferner, dass der runde im Bruchsacke befindliche Körper ein Eierstock ist.

Behandlung. Die Behandlung erstreckt sich, so lange schwere Begleit- oder Folgezustände fehlen, auf die Anlegung eines Bruchbandes mit hohler Pelotte nach vorheriger Zurückbringung des Bruchsackinhaltes. Sind schlimmere Folgen eingetreten, so lässt sich in der Regel der Bauchschnitt nicht vermeiden.

CAPITEL II.

Die acute und chronische Entzündung der Eierstöcke.

Ursachen. Den Anlass zu Entzündungen der Eierstöcke bieten meist ähnliche Processe der Nachbarschaft, von denen aus sich die Entzündung fortpflanzt. Besonders kommen hierfür die verschiedenen Formen des Scheiden-, Gebärmutter- und Eileiterkatarrhes sowie Bauchfellentzündung in Betracht. Nicht so oft, wie man früher vermeinte, hat man die Ursache von Eierstocksentzündung im Wochenbettfieber zu suchen, öfter dagegen in Tripperansteckung sowie mit allgemeiner Durchseuchung einhergehenden Krankheiten z. B. Scharlach, Pocken usw. Zuweilen wird das Leiden durch ärztliche Eingriffe bewirkt. – Die chronische Form des Leidens beginnt entweder schleichend oder geht aus der acuten hervor. Bezüglich der Lebensalter besteht kein Unterschied.

Verheirathete werden entschieden häufiger befallen.

Anatomische Veränderungen. Bei der acuten Entzündung der Eierstöcke, welche mehr die Drüsensubstanz selbst befällt, ist das ergriffene Organ nur wenig vergrössert. Auf dem Durchschnitte sieht man die stärkere Gefässfüllung und die Rindensubstanz leicht wassersüchtig geschwellt. In den schweren Fällen findet man die eiterige Form der Entzündung mit sich anschliessender Einschmelzung. — In anderen Fällen hat der Entzündungsprocess mehr das Bindegewebe der Eierstöcke ergriffen, das gewuchert und mit Blutwasser durchtränkt ist. Die Grössenzunahme des entzündeten Organes ist eine bedeutendere. Schliesslich werden auch die *Graaf*'schen Eihüllen mitergriffen, und es kann vollkommene eiterige Einschmelzung des erkrankten Eierstockes eintreten. Die Bildung von Eiterherden ist keineswegs der einzige Ausgang, es kann vielmehr zu einer Schrumpfung des gewucherten Bindegewebes kommen, wobei die *Graaf*'schen Eihüllen nebst Inhalt untergehen, und das entzündete Organ schliesslich bedeutend verkleinert übrig bleibt.

Bei der chronischen Eierstocksentzündung findet man sowohl die eigentliche Substanz als auch das Bindegewebe des erkrankten Eierstockes gleichmässig verändert. Auf dem Durchschnitte sieht man schon mit unbewaffnetem Auge im chronisch entzündeten Eierstocke die durch Flüssigkeitsansammlung vergrösserten *Graaf*'schen Eihüllen. Bei den früher ergriffenen ist das Eichen zu Grunde gegangen, und man findet an seiner Stelle als Inhalt der vergrösserten Eihülle körnig zerfallene Massen neben ausgetretenem und zersetztem Blute. Daneben ist auch das Eierstocksgewebe selbst und das Bindegewebe verdichtet und geschrumpft. Die erkrankten Eierstöcke fühlen sich hart und derb an, haben durchschnittlich zwar ihre Form erhalten, besitzen jedoch eine mehr unebene, mehr oder minder hervorspringende Oberfläche.

Krankheitsbild. Die klinischen Erscheinungen der acuten Eierstocksentzündung werden meist durch die Aeusserungen des Grundleidens verdeckt. Am ehesten wird man durch ständige, in der Tiefe, an den Seitentheilen des Beckens vorhandene Schmerzen, die in die Umgebung ausstrahlen und zuweilen Reizerscheinungen seitens der Blase bewirken, auf die Möglichkeit einer Eierstocksentzündung hingewiesen. Der Monatsfluss kann fehlen oder der Zeit nach unregelmässig sowie übermässig stark und schmerzhaft auftreten. Kommt es, meist unter Fieber, zur Bildung von Eiterherden, so entleeren dieselben nach vorheriger entzündlicher Verwachsung der Eierstöcke mit den Nachbarorganen ihren Inhalt nach dem Durchbruche darein, besonders also in Blase und Mastdarm. Noch dunkler ist oft das Krankheitsbild bei der chronischen Form des Leidens. Hier treten regelmässiger bedeutende Veränderungen des Monatsflusses auf. Ganz besonders findet man hierbei Schmerzen und den bereits erwähnten Mittelschmerz. In der ersten Zeit sind in der Eierstocksgegend Schmerzen nur bei körperlicher und geistiger Erregung vorhanden, z. B. beim Geschlechtsverkehre und bei der Stuhlentleerung, späterhin bleiben sie andauernd bestehen und quälen die Patientin bei geringen Veranlassungen. Fast immer ist Unfruchtbarkeit vorhanden. Bei sehr langer Dauer der Erkrankung stellen sich schliesslich durch

Uebertragung Störungen in allen Nervengebieten ein, und oft ist das Bild der Hysterie vorhanden.

Erkennung. Man kommt nicht oft in die Lage, eine acute Eierstocksentzündung festzustellen. Man kann sie dann nachweisen, wenn man durch die zweihändige Untersuchung das vergrösserte, bei Berührung stark schmerzhafte Organ fühlen kann. Stets untersuche man beide Eierstöcke, um so bei einseitiger Erkrankung einen noch besseren Anhalt zu gewinnen. Vor einzelnen möglichen Verwechselungen muss man sich hierbei hüten; z. B. kann bei Blinddarmentzündung Schmerz und Anschwellung in der rechten Seite vorhanden sein. Wenn die Eierstöcke im *Douglas*'schen Raume liegen und im Mastdarme harte Kothmassen sowie Schmerzen vorhanden sind, könnte man ebenfalls auf Eierstocksentzündung schliessen. Hier sichert die Eindrückbarkeit und Verschieblichkeit des Darminhaltes sowie sein Verschwinden durch ein Klystier vor Irrthümern. Auch bei Anwesenheit von Eiterherden im entzündeten Eierstocke erhält man nicht sofort unzweifelhaften Aufschluss, sondern erst bei längerer Beobachtung. Um die Anwesenheit einer chronischen Eierstocksentzündung festzustellen, bedarf es wiederholter Untersuchungen in angemessenen Zwischenräumen, um den Wechsel von Grössenzunahme und Abnahme sowie Druckempfindlichkeit zu ermitteln.

Vorhersage. Die Aussichten auf Heilung der acuten Eierstocksentzündung hängen von dem Grundleiden und der Art der Entzündung ab. Ist letztere nicht eiteriger Natur, so ist auf Herstellung zu rechnen. Auch chronische Fälle sind eines Rückganges fähig. Freilich lassen sich nicht immer die Begleit- und Folgezustände beseitigen; auch auf Rückfälle muss man sich in geheilten Fällen gefasst machen, woran ja die monatlichen vermehrten Blutzuflüsse die Hauptschuld tragen.

Die **Behandlung** der acuten Eierstocksentzündung fällt durchschnittlich mit derjenigen der ursächlichen Bauchfell-, Gebärmutter- und Eileiterentzündung zusammen oder mit dem Vorgehen gegen ein sonst ermitteltes Grundleiden. In der Regel wird man mit strenger Bettruhe, feuchtwarmen Leibaufschlägen, täglich mehrfach auszuführenden 26⁰ bis 24⁰ R. Rumpfbädern von je 10 minutlicher Dauer, 20⁰ R. Darmeinläufen mit sich anschliessenden 14⁰ R. Behalteklystieren von $\frac{1}{2}$ bis 1 Weinglas voll 14⁰ R. Wasser und reizloser Kost auskommen. Man kann durch diese ein bis zwei Wochen hindurch fortgesetzte Behandlung oft eine Rückbildung, soweit diese überhaupt möglich ist, beobachten. Ja sogar die eiterige Form weicht nicht selten diesen einfachen Maassnahmen. Ist es bereits zur Bildung von Eiterherden gekommen, so lässt sich ein operatives Vorgehen nicht vermeiden. Kleinere Eiterherde, besonders wenn sie vom Scheidengewölbe bequem erreichbar sind, kann man von der Scheide aus eröffnen und entleeren. Bei grösseren Eiteransammlungen empfiehlt es sich, den Durchbruch des Eiters nicht abzuwarten, vielmehr auf dem Wege des Bauchschnittes denselben zu entfernen.

Bei der chronischen Form des Leidens sorge man für Fernbleiben schädlicher Einflüsse und lasse nur zur Zeit des Monatsflusses mehr Bettruhe wahren. Sind die Schmerzen sehr heftig, so suche man sie durch Wärme- bez. Dampfproceduren zu mildern, die gleichzeitig auf den örtlichen und ursächlichen Process vortheilhaft einwirken. Hier kommen alle jene Maassnahmen in Betracht, die wir bei dem schmerzhaften Monatsflusse auseinandergesetzt haben. Ist hierdurch die Schmerzhaftigkeit geringer geworden, so kann, die Abwesenheit jeder Eiterung vorausgesetzt, eine vorsichtige Massage des erkrankten Eierstockes ausgeführt werden, wobei gleichzeitig etwaige Verlagerungen des Organes, durch entzündliche Verwachsungen herbeigeführt, allmählich beseitigt werden können. Es gelingt auf diesem Wege, wenn mit Geduld seitens des Arztes und der Patientin vorgegangen wird, der chronischen Entzündung der Eierstöcke und der durch sie hervorgerufenen Schmerzen Herr zu werden, so dass zu der von anderer Seite in diesen Fällen so oft ausgeführten Herausnahme der Eierstöcke kein Grund vorliegt. Selbst nicht messerscheue Frauenärzte wenden sich gegen die übertriebene Ausführung der Eierstocksentfernung bei der chronischen Entzündung dieser Organe. *Fehling* sagt hierüber: »Jedenfalls kann nicht genug gegen die kritiklose Ausführung dieser Operation geeifert werden; es genügt nicht, dass man eine kleine Cyste am Eierstocke fühlt oder hernach nachweist, nur das volle Bild der chronischen Eierstocksentzündung mit ihren Folgezuständen rechtfertigt die Operation, die zweifellos nicht nur auf ausserdeutschem, sondern auch auf deutschem Boden viel zu häufig, besonders von der messerfreudigen operirenden Jugend ausgeführt wird«. Auch *Hegar* und *Winckel* halten die hierher gehörigen Fälle, in denen die Entfernung der Eierstöcke angebracht wäre, für selten. Sie glauben auf Grund verschiedener Erfahrungen, dass man besonders bei ausgebreiteten, alten Entzündungsprocessen und Verwachsungen am meisten erreichen wird, wenn man die Operation unterlässt, um so mehr, als man nicht weiss, ob der Ausgangspunct der Schmerzen bei langem Bestande der Eierstocksentzündung nicht anderswo als gerade in dem erkrankten Organe zu suchen ist. *Winckel* geht sogar noch weiter und sagt: »Ich halte jede Eierstocksentfernung, soweit sie sich auf nicht nachweislich erkrankte Organe erstreckt, wegen alleiniger Schmerzen für einen Fehler, ja, wie *Liebermeister* sagt, für eine Verirrung«. Ganz besonders aber verdient *Küstner*'s Standpunct Beachtung, dass die erhaltenden Methoden im Kampfe um die Existenz noch immer den Sieg über die verstümmelnden davongetragen haben. Und selbst *Schroeder,* der die Anzeigen zur Eierstocksentfernung in diesen Fällen nicht sehr weit abgrenzt, hebt auf Grund seiner Erfahrung hervor, dass die nicht operative Behandlung der Schmerzen bei chronischer Eierstocksentzündung keineswegs so aussichtslos ist, wie sie mitunter dargestellt wird. Halten wir uns die Folgen gerade dieser Operation bei jüngeren Frauen vor Augen, so wird man den Werth der naturgemässen Behandlung mit ihren Erfolgen schätzen lernen. Aber auch vor der Anwendung von Betäubungsmitteln, die oft lange Zeit verordnet werden, ehe selbst zurückhaltende Frauenärzte zum operativen Vorgehen schreiten, müssen wir dringlichst warnen. Die Naturheilfactoren wirken, wenn auch nicht immer momentan, wie vielleicht zunächst das Morphium, schmerzstillend ein, aber in der Regel sicherer und ohne Gefahr.

CAPITEL III.
Blutung in die Eierstöcke.

Ursachen. Zuweilen folgt bei stärkerer Blutüberfüllung der Eierstöcke dem Austritte eines Eichens aus der *Graaf*'schen Eihülle eine grössere Blutung meist vom Umfange einer Nuss, seltener darüber hinaus. Meist ist eine Gelegenheitsursache, besonders körperliche Ueberanstrengung, zu ermitteln. Auch bei allgemeinen Erkrankungen oder Vergiftungen, z. B. bei Typhus, Scorbut, *Bright*'scher Nierenentzündung, Phosphorvergiftung usw. fand man einen oder mehrere Blutsäcke in den Eierstöcken.

Anatomische Veränderungen. Der betroffene Eierstock ist nur wenig geschwollen, weich oder prall elastisch. Auf Durchschnitten findet man in dem Blutsacke mehr oder minder frisches Blut, zerfallenden Faserstoff und Blutkrystalle. Der Inhalt dickt sich im weiteren Verlaufe ein, wird theerartig, schliesslich aufgesaugt, und es verbleibt im Eierstocksgewebe eine strahlige, in der Mitte verfärbte Narbe zurück. Bei Blutungen im Bindegewebe der Eierstöcke wird das Organ grösser, das eigentliche Gewebe zertrümmert, und im weiteren Verlaufe schrumpft das Organ mehr oder minder ein.

Krankheitsbild. In der Regel verlaufen Blutungen in die Eierstöcke ohne klinische Erscheinungen, oder diese treten hinter den Aeusserungen eines etwaigen Grundleidens zurück. Stellt sich unmittelbar im Anschlusse an die Periode ein solcher Bluterguss ein, dann kann es zu Schmerzen an umschriebener Stelle des Unterleibes, Druckerscheinungen an Blase und Mastdarm und Verstärkung des Monatsflusses bei Fehlen von Fieber kommen.

Erkennung. Eine Blutung in die Eierstöcke kann man während des Lebens nur dann nachweisen, wenn man nach früherer genauer Untersuchung bei Anwesenheit der eben angegebenen Krankheitserscheinungen eine plötzlich aufgetretene, rundliche, nach unten deutlich abgegrenzte, hinter der Gebärmutter liegende Geschwulst ermittelt.

Vorhersage. Die Aussichten auf Herstellung sind meist günstig. Nur zuweilen droht beim Platzen eines Blutsackes die Gefahr einer inneren Verblutung.

Behandlung. Kleinere Blutergüsse werden bei Bettruhe durch ständig fortgesetzte 18 ⁰ R. Leibaufschläge und warme Halb- oder Rumpfbäder der Aufsaugung entgegengeführt. Gleichzeitig lassen hierbei die Schmerzen nach. Ein etwaiges Grundleiden ist natürlich besonders zu behandeln.

CAPITEL IV. *
Die Geschwülste der Eierstöcke.

Ursachen. Es erscheint nicht wunderbar, dass ein Organ, welches nach Eintritt der Reifezeit viele Jahre hindurch einer periodisch wiederkehrenden Blutüberfüllung ausgesetzt ist, das in physiologischer Weise stets und ständig neue Keime zu entwickeln hat, einen Lieblingssitz für gut- und bösartige Wucherungen abgiebt.

So wenig wie wir aber den eigentlichen Entstehungsgrund von Geschwülsten anderer Organe kennen, ebenso wenig vermögen wir über die Entstehungsgründe der verschiedenen Eierstocksgeschwülste Aufschluss zu geben. Ob es sich um Entwickelung angeborener, schon in der Uranlage vorhandener Keime handelt, oder ob Entzündungszustände und sonstige Reize die Eierstocksneubildungen hervorbringen, darüber herrscht vollkommenes Dunkel.

Bezüglich des Lebensalters wissen wir nur soviel, dass das dritte bis vierte Lebensjahrzehnt vorwiegend in Betracht kommt, wobei freilich die Möglichkeit vorliegt, dass die Geschwulst schon viel früher vorhanden war.

Verheirathete sollen nach *Olshausen* in allen Lebensjahrzehnten weniger befallen werden als Ledige.

Anatomische Veränderungen. Weniger in Berücksichtigung der Ergebnisse der Leichenschau als vielmehr aus practischen Gründen hat man die gesammten Eierstocksgeschwülste in blasig-sackartige und feste eingetheilt.

Wir betrachten zunächst:

A) Die blasig-sackartigen Neubildungen der Eierstöcke. — Ovarialcysten.

1. Blasige Geschwulst der *Graaf*'schen Eihüllen. Bereits unter den anatomischen Veränderungen der chronischen Eierstocksentzündung haben wir des Vorkommens grösserer, mit Flüssigkeit gefüllter Eisäckchen Erwähnung gethan. Nach dem Eintritte des geschlechtsfähigen Alters kommt es mehr bei jüngeren Personen zur Entwickelung solcher mit Blutwasser gefüllter Eihüllen-Sackgeschwülste von dem Umfange einer Kirsche und darüber hinaus. Bald findet man darin noch ein Eichen, bald ist dieses zu Grunde gegangen. Wachsen solche Sackgeschwülste (Fig. 126 u. 127), so können sie den Umfang eines Kindskopfes, zuweilen darüber hinaus erreichen. Anfänglich sind sie nur einkammerig,

später durch Zusammenfliessen mehrerer solcher Eihüllensackgeschwülste schliesslich mehrkammerig. Je grösser die Sackgeschwulst ist, und je mehr gewucherte Eihüllen zu ihrem Aufbaue zusammengeflossen sind, desto mehr verliert der erkrankte Eierstock an leistungsfähigem Gewebe. Eine solche Sackgeschwulst birgt dünnwässerigen, mit mässigem Eiweissgehalte versehenen Inhalt, in dem sich spärliche Zelltrümmer vorfinden, und kann verschwinden, indem sie von selbst platzt oder ihr Inhalt vom Bauchfelle aus aufgesaugt wird. Nicht selten findet man eine Sackgeschwulst mit der Nachbarschaft verwachsen. Ist auch der Eileiter einem ähnlichen Neubildungsprocesse verfallen und mit einem erkrankten Eierstocke verwachsen, so bildet sich eine zusammenhängende

Figur 126.

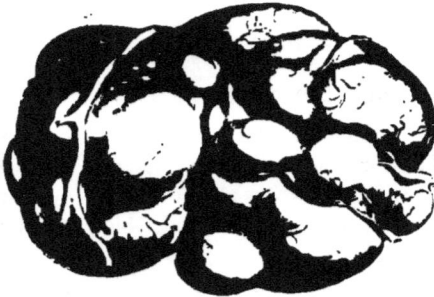

Blasenartige (cystöse) Eierstocksgeschwulst.

Figur 127.

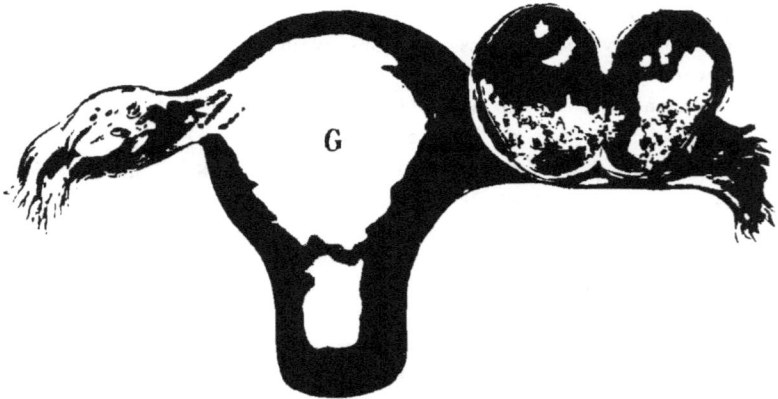

Rechtsseitiges, apfelgrosses, warziges Eierstockscystom aufgeschnitten, so dass man die Wucherungen sieht.
G   Gebärmutter.

Sackgeschwulst, wobei der Inhalt beider Hohlräume mit einander in Verbindung steht. Ist die Gebärmutteröffnung des Eileiters nicht verschlossen, so kann der Inhalt einer solchen Eierstock und Eileiter gemeinsamen Sackgeschwulst sich zeitweilig durch die Gebärmutter entleeren.

2. Die zusammengesetzten vielkammerigen Sackgeschwülste

der Eierstöcke (Fig. 128). Diese Form von Neubildungen umfasst die meisten Eierstocksgeschwülste und liefert zugleich die grössten aller von den Unterleibsorganen ausgehenden Wucherungen, die den Umfang mehrerer Mannesköpfe erreichen und oft einen Centner Flüssigkeit und darüber enthalten. Diese Sackgeschwülste stellen ungleichmässig kugelige, höckerige Gebilde dar, die durch Zusammenfliessen einer grossen Anzahl kleinerer Sackgeschwülste entstanden sind. Die Wand dieser Neubildungen besitzt eine mattweisse oder röthliche, glatte Oberfläche und führt in sich oft starke Blutadern. An verschiedenen Stellen ist die Wand verdünnt, so dass der Inhalt der Sackgeschwulst dunkel oder schwärzlich hindurchschimmert. Man findet diese Geschwulstform bald

Figur 128.

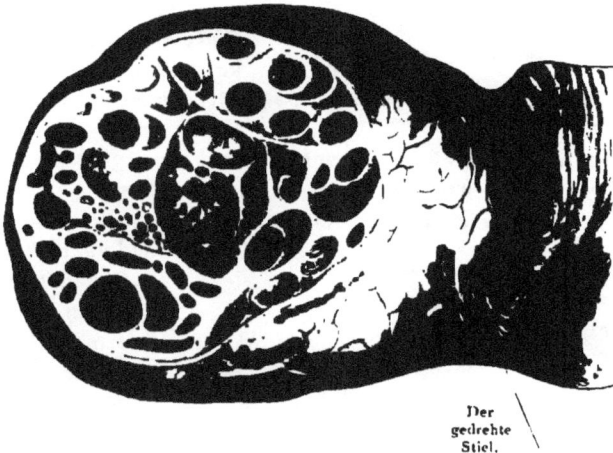

Der
gedrehte
Stiel.

Vielkammerige Cystengeschwulst des Eierstockes mit Stieldrehung. Waagerechter Durchschnitt.
Nach *Schaeffer*.

ein-, bald doppelseitig. An der Innenwand grösserer Kammern einer solchen Sackgeschwulst entstehen Tochterblasen, die allmählich nach Verdünnung ihrer Wand in die Mutterblase durchbrechen. Man findet so selbst in den mächtigsten Sackgeschwülsten, selbst wenn sie schliesslich nur eine grosse Blase vorstellen, immer noch Reste der Tochterblase, so dass man die Art der Entwickelung erkennen kann.

Der Ausgangspunct ist entweder in Drüsenwucherung oder Wucherung der Deckzellen zu suchen, wobei jedoch die Wucherung stets den Charakter des Ausgangsgewebes beibehält.

Der Inhalt dieser Geschwülste ist schleimig-fadenziehend, selten gelatinös-gallertartig, zuweilen auch dünnflüssig, blutwässerig. Bald ist ist er durchscheinend hell, bald durch Beimengung von Blut und dessen zersetzten Farbstoff röthlich, bräunlich oder schwarz. Er setzt sich aus einem schleimähnlichen Stoffe, dem Metalbumin, und Wasser zusammen. Der schleimähnliche Stoff ist durch Alkohol, nicht aber durch Essigsäure fällbar und geht beim Kochen mit verdünnter Mineralsäure in Zucker und Eiweiss über. Dieser Stoff bildet keineswegs, wie man früher annahm, einen charakteristischen Bestandtheil solcher Eierstocks-Sackgeschwülste, sondern man trifft ihn auch im Inhalte bei durch Leber- und Darmkrebs veranlasster Bauchwassersucht. Neben diesem schleimähnlichen Stoffe trifft man cylindrische Deckzellen, Fettkörnchen, Gallenstearinkrystalle, rothe und weisse Blutkörperchen und Farbstoffkörner an.

Figur 129.

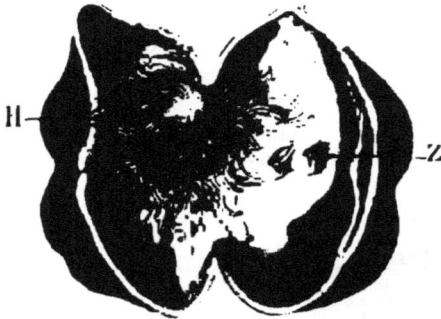

Eine aufgeschnittene Dermoidcyste des Eierstockes, H Haare, Z Zähne beberbergend.

3. Die hautähnlichen (Dermoide) und Balggeschwülste der Eierstöcke. Nicht selten findet man ein- oder beiderseitig meist kleinere Geschwülste in den Eierstöcken, welche in ihrem Inhalte makroskopisch und mikroskopisch alle Bestandtheile der äusseren Haut enthalten. Es handelt sich hierbei um angeborene Geschwülste, die stetig weiterwachsen, oft langsam, oft plötzlich schnell dadurch, dass sich in ihr Haare, verhornte Deckzellen und Hauttalg abstossen. Man findet an der Innenfläche einer solchen Geschwulst (Fig. 129) Unterhautfettgewebe, Schweiss- und Talgdrüsen, Knorpel, Knochen, Zähne und

Figur 130.

Cyste des Nebeneierstockes.
An ihr hängt der Eierstock mit mehreren Follicularcysten. Durchschnitten sind das Eierstocksband und der Eileiter. Letzterer zieht über die ganze Geschwulst hinweg, um auf der anderen Seite mit der ausgezerrten Franse zum Vorscheine zu kommen.
Nach *Fritsch.*

drüsenartige Gebilde sowie graue Nervensubstanz und Muskelfasern vor. Oft liegen mehrere solcher hautähnlicher Geschwülste zusammen und sind durch Gänge miteinander verbunden. Ihre Wand kann verkalken oder durch Ernährungsstörung sich erweichen, so dass der Inhalt in die

Bauchhöhle gelangt. Auch in dem geschlossenen Sacke selbst kann es durch verschiedene Umstände zu beträchtlichen Veränderungen, besonders durch Entzündung und Vereiterung, kommen.

4. Die Sackgeschwülste des Nebeneierstockes (Parovialcysten). - Aehnlich wie im Eierstocke entwickeln sich auch im Nebeneierstocke oft sackartige Geschwülste (Fig. 130). Sie erreichen nur ausnahmsweise den Umfang eines Kindskopfes und liegen in der Regel zwischen den beiden Blättern des breiten Mutterbandes. In der Regel sind sie einkammerig, zuweilen mehrkammerig. Der Bauchfellüberzug über der Geschwulst bleibt verschieblich. Die Wand ist in der Regel dünn, der Inhalt meist wie wässerig und enthält entweder kein oder nur Spuren von Eiweiss. In die Nebeneierstockssackgeschwulst ziehen

Figur 131.

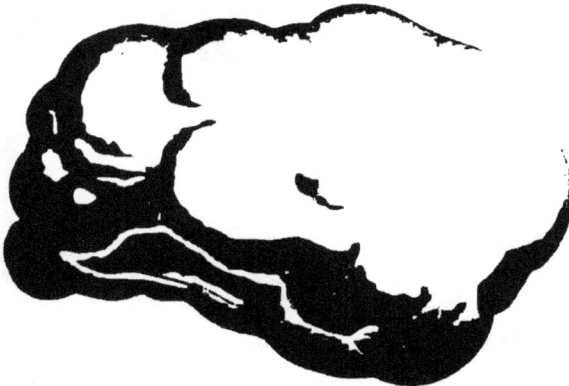

Fleischgeschwulst (Sarcom) des Eierstockes. ¹⁄₃ natürlicher Grösse.
Nach *Rossbach*.

meist keine grösseren Gefässe. Unter Umständen ist die Wand des Sackes sehr dick, ebenso der mit Blut vermengte Inhalt.

B) Die soliden Geschwülste des Eierstockes.

1. Die Bindegewebsgeschwulst (Fibrom) der Eierstöcke. Unter den soliden Neubildungen, welche die Eierstöcke betreffen, sind die Bindegewebsgeschwülste die seltensten. Sie finden sich zuweilen gleichzeitig neben sackartigen Geschwülsten und bei ähnlichen Wucherungen an der Gebärmutter vor. Nur ausnahmsweise werden sie grösser als etwa ein Gänseei. Eine Bindegewebskapsel wie die entsprechende Gebärmuttergeschwulst besitzen sie in der Regel nicht. Die neugebildeten Massen bestehen vorwiegend nur aus Bindegewebe, indessen findet man zuweilen auch Muskelfasern vor, die wohl zumeist den Gefässen entstammen. Durch chronische Entzündungsvorgänge im Inneren findet man die ver-

schiedensten Veränderungen vor, Erweichung, Verkalkung und fettigen Zerfall.

2. Die Fleischgeschwulst (Sarcom) der Eierstöcke. Die Fleischgeschwulst der Eierstöcke (Fig. 131 u. 132) stellt eine bösartige, dem Bindegewebe entstammende Wucherung vor. Man trifft sowohl mikroskopisch gewucherte Spindel- als auch Rundzellenformen. Die Fleischgeschwulst scheint öfter einseitig vorzukommen und erlangt höchstens den Umfang eines Manneskopfes. Ihre Oberfläche ist annähernd glatt. Die *Graaf*'schen Eihüllen sind zum grössten Theile verloren gegangen

Figur 132.

Dieselbe Fleischgeschwulst auf dem Durchschnitte. Nach *Rossbach*.

oder im Schwunde begriffen. Durch verschiedene Vorgänge kann die Fleischgeschwulst der Eierstöcke sackförmig entartet sein, oder man findet sowohl an ihrem Umkreise als auch in ihrer Mitte Erweichungs- und Verfettungsprocesse. Ergreift die Wucherung die Wand eines Blutgefässes, so kann dieses verlegt werden, wodurch ein Theil der Geschwulst abstirbt, oder eröffnet werden, wodurch Blutungen in die Geschwulst eintreten.

3. Der Krebs (Carcinom) der Eierstöcke. Unter den soliden Geschwülsten der Eierstöcke kommt der Krebs am häufigsten zur Beobachtung. Meist ergreift diese bösartige Wucherung beide Eierstöcke. Ihr Ausgangspunct ist in den Deckzellen zu suchen, die im Gegensatze zu den gutartigen Geschwülsten mehrschichtig und unregelmässig werden und in der Tiefe sogenannte zwiebelförmige Krebsnester bilden. Bald

hat man es mehr mit jener Form der bösartigen Neubildung zu thun, die zu einer allgemeinen krebsigen Anschoppung meist beider Eierstöcke führte. Letztere werden hierbei schon frühzeitig an ihrer Oberfläche höckerig (Fig. 133) und bedeutend vergrössert, behalten aber lange ihre eigentliche Form. Je nach dem Vorwiegen der Gewebsbestandtheile hat man es bei dieser Form bald mit Faser-, bald mit Mark- oder Gallertkrebs zu thun. Die zweite Form des ursprünglichen Eierstockskrebses stellt eine kleinhöckerige (Fig. 134), schnell in die Umgebung wachsende Geschwulst dar,

Figur 133.

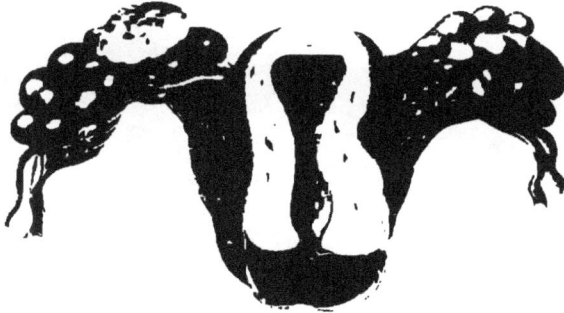

Beiderseitiger, drüsenartiger Eierstockskrebs. Nach *Winckel.*

welche baumastförmige Wucherungen in die Bauchhöhle (Fig. 135) sendet und schliesslich gleichsam den ergriffenen Eierstock aufzehrt (Fig. 136). In weit fortgeschrittenen Fällen trifft man das ganze Becken mit einer gelatinösen Masse ausgefüllt, ohne dass die gesammte Geschwulst eine genau zu bezeichnende Form hätte. Man findet innerhalb einzelner Eierstockskrebse in Säure sich lösende, anorganische Kalkkörper. Stets besteht eine grosse Neigung, sich auf die Nachbarschaft fortzupflanzen, und in der Regel findet man entzündliche Reizung des Bauchfelles und Bauchhöhlenwassersucht.

Figur 134.

Warzenartige, kleinhöckerige Eierstocksgeschwulst, von krebsartigem Charakter. Nach *Schaefer.*

Stielbildung, Wachsthum zwischen den Mutterbändern und Beziehungen der Eierstocksgeschwülste zur Nachbarschaft.

Da der Eierstock frei in die Bauchhöhle hineinragt, so muss auch ein grosser Theil der im Eierstocke sich entwickelnden Geschwülste in die Bauchhöhle hineinragen. Wächst eine Eierstocksgeschwulst immer mehr und mehr, so kann ihr Lageverhältniss und ihre Beziehung zu Nachbarorganen verschieden sein. Entweder findet das Wachsthum in die Tiefe, zwischen die beiden Blätter der breiten Mutterbänder statt, wie es besonders bei bösartigen Neubildungen der Fall ist, und die betreffende Eierstocksgeschwulst hängt alsdann mit der Gebärmutter ebenso zusammen wie der gesunde Eierstock. Bei zunehmendem Wachsthume

Figur 135.

Papilläre, krebsige Wucherungen auf der Aussenseite des Eierstockes.

wird bald auch der Eileiter an und über die Geschwulst gezogen, beträchtlich verlängert und mit hinein in den Stiel der Geschwulst gezogen, der ausserdem noch von dem Eierstocks- und breiten Mutterbande gebildet wird. Durch eine schwere, sich nach unten senkende Geschwulst werden, wie leicht verständlich, alle mit dem Eierstocke in Verbindung stehenden Bandmassen einschliesslich des Eileiters gezerrt und verlängert, sodass er schliesslich einen sehr dünnen Strang abgiebt. Im Stiele verlaufen die die Geschwulst ernährenden Gefässe. Wächst eine Eierstocksgeschwulst in der ersterwähnten Art, nämlich zwischen den beiden Blättern der breiten Mutterbänder weiter, so faltet sie diese immer mehr und mehr auseinander, tritt an die Seitenwand der Gebärmutter und kann dieselbe vorn und hinten umgreifen. Bei weiterem Wachsthume gelangt die Wucherung, die Blase verschiebend, an die vordere Bauchwand oder hinten in den

Figur 136.

Papilläre Geschwulst an der Innenwand des Eierstockes, verschiedentlich an seine Aussenwand durchgreifend, schliesslich den gesammten Eierstock zerfressend.

Douglas'schen Raum, an den Scheidengrund und den Mastdarm. Zuweilen wächst die Geschwulst hinter die S-förmige Krümmung oder den

Blinddarm, dabei die Harnleiter und Beckengefässe aus ihrer normalen Lage bringend.

Durch entzündliche Processe treten Verwachsungen der Eierstocksgeschwulst mit den Nachbarorganen und der Innenfläche der Bauchwand in mehr oder minder ausgedehnter Weise ein. So lange die Deckzellen der Aussenfläche eines erkrankten Eierstockes und der Nachbarorgane sowie des Bauchfelles gesund sind, bleiben Verwachsungen aus, und es ist auch fraglich, ob selbst durch längeres Aneinanderliegen an sich der Anreiz zu Verwachsungen geboten wird. Freilich pflegt ein solcher besonders bei grösseren Geschwülsten nicht auszubleiben, und schon in den ständig vor sich gehenden Darmbewegungen sowie in Lageveränderungen der Eierstocksgeschwulst bei den verschiedenen Lageveränderungen des Körpers und den Athembewegungen pflegt er gegeben zu sein. Noch grösser ist der Anreiz zu Verwachsungen, wenn Verletzungen, innere Blutungen und sonstige Anlässe vorliegen. Die jüngeren Verwachsungen sind spinnwebenartig dünn, saftreich und leicht zu lösen, die älteren dagegen derb und arm an Gefässen.

Eines der wichtigsten Ereignisse bei den mit einem Stiele versehenen Eierstocksgeschwülsten ist die Stieldrehung. Diese kann entweder plötzlich oder allmählich erfolgen. Man versteht hierunter eine Drehung der die Eierstocksgeschwulst mit der Gebärmutter verbindenden, stielartig ausgezogenen Gebilde um ihre Achse. Der Eileiter macht in der Regel, wenn auch nicht immer, diese Drehung, wie wir sie ähnlich bei der Nabelschnur finden, mit. Die Stieldrehung bei Eierstocksgeschwülsten ist kein seltenes Vorkommniss und tritt nach *Schürmeyer* auf Grund grosser Statistiken bei etwa 8 Procent der Fälle ein. Meist gelingt es unschwer, die Ursache der Achsendrehung des Stieles aufzufinden. Schon eine heftige wurmförmige Bewegung des Darmes kann nach *Olshausen,* besonders wenn Verwachsungen mit dem Darme bestehen, Stieldrehung bewirken. Auch ist es nicht unwahrscheinlich, dass rasche Lageveränderung der Patientin, anhaltendes Bücken mit Anstrengung der Bauchpresse, ungleichmässiges Wachsthum der Geschwulst dieses Ereigniss hervorrufen. Auch bei Schwangerschaften und noch mehr bei plötzlicher Entleerung der Gebärmutter durch die Entbindung ist wiederholt die Stieldrehung bewirkt worden. Schliesslich wurde, wie *Fehling* und *Schürmeyer* erwähnen, nicht allzu selten durch anhaltendes und kräftiges Untersuchen mit den verschiedenen Manipulationen, ebenso durch Massage die Achsendrehung des Stieles einer Eierstocksgeschwulst herbeigeführt. Das Ereigniss tritt um so leichter ein, je länger und dünner der Stiel ist. Unter den durch die Stieldrehung bewirkten anatomischen Vorgängen heben wir die wichtigsten hervor. Dadurch, dass die im Stiele verlaufenden Gefässe mehr oder minder abgeschnürt werden, entstehen Kreislaufsstörungen, die zu einer Blutstauung in der Eierstocksgeschwulst führen. Ganz besonders die Blutadern schwellen zu dicken, blauen, stark gespannten Strängen an; die Geschwulst wächst hierdurch, wird wassersüchtig durchtränkt, oder es findet eine Blutung in sie statt. Ist die Kreislaufsstörung bedeutend, so kann der Geschwulst das ernährende Blut allmählich abgeschnitten werden, und sie selbst veröden, was man als eine Art Naturheilung auffassen könnte. Wird durch Stieldrehung die Blutzufuhr plötzlich abgeschnitten, so stirbt die Geschwulst ab und kann unter Umständen durch Erweichen und Platzen Gefahren bieten. In anderen Fällen, wenn nämlich durch Verwachsungen mit ihren Gefässen der Geschwulst Ernährungsmaterial zugeführt wird, kann sie bestehen bleiben trotz Verlegung der Stielgefässe und nach wie vor weiter wachsen. Durch solche Stieldrehungen kann weiterhin ein Anreiz zur Verwachsung mit der Umgebung geboten werden, hierdurch für einwandernde Giftkeime der Boden geebnet werden und so in einer Eierstocksgeschwulst Entzündung, Eiterung und Verjauchung auftreten. Ist die Eierstockswand stark verdünnt, so kann durch die Stieldrehung mit ihren Folgen eine Geschwulst bersten und ihren Inhalt in die Bauchhöhle ergiessen, wodurch die anatomischen Veränderungen einer Bauchfellentzündung sich darbieten. Stehen durch Stieldrehung die Gefässe einer Eierstocksgeschwulst unter hohem Blutdrucke, und sind ihre Wandungen noch dazu nicht verschont geblieben, so bersten schliesslich die Gefässe, und es stellt sich eine starke innere Blutung ein, die den Tod herbeiführt.

Dass in den verschiedenen Eierstocksgeschwülsten Verfettung, Verkalkung und hierdurch Verkleinerung eintreten kann, haben wir bereits erwähnt.

Auch auf den Umstand müssen wir hinweisen, dass ein grosser Theil anfänglich gutartiger Eierstocksneubildungen später den Charakter bösartiger Geschwülste annimmt.

Blutungen und Platzen von Eierstocksgeschwülsten treten auch abseits der Stieldrehung durch Schlag, Fall, operatives Vorgehen und ähnliche Umstände ein. War vorher eine Verwachsung mit Nachbarorganen vorhanden, so kann sich durch diese der Inhalt einer Eierstocksgeschwulst entleeren.

Krankheitsbild. Bei einer grossen Anzahl von Eierstocksgeschwülsten, selbst wenn sie einen ziemlichen Umfang erreicht haben, können klinische Erscheinungen vollständig fehlen. Kleinere Neubildungen rufen dann Beschwerden hervor, wenn sie mit entzündlichen Vorgängen einhergehen oder mit der Nachbarschaft verwachsen sind. Selbst grosse Eierstocksgeschwülste verbleiben ohne Erscheinungen, wenn sie weich, schlaffwandig und gut gestielt sind, so dass sie sich dem Lagewechsel und der wechselnden Füllung der Organe anzupassen vermögen. Die soliden Eierstockswucherungen rufen vielfach, nachdem sie lange Zeit unbemerkt bestanden haben, zuweilen plötzlich durch Reizung des Bauchfelles deutliche Aeusserungen hervor. Je mehr entzündliche Verwachsungen sich bilden, desto merklicher entstehen klinische Erscheinungen. Wird bei grösserer Entwickelung von Eierstocksgeschwülsten die Gebärmutter verlagert, so entstehen ähnliche Erscheinungen, wie wir sie bei der Senkung, Rück- und Vorwärtslagerung der Gebärmutter angegeben haben: Gefühl des Druckes und der Schwere, Stuhldrang, vermehrter Harndrang usw. Drückt eine Eierstocksgeschwulst nach hinten, so können Kreuzschmerzen und Hüftweh, seltener Steissbeinschmerz entstehen. Wächst eine Eierstocksgeschwulst gutartigen Charakters in die Bauchhöhle hinein, so können unter Umständen, ebenso wie bei durch Schwangerschaft vergrössertem Fruchthalter, zunächst nur wenige Störungen vorhanden sein, und erst bei kolossalem Umfange stellen sich schwerere Erscheinungen ein. Der Magen vermag alsdann nicht mehr eine grössere Nahrungsmenge aufzunehmen, Leber und Zwerchfell sind stark in die Höhe gedrängt. Durch Druck auf Dick- und Dünndarm leidet die Verdauung und Stuhlentleerung, und ständig ist ein Gefühl der Völle und des Aufgetriebenseins vorhanden. Durch Bedrängung der Brustorgane tritt Kurzathmigkeit und Herzklopfen ein. Durch Druck auf die Blutgefässe entsteht wassersüchtige Anschwellung in den Beinen und der unteren Bauchgegend. Die Bauchwand ist vorgetrieben und verdünnt, und man merkt wie bei Schwangerschaft auf ihr Narben und Dunkelfärbung der Mittellinie. Hierzu können sich Schmerzen an der Seite oder über dem ganzen Unterleibe einstellen, die auf einer Bauchfellreizung beruhen.

Bezüglich der einzelnen Arten von Eierstocksgeschwülsten lassen sich Besonderheiten in dem durch sie hervorgerufenen klinischen Krankenbilde nicht geben; immerhin hat man einige Anhaltspuncte. Die sackartigen Neubildungen rufen häufig Entzündungen auch des Bauchfelles hervor und neigen besonders gern zu Verwachsungen. Dabei können sie Jahre lang klein bleiben. Bei der Fleischgeschwulst und dem Krebse der Eierstöcke tritt der starke Verfall der Kranken und Bauchwassersucht in den Vordergrund. Die Nebeneierstockssackgeschwülste neigen wenig zu Entzündungen und Verwachsungen; oft jedoch rufen sie, bevor sie sich in den Bauchraum emporgehoben haben, starke Schmerzen hervor.

Störungen des Monatsflusses sind besonders bei einseitiger Erkrankung, aber auch bei doppelseitiger Geschwulstbildung, so lange noch nicht alles Eierstocksgewebe vernichtet ist, oft nicht vorhanden. Steigerung oder Ausbleiben derselben ist selten; Schmerzhaftigkeit tritt zuweilen selbst bei kleineren Eierstocksgeschwülsten auf, wenn sich straffe Verwachsungen entwickelt haben.

Schwangerschaft kann eintreten. Oft jedoch wird sie durch begleitende Entzündung der Gebärmutterschleimhaut, Abknickung des Eileiters und andere Umstände verhindert.

Schwere klinische Erscheinungen entstehen im Verlaufe von Eierstocksgeschwülsten durch besondere, von uns bereits erwähnte Ereignisse. Ganz besonders tritt die Stieldrehung in den Vordergrund. Entsteht dieselbe plötzlich, so stellen sich die Erscheinungen einer schweren Bauchfellentzündung ein: starke Leibschmerzen, Gasauftreibung der Därme, hoher Puls, Fieber, Stuhlverhaltung, Zusammenbruch und unter Umständen das schwere Bild der Darmverschlingung. Selbst wenn diese Erscheinungen zunächst vorüber gehen, so kann durch nachfolgende Verwachsung mit Eileiter und Därmen durch Einwanderung von Entzündungskeimen Vereiterung und Verjauchung einer Eierstocksgeschwulst mit ihren schweren Folgen auftreten. Letzteres kann auch, durch verschiedene Verhältnisse begünstigt, ohne vorangegangene Stieldrehung sich einstellen.

Auch des Platzens einer Sackgeschwulst des Eierstockes haben wir bereits Erwähnung gethan. Der Inhalt wird in die Bauchhöhle ergossen und, wenn er keimfrei ist, im günstigsten Falle aufgesaugt und so ausgeschieden. Ist der Inhalt eiterig oder jauchig, so stellt sich das Krankheitsbild einer schweren Bauchfellentzündung ein. Man sieht in solchen Fällen plötzlich eine bis dahin beobachtete Geschwulst schwinden, und die Form des Leibes sich verändern. Ist das Platzen einer Geschwulst mit einer Zerreissung grösserer Blutgefässe verknüpft, so stellen sich die Zeichen des Zusammenbruches und innerer Verblutung ein.

Der Verlauf von Eierstocksgeschwülsten ist durchschnittlich ein langwieriger, und es ist unmöglich, für ihren Bestand eine bestimmte Zeit anzugeben, zumal man von ihrem Beginne meist keine Kenntniss hat und die Kranken den Anfang erst von dem Eintritte merkbarer Erscheinungen berechnen. Jedenfalls werden kleinere, gutartige, langsam wachsende Sackgeschwülste lange Zeit hindurch ertragen, ehe sie zur Kenntniss der Patientin und des Arztes kommen. Die bösartigen Geschwülste besitzen unter gleichzeitiger Schwächung des Gesammtorganismus ein rasches Wachsthum und führen meist innerhalb von $^1/_2$ bis 2 Jahren nach ihrer Entdeckung zum Tode. Dabei kann Fieber, Schmerz und jede sonstige Erscheinung lange Zeit hindurch oder andauernd fehlen.

Zuweilen wachsen Geschwülste, die bis dahin klein verblieben waren, plötzlich rasch an und führen, obwohl bisher besondere Beschwerden fehlten, plötzlich grosse Gefahr für das Leben herbei.

Schwangerschaft bedingt zuweilen rasches Wachsthum einer bis dahin klein verbliebenen Eierstocksgeschwulst. Sackartige Neubildungen bleiben jedoch durch diesen Umstand vielfach unbeeinflusst. Da durch gleichzeitige Schwangerschaft der Bauchraum stark angefüllt ist, so tritt bei grösseren Eierstocksgeschwülsten oft eine beängstigende Athemnoth auf, die zu ärztlichen Eingriffen drängt. Auch die Stieldrehung findet hierbei leichter statt. Unter der Geburt selbst kann eine im *Douglas'*-schen Raume liegende Eierstocksgeschwulst ein wesentliches Hinderniss für die Entbindung abgeben und unter Umständen sogar die Ausführung des Kaiserschnittes bedingen, oder es wird durch die hierbei angestrengte

Bauchpresse, starke Bewegungen und sonst in Betracht kommende Umstände das Platzen einer Eierstocksgeschwulst bewirkt.

Platzt eine vorher mit anderen Organen verwachsene Sackgeschwulst, so entleert sich ihr Inhalt durch eine entsprechende Fistel, und es kann zur Ausheilung kommen. Ist letzteres nicht der Fall, so entsteht durch diese regelwidrige Verbindung die Gefahr nachträglicher Entzündung, Eiterung und Verjauchung durch Einschleppung entsprechender Keime.

Viele Eierstocksgeschwülste, die lange Zeit klein und gutartig verblieben waren, nehmen plötzlich den Charakter bösartiger Wucherungen an, so dass sie schliesslich lebensgefährdend werden.

Erkennung. Der Nachweis, dass eine im Unterleibe gefühlte Geschwulst dem Eierstocke angehört, erfordert alle Hülfsmittel der Untersuchung, da man neben einer etwaigen Schwangerschaft das grosse Gebiet aller sonstigen Geschwülste der Unterleibsorgane zu berücksichtigen hat. Freilich, wenn man den Bauchschnitt als Hülfsmittel der Feststellung anwendet, so kommt man rasch und genau zu einer sicheren Entscheidung, aber der blutige Weg hierzu ist mit grossen Gefahren verknüpft, und wir müssen meist den unblutigen einschlagen. In der Regel hat der Arzt eine grössere Eierstocksgeschwulst festzustellen, da die meisten Kranken erst im vorgerückteren Stadium seine Hülfe in Anspruch nehmen. Man hat hierbei zur Besichtigung, Betastung, Beklopfung, Behorchung, einfachen und zusammengesetzten inneren Untersuchung zu schreiten. Die möglichst entkleidete Patientin hat sich zur Ausführung dieser Untersuchungsmethoden nach vorheriger Entleerung von Blase und Mastdarm auf das Untersuchungsbett zu legen. Bei grossen Eierstocksgeschwülsten sieht man die stark hervorgewölbten Bauchdecken und Hautnarben, ferner, dass die Leibesform meist auf der einen Seite und unregelmässiger als bei Schwangerschaft hervorgewölbt ist. Bei dünnen Bauchdecken sieht man zuweilen unter der Athmung knollige Vorsprünge auf und ab steigen.

Die Betastung ist vorsichtig mit beiden Händen unter ständiger Vergleichung entsprechender Gebiete beider Seiten vorzunehmen. Man ermittelt hierdurch, ob eine Geschwulst mehr hart oder weich ist, ob Flüssigkeitsschwappen vorhanden, ob die Geschwulst druckempfindlich, leicht oder schwer verschieblich oder vollständig fest ist. Man fühlt ferner, ob die Bauchwand über der Geschwulst verschieblich oder mit ihr verwachsen ist und ob beim Abwärtsdrängen der Neubildung das Zwerchfell mit in die Bauchhöhle gezogen wird. Um möglichst genauen Aufschluss über alle diese Fragen zu erhalten, muss man der Patientin befehlen, durch ein unter das Kreuz gelegtes Polster beziehentlich durch starkes Anziehen der Oberschenkel die Bauchdecken zu spannen oder zu lockern. Auch hat man nicht nur bei Rücken-, sondern auch bei Bauchlage die Betastung vorzunehmen. Selbstverständlich muss man fast immer von einer Narkotisirung absehen und diese nur bei ungeheurer Schmerzhaftigkeit anwenden. In neuester Zeit ist für solche Fälle mit Recht empfohlen worden, die Betastung im lauen Bade unter dem Wasser auszuführen.

Die Beklopfung ergiebt nur bei dünnen, wenig gespannten Bauchdecken sichere Anhaltspuncte, anderenfalls liefert sie oft Irrthümer veranlassende Ergebnisse. Bald wird nämlich durch starke Bauchwassersucht, durch Ueberlagerung von Därmen, durch sehr dicke Bauchdecken ein sehr wechselndes und schwer zu deutendes Resultat geliefert, zuweilen jedoch erhält man über die Anwesenheit von Wasser in der Bauchhöhle, wenn man die Beklopfung in verschiedenen Lagen und Stellungen ausführt, Aufschluss. Man beklopft zunächst, vom höchsten Puncte der Geschwulst ausgehend, geradlinig nach unten. Die Mitte des Leibes ergiebt vorwiegend gedämpften, die Seitentheile hellen Schall, während bei alleiniger Bauchwassersucht umgekehrt in der Mitte des Leibes heller, an den Seitentheilen gedämpfter Schall sich ergiebt. Ist Bauchwassersucht neben einer Eierstockssackgeschwulst vorhanden, so ergeben auch die seitlichen Theile des Bauches gedämpften Schall, und bei starker Wasseransammlung in der Bauchhöhle, welche die Därme in sich schliesst, sind die Därme nicht durch Beklopfung zu erkennen oder nur unter Umständen, wenn man durch starkes Eindrücken das Wasser verdrängt.

Die Behorchung kommt vorwiegend zur Unterscheidung von Schwangerschaft in Betracht. Ein mit der Zusammenziehung des Herzens gleichzeitiges sausendes Geräusch ist bei Eierstocksgeschwülsten nur sehr selten zu hören.

Die einfache innere Untersuchung hat zunächst die Lageabweichung besonders der Gebärmutter abseits jeden äusseren Druckes zu ermitteln. Unmittelbar an sie ist die zusammengesetzte Untersuchung anzuschliessen. Man erlangt hierdurch Kenntniss über den Sitz der Geschwulst, ihren Zusammenhang mit der Nachbarschaft, über die Consistenz der Geschwulst, die Lage der Gebärmutter, ferner ob die Neubildung in die freie Bauchhöhle und zwischen die beiden Blätter der breiten Mutterbänder oder in anderer Richtung gewachsen ist.

Das Herabziehen der Gebärmutter ergiebt nicht immer sichere Resultate und ist nicht ungefährlich, da Zerreissung von Sackgeschwülsten und bedrohliche Blutungen aus zerrissenen Gefässen von Verwachsungen eintreten können. Auch die Sondenuntersuchung lässt meist im Stiche und bringt Gefahren mit sich.

Die Anstechung (Punction) einer Eierstocksgeschwulst kommt nur ausnahmsweise in Betracht, führt oft zu keinem greifbaren Resultate und bietet leicht einen Anreiz zu Verwachsungen mit der Nachbarschaft. Selbst wenn man durch die Spritze Flüssigkeit entziehen kann, so ist das Resultat der chemischen Untersuchung nicht sehr stichhaltig, weil gleiche Bestandtheile auch in anderen Körperflüssigkeiten vorkommen als im Inhalte von Eierstocksgeschwülsten.

Das werthvollste Hülfsmittel der Untersuchung verbleibt demnach im Vereine mit der Betastung die innere einfache und zusammengesetzte Untersuchung, durch die man in der Mehrzahl der Fälle den Zusammenhang der Geschwulst mit der Gebärmutter durch den sogenannten Stiel nachweisen kann. In zweifelhaften Fällen ist es empfehlenswerth, die Patientin auch in abschüssiger Lage, den Kopf nach unten gerichtet, zu untersuchen, wodurch die Geschwulst nach dem Zwerchfelle zu rückt. Man kann hierbei oft deutlicher einen Stiel ermitteln und erkennen, dass durch dessen Anspannung gleichzeitig die Gebärmutter mit in die Höhe gezogen wird. In trotzdem zweifelhaften Fällen kann man durch einen Gehülfen die Gebärmutter vorsichtig anziehen lassen, wodurch die Ermittelung eines Stieles gelingt.

Am leichtesten sind Sackgeschwülste von mittlerer Grösse nachzuweisen, die ihre Beweglichkeit noch nicht eingebüsst haben und bereits aus dem kleinen Becken emporgestiegen sind. Hierbei erreicht man durch Beklopfung, Betastung und innere zusammengesetzte Untersuchung fast immer sicheren Aufschluss. Sofern normale und Bauchhöhlenschwangerschaft ausgeschlossen werden kann, kommt für die mittelgrossen Eierstocksgeschwülste fast nur die Frage in Betracht, ob es sich um eine Sackgeschwulst oder die entfernte Möglichkeit einer nach der Seite ausgedehnten Gebärmuttermuskelgeschwulst handelt. Eine genaue Abtastung ergiebt über den Zusammenhang der Geschwulst mit der Gebärmutter, ihre Härte und etwaigen Inhalt meist sicheren Aufschluss. Noch leichter ist in mehrfacher Hinsicht die Erkennung kleinerer Eierstocksgeschwülste, weil deren Umgebung leicht abgetastet werden kann, und sich so ermitteln lässt, dass sie mit der Gebärmutter nicht in Verbindung stehen. Bei vorheriger Entleerung von Blase und Mastdarm ist durch die zweihändige Untersuchung die Feststellung meist leicht, und man hat nur zuweilen nöthig, bei zweifelhaften Fällen eine Verwechselung mit einer Eileitergeschwulst, -schwangerschaft, einem abgekapselten Eiterherde zwischen den beiden Blättern der breiten Mutterbänder und einer langgestielten Muskelgeschwulst der Gebärmutter durch die sonstigen Ergebnisse der Untersuchung zu unterscheiden.

Der Nachweis von Verwachsungen gelingt bei grösseren, die Bauchhöhle ausfüllenden Eierstocksgeschwülsten in der Regel nicht, was jedoch für die Behandlung belanglos ist. Bei kleineren Neubildungen der Eierstöcke ist es zuweilen bei der zusammengesetzten inneren Untersuchung möglich, Verwachsungsstränge zu fühlen. Die Anwesenheit von Bauchwassersucht bietet in der Regel für die Ausführung besonders der inneren Untersuchung nur selten eine Erschwerung dar. Ihre gleichzeitige Anwesenheit bei festgestellter Eierstocksgeschwulst lässt meist auf deren krebsigen Charakter schliessen.

Um in schwierigen Fällen der grossen Zahl möglicher Verwechselungen aus dem Wege zu gehen, muss man oft wiederholt untersuchen und ohne voreingenommene Meinung an alle Formen von Neubildungen in den Bauchorganen, den Bauchdecken, dem Bauchfelle und an alle jene Processe denken, die Bauchhöhlenwassersucht bewirken können. Nie, wie bereits angedeutet, hier aber der Wichtigkeit halber nochmals erwähnt sei, lasse man Fragen und Untersuchung auf Schwangerschaft ausser Acht. Entzündungen, Geschwülste, Blut- und andersartige Flüssigkeitsergüsse innerhalb der weiblichen Geschlechtsorgane und ihrer unmittelbaren Umgebung kann man durch genaue Aufnahme der Krankengeschichte, Berücksichtigung des Krankheitsverlaufes und sorgfältige zusammengesetzte Untersuchung leicht aus dem Bereiche der Verwechselungen ausschliessen. Eine überfüllte Blase, Kothstauung, Windkolik, fette Bauchdecken, hysterische Scheingeschwülste sollten zu Irrthümern kaum Veranlassung geben.

Oft ist bei Lebzeiten oder vor dem Bauchschnitte eine genaue Ermittelung trotz aller Sorgfalt nicht möglich, was bei der grossen Zahl und Ausdehnung der verschiedenen Geschwülste der Bauchorgane leicht begreiflich erscheint. Es kommen hierbei Leber-, Nieren-, Milz-, Gekröse-, Drüsen-, Mastdarm- und zuweilen auch Magengeschwülste und Lageabweichungen dieser Organe in Betracht. Nur durch genaue physikalische Untersuchung und Berücksichtigung aller Momente gelingt es nach längerer Beobachtung meist, Irrthümern zu entgehen. Es würde zu weit führen, alle hier in Betracht kommenden Einzelheiten ausführlich zu erörtern.

Vorhersage. Bezüglich der Aussichten, die man bei festgestellter Eierstocksgeschwulst machen kann, sei man stets vorsichtig. Selbst wenn die geringe Ausdehnung und das langsame Wachsthum nicht zu sofortigem Handeln drängen, so kann durch entzündliche Vorgänge, Platzen, Blutung und Stieldrehung Veranlassung zu raschem Vorgehen geboten werden. Bei verheiratheten Frauen wird die Vorhersage durch die Möglichkeit einer hinzutretenden Schwangerschaft noch ungünstiger. Auch insofern sind selbst gutartige Eierstocksgeschwülste bedenklich, als sie späterhin in ziemlich grosser Zahl den Charakter bösartiger Wucherungen annehmen. Dass rasch wachsende Eierstocksgeschwülste, besonders Krebs- und Fleischgeschwülste, die Aussichten ungünstiger gestalten, brauchen wir wohl nur zu erwähnen. Andererseits ist nicht zu verkennen, dass in dem letzten Jahrzehnte bei rechtzeitiger Erkennung und Behandlung im Allgemeinen die Aussichten wesentlich günstiger geworden sind.

Behandlung. Von einer Vorbeugung von Eierstocksgeschwülsten kann man nicht sprechen, da uns ja ihre Entstehungsursache völlig dunkel ist. Hat man eine kleine Eierstocksgeschwulst ermittelt, so wird man der Patientin anrathen, sich während des Monatsflusses möglichst zu schonen, schwere Anstrengungen zu meiden, sich vor einem Uebermaass im Geschlechtsgenusse oder gar vor Schwangerschaft in Acht zu nehmen. Im Uebrigen ist durch möglichst häufig ausgeführte laue

Rumpfbäder, Scheidenausspülungen und Leibaufschläge möglichst dafür Sorge zu tragen, dass entzündliche Reizungen und dadurch Verwachsungen nicht auftreten und sich fortentwickeln. Handelt es sich um junge Patientinnen, bei denen das Allgemeinbefinden ungestört ist, so kann man, da hierbei fast ausschliesslich sack- und hautartige Geschwülste in Betracht kommen, unter der eben angeführten Behandlung beobachtend zuwarten. Kleinere Sackgeschwülste empfiehlt *Ziegenspeck* durch Massage zum Platzen und den ausfliessenden, keimfreien Inhalt durch das Bauchfell zur Aufsaugung zu bringen. Bei grösserem Umfange der Eierstocksgeschwülste räth auch *Ziegenspeck* von diesem Vorgehen ab. Wir selbst würden die Verantwortung für dieses Vorgehen freilich nicht übernehmen. Da es doch nur zuweilen für dünnwandige Sackgeschwülste Anwendung finden könnte, so käme dieses Verfahren an sich nur verschwindend selten in Betracht. Wir ziehen alsdann das abwartende Verfahren vor, bei dem auch *Fritsch* zuweilen durch spätere Untersuchungen vollkommenes Verschwinden eintreten sah. Bei grösseren oder rasch wachsenden Sackgeschwülsten führte man früher durch Anstechen Entleerung des flüssigen Inhaltes herbei. Mit Recht ist man jedoch von diesem operativen Vorgehen immer mehr und mehr zurückgekommen, da der hierdurch erzielte Nutzen hinter den anhaftenden Gefahren weit zurücksteht. Durch Verletzung eines grösseren Gefässes kann eine starke Nachblutung in den entleerten Geschwulstsack oder die Bauchhöhle entstehen, oder die Anstichsöffnung zieht sich von der Bauchwand zurück, schliesst sich nicht, und der Geschwulstinhalt ergiesst sich in die freie Bauchhöhle. Die sogenannte Abzapfung ist daher nur bei solchen Fällen vorzunehmen, wo plötzliche Lebensgefahr, z. B. unter der Geburt, eine rasche Entleerung erforderlich macht, oder bei schwachen Greisinnen, bei denen durch eine grosse Eierstocksgeschwulst Erstickungsgefahr droht, und man von einer grösseren Operation absehen muss. Freilich darf man sich bei diesen Fällen nicht darüber wegtäuschen, dass die erste Abzapfung nur der Vorläufer bald nothwendiger anderer ist; denn bald sammelt sich wieder die Flüssigkeit in früherer Weise an. Deswegen können wir vollkommen den Standpunct von *Fritsch* billigen, dass man niemals die Abzapfung ausführe, so lange die gründliche Operation unternommen werden kann. Diese wird man besonders dann unternehmen, wenn es sich um Patientinnen in mittleren Lebensjahren handelt, oder wenn bis dahin klein verbliebene Eierstocksgeschwülste zu wachsen beginnen. Besonders dann wird man zur gründlichen Operation schreiten, wenn es sich um Patientinnen handelt, die sich nicht schonen können und durch die Eierstocksgeschwulst ständig Beschwerden haben und dadurch arbeitsunfähig sind. Die Operation, auf deren technische Einzelheiten wir an dieser Stelle nicht eingehen können, besteht in der Anlegung des Bauchschnittes mit sich anschliessender Entfernung des einen oder beider erkrankter Eierstöcke. Für den practischen Arzt und das Publikum hat vorwiegend die Frage Bedeutung, wie lange die Bettlägerigkeit bei einer solchen Operation dauert. Wenn Alles normal ist, kann die Operirte nach $2^1/_2$ bis 3 Wochen aufstehen, falls nicht die erste Regel eintritt. Die zweite Frage, welche an den Arzt, der die Operation empfiehlt, gestellt wird, nämlich die nach ihrer Gefährlichkeit, ist dahin zu beantworten, dass bei gutartigen Geschwülsten eine Sterblichkeit von wenigen Procenten vorhanden ist. Sind erst einmal vier bis fünf Tage seit der Operation vergangen und ist Stuhlabgang erfolgt, so ist, von unvorhergesehenen Zufällen abgesehen, die Aussicht günstig. Zuweilen ist noch nach Jahren eine Nachoperation nöthig, wenn durch Verwachsungen der Bauchorgane oder des Netzes mit der Bauchwunde lebhafte Beschwerden und Abweichungen der Darmthätigkeit vorhanden sind. Bei bösartigen Geschwülsten kann sich, falls sie nicht zu ausgedehnt sind, eine Verlängerung des Lebens durch die freilich oft erschwerte Operation erreichen lassen.

Der Glaube vieler Anhänger der Naturheilmethode, dass man bei Eierstocksgeschwülsten ohne Operation auskommt, ist leider trügerisch. Hat der Naturarzt nach mehrwöchentlicher Behandlung mit den Naturheilfactoren keinen Rückgang der Neubildung beobachtet — bei bösartigen Eierstocksgeschwülsten ist dieses ja an sich ausgeschlossen —, so geht seine Pflicht dahin, falls er sein Gewissen nicht belasten will, zur rechtzeitigen Ausführung der Operation zu rathen. Letztere ist auch dann zuweilen als unabweisbar hinzustellen, wenn Stieldrehung, Platzen oder Blutung bei einer Eierstocksgeschwulst aufgetreten sind.

Neunter Abschnitt.

Erkrankungen der Gebärmutterbänder des angrenzenden Bauchfelles und Beckenzellgewebes.

CAPITEL I.

Die acute und chronische Beckenbindegewebsentzündung — Parametritis.

Ursachen. Im Anschlusse an Aufsaugung giftigen Körpermateriales kommt es zur Entzündung desjenigen Bindegewebes, welches zwischen dem Bauchfelle einerseits, zwischen Gebärmutter, Mastdarm, Blase und Beckenboden andererseits liegt. Wenn sich auch anatomisch diese Bindegewebsentzündung nicht streng von der fast immer gleichzeitig vorhandenen gleichartigen Erkrankung des angrenzenden Beckentheiles des Bauchfelles trennen lässt, so wollen wir aus practischen Gründen die Beckenbindegewebsentzündung gesondert besprechen, da wir hierdurch am besten den häufigsten Ausgangspunct der hier in Betracht kommenden Erkrankungen charakterisiren können.

In der Mehrzahl der Fälle nimmt die Beckenbindegewebsentzündung ihren Ausgang von einer Verletzung, in die giftige Keime hineingeschleppt worden sind, so dass das Auftreten dieser Erkrankung vorwiegend im Anschlusse an die Entbindung beobachtet wird. In gleicher Weise tritt die Beckenbindegewebsentzündung, abseits von Entbindungen, zuweilen nach ärztlichen Eingriffen an der Scheide, am Gebärmutternacken und am Muttermunde auf. Hierbei kommen ausser schneidenden Eingriffen, Einführung unreiner Sonden, Erweiterung des Muttermundes durch Quellmittel, Austastung der Gebärmutterhöhle, Untersuchungen bei Entzündungen und zerfallenden Neubildungen usw. in Betracht. Auch schlechtsitzende Scheidenhebel oder Mutterringe können zu Verletzungen und bei Einführung von Zersetzungsproducten zu Beckenbindegewebsentzündung führen. Auch bei onanistischen Manipulationen können durch die Fingernägel oder etwa benutzte Gegenstände die Eingangspforten von Entzündungserregern in das Beckenbindegewebe geschaffen werden.

Unter den Lebensaltern kommt das zweite bis vierte Jahrzehnt in Betracht, der entschieden häufigsten Gelegenheitsursache, dem Wochenbette, entsprechend.

Verheirathete werden aus dem gleichen Grunde öfter befallen.

Anatomische Veränderungen. Man hat nur selten Gelegenheit, die anatomischen Abweichungen an der Leiche zu sehen, und bei der Leichenschau sind, wenn das Leiden längere Zeit bestanden hat, die wesentlichen Verhältnisse, besonders der Ausgangspunct meist verwischt. Es ist daher zweckmässiger, den Weg und die Verhältnisse der Entzündung, wie sie unter dem Bestehen der Erkrankung selbst ermittelt werden, zu besprechen. Im Allgemeinen hängt das Vordringen der Entzündung in das Beckenzellgewebe von verschiedenen Umständen ab, z. B. von der Giftstärke, von der besonderen Neigung (Disposition) der Patientin und ihrer Widerstandsfähigkeit eindringendem Gifte gegenüber, von dem Sitze und der Ausbreitung der Verletzung und von sonstigen zufälligen oder nachträglich hinzutretenden Umständen.

Der Menge und Ausdehnung des in Betracht kommenden Bindegewebes entsprechend entwickelt sich die Entzündung besonders um den oberen Theil der Scheide und zwischen den Blättern der breiten Mutterbänder, um sich von da nach der Leistengegend oder nach hinten, den *Douglas*'schen Falten zu, auszudehnen. Selten nur findet man das zwischen Harnblase und vorderer Bauchwand befindliche Bindegewebe im Entzündungszustande, etwas häufiger das zwischen Gebärmutter und Harnblase gelegene Zellgewebe. Auch das spärliche und straffe Bindegewebe, welches das Beckenbauchfell mit der Oberfläche des Gebärmutterkörpers verbindet, bleibt meist verschont.

Alle diese Wege werden in der Regel nicht auf einmal oder insgesammt von den Entzündungserregern beschritten, nur bei den bösartigen Formen des Leidens ist dieses zuweilen der Fall, sondern gewöhnlich erkrankt nur ein kleiner Theil des gesammten Beckenbindegewebes. Meist geht ausserdem, selbst bei ziemlich ausgedehntem Processe, der krankhafte Zustand an der einen Stelle zurück, während er gleichzeitig eine andere ergriffen hat. Das erkrankte Bindegewebe stellt umschriebene Knoten dar, die meist durch Aufsaugung zurückgehen, wozu es freilich oft längerer Zeit bedarf. Das Zellgewebe ist mit einer gallertartigen, faserstoffigen Ausschwitzungsmasse durchsetzt und mit mehr oder weniger reichlichen neugebildeten Bindegewebszellen versehen. Unter Umständen kommt es zur eiterigen Einschmelzung und zu einem umschriebenen Eiterherde. Alsdann bahnt sich der Eiter verschiedene Wege, um nach aussen durchzubrechen, wobei die Austrittsstelle weitab von dem eigentlichen Eiterherde liegt. Häufig bricht der Eiter in den Gebärmutterkörper oder -nacken durch, oder er gelangt durch die Scheide und die Bauchdecken in der Leistengegend, durch die Blase oder den Mastdarm, zuweilen auf zweien dieser angeführten Wege nach aussen.

Mitunter wird trotz Durchbruches nur wenig Eiter nach aussen entleert, worauf sich die Durchbruchsstelle schliesst, um sich nach Verlauf einiger Zeit wieder zu öffnen, wobei die Bindegewebsgeschwulst sich nicht verkleinert. In anderen Fällen neigt die entzündliche Ausschwitzung weder zur Aufsaugung noch zur eiterigen Einschmelzung, dabei verbreitet sich die Bindegewebsentzündung unter langsamem Fortschreiten um die Gebärmutter herum, so dass dieses Organ von ziemlich starren, knotigen Verdickungen fest umschlossen liegt. Ist die Einschmelzung langsam erfolgt, so kann durch gelegentliche Schädigungen oder auch ohne solche ein mehrfacher Rückfall auftreten, der mitunter zur Verödung des Bindegewebes führt. Eng an diesen letzteren Vorgang schliesst sich eine von *Freund* beschriebene Form chronischer Beckenbindegewebsentzündung, die sogenannte schwindende (atrophicans) an. Hierbei handelt es sich um eine ohne Gifteinschleppung in verletzte Stellen auftretende langwierige Entzündung des Beckenzellgewebes, wobei dieses zunächst überwuchert, um späterhin narbig zu schrumpfen. Hierdurch stellt sich Verengerung der Blutadern und so Störung des Kreislaufes ein, und der schliessliche Ausgang der hiermit verknüpften Gewebsernährungsstörung ist ein hochgradiger Schwund des Beckenbindegewebes und der weiblichen Geschlechtswege, so dass man bei jüngeren Patientinnen solche Verhältnisse antrifft wie sonst nur bei Greisinnen. – Auch wollen wir nicht verfehlen, auf jene von *Schultze* als hintere Beckenbindegewebsentzündung (Parametritis posterior) bezeichneten Fälle hinzuweisen, bei denen ein entzündlicher Vorgang im Bindegewebe der *Douglas*'schen Bänder zu deren Verkürzung führt, wodurch ein Grund zur Lageveränderung der Gebärmutter geboten wird.

Krankheitsbild. Die Beckenbindegewebsentzündung tritt fast immer in hitziger Weise auf und zeitigt im Beginne andere Erscheinungen als in ihrem weiteren Verlaufe. Nur selten ist im Krankheitsbilde der Beginn des Leidens verschwommen, meist wird es nach vorangehendem Schüttelfroste mit rasch auftretendem, hohen Fieber und entsprechender Pulsfrequenz eingeleitet. Allgemeines Uebelbefinden und örtliche Schmerzen weisen auf den Bestand einer Entzündung hin.

Das Fieber ist bei leichteren Fällen der Erkrankung in der Regel nicht besonders hoch und tritt schon nach wenigen Tagen zurück. In schweren Fällen erreicht es 39,5 bis 40,5 ° C. und darüber, wobei in der Minute 90 bis 110 Pulsschläge gezählt werden können. In schwereren Fällen hält das Fieber wochenlang an, um erst allmählich, besonders nach Eiterdurchbruch, herabzugehen.

Die Schmerzen treten in vielen Fällen nicht in den Vordergrund; besonders bei ruhigem Verhalten fehlen sie oft vollständig, oder sie werden nur so lange empfunden, bis der Entzündungsprocess abgegrenzt ist. Sie entstehen vorwiegend durch die gleichzeitige Reizung des Bauchfelles. Im weiteren Verlaufe des Leidens, wenn eine abgegrenzte Ausschwitzung vorhanden ist, kann selbst bei starkem Drucke jede Empfindlichkeit fehlen. Nicht selten jedoch werden Schmerzen in einem Beine, dem Kreuze sowie bei der Darm- und Harnblasenentleerung, hervorgerufen durch den Druck der Entzündungsproducte auf empfindende Nervenfasern, wahrgenommen. Vor dem Durchbruche eines Eiterherdes in Nachbarorgane können gleichfalls mehr oder minder heftige Schmerzen auftreten. Bei der inneren Untersuchung, wenn man zu ihrer frühzeitigen Ausführung Gelegenheit hat, fühlt man oft auch seitlich von der Gebärmutter in dem zwischen den beiden Blättern der breiten Mutterbänder gelegenen Bindegewebe noch keine umgrenzte Geschwulst, sondern nur einen unbestimmten Widerstand bei leichter Verschiebung und etwas gehemmter Beweglichkeit der Gebärmutter. Erst etwas später fühlt man seitlich neben dem Fruchthalter, wenn auch eng an ihm liegend, meist aber merklich durch eine Furche von ihm gesondert, eine mehr oder weniger umschriebene Anschwellung. Bald fühlt man diese Veränderung nur einseitig, bald beiderseitig. Die Geschwulst ist in der Regel, besonders wenn sie eng an die Gebärmutter grenzt, nicht beweglich, oder macht höchstens, aber immer gleichzeitig mit diesem Organe, nur ihre gehemmten Bewegungen mit. Man muss auch weiterhin die Gebärmutter und Umgebung nach oben, der Blase zu, und nach unten, dem Mastdarme zu, abtasten, um auch in dem dort gelegenen Beckenbindegewebe etwaige umschriebene Verhärtungen zu ermitteln.

Grösse und Ausdehnung der entzündlichen Ausschwitzung wechseln, und bald entdeckt man nur einzelne kleine Knötchen oder Knoten, zuweilen jedoch findet man einen grossen Theil der Gebärmutteroberfläche darin eingepackt. Im acuten Stadium sind die aus geschwitzten Massen ziemlich weich und mehr oder minder eindrückbar, später werden sie härter und besonders nach der Eindickung sehr fest.

Der Verlauf der Beckenbindegewebsentzündung ist wechselnd; bald hat man es mit Fällen zu thun, die nach einem Bestande von $1^1/_2$ bis 3 Wochen entweder unter Aufsaugung oder Eiterbildung beendet sind, zuweilen ist aber nach dem ersten Eiterergusse das Leiden noch nicht geschwunden. Die Beckenbindegewebsgeschwulst wächst vielmehr, entleert sich mehrere Monate lang, und es verbleibt nach der schliesslichen Ausheilung eine schmerzhafte, derbe Narbe oder Verzerrung und Verlagerung von Beckenorganen mit den damit verknüpften Beschwerden. In anderen Fällen begrenzt sich die Entzündung; Fieber, Schmerzen und Allgemeinerscheinungen lassen nach, und die ausgeschwitzte Entzündungsmasse wird hart und abgegrenzt. Schliesslich verschwindet sie allmählich unter mehrfach auftretenden Perioden hektischen Fiebers durch Aufsaugung. Zuweilen bleibt die umschriebene Geschwulst lange Zeit hindurch, in grosser Ausdehnung das Becken ausfüllend, in ihrer Härte bestehen, um erst sehr spät wenigstens theilweise durch Aufsaugung zu schwinden. In manchen anderen Fällen, namentlich bei ärmeren Patientinnen, denen weder Zeit noch Mittel zu zweckmässiger Behandlung zu Gebote stehen, die sich während des Monatsflusses nicht schonen können und überdies schwere Körperarbeit zu verrichten haben, verläuft die Beckenbindegewebsentzündung überaus langwierig und schleichend. Unter allmählicher Schwächung des Organismus, verschieden langen Fieberperioden tritt Kräfteverfall und sogar der Tod ein.

Tritt Durchbruch einer umschriebenen Eiterung ein, so macht sich dieses Ereigniss durch auftretendes Fieber, zunehmende Empfindlichkeit und Schmerzhaftigkeit und allgemeine Mattigkeit bemerklich, bis sich schliesslich aus einem Organe der Eiter entleert. Sehr selten, meist aus unergründlichen Ursachen, verjaucht ein Eiterherd und führt hierdurch das Lebensende herbei. Oefters wird dieser unglückliche Ausgang dadurch bewirkt, dass sich der Eiter auf das Bauchfell fortpflanzt und dieses zu ähnlicher Entzündung bringt.

Krankheitserkennung. Die Feststellung des Leidens gelingt fast immer durch genaue Berücksichtigung der Krankengeschichte und den Nachweis einer Geschwulst. Schwierigkeiten entstehen vorübergehend beim Beginne des Leidens, wo einerseits die entzündliche Ausschwitzung noch nicht scharf abgegrenzt ist oder man andererseits noch nicht eine ausgiebige Untersuchung auszuführen wagt.

Hat man eine Geschwulst gefühlt, so muss man sie von anderen zu Verwechselung Veranlassung gebenden Geschwülsten genau unterscheiden; besonders wenn die Exsudatansammlung sehr gross ist, einen bedeutenden Theil des Beckens ausfüllt, ohne Abgrenzung an die Gebärmutter, Eileiter oder Eierstöcke herantritt, ist erst nach längerer Beobachtung sicherer Aufschluss zu gewinnen. Vorwiegend in solchen Fällen wird man zunächst schwankend sein, bei denen es sich um herabgekommene Patientinnen handelt und der Gedanke der Anwesenheit einer bösartigen Geschwulst nahe gerückt ist. Hierbei erhält man in Kürze durch Beobachtung im Anschlusse an eine Bäderbehandlung Aufschluss. Schwierig zuweilen ist die Unterscheidung von einer Fleischgeschwulst der Gebärmutter oder einer Eierstocksneubildung, welche in die breiten Mutterbänder hineingewachsen sind. Um Verwechselungen aus dem Wege zu gehen, muss man sich besonders daran halten, dass die entzündliche Ausschwitzung bei Beckenzellgewebsentzündung nicht verschieblich ist, was sie freilich bei Eindrückbarkeit zu sein scheint. Ueberdies berücksichtige man ein Wochenbett als etwaigen Ausgangspunct sowie vorangegangenes Fieber. Freilich können letztere Erscheinungen auch bei einer vereiternden Eierstocksgeschwulst vorhanden sein, so dass man auch hierdurch die Feststellung des Leidens erst nach längerer Zeit erreichen kann. Kann man zu einem sicheren Nachweise nicht gelangen, so übt dieser Umstand zunächst auf die Behandlung keinen wesentlichen Einfluss aus, da man ja mit nicht schädigenden Naturheilfactoren vorgeht.

Vorhersage. Die Aussichten für die Beseitigung sowohl der hitzigen als auch schleichenden Beckenbindegewebsentzündung sind fast immer günstig. Zuweilen freilich, besonders bei schlechten äusseren Verhältnissen und bereits unter den klinischen Erscheinungen besprochenen Zufälligkeiten kann Lebensgefahr vorhanden sein.

Behandlung. In gewissem Sinne kann man von einer Vorbeugung des Leidens sprechen. Sie besteht in der peinlichsten Sauberkeit bei Geburten und allen ärztlichen Maassnahmen an den weiblichen Geschlechtsorganen. Freilich kommt selbst bei peinlichster Berücksichtigung dieser Forderung das Leiden auch bei den streng saubersten Frauenärzten vor.

Die eigentliche Behandlung hat nach zweierlei Richtungen hin zu erfolgen: Erstens eine in der Entwickelung begriffene Beckenbindegewebsentzündung herabzusetzen und hiermit gleichzeitig einer grösseren entzündlichen Ausschwitzung entgegen zu arbeiten, und zweitens eine bereits vorhandene, abgegrenzte Ansammlung von Entzündungsproducten durch Aufsaugung zum Schwinden zu bringen. Die meisten Frauenärzte bedienen sich zur Erfüllung dieser beiden Heilaufgaben in Uebereinstimmung mit unseren Anschauungen vorwiegend der Naturheilfactoren.

Um die in der Entwickelung begriffene Beckenbindegewebsentzündung herabzumildern, lasse man die Patientin in erster Reihe strenge Bettruhe wahren. Alsdann lege sie in 1- bis 2stündigem Wechsel 18° R. Leibaufschläge (Fig. 39) und 22° R. Wadenpackungen an. Ist stärkeres Fieber vorhanden, so hat die Patientin täglich früh und Abends ein 26° bis 24° R. Halb- oder Rumpfbad (Fig. 34) von etwa 15 minutlicher Dauer zu nehmen. Ueberdies ist für genügende Stuhlentleerung durch 18° R. Entleerungsklystiere, denen sich bei heftigeren Fällen des Leidens täglich mehrere 14° R. Behalteklystiere von ¹/₂ bis 1 Weinglas voll Wasser zur Ableitung nach dem Darme anzuschliessen haben, zu sorgen. Die Kost sei, besonders bei verschleppten Fällen, sehr kräftig, aber reizlos. In der Regel kommt man mit dieser einfachen Behandlung, falls besondere ungünstige Umstände fern geblieben sind, in 1 bis 2 Wochen zum erwünschten Ziele. Frühzeitiges Aufsitzen, vorzeitiges Verlassen des Bettes und unvorsichtige innere Untersuchung vermögen die kaum beseitigte Entzündung wieder anzufachen. Schon aus diesem Grunde halten wir die innere Massage für die hier in Betracht kommenden Fälle für unzweckmässig. Eine weitere Frage betrifft die Anwendung von Scheidenausspülungen, die einzelne Frauenärzte bei den in der Entwickelung begriffenen Beckenbindegewebsentzündungen widerrathen. Unzweifelhaft ist dieses örtliche Vorgehen in der Mehrzahl der Fälle entbehrlich, und falls man Scheidenausspülungen für angebracht hält, soll sie der Arzt selbst ausführen unter Anwendung vorher gesiedeten und auf 22 ⁰ erkalteten Wassers und vorheriger peinlichster Säuberung von Spülkanne, Schlauch und Mutterrohr. Alsdann kann die Scheidenausspülung nur vortheilhaft wirken. Dieselbe Frage kann bezüglich der systematischen Tamponade des Scheidengewölbes mit chemisch reiner Verbandwatte aufgeworfen werden. Unstreitig wird man von dieser örtlichen Maassnahme in den meisten Fällen absehen können, andererseits aber hiervon unter Umständen, besonders bei hartnäckigen Formen, mit Nutzen Gebrauch machen. Freilich ist alsdann peinlichste Sauberkeit und Keimfreiheit der eingeführten Finger und des Tamponmateriales unerlässlich. Um die Finger sauber und keimfrei zu machen, empfehlen wir 5 Minuten langes Waschen der Hände in möglichst warmem Wasser unter möglichst ausgiebiger Benutzung von Seife, Hand- und Nagelbürste, und nachfolgender gründlicher Abwaschung und Bürstung mit 50 ⁰/₀ Alkohol. Zu den Tampons werde keimfreie Watte benutzt, die in vorher gesiedetes und abgekaltetes Wasser getaucht wird.

Der zweiten Forderung, ältere abgegrenzte Entzündungsproducte zum Schwinden zu bringen, kommt man gleichfalls am sichersten durch den Gebrauch der Naturheilfactoren nach. Zunächst bedient man sich hierzu der aufsteigenden Rumpfbäder, die mit 28 ⁰ R. beginnen und durch vorsichtiges Nachgiessen heissen Wassers allmählich auf 32 ⁰ R. gebracht und auf dieser Höhe erhalten werden. Es genügt, wenn die Patientin von dieser Procedur jeden zweiten Tag 20 bis 30 Minuten lang Gebrauch macht und im Anschlusse daran den Rumpf mit 20 ⁰ R. Wasser wäscht. · Ein Uebermaass dieser Procedur ist durchaus nicht empfehlenswerth, da mit der Aufsaugung der ausgeschwitzten Massen, selbst wenn sie nicht eiterigen Charakter besitzen, ein fieberhafter Zustand verknüpft ist, und in einem bestimmten Zeitabschnitte immer nur eine bestimmte Masse aufgesaugt werden kann. Späterhin, wenn sich die Patientin wohler fühlt und die Entzündungsproducte geringer geworden sind, kann man bei ungeduldigen Patientinnen oder solchen, die rasch zur Arbeit zurückkehren müssen, die aufsteigenden Rumpfbäder einige Zeit hindurch täglich gebrauchen lassen. Der Gebrauch von See- oder Mutterlaugensalz ist überflüssig; die Aufsaugung geht durch die ziemlich hohe Temperatur des Badewassers auch allein von statten. Unterstützend wirken auf den Leib gelegte Dampfcompressen oder der Leibaufschlag mit darüber gelegter Leibwärmflasche. Stets hat man im Anschlusse an diese beiden Proceduren den Leib gehörig mit 18 ⁰ R. Wasser zu waschen, damit die Bauchhaut wieder ihre Normaltemperatur erlangt. Von diesen beiden Proceduren kann man täglich einige Stunden Gebrauch machen. Zur andern Zeit, besonders während der Nacht, ge- brauche man andauernd 18 ⁰ R. Leibaufschläge. Auch der Scheiden- einläufe kann man sich mit grossem Vortheile bedienen, und kommen hier besonders 2 mal täglich auszuführende, wechselwarme oder heisse (33 ⁰ R.) Scheidenausspülungen in Betracht. Besitzt man entsprechende Vorrichtungen, so leistet in das Scheidengewölbe geführter Dampf von erträglicher Temperatur mit nachfolgender 22 ⁰ R. Scheidenausspülung die besten Dienste, besonders bei hartnäckigen Fällen, d. h. solchen, in denen die Aufsaugung der ausgeschwitzten Massen nur schwer vor sich geht. Wir rathen, von dieser sehr wirksamen Procedur nur jeden zweiten Tag und nur so lange Gebrauch zu machen, bis die Aufsaugung einge- leitet ist oder lebhafter von statten geht.

Zur Ausführung der hier angegebenen Proceduren gehört eine stän- dige Beaufsichtigung durch den behandelnden Arzt und genaue Vor- schriften seitens desselben dem Einzelfalle entsprechend. Zuweilen tritt der Erfolg zwar langsam ein, aber sicher, wofern nur die Patientin und der Arzt die nöthige Geduld besitzen. Keineswegs lasse man vor Ab- lauf von 1 bis 1½ Jahren den Muth sinken; oft natürlich kommt man viel früher zum Ziele, besonders wenn man eine systematische Behand- lung, wie sie besonders in einer Naturheilanstalt zu erzielen ist, durch- führen kann.

Von der grossen Zahl der empfohlenen chemischen Mittel darf man sich nach dem Urtheile kritischer Frauenärzte nicht viel versprechen. So sagt z. B. *Fritsch* bezüglich der besonders gebrauchten Jodpräparate, dass er einen wirklichen, allein auf diese Mittel zu beziehenden Erfolg nie gefunden habe, dass er ferner von dem Ichthyolglycerin in diesen Fällen besonders zur Tamponade viel Gebrauch gemacht hat, ohne die gepriesenen Wirkungen gesehen zu haben.

Sind alte Reste von Entzündungsproducten oder Folgezustände der Beckenbindegewebsentzündung, besonders in Form fester Narben und Bewegungshemmung der Gebärmutter vorhanden, so kann man hierauf durch mässigen und vorsichtgen Gebrauch der *Thure-Brandt*'schen Massage oft günstig einwirken.

Erweicht eine abgegrenzte Beckenbindegewebsausschwitzung, oder schmilzt sie eiterig ein, so kann man ihren Durchbruch, nachdem man

den ganzen Vorgang vorher durch die Naturheilfactoren so weit als
möglich günstig beeinflusst hat, durch einen kleinen Einschnitt rascher
bewirken. Man wartet mit dieser Eröffnung durch das Messer möglichst
so lange, bis man an der Scheidenwand oder an irgend einer Stelle der
Bauchdecken oder Leistengegend Flüssigkeitsgefühl empfindet. Nachdem
der Eiter entleert ist, spült man unter geringem Drucke die Wundhöhle
mit vorher gesiedetem, auf 28 ⁰ R. abgekaltetem Wasser, das bequemen
Abfluss haben muss, aus und führt nach jeder Spülung in die Eiterhöhle
keimfreie Gaze, damit dem Eiter der Weg nach aussen nicht verlegt
wird. Die Ausspülung der Eiterhöhle mit nachfolgender Gazeausstopfung
wird, so lange Fieber vorhanden ist, 2 mal täglich vorgenommen. Fliesst
kein Eiter mehr aus, so genügen einige Zeit lang fortgesetzte Scheideneinläufe. Oft konnten wir beobachten, dass durch diese Behandlung
sich Eiterhöhlen durch Vernarbung und Verwachsung der gegenüberliegenden Wände schlossen, selbst wenn die Höhlenwand starr war und
den Charakter einer absondernden Haut angenommen hatte. Das Einlegen von Jodoform- und Höllensteinstiften, das wir zuweilen bei solchen
Fällen angewendet fanden, ruft meist nur heftige Schmerzen und erneute
Entzündungen hervor.

CAPITEL II.

Die Beckenbauchfellentzündung — Perimetritis — Pelveoperitonitis.

Ursachen. Eine der häufigsten und wichtigsten Erkrankungen des
weiblichen Geschlechtes ist die Entzündung des den Beckenboden, die
Gebärmutter und ihre Anhänge bedeckenden Bauchfellüberzuges. Die
verschiedensten Ursachen können zur Beckenbauchfellentzündung führen.
So kann sie oft im Wochenbette durch eine fortgepflanzte
Beckenbindegewebsentzündung auftreten.

Ganz besonders schliesst sie sich an eine grosse Anzahl von
Erkrankungen der Gebärmutter an. Schon eine Vergrösserung
dieses Organes, eine Blutüberfüllung desselben oder eine Ausdehnung
des Fruchthalters durch in ihm zurückgehaltenes Blut oder in ihm befindliche Geschwülste kann den Bauchfellüberzug der Gebärmutter in Mitleidenschaft ziehen. In ähnlicher Weise wirken Lageveränderungen der
Gebärmutter ein, indem sie Kreislaufsstörungen, besonders Blutstauung,
bewirken. Freilich darf man nicht ausser Acht lassen, dass hierbei als
Ursache weniger die Lageveränderung an sich in Betracht kommt, als
vielmehr die meist gleichzeitig vorhandenen anderweitigen Krankheitszustände. Schliesslich führen viele Entzündungen der Gebärmutterschleimhaut und des Gebärmutterkörpers sowie alle bösartigen Neubildungen des Fruchthalters Entzündung seines Bauchfellüberzuges herbei.

Nicht ebenso häufig spielen Vergrösserungen und Entzündungen
der Eierstöcke eine ursächliche Rolle. Freilich bei grossen Eierstocks-

geschwülsten findet man fast regelmässig den zugehörigen Bauchfellüberzug im Entzündungszustande; kleinere Eierstocksgeschwülste, wenn sie schwer sind und das Organ verlagern, so dass mechanisch ein Theil des Beckenbauchfelles gereizt werden kann, wirken in gleicher Weise.

Hervorragend oft rufen Erkrankungen der Eileiter das Leiden hervor. Schon bei Vergrösserung, Neubildungen und Lageveränderungen dieses Canales kann der ihn überziehende Bauchfellabschnitt in Entzündung gerathen. Noch häufiger geschieht dieses dadurch, dass der entzündliche Process sich direct von der Bauchhöhlenöffnung des Eileiters auf das eng anliegende Bauchfell fortsetzt, oder indem die Absonderungsproducte einer entstehenden Eileiterentzündung durch die Bauchhöhlenöffnung dieses Canales auf das Bauchfell fliessen. Auf diesem Wege entsteht überaus häufig Beckenbauchfellentzündung beim Tripper des Weibes. Eine andere Entstehungsart ist die, dass sich eine Entzündung der Eileiterinnenwand auf die Aussenfläche dieses Canales fortsetzt und so auf den Bauchfellüberzug übergeht.

Nicht selten bewirkt eine Blinddarmentzündung theils durch Fortpflanzung des Processes, theils durch Kreislaufsstörung Beckenbauchfellentzündung. Ebenso oft freilich mag das Umgekehrte der Fall sein. Aber auch abseits jeder Uebertragung entzündlicher Stoffe, lediglich durch anhaltende Kreislaufsstörungen kann Entzündung des die Gebärmutter umziehenden Bauchfelltheiles eintreten, z. B. bei chronischer Verstopfung, bei Störungen im Monatsflusse, besonders bei dessen Schmerzhaftigkeit und Unterdrückung. So lehrt die Praxis häufig, dass bei starker Durchkältung zur Zeit des Monatsflusses eine acute Entzündung der Gebärmutter und ihres Bauchfellüberzuges eintreten kann.

Auch Verletzungen können unter Umständen Beckenbauchfellentzündung erregen. Hierbei denken wir weniger an Stösse gegen den Unterleib oder zufällige Stich- und Schusswirkung, als vielmehr an ärztliche Eingriffe und Maassnahmen. Schon lange liegende Scheidenhebel können als Ursachen beobachtet werden, noch mehr aber ungeschicktes Sondiren zumal mit unreinen Instrumenten, Auskratzungen der Gebärmutter, Einführung von Stiften in den Gebärmuttercanal u. dergl.

Endlich können auch krankhafte Vorgänge, die unabhängig von den weiblichen Geschlechtsorganen sind, aber eine chronische Bauchfellentzündung bewirken, auch den Beckentheil des Bauchfelles in ähnlicher Weise ergreifen. Hierbei kommen in erster Reihe tuberculöse und krebsige Wucherungen des Bauchfelles und Netzes und ähnliche Processe der gesammten Unterleibsorgane in Betracht.

Unter den Lebensaltern wird besonders das 2. bis 5. Lebensjahrzehnt, den erwähnten Ursachen entsprechend, befallen.

Verheirathete und Unverheirathete werden ziemlich gleichmässig ergriffen. Wenn auch bei den Verheiratheten die Zahl der Ursachen und zum Theile auch die Tripperansteckung stärker in Betracht kommt, so stellen doch unter den Unverheiratheten die öffentlichen Mädchen ein zahlreiches, Gleichmaass bewirkendes Contingent der hier angeführten Erkrankung dar.

Anatomische Veränderungen. Je nach dem Stärkegrade und der Dauer der Entzündung ist das anatomische Bild verschieden. Bei beginnenden Fällen sind die Blutgefässe auf der Oberfläche der Gebärmutter mehr oder weniger angeschoppt, und auf dem zugehörigen Bauchfellüberzuge lagert sich eine blutwässerig-faserstoffige Masse ab. Geht die Entzündung rechtzeitig zurück, so verbleiben die ergriffenen Theile unverändert, oder höchstens ist der entzündet gewesene Bauchfelltheil etwas verdickt. Bei lebhafterer Entzündung bilden sich häutchenartige Massen, welche die einzelnen Organe des kleinen Beckens regelwidrig mit einander verbinden. Hierdurch findet man besonders die Eileiter und Eierstöcke häufig und in mannigfaltiger Art verlagert. Auch von der Gebärmutter aus erstrecken sich vielfach solche Verwachsungsstränge nach vorn, hinten und den Seiten; übrigens können auch alle Theile des Beckenbauchfelles selbst durch solche hautartige Gebilde mit den Nachbarorganen, besonders dem Darme, eng verwachsen sein. Auf diese Weise können die weiblichen Organe die verschiedensten Lageveränderungen einnehmen, so dass man bei der Leichenschau oft Mühe hat, sie entweder zu finden oder aus den entzündlichen Verwachsungssträngen herauszulösen. Letztere sind zuweilen spinnengewebeartig zart und fein, oder es sind nur wenige Häute, die zwei Organe regelwidrig verbinden. In anderen Fällen haben sich dicke, breite, bandartige Massen gebildet, die förmlich brückenartig zwischen zwei Organen liegen oder in grosser Fläche die Gebärmutter und Nachbarorgane einhüllen. Zwischen mehreren solcher flächenhaft übereinander gelagerten häutigen Gebilde kann sich bernsteingelbes Blutwasser befinden.

Ist der Entzündungsprocess ein lebhafter, so wird eine eiterige Masse ausgeschwitzt und entweder in abgesackte Theile oder die freie Bauchhöhle ergossen. In letzterem Falle senkt sich der Eiter meist nach der tiefsten Stelle, also nach dem *Douglas*'schen Raume hin, jedoch kann er auch seitlich, besonders neben der Bauchhöhlenöffnung des Eileiters abgekapselt gefunden werden. Es können bei lebhafter Eiterung sich schliesslich so grosse Eitersäcke bilden, dass sie aus dem *Douglas*'schen Raume hervortretend die Gebärmutter seitlich und oben überziehen, bis zum Nabel hinansteigen und den grössten Theil der Bauchhöhle ausfüllen. Die den Eiter umgebende Haut bildet in der Regel kein zusammenhängendes Ganzes, sondern wird von einzelnen dicken, freilich mit einander verbundenen Schwarten gebildet.

Was nun die anatomischen Ausgänge der hier geschilderten Veränderungen anbetrifft, so können dieselben durch begleitende Umstände sehr verschieden sein. Einfache entzündliche Verdickungen und Verwachsungen bleiben oft dauernd und unverändert bestehen, andere bandartige Verlöthungen erleiden späterhin eine Verdünnung und können fast vollkommen schwinden. Auch die Ansammlung gelblichen Blutwassers zwischen übereinanderliegenden häutigen Gebilden kann in späterer Zeit durch Aufsaugung schwinden. In anderen Fällen bleibt sie lange bestehen und kann durch hinzutretende Umstände blutig oder eiterig werden. Die abgekapselten Eiterungen können sich nach dem Rückgange der Entzündung zunächst eindicken, später fettig zerfallen und allmählich durch Aufsaugung vollkommen schwinden, oder aber, nachdem sie lange Zeit hindurch unbemerkt bestanden haben, brechen sie durch oder verjauchen und führen so Bauchfellentzündung und Tod herbei. Ganz besonders ist die Gefahr der Verjauchung bei solchen abgekapselten Bauchfelleiterungen vorhanden, die in der Nähe des Darmes liegen. Bricht ein solcher Eiterherd durch, so kann dieses entweder nach aussen oder nach vorheriger Verlöthung mit denselben nach inneren Organen geschehen. Bahnt sich der Eiter einen Ausgang nach der äusseren Haut, so liegt die Durchbruchsstelle meist in der Schenkelbeuge oder am oberen inneren Theile des Schenkels, nicht selten rechts und links vom Nabel und bei sehr grossem Eiterherde oberhalb des Hüftbeinkammes und sogar in der Nierengegend. Der Durchbruch nach innen findet meist in den Mastdarm, die Scheide und Harnblase statt, nur ausnahmsweise in die Gebärmutter selbst. Sehr selten bahnt sich der Eiter, weil ihn dicke Schwarten abkapseln, den Weg in die freie Bauchhöhle, was sofortigen Tod oder das Lebensende bedingende Bauchfellentzündung herbeiführt.

Krankheitsbild. Die Beckenbauchfellentzündung kann entweder schleichend oder mehr hitzig verlaufen. In beiden Fällen wird das Krankheitsbild wesentlich von demjenigen Organe bedingt und abhängig sein, welches als Ausgangspunct der später hinzutretenden Beckenbauchfellentzündung in Anspruch genommen werden muss. Auffallend ist es, dass bei gleicher Krankheitsursache bei dem einen Theile der Fälle die hervorgerufene Entzündung des Beckenbauchfelles hitzig, bei dem anderen Theile schleichend verläuft.

Was das klinische Bild der schleichenden Beckenbauchfellentzündung anbetrifft, so wissen die Kranken zwar in der Regel die Anfänge des Leidens anzugeben, aber stets vermisst man nach der Krankengeschichte die frühere Anwesenheit merklichen Fiebers. Die Patientinnen klagen über allgemeines Unwohlsein, zeitweilige Schmerzen im Leibe, häufigeren Drang zum Wasserlassen, chronische Verstopfung oder hartnäckige, aber mässige Durchfälle, Erscheinungen, die sich zeitweilig beim Monatsflusse besonders bemerklich machen. Vielfach, selbst bei starken Verwachsungen von Beckenorganen durch bandartige Gebilde, fehlen Beschwerden vollkommen, und nur zuweilen wird über Schmerzen im Unterleibe geklagt, besonders bei stärkeren Anstrengungen der Bauchpresse.

In ziemlich zahlreichen Fällen ist der Geschlechtsverkehr mit Schmerzen verknüpft, zum Theile wohl durch die hiermit verbundene Blutüberfüllung, zum anderen Theile durch die Zerrung, welche etwa vorhandene, von der Gebärmutter ausgehende Verwachsungsstränge hierbei erleiden. — Vielfach ist bei Beckenbauchfellentzündung Unfruchtbarkeit vorhanden. Der Grund hierzu liegt bald mehr in dem veranlassenden Gebärmutter- oder Eileiterkatarrhe, bald mehr in bedeutenderen Verlagerungen, welche Eileiter und Eierstöcke durch Verwachsungsstränge erleiden.

Die hitzige Beckenbauchfellentzündung, welche sich besonders, abgesehen von den bei Wochenbettfieber auftretenden Fällen, an Durchbohrung der Gebärmutter mit einer Sonde, Eiter- und Blutaustritt aus der Bauchhöhlenöffnung des Eileiters in die freie Bauchhöhle, Fortpflanzung einer lebhaften Gebärmutterentzündung anschliesst, verläuft klinisch unter demselben Bilde wie aus anderen Ursachen sich einstellende allgemeine Bauchfellentzündung, also unter hohem Fieber mit Schüttelfrösten, heftigen Leibschmerzen, die auf den leisesten Druck hin sich zur Unerträglichkeit steigern, mächtiger Gasauftreibung des Leibes, Stuhlverhaltung, Erbrechen, fliegendem, schwachem Pulse, Zusammenbruch mit schliesslichem Ausgange in den Tod. Tritt letzterer nicht ein, so kann sich die Entzündung abgrenzen, und man hat es alsdann mit deren Folgen oder der chronischen Form des Leidens zu thun, wobei nicht selten auch ohne ermittelbare Gelegenheiten acute Rückfälle sich einstellen.

Die Ergebnisse der inneren zusammengesetzten Untersuchung, die man im heftigsten Stadium natürlich zu unterlassen hat, sind in den nicht tödtlich ausgehenden Fällen den gesetzten und verbleibenden Abweichungen entsprechend wechselnd. Die Scheide und verschiedene Theile der Beckenwand sind stark druckempfindlich, und auch Bewegungen der Gebärmutter werden als schmerzhaft empfunden. Die verbleibenden Verwachsungsstränge können in der Regel nicht gefühlt werden, meist kann man nur ihre Wirkungen bemerken, besonders wenn sie Organe aus ihrer regelrechten Lage bringen oder dauernd deren sonst vorhandene ausgiebige Bewegung hemmen. Umgekehrt kann man oft leicht weiche Organe fühlen, die sonst bei der Betastung den Fingern stets ausweichen, z. B. Darmschlingen, wenn sie durch Verwachsungsstränge festgehalten werden. Die entzündlichen Ausschwitzungsproducte kann man erst dann fühlen, wenn sie erstarrt und abgekapselt sind. Alsdann kann man, besonders im *Douglas*'schen Raume, eine Geschwulst von wechselnder Grösse wahrnehmen oder nicht selten eine solche seitlich vom Eileiter und Eierstocke entdecken.

Der Verlauf der Beckenbauchfellentzündung und ebenso ihre Ausgänge sind verschieden. Die hitzige Form der Erkrankung kann, wie oben bereits angedeutet, sehr rasch zum Tode führen. Ist dieses nicht der Fall, so währt das Leiden bei verbleibender Eiteransammlung lange und mehr schleichend, bis ein Durchbruch nach aussen schnell zur Heilung, hingegen Verjauchung und Durchbruch eines abgekapselten Eiterherdes in die freie Bauchhöhle rasch zum Tode führt. — Die schleichende Beckenbauchfellentzündung kann unter alleiniger Bildung von bandartigen Verwachsungen vorläufig abgeschlossen sein. Diese Stränge jedoch, welche einzelne Organe verlöthen, bleiben in der Regel zeitlebens bestehen, so dass sie zu dauernden Lageveränderungen und Festhaltungen sonst beweglicher Organe mit daraus sich ergebenden Beschwerden führen: Wie bereits unter den anatomischen Veränderungen erwähnt, verdünnen sich zuweilen in späterer Zeit die Verwachsungsbänder und schwinden, oder aber sie dehnen sich durch fortgesetzte Zerrungen allmählich so aus, dass die regelwidrig festgehaltenen Organe wieder ihre normale Beweglichkeit erhalten können.

Hat sich Schwangerschaft hinzugesellt, so werden selbst feste Bandmassen aufgelockert und geben der sich allmählich vergrössernden Gebärmutter nach; nur wenn sie ganz starr sind, hindern sie die schwangere Gebärmutter am weiteren Wachsthume und führen hierdurch frühzeitige Fruchtausstossung herbei. — Viele Autoren neigen zu der Ansicht, dass durch Bandmassen, welche die Eileiter verzerren, im Falle einer Schwängerung die Gefahr einer Eileiterschwangerschaft nähergerückt sei.

Die Gebärmutter wird durch die regelwidrigen Verwachsungsmassen in der verschiedensten Weise verlagert und geht bald mehr oder weniger ihrer normalen Beweglichkeit verlustig.

Auch die ausgeschwitzten Massen verhalten sich nach abgelaufener Entzündung des Beckenbauchfelles verschieden. Zuweilen werden sie vollkommen durch Aufsaugung zum Schwinden gebracht und hinterlassen nur geringe Spuren ihrer früheren Anwesenheit. In anderen Fällen werden nur ihre flüssigen Bestandtheile aufgesaugt, während die festen jahrelang hindurch in ihrer derben Kapsel eingeschlossen, gleich als ob sie aus dem Stoffwechsel ausgeschaltet wären, unverändert liegen bleiben. Schliesslich vereitern oder verjauchen sie später doch und bahnen sich einen der oben geschilderten Ausgänge.

Am langwierigsten und ohne eigentlichen Ausgang gestalten sich jene Fälle von chronischer Beckenbauchfellentzündung, welche durch Trippererkrankung der Eileiter entstehen, da sie trotz aller Sorgfalt in der Behandlung oft in acuten Attaquen auftreten, wozu schon eine ungeschickte Bewegung Anlass bieten kann. Häufig beobachtet man eine Besserung auf der einen Seite, während gleichzeitig die andere sich verschlimmert.

Erkennung. Die Feststellung des Leidens gelingt meist unschwer, wenn man sich genau an die geschilderten Erscheinungen, besonders Druckempfindlichkeit an einer umschriebenen Stelle des Unterleibes, Schmerz in der Scheide und bei Bewegungs-

versuchen der Gebärmutter sowie die Folgen der Verwachsungen hält.

Ebenso kann man aus den geschilderten Abweichungen die Anwesenheit von Verwachsungssträngen, ohne dass man solche fühlt, leicht
ermitteln.

Schwieriger ist es zuweilen, eine durch Beckenbauchfellentzündung
gebildete abgekapselte Ausschwitzung mit Sicherheit als solche festzustellen und einer Verwechselung mit einer Gebärmuttermuskel- oder Eierstocksgeschwulst auszuweichen. Man beachte hier zunächst den schmerzhaften und fast durchweg fieberhaften Beginn, der sich bei Geschwülsten
durch Beckenbauchfellentzündung aus der Krankengeschichte meist ermitteln lässt, ausserdem ihre unregelmässige Gestalt, ihre Empfindlichkeit
und fehlende oder nur geringe Beweglichkeit sowie sehr harte Consistenz.
Nur bei ganz alten Abkapselungen, die ihre Empfindlichkeit eingebüsst,
eine ergiebigere Beweglichkeit erlangt haben und mitunter fast stielartig
mit der Gebärmutter zusammenhängen, könnte eine Verwechselung vorkommen, wenn die Krankengeschichte nnklar ist und keine Anhaltspuncte
für die Unterscheidung bietet.

Vorhersage. Die Beckenbauchfellentzündung ist stets als ein ernstes
Leiden mit zweifelhaftem Ausgange hinzustellen. Bei der acuten Form
der Erkrankung ist Lebensgefahr durch Entfachung einer allgemeinen
Bauchfellentzündung unmittelbar nahe gerückt, aber auch die chronische
Beckenbauchfellentzündung giebt dauernd zu Besorgniss Anlass. Abgesehen von der Möglichkeit, dass sie durch gelegentliche Schädigungen
eine hitzige allgemeine Bauchfellentzündung verursachen kann, entstehen
durch die Verwachsungsstränge Lageveränderungen der Beckenorgane
mit den daraus entspringenden Beschwerden sowie Unfruchtbarkeit und
Hysterie. Besonders gefährlich können regelwidrige Verwachsungen mit
dem Darme werden, da hierdurch Verlegung und Verschliessung des Ver-
dauungscanales mit dem hierdurch bewirkten schweren Krankheitsbilde
eintreten kann. Besonders bei den durch Trippersteckung hervorgerufenen Fällen wird die Festigkeit des Organismus und die Gesundheit
dauernd untergraben. Nicht minder kann dieses bei abgekapselten Eiterherden der Fall sein, wobei überdies noch die Gefahr eines Durchbruches
auf unerwünschtem Wege, der Verjauchung oder der Entfachung einer
allgemeinen hitzigen Bauchfellentzündung stets vorliegt.

Behandlung. In gewissem Sinne kann man von einer Vorbeugung
des Leidens sprechen. Sie besteht in der Handhabung der peinlichsten
Sauberkeit und Keimfreiheit der Hände, der Instrumente und der Ver-
band- und Nahtmaterialien bei jedem ärztlichen Eingriffe an den weiblichen Geschlechtsorganen sowohl bei Geburten wie vorzeitigen Fruchtabgängen und Operationen. Fernerhin müsste jede Frau bestrebt sein,
bei entzündlichen Erkrankungen ihrer Geschlechtsorgane rechtzeitig eine
naturgemässe Behandlung dagegen einleiten zu lassen. Ganz besonders

energisch und streng hat der Arzt bei zu Grunde liegender Tripperansteckung vorzugehen. Leider freilich kommen die meisten hierher
gehörigen Fälle erst dann in ärztliche Behandlung, wenn die Beckenbauchfellentzündung bereits eingetreten ist. Da die acute Beckenbauchfellentzündung nichts anderes vorstellt als die Entzündung eines
bestimmten Bauchfelltheiles, so kann die Behandlung nur dieselbe sein,
wie wir sie hierbei in unserem Lehrbuche der inneren Erkrankungen beschrieben haben.

Wir entnehmen daher dem betreffenden Capitel folgende Angaben:
„Die Hauptaufgabe ist, durch die Vereinigung des ableitenden und ent-
ziehenden Verfahrens die Entzündung an Ort und Stelle zu lindern, sie
möglichst auf eine umschriebene Stelle zu beschränken und einer grösseren
Eiterabsonderung vorzubeugen. Da die heutige Heilkunst diese Ziele
nicht im Auge hat, so zeitigt sie leider ungünstige Ergebnisse. Hören
wir, wie *v. Niemeyer* urtheilt: »Früher wurde jedem Kranken, welcher
nach den Regeln der Kunst behandelt wurde, durch Aderlässe ein oder
einige Pfund Blut entzogen, sodann wurde die kranke Stelle des Leibes
mit Blutegeln bedeckt, innerlich zweistündlich 0,05 0,1 Calomel oder
ein sonstiges Abführmittel gereicht und gleichzeitig eine grosse Menge
grauer Quecksilbersalbe mit oder ohne Schonung der Blutegelstiche in
die Haut des Bauches und der Oberschenkel eingerieben«. »Das war
die Arzenei, die Patienten starben – und Niemand fragte, wer genas«.
Die allgemein gebräuchliche Behandlung von heute ist jedoch keineswegs
besser und bietet in der Darreichung von Opium und dem Auflegen
von Eisbeuteln dieselben Gefahren. Anfangs mag die Kühle der Kranken
wohlthun, rasch aber macht sich die verhängnissvolle Wirkung geltend,
und die meisten Patientinnen gehen nach unserer Ueberzeugung lediglich
durch den Eisbeutel zu Grunde.

Die Naturheilmethode wendet im Anfange des Leidens 16 ⁰ R. Rumpf-
umschläge in $\frac{1}{2}$- bis 1 stündlichem Wechsel an. Ist dieses Mittel der
Patientin wegen grosser Schmerzen im Leibe lästig, so mache man nur
Brustumschläge. Gleichzeitig sind in 3- bis 4 stündlichem Wechsel 22 ⁰ R.
Bein- oder Wadenpackungen anzulegen. Ist die Entzündung geringer, so
sind 20 ⁰ R. Rumpfpackungen in 2- bis 3 stündlichem Wechsel angezeigt.
Früh, Mittags und Abends erhält die Patientin ein 26 ⁰ bis 24 ⁰ R. Sitzbad, dessen Dauer ihrem eigenen Ermessen unterliegt. Kann dieses
Bad heftiger Leibschmerzen oder des schweren Allgemeinbefindens
wegen nicht genommen werden, so treten dafür 26 ⁰ bis 24 ⁰ R. Halbbäder und in deren Ermangelung 20 ⁰ R. Ganzwaschung ein. Selbst
bei regelmässigem Stuhlgange verabreiche man 1 bis 2 mal des Tages
18 ⁰ R. Entleerungsklystiere von $\frac{1}{2}$ bis 1 Liter Wasser, denen sich zur
Linderung der Entzündung je ein 14 ⁰ Behalteklystier von $1\frac{1}{2}$ bis 1 Weinglas
Wasser anzuschliessen hat. Die Kost muss flüssig sein und sich lediglich
aus Mandelmilch, Citronengrog, Apfelmus, Hafermehlsuppe u. dergl. zu-

sammensetzen. Ausserdem ist strenge Bettruhe zu wahren und vorzeitiges Aufstehen zu vermeiden.

Auch bei chronischer Beckenbauchfellentzündung bewährt sich ein ähnliches Verfahren ausgezeichnet, und *Fritsch, Schroeder* u. A. gestehen hierbei die ausserordentliche Wirkung der feuchtwarmen Leibaufschläge und langdauernden warmen Sitzbäder ein.

Sind die entzündlichen Erscheinungen vorüber, so hat sich die Behandlung besonders auf zwei wichtige Folgen zu erstrecken, einmal Verwachsungen der einzelnen Organe zur Ausziehung und womöglich zum Schwunde zu bringen, und weiterhin etwaige abgekapselte Ausschwitzungsproducte der Aufsaugung entgegenzuführen. Beiden Anforderungen kommt man mit jenen Maassnahmen nach, die wir schon als vortheilhaft für die Aufsaugung von Entzündungsproducten bei der Beckenbindegewebsentzündung empfohlen haben, worauf wir an dieser Stelle, um Wiederholungen aus dem Wege zu gehen, nur hinweisen. Auch *Schroeder* hält die von uns empfohlenen Maassnahmen, besonders die aufsteigenden Sitzbäder, die Leibaufschläge und heissen Scheidenausspülungen wegen ihres den Stoffwechsel in den Beckenorganen anregenden Einflusses für sehr vortheilhaft. Selbstverständlich ist die Behandlung mit Vorsicht und unter ständiger Beaufsichtigung der Kranken durchzuführen.

Zur Beseitigung von Verwachsungssträngen und der durch sie indirect veranlassten Beschwerden dient die Massage ausserordentlich. Freilich wird man hiervon erst nach abgelaufener Entzündung und nur bei Schmerzlosigkeit mässigen und vorsichtigen Gebrauch machen. Gewaltsame Dehnungen oder Zerreissungen der Verwachsungsstränge, wie sie von einzelnen Massageärzten empfohlen wurden, verwerfen wir durchschnittlich.

Ist eine grössere abgekapselte Ansammlung entzündlicher Ausschwitzungsproducte vorhanden, so kann sie bei obiger Behandlung unter zeitweiliger Fieberanwesenheit der Aufsaugung anheimfallen. Durch auf den Leib gelegte Dampfcompressen kann man hierauf unterstützend einwirken. Handelt es sich um Eiterherde, so kann man dem Durchbruche von einer günstig gelegenen Oertlichkeit aus unter Umständen durch einen Einschnitt zuvorkommen. Die weitere Behandlung ist dieselbe, wie wir sie bei dem Durchbruche von Eiterherden des Beckenbindegewebes angeführt haben.

CAPITEL III.

Blutungen im Beckenbauchfelle und -bindegewebe. — Haematocele retrouterina und anteuterina.

Ursachen. Ausserhalb der Geburt und des Wochenbettes Fälle die in einem Lehrbuche der Geburtshülfe nachzuschen sind — kommt es vorwiegend im *Douglas*'schen Raume, also hinter der Gebärmutter, seltener im Bindegewebe oder in der Bauchfelltasche zwischen Blase und Gebärmutter, also vor diesem Organe zur Entwickelung eines sogenannten Blutbruches (Haematocele). Man versteht unter einem rückwärts von der Gebärmutter liegenden Blutbruche eine sich allmählich entwickelnde, pralle Blutgeschwulst im Douglas'schen Raume, welche die Gebärmutter gegen die Schambeinverwachsung drängt. Unter den Ursachen dieser Erkrankung kommen körperliche Anstrengungen, plötzliche Erschütterungen, Blutstauungen, Störungen des Monatsflusses, vorangegangene Beckenbindegewebsentzündung in Betracht. Selten führen die erwähnten Ursachen an sich den Blutbruch herbei, meist stellen sie sich nur als Gelegenheitsursachen dar, die nur dann in Wirkung treten, wenn Bedingungen vorhanden sind, welche ein Reissen der Blutgefässe erleichtern, z. B. schlechte Ernährung der Gefässwände, allgemeine Durchseuchung des Körpers usw.

Alle diese Momente treten weit in den Hintergrund gegenüber dem Platzen des schwangeren Eileiters, das besonders *Fritsch* so ziemlich als die alleinige Veranlassung eines Blutbruches im *Douglas*'schen Raume gelten lassen will.

Unter den Lebensaltern kommen fast ausnahmslos die Jahre der Geschlechtsfähigkeit, besonders also das 2. bis 4. Lebensjahrzehnt in Betracht.

Verheirathete werden in überwiegender Anzahl betroffen.

Anatomische Veränderungen. In der Regel hat man besser bei Lebzeiten als an der Leiche Gelegenheit, den Vorgang und den Verlauf des Blutbruches zu beobachten. Tritt ergossenes Blut frei in die Bauchhöhle, so wird es sich der Schwere nach den abhängigsten Theilen zu senken, durch entzündliche Vorgänge abgekapselt werden, falls nicht vollkommene Aufsaugung eintritt, und die Gebärmutter unverändert in ihrer Lage belassen. Zu einem Blutbruche, der die Gebärmutter gegen die Schambeinverwachsung drängt, kann es bei einem freien Blutergusse in die Bauchhöhle nur dann kommen, wenn schon vor der Blutung eine abgekapselte Höhle vorhanden war, in die hinein das Blut sich ergiesst. Diese Bildungsart eines hinter der Gebärmutter gelegenen Blutbruches kommt nur selten in Betracht, am ehesten noch, wenn in eine im *Douglas*'schen Raume befindliche andersartige Geschwulst eine Blutung stattfindet. Stammt eine Blutung aus einer tief gelegenen Stelle, und dauert sie langsam an oder wiederholt sie sich öfters, so entsteht schliesslich eine Blutgeschwulst, welche die Gebärmutter nach vorn drängt. Findet eine Blutung aus der Tiefe das erste Mal statt und zwar in die freie Bauchhöhle, so wird zuweilen ein Theil des Blutes durch den Reiz auf das Bauchfell abgekapselt; dauert aus einer unterhalb der Abkapselung gelegenen Stelle die Blutung an oder wiederholt sie sich öfters, so wird nunmehr das Blut nicht in die freie Bauchhöhle, sondern in den abgekapselten Raum fliessen. Blutet es unter gleichen Verhältnissen aus einer oberhalb der Abkapselung gelegenen Stelle, so bildet sich keine Blutgeschwulst, sondern neben dem ersten ein zweiter abgekapselter Blutherd.

Nur selten nimmt die Blutung solche Ausdehnung an, dass sie seitlich an der Gebärmutter vorbei auch das Bindegewebe und die Bauchfelltasche zwischen Blase und Gebärmutter anfüllt, so dass zwischen
diesen beiden Organen ein Blutbruch entsteht.

Unter den Organen, welche als Quellen der Blutung in Betracht
kommen, erwähnen wir:

1. Die Eileiter. Sie sind unstreitig die häufigste Quelle, aus der
ein Blutbruch seinen Inhalt bezieht, und wenn auch die Eileiterschwangerschaft selten erkannt wird, so kann man unbedenklich *Fritsch* beistimmen,
der das Platzen eines schwangeren Eileiters fast als die ausschliessliche
Veranlassung des im *Douglas*'schen Raume auftretenden Blutbruches be-
trachtet. Nur selten kämen Blutergüsse aus den Eileitern durch Rückfluss von Blut bei einer Blutansammlung in der Gebärmutter oder Blutüberfüllung der Eileiter zur Zeit des Monatsflusses in Betracht.

2. Die Eierstöcke. Sie sind nur sehr selten als Quelle für einen
Blutbruch in Anspruch zu nehmen. Ausnahmsweise nur könnte unter
der Berstung eines reifen *Graaf*'schen Follikels eine stärkere Blutung
bei gesundem Eierstocke erfolgen, eher ist diese Möglichkeit bei krankhaften Zuständen dieses Organes vorhanden. Es kann zunächst in eine
Sackgeschwulst des Eierstockes ein Bluterguss stattfinden und nach deren
Platzen eine anhaltende oder wiederholte Blutung in die freie Bauchhöhle.

3. Die breiten Mutterbänder. Auch dieser Theil des weiblichen
Geschlechtsapparates kommt nur ausnahmsweise einzig und allein durch
krankhafte Zustände als Quelle für den Inhalt einer Blutgeschwulst in
Betracht.

4. Das Beckenbauchfell. Durch seine chronische Entzündung
können sich im *Douglas*'schen Raume mit schwartenartiger Wand versehene Höhlen bilden, in die hinein durch ein berstendes Gefäss ein
Bluterguss erfolgen kann. An Gelegenheitsursachen hierzu fehlt es nicht;
es kommen solche in Form starker Zerrung einer durch Bandmassen
festgehaltenen Gebärmutter, allzu starker innerer Massage, vielleicht auch
stürmischen Geschlechtsverkehres usw. in Betracht.

Im Beckenbindegewebe sind grössere Blutergüsse, abgesehen
von den unter der Geburt eintretenden, selten. Meist haben sie alsdann
ihren Sitz ein- oder doppelseitig in dem zwischen den beiden Blättern
der breiten Mutterbänder befindlichen Zellgewebe. Nur ausnahmsweise
geht ihr Umfang über Faustgrösse hinaus, so dass sie die Gebärmutter nach der entgegengesetzten Seite oder nach oben verlegen.

Krankheitsbild. Sind chronische Bauchfellentzündung und Abweichungen des Monatsflusses vorangegangen, so bietet der Blutbruch
von Anbeginn an, nach Art eines acuten Leidens, ein ziemlich abge-
schlossenes Krankheitsbild dar. Tritt die Blutung im Anschlusse an den
Monatsfluss oder Platzen des schwangeren Eileiters auf, so stellen sich
in der Regel lebhafte Schmerzen ein, die in dem kleinen Becken, der

Gebärmutter und deren Nachbarschaft empfunden werden. Daneben
stellt sich nach wiederholtem Frösteln ein meist nur kurze Zeit anhaltendes, in der Regel mässiges Fieber ein. Die weiteren Erscheinungen hängen, nachdem erst das Leiden entwickelt ist, besonders von
der auftretenden Beckenbauchfellentzündung, dem Grade der inneren
Blutung und dem Drucke der fertigen Blutgeschwulst ab.

Schmerzen treten oft in den Vordergrund des gesammten Krankheitsbildes und bestehen neben anderen, mehr oder minder entwickelten
Aeusserungen der umschriebenen Bauchfellentzündung, z. B. Windauf-
treibung des Leibes und Erbrechen. In anderen Fällen, besonders wenn
Blutung in bereits vorhandene, mit schwartiger Wand versehene Höhlen
eintritt, können Schmerzen dauernd fehlen oder nur vorhanden sein,
wenn durch erneute Blutergüsse eine allzu starke Dehnung stattfindet.

Daneben treten bei ausgedehnteren und öfteren Blutungen bald die
Erscheinungen innerer Verblutung hinzu. Die Kranken werden plötzlich blass und kühl, die Lippen bläulich, der Puls wird klein und schwach,
Ohrensausen, Schwarzsehen, Herzklopfen, Gähnen, Schwäche und Ohnmachten treten auf, ja es kann vollkommener Zusammenbruch erfolgen.
Als Zeichen, dass eine Blutung besteht, hat man durchschnittlich die Bildung einer Geschwulst im *Douglas*'schen Raume anzunehmen. Durch
letzteren Umstand machen sich weitere klinische Aeusserungen des Leidens
geltend, die durch den Druck der Blutgeschwulst auf die Nachbarschaft zu
Stande kommen. Die Kranken empfinden ein starkes Abwärtsdrängen,
haben erschwerten, schmerzhaften Stuhl- und Urinabgang. Zuweilen entstehen durch Druck auf Nerven lebhafte Schmerzen und krampfhafte
Zuckungen in den unteren Gliedmaassen, die, wenn Gefässe gedrückt
sind, auch wassersüchtig angeschwollen sein können. Ist die Gebärmutter stark nach oben, gegen die Schambeinverwachsung gedrängt, so
führt diese Lageveränderung zu Blutstauung in diesem Organe, wodurch
es zu blutigen Ausflüssen aus ihm kommen kann.

Dass das Allgemeinbefinden meist wesentlich gestört ist, erscheint
bei den angegebenen Beschwerden und Störungen nicht wunderbar.

Bei der vorsichtig auszuführenden zusammengesetzten Untersuchung
ist die Blutgeschwulst und Verdrängung der Gebärmutter nach oben
deutlich nachweisbar. Unweit hinter dem Scheideneingange stösst man
bald auf die grosse, rundliche, das kleine Becken meist ganz ausfüllende
Blutgeschwulst, die besonders bei der Untersuchung vom Mastdarme aus
sehr empfindlich zu sein pflegt. Der Blutbruch fühlt sich prall elastisch
an, ohne in der Regel Flüssigkeitsschwappen aufzuweisen. Bei späteren
Untersuchungen ist er in der Regel hart, unregelmässig knollig, als weniger
empfindlich und kleiner zu fühlen. Zuweilen jedoch ergeben spätere Untersuchungen das Wachsthum der Blutgeschwulst durch nachträgliche Blutergüsse. Entsprechende Befunde zeigt die innere zusammengesetzte Untersuchung bei zwischen Blase und Gebärmutter befindlicher Blutgeschwulst.

Der Verlauf des Leidens ist trotz der im Beginne bedrohlichen Erscheinungen und des anfänglich schweren Krankheitsbildes gewöhnlich ein guter, aber langwieriger und an Wechselfällen ziemlich reicher. Viele Patientinnen erdulden lange Zeit grosse Qualen und kommen dadurch sehr herunter, wenn bei verzögerter Heilung Schmerzen, Blasen- und Stuhlbeschwerden hartnäckig bestehen bleiben. Auch die Folgen innerer Blutung sind oft nur allmählich zu überwinden, besonders wenn durch die Lageveränderung des Organes bedingt auch Blutabgang seitens der Gebärmutter nach aussen besteht. Lebensgefahr ist damit glücklicherweise jedoch nur selten verknüpft. Im günstigen Falle tritt Heilung durch Aufsaugung des Blutes nach dessen vorheriger Umwandelung ein. Die Blutgeschwulst nimmt hierbei langsam an Umfang ab, wird minder empfindlich, die Beschwerden weichen, und die Gebärmutter rückt meist in ihre normale Lage hinunter. Diese Vorgänge gehen durchschnittlich sehr langsam, im Verlaufe von Monaten von Statten; oft verbleibt als Rest des Blutbruches eine kleine, harte, der hinteren Fläche der Gebärmutter aufsitzende Geschwulst, und dieses Organ selbst hat etwas von seiner Beweglichkeit eingebüsst.

In anderen Fällen bricht, meist nach vorangegangenen Entzündungsprocessen, die Blutgeschwulst in Nachbarorgane, besonders Mastdarm, Scheide, sehr selten in die Harnblase und freie Bauchhöhle durch, wobei entsprechende Vorläufer- und Folgezustände entstehen, wie wir sie bei durchbrechenden, bisher abgekapselten Flüssigkeitsansammlungen bereits an anderer Stelle eingehend geschildert haben.

Erkennung. Der Nachweis des Leidens gelingt meist unschwer. Die Krankengeschichte, besonders der plötzliche Beginn, die Erscheinungen der umgrenzten Bauchfellentzündung und inneren Blutung, der Nachweis der schmerzhaften Geschwulst lassen meist Zweifel nicht aufkommen. Natürlich liegt die Möglichkeit einer Verwechselung mit abgesackter, im *Douglas*'schen Raume liegender, durch Beckenbauchfellentzündung bewirkter Eiteransammlung sowie mit Rückwärtslagerung der schwangeren Gebärmutter und den verschiedensten Geschwülsten der weiblichen Becken- und Bauchorgane nahe, aber eine eingehende Berücksichtigung der hier in Betracht kommenden Umstände im Vereine mit längerer Beobachtung und wiederholter Untersuchung lassen meist alle Verwechselungen vermeiden.

Auch die Quelle der Blutung kann meist sicher oder doch mit grosser Wahrscheinlichkeit nachgewiesen werden. Man wird in der Regel nicht fehlgehen, sie in den Eileitern zu suchen, besonders wenn Erscheinungen sich ergeben haben, die auf eine Eileiterschwangerschaft hinweisen.

Vorhersage. Da Lebensgefahr mit dem hinter oder vor der Gebärmutter liegenden Blutbruche nur selten verknüpft ist, ferner, wenn nicht gerade ungünstige Umstände, z. B. Vereiterung und Verjauchung hinzu-

treten, unmittelbare Bedrohung des Lebens fehlt, endlich meist Aufsaugung des ausgetretenen Blutes erfolgt, so kann man die Aussichten
nicht gerade als ungünstig bezeichnen. Auch insofern ist letzteres berechtigt, als Rückfälle eher zu den Ausnahmen gehören. Freilich ein
ernstes Leiden stellen diese Blutgeschwülste immerhin dar, da die Möglichkeit der Lebensgefahr nie ganz auszuschliessen ist, die Beschwerden
oft lange dauern, die Gesundheit so untergraben wird, und endlich auch
dauernde Folgen hinterbleiben.

Behandlung. Da die meisten Fälle des Leidens durch Aufsaugung
ausheilen, so hat man sich vorwiegend abwartend zu verhalten. Man
wird durch kühle Leibumschläge, die oft gewechselt werden, die Blutung
möglichst zu stillen suchen. Sind keine besonders dringenden Erscheinungen vorhanden, so beschränkt man sich auf dauernde Bettruhe und
einige Entleerungsklystiere, um den Stuhlgang zu erleichtern. Ist die
Abkapselung des Blutes erfolgt, so ist auch die Gefahr einer inneren
Verblutung vorüber, und das ärztliche Bemühen hat dahin zu gehen, die
Berstung des Blutbruches oder etwa hinzukommende Schädigungen zu
verhüten. Die Aufsaugung selbst kann man durch laue Bäder, Dampfcompressen auf den Leib, warme Darm- und Scheidenausspülungen etwas
fördern. Da jedoch die Aufsaugung fast in gesetzmässiger physiologischer
Weise vor sich geht, so darf man auf allzu schnellen Erfolg nicht hoffen.
Die Eröffnung der Blutgeschwulst kommt nur dann in Betracht, wenn sie
durch eine übermässige Grösse und dadurch bedingten Druck anhaltend
grosse Beschwerden hervorruft. Freilich wird man auch in solchen
Fällen zunächst versuchen, durch Naturheilfactoren Linderung zu schaffen,
und nur im Nothfalle durch einen Einstich zur Blutentleerung schreiten.
Anders dagegen verhält es sich bei Verjauchung des ausgetretenen Blutes.
Hierbei ist die Entleerung durch einen Einschnitt in die Blutgeschwulst
von der Scheide aus ein geradezu lebensrettender Eingriff.

Ist das Blut durchgebrochen, ohne dass Eiterung oder Verjauchung
bestanden hat, so braucht man die Entleerung der Blutgeschwulst nicht
durch einen Schnitt zu fördern, da sonst durch den nunmehr erleichterten
Zutritt von Luft oder Darmgasen die Gefahr der Verjauchung vorliegt. In
früherer Zeit pflegte man fast ausnahmslos diese Blutgeschwülste anzu-
stechen oder anzuschneiden und erzielte damit meist schlechte Resultate.
In neuerer Zeit, trotz verbesserter Operationstechnik und vervollkomm-
neter Reinlichkeit, operirt man nur ausnahmsweise bei einer ohne Begleiterkrankungen bestehenden Blutgeschwulst im *Douglas*'schen Raume,
weil der chirurgische Eingriff stets gefährlicher ist als das abwartende
Verhalten. Ganz absehen kann man von dem Verfahren *Martin*'s,
der zur Entfernung des Blutbruches den vorangehenden Leibschnitt
empfiehlt.

Ist durch Aufsaugung Ausheilung eingetreten, so kann man die verbleibenden Folgen des Blutbruches durch vorsichtige Massage möglichst

zu beseitigen trachten. Auf die Behandlung der dem Blutbruche im *Douglas*'schen Raume meist zu Grunde liegenden Eileiterschwangerschaft können wir an dieser Stelle nicht eingehen, verweisen vielmehr auf die Lehrbücher der Geburtshülfe.

CAPITEL IV.
Neubildungen im Beckenbauchfelle und -bindegewebe nebst Erkrankungen der runden Mutterbänder (Ligamenta rotunda).

Da die Geschwülste des Beckenbauchfelles und -bindegewebes sowie die Erkrankungen der breiten Mutterbänder seltene Vorkommnisse sind und sich von den entsprechenden Erkrankungen der weiblichen Geschlechtsorgane nicht unterscheiden, so führen wir sie hier, soweit sie verhältnissmässig öfter beobachtet werden, nur in Kürze an.

Sackartige Geschwülste (Cysten) findet man in den breiten Mutterbändern. Sie bleiben in der Regel klein, erreichen jedoch ausnahmsweise den gleichen Umfang wie Eierstocksgeschwülste. Sie besitzen meist eine dünne, vom Bauchfelle überzogene Wand, nur selten sind sie gestielt, meist sitzen sie dem breiten Mutterbande längs auf. Ihr Inhalt besteht in hellem Blutwasser, das meist nur sehr wenig Eiweiss enthält; zuweilen gleicht er auch demjenigen der Eierstocksgeschwülste.

Die Entfernung dieser Neubildung geschieht durch Anstechung oder Anschneidung.

Auch Fettgeschwülste (Lipom) sind selten beobachtet worden; ihr Ausgangspunct war das im Umkreise der breiten Mutterbänder liegende Fettgewebe.

Muskel- und Fasergeschwülste (Myom und Fibrom) kommen etwas häufiger vor. Bald stellen sie ursprünglich in den Mutterbändern entstandene Neubildungen dar, bald sind sie von der Gebärmutter ausgegangen und haben sich erst nachträglich von diesem Organe losgelöst. Sie können eine solche Grösse erreichen, dass sie die Gebärmutter zur Verlagerung bringen. Auch Erweichungsprocesse können in ihnen auftreten.

Auch Fleischgeschwülste und Krebs (Sarcom und Carcinom), von den Beckenknochen oder dem Mastdarme ausgehend, können ähnliche Wucherungen im Beckenbindegewebe oder -bauchfelle anfachen.

Man kann diese Geschwülste von der Scheide oder dem Mastdarme aus fühlen, jedoch ist ihre richtige Deutung nicht immer leicht und stets zu treffen. Sie rufen durch Verlagerung von Gebärmutter, Blase und Mastdarm sowie durch umschriebene Beckenbauchfellentzündung mehr oder minder heftige Beschwerden hervor. Ihre Entfernung geschieht auf operativem Wege.

Leberegel- oder Hundewurmblasen (Echinococcus) entwickeln sich verhältnissmässig häufig an verschiedenen Stellen des Beckenbindegewebes, besonders nahe am Mastdarme. Von da aus wandert der Parasit nach Art einer um sich greifenden Geschwulst in das Zellgewebe des kleinen Beckens und darüber hinaus, in das grosse Becken, alle Organe verdrängend und beengend.

Die hervorgerufenen klinischen Erscheinungen sind nicht charakteristisch und je nach Sitz und Ausbreitung verschieden. Oft bleibt die blasige, weiche Geschwulst längere Zeit hindurch ziemlich klein und ohne wesentliche Störungen. In anderen Fällen werden die Beschwerden einer Beckengeschwulst hervorgerufen, oder entstehen erst bei dem Durchbruche der Geschwulst in Blase, Gebärmutter, Mastdarm und Scheide merkliche Aeusserungen.

Die **Erkennung** gelingt erst nach erfolgtem Durchbruche durch Abgang dünnwandiger, prall gespannter, mit klarer Flüssigkeit gefüllter Säcke, die bei mikroskopischer Untersuchung in ihrem Inhalte Hakenkränze beherbergen.

Die **Vorhersage** ist nur bei Durchbruch nach vorheriger Entzündung des Sackes oder bei ausgeführter Operation günstig.

Die **Behandlung** besteht in breiter Eröffnung des Sackes von der Scheide aus; bei grösseren Geschwülsten, die bereits ins grosse Becken reichen, durch Herausnahme des Sackes nach vorangegangenem Leibschnitte.

Was die breiten Mutterbänder anbetrifft, so ist zunächst zu erwähnen, dass sie sich an krankhaften Vorgängen der Gebärmutter betheiligen können, und alsdann blutüberfüllt und entzündlich wassersüchtig sind.

Zuweilen findet man an den breiten Mutterbändern, in ähnlicher Weise wie beim männlichen Geschlechte an den Hoden, einen Wasserbruch, dessen Inhalt man mitunter in die Bauchhöhle zurückdrängen kann. Meist trifft man hierbei eine gänseeigrosse, mit Flüssigkeit gefüllte Geschwulst in der Leistengegend oder an den grossen Schamlippen.

Bei der vorwiegend musculösen Natur der breiten Mutterbänder ist es nicht wunderbar, dass man, freilich selten, an ihnen Bindegewebsbeziehentlich Muskelgeschwülste findet. Zuweilen wurde der Uebergang zur bösartigen Wucherung einer Fleischgeschwulst beobachtet. Auch Blutgeschwülste der breiten Mutterbänder sind beschrieben worden.

Klinische Erscheinungen entstehen nur bei grösserem Wachsthume der Geschwülste, ein Umstand, der ihre operative Entfernung nothwendig machen kann. Letztere gelingt sicherer, wenn eine Neubildung an dem ausserhalb der Bauchhöhle befindlichen Theile eines breiten Mutterbandes, also an der Leistengegend oder den grossen Schamlippen sitzt.

Alphabetisches Register.

www.ingramcontent.com/pod-product-compliance
Lightning Source LLC
Chambersburg PA
CBHW021939220326
41599CB00011BA/922